高等职业教育“十四五”规划旅游大类精品教材
葡萄酒文化与营销专业新形态教材

总顾问 王昆欣

总主编 魏 凯

副总主编 李德美

执行主编 宋继东 李海英

编委会 （排名不分先后）

刘延琳 毛凤玲 苏 炜 马 磊 李海英
张 晶 苏东平 李建民 程 彬 陈 曦
秦俊彬 焦红茹 罗建华 陈立忠 李 勇
高 源 罗 飞 李晨光 李 伟 李 涛
武肖彬 张 聪

高等职业教育“十四五”规划旅游大类精品教材

葡萄酒文化与营销专业新形态教材

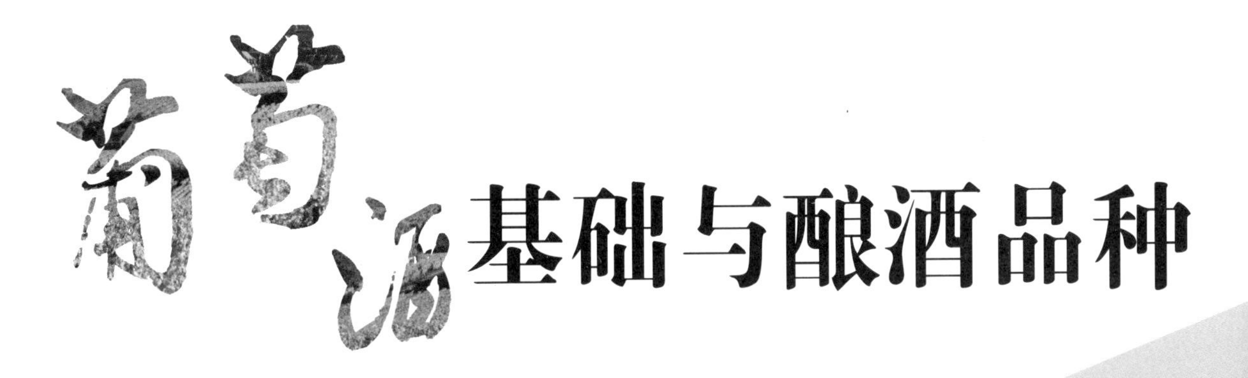

葡萄酒基础与酿酒品种

Wine Fundamental and Grape Varieties

李海英　曹超轶　宋英珲◎编著

华中科技大学出版社
http://press.hust.edu.cn
中国·武汉

内 容 提 要

本书涵盖了葡萄酒基础知识与品鉴、主要白葡萄酿酒品种、主要红葡萄酿酒品种、酒餐搭配原理等5篇、13章的内容，并对葡萄酒基础理论、品鉴原理与技能训练、主要酿酒品种及酒餐搭配等进行了重点阐述。内容覆盖全面，重点突出，是一本适宜葡萄酒等相关专业学生入门学习（适宜第一学期使用）的综合性教材。

图书在版编目(CIP)数据

葡萄酒基础与酿酒品种/李海英，曹超轶，宋英珲编著. —武汉：华中科技大学出版社，2022.11（2024.1 重印）

ISBN 978-7-5680-8840-4

Ⅰ. ①葡…　Ⅱ. ①李…　②曹…　③宋…　Ⅲ. ①葡萄酒-基本知识　Ⅳ. ①TS262.6

中国版本图书馆 CIP 数据核字(2022)第 217597 号

葡萄酒基础与酿酒品种

Putaojiu Jichu yu Niangjiu Pinzhong

李海英　曹超轶　宋英珲　编著

策划编辑：王　乾
责任编辑：洪美员　仇雨亭
封面设计：原色设计
责任校对：曾　婷
责任监印：周治超
出版发行：华中科技大学出版社（中国·武汉）　电话：(027)81321913
　　　　　武汉市东湖新技术开发区华工科技园　邮编：430223
录　　排：华中科技大学惠友文印中心
印　　刷：武汉市籍缘印刷厂
开　　本：787mm×1092mm　1/16
印　　张：19.25　插页：2
字　　数：480 千字
版　　次：2024 年 1 月第 1 版第 2 次印刷
定　　价：49.80 元

本书若有印装质量问题，请向出版社营销中心调换
全国免费服务热线：400-6679-118　竭诚为您服务
版权所有　侵权必究

总序 Introduction

2021年，习近平总书记对职业教育工作做出重要指示，强调加快构建现代职业教育体系，培养更多高素质技术技能人才、能工巧匠、大国工匠。同年，教育部对职业教育专业目录进行了全面修订，并于2022年9月，发布新版《职业教育专业简介》。

2022年版《职业教育专业简介》中，“葡萄酒文化与营销”专业作为教育部《职业教育专业目录(2021年)》更新的专业之一，紧扣《中华人民共和国国民经济和社会发展第十四个五年规划和2035年远景目标纲要》对职业教育的要求，是职业教育支撑服务经济社会发展的重要体现。

为了更好地培养德智体美劳全面发展，掌握扎实的科学文化基础和葡萄酒文化、旅游文化及相关法律法规等知识，具备侍酒服务、葡萄酒市场营销及葡萄酒文化传播与推广等能力的高素质技术技能人才，华中科技大学出版社与山东旅游职业学院合作，在全国范围内精心组织编审、编写团队，汇聚全国具有丰富葡萄酒文化与营销教学经验的旅游职业院校的知名教授、学科专业带头人、一线骨干、“双师型”教师，以及侍酒服务、葡萄酒市场营销及葡萄酒文化传播等领域的行业专家共同参与“葡萄酒文化与营销专业新形态教材”的编撰工作。

本套教材根据“十四五”期间高等职业教育发展要求，坚持三大方向，打造“利于教，便于学”的特色教材。

(一)权威专家引领，校企多元合作

本系列教材以开设“葡萄酒文化与营销”专业的旅游专业类职业院校、旅游管理类双高院校、应用型本科院校在内的专业师资及办学经验丰富的高职院校为核心，邀请行业、企业、教科研机构多元开发，紧扣教学标准、行业新变化，吸纳新知识点，体现当下职业教育的最新理念。

（二）工作过程导向，深挖思政元素

教材内容打破传统学科体系、知识本位理念，引入岗位标准和规范的工作流程，注重以真实生产项目、典型工作任务、案例等为载体组织教学单元，突出应用性与实践性，同时贯彻落实二十大精神，加强思政元素的深度挖掘，有机融入思政教育和德育内容，以深化“三教”改革、提升课程思政育人实效。

（三）创新编写理念，编制融合教材

以纸数一体化为编写理念，依托华中科技大学出版社自主研发的华中出版资源服务平台，强化纸质教材与数字化资源的有机融合，配套教学课件、案例库、习题集、视频库等教学资源，同时根据课程特性，有选择性地开发活页式、工作手册式等新形态教材，以符合技能人才成长规律和学生认知特点。

期待这套凝聚全国高职旅游院校众多优秀学者和葡萄酒行业精英智慧的教材，能够为“十四五”时期高职“葡萄酒文化与营销”专业的人才培养发挥应有的作用！

总主编
2022 年 12 月

前言 Preface

本教材深入贯彻落实党的二十大精神，以立德树人为核心，旗帜鲜明地体现了党和国家意志，体现了马克思主义中国化的最新成果，能帮助学生牢固树立对马克思主义的信仰，对中国共产党和中国特色社会主义的信念，对实现中华民族伟大复兴的信心。

从适应国家战略需求层面看，党的二十大报告提出“深入实施科教兴国战略、人才强国战略、创新驱动发展战略，开辟发展新领域新赛道，不断塑造发展新动能新优势”。葡萄酒产业是我国近些年快速发展起来的新产业、新业态，具有典型的一二三产融合属性，与上下游产业有着天然的耦合性，是全产业链融合发展的重要载体和典型案例，它与种植业、加工业、旅游业、餐饮服务业等高度关联、深度融合，是增强农村发展新动能、助推乡村振兴与农民生活富裕的重要路径。目前，中国正在向葡萄酒大国、强国迈进，葡萄酒产业链条末端人才需求旺盛，不管是高端餐饮行业、国内葡萄酒精品酒庄，还是葡萄酒进出口贸易公司都有很大人才缺口，培养德才兼备的葡萄酒产业末端人才迫在眉睫。

2019 年，教育部发布《普通高等学校高等职业教育(专科)专业目录》2019 年增补专业，“葡萄酒营销与服务”位列其中。2021 年，根据教育部发布的《职业教育专业目录》，其更名为“葡萄酒文化与营销”专业。通过查询全国职业院校专业设置管理与公共信息服务平台，截至 2023 年，全国已有山东旅游职业学院、上海旅游高等专科学校、无锡职业技术学院、青岛酒店管理职业技术学院、黑龙江旅游职业技术学院等 14 家高校开设了此专业，专业发展逐步步入正轨。该专业正是为培养葡萄酒产业末端人才，尤其是市场紧缺的侍酒师、品酒师、酒庄运营人才、营销贸易人才等而设立的新专业。《葡萄酒基础与酿造品种》正是为该专业编写的。教材是人才培养的重要支撑、引领创新发展的重要基础，本教材紧密地对接国家有关葡萄酒产业发展的重大战略需求，为更好地服务于我国葡萄酒产业末端技术技能型、拔尖创新人才培养而设计与撰写。

在具体的撰写路径上，本教材紧密结合党的二十大精神进教材的纲领要求，重点提炼了与葡萄酒产业相吻合的章节思政目标，从而明确教材“进什么”的问题，同时，在正文之中根据章节思政目标对应附加了思政案例，以此内化课程思政教学方法，实现德育目标。此外，本教材在章节还创新设计了“引入与传播”“拓展对比”等案例教学文本框。其中，主要呈现与所学章节有关联的中国葡萄酒的对比案例，意在通过案例拓展，培育学生对比分析与辩证思维，同时厚植学生大国“三农”精神，提振我国葡萄酒产业自信，深化葡萄酒产业对乡村振兴的作用，挖掘产业优势，增强我国建设葡萄酒大国、强国的信心。本教材正是通过这一系列举措与方法，解决“怎么进”的问题，明确途径与方法，深入研究“进到哪”，最终实现党的二十大精神入脑入心，成为学生的思想和行动自觉。

作为葡萄酒文化与营销专业核心课程的教材，《葡萄酒基础与酿酒品种》的编写凝聚了编者15年葡萄酒一线教学的心血积累，而该教材也是我本人继2009年翻译出版《与葡萄酒的相遇》、2021年出版个人专著《葡萄酒的世界与侍酒服务》、2022年主编《葡萄酒文化与风土》之后，联合国内葡萄酒行业专家与资深酒水老师编写的又一部葡萄酒系列教材。

从教材书名上看，本教材具有两项重点内容，一是葡萄酒基础，二是酿酒品种。前者囊括了葡萄酒入门学习的基本理论知识点，包括葡萄酒起源与发展、品种分类、风土与质量、栽培酿造、酒标阅读、品鉴方法、酒餐搭配、葡萄酒与投资及葡萄酒与健康等，这些内容符合一般入门学习规律，同时也与国家新颁布的葡萄酒文化与营销专业课程修订标准相吻合。后者主要囊括了世界主要代表性酿酒品种，这是本教材的第二个重点内容。葡萄酒的风格很大程度上来源于葡萄酒的身份标签——品种。品种学习是葡萄酒学习时基础中的基础。本教材深入行业一线，根据对市场需要的调研，大力拓展了“酿酒品种”的教学深度与广度，共收录撰写了63个国际常见品种，内容覆盖全面，是一本适合葡萄酒入门学习的综合性专业教材。总体来看，本教材内容设计具有以下几个特点：

一、注重教材与行业的衔接性。本教材实行校企双元开发，充分发挥了“政行校企四位一体”作用，与国内主要葡萄酒产区宏观调控部门——烟台、怀来、昌黎、宁夏、桓仁葡萄酒局及新疆葡萄酒协会等政府事业单位密切合作(图文与案例提供)，精益求精。同时，与国内数十位行业侍酒师、品酒师(文字校审与案例提供)及50余家中国最具代表性精品酒庄企业(酒标原图与案例提供)深入联合，共同研发。他们为本教材提供了大量的拓展对比、思政案例、酒标原图(近150幅)等信息，并为本教材部分内容做了校审与教学资源库建设等工作。接轨行业需求，深化行业合作，注重与行业企业和职业岗位的衔接是本教材编辑的一大特点。

二、突出教材的时效性。本教材充分体现了葡萄酒不断发展变化这一特征，正文内容均来源于葡萄酒教学最权威、最新的参考文献与书籍。另外，本教材中各类表格数据

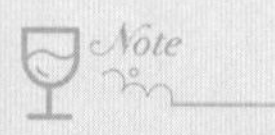

与文本案例均引自企业(酒庄、酒局等提供)的最新数据与案例信息,最大程度地突出了本教材实际应用价值,确保了教材使用的时效性。此外,本教材尽量多地将葡萄酒术语类文字进行双语编写,以满足读者更多的学习需求,提升教材的实用价值。

三、注重教材的创新性。本教材积极创新教材内容与形式,在正文中设计了“章首案例”“历史故事”“知识链接”“拓展对比”“思政案例”“侍酒师推荐”“营销点评”“引入与传播”“检测与训练”等内容。同时,在“葡萄栽培与酿造”与“主要酿酒品种”处,附加了众多以二维码形式呈现的教学视频、葡萄原图、酒标图例等资料。这些内容一方面迎合了新型教材的建设需要,另一方面,也为学习者提供了更多案例,同时拓宽了学习者的视野与思路,能够通过多角度呈现,加深他们学习的广度与深度。

四、注重教材资源库的配套性。除基本教材编写外,本教材还充分发挥信息化手段,配套建设了教学资源库,以丰富教材展现形式,方便教学落地实施。教学资源库主要包括课程教学 PPT、视频链接、酒单与图文资料等。

五、突出中国葡萄酒相关内容的学习。作为一本介绍葡萄酒基础知识的综合性教材,本教材将与所在章节内容密切相关的中国葡萄品种(引入、传播与发展情况)以及中国精品葡萄酒的教学案例引入其中,并配套了高清图片、酒例(二维码形式)与文本案例等内容,在加强教材内容建设的同时,突出中国葡萄酒文化信念,树立中国葡萄酒产业信念,培养我国“葡萄酒+”战略人才。

六、注重教材的适用性。本教材吸收借鉴了国内外葡萄酒基础、品鉴与酿酒品种等相关的最新研究成果与案例数据,契合国际标准与规范,贴近行业需求。除适用于葡萄酒文化与营销专业(建议第一学期使用)之外,本教材也适用于本专科的酒店管理、旅游管理、餐饮管理、工商管理、会展管理、应用法语等专业。同时,对我国中高端餐饮酒水行业、葡萄酒教育及葡萄酒贸易等行业从业者,尤其对品酒师、侍酒师、讲师等而言,本教材同样具有较强的适用性,是一本全面介绍葡萄酒基础理论与技能的综合性工具书。

本教材拥有资深撰写团队,由山东旅游职业学院葡萄酒文化与营销专业负责人李海英老师、安徽商贸职业技术学院葡萄酒课程负责人曹超轶老师及蓬莱葡萄与葡萄酒发展服务中心宋英珲老师共同撰写完成。在具体分工上,曹超轶老师主要负责意大利、西班牙、葡萄牙、南非等产国部分红白葡萄品种基础性文本的撰写工作,同时还对酒类投资、葡萄酒与社会责任的部分内容进行了基础性编辑。我本人负责第一篇葡萄酒基础与品鉴理论、第二篇和第三篇法国、中国、西班牙、德国大部分酿酒品种、第四篇酒餐搭配、第五篇其他酒类知识等内容的撰写工作。同时,教材的通稿整合、思路设计、教学目标、思维导图、文本案例、拓展对比、拓展阅读、知识活页、例等均由我本人完成,在此感谢各位编者对本教材的精心编著。

本教材在撰写过程中,得到了蓬莱区葡萄与葡萄酒产业发展服务中心、怀来葡萄酒局、昌黎县葡萄酒产业发展促进中心、宁夏贺兰山东麓葡萄酒产业园区管委会、新疆葡萄酒协会、桓仁满族自治县重点产业服务中心等政府单位的大力支持,在此特别感谢各省市酒局、协会的吴强主任、宋英珲主任、崔钰主任、李如意主任、侯秀伟主任、王莹秘书长等专家及老师们的直接对接。他们为本教材提供了大量的图文案例,并对相关章节

做了文本校审与各类协调工作。另外,本教材中的高清图片、酒标图例与部分案例由我学习葡萄酒的入门恩师韩国波尔多葡萄酒学院崔燻院长及国内50余家优秀的精品酒庄提供(包括图文使用授权书)。此外,本教材还邀请了上海斯享文化传播有限公司创始人李晨光老师、北京风土酒馆(Terrior)主理人李涛(Bruce)老师做了缜密的通稿校审。同时,施氏佳酿亚洲有限公司(Zachys Asia Limited)区域经理兼葡萄酒专家孔令超老师对“酒类投资”部分做了文稿校审。“主要酿酒品种”部分的“侍酒师推荐”与“营销点评”还得到了上海斯享文化传播有限公司创始人李晨光老师、原成都华尔道夫酒店/希尔顿大中华区西区首席侍酒师Colin老师、中国第四届葡萄酒盲品大赛冠军朱晨光老师、北京TRB餐厅的Stephen老师、晟永兴葡萄酒总监武肖彬老师、上海静安香格里拉葡萄酒总监King老师、顶侍葡萄酒总监李涛老师、长沙凯宾斯基酒店首席侍酒师Michaeltan老师、瓏岱酒庄侍酒师张旭老师以及蒲昌酒业、九顶庄园等企业的大力支持,他们为本部分提供了文本案例。在本教材的教学资料库建设上,还得到了北京TRB餐厅Stephen老师、晟永兴武肖彬老师、上海葡萄酒宇宙Sol老师及诺莱仕(上海)外滩游艇会(Noahs Yacht Club)的Christian老师的大力支持。他们提供的精美专业的葡萄酒单丰富了本教材的教学资料库建设。在此,对以上各行各业提供支持与无私帮助的老师们致以诚挚的谢意。

本教材由华中科技大学出版社编辑设计而成,这已是我本人与该出版社的第二次合作,他们一直在葡萄酒教材审编中表现出最专业的工作姿态与敬业精神。在此,对本教材给予支持与付出的王乾编辑、仇雨亭编辑以及出版社的其他同仁们深表感谢。

由于编者水平有限,本教材难免有不足与疏漏,敬请各位专家老师与读者朋友们批评指正。

李海英

2024年1月于泉城济南

设计思路

Note

目录

Contents

Note

第三篇 主要红葡萄酿酒品种 147

Note

CHAPTER

1

第一篇　基础知识与品鉴

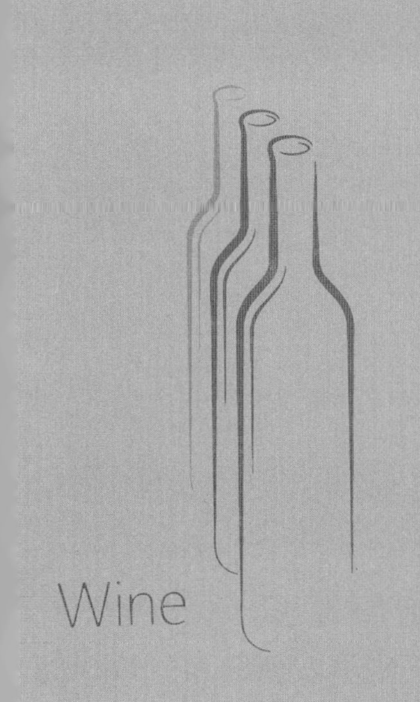

第一章
葡萄酒概述

本章概要

本章围绕葡萄的历史与起源，讲述了葡萄酒在新、旧世界的传播与发展，重点阐述了葡萄酒在我国的传播路径及阶段性发展情况。同时，在本章内容之中附加与章节有关联的历史故事、知识链接、思政案例及本章训练等内容，以供学生深入学习。本章知识结构如下：

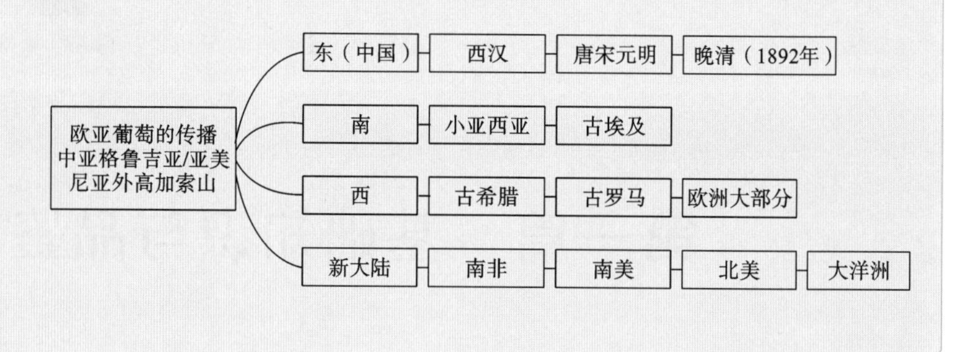

学习目标

知识目标：了解葡萄与葡萄历史起源、发展及地域分化，理解并掌握葡萄酒在新、旧世界，包括中国的传播脉络及发展历史，了解古埃及、古罗马、古希腊在葡萄酒传播过程中发挥的作用，理解新、旧世界葡萄酒产区格局的异同点。

技能目标：运用本章知识，能够厘清葡萄酒历史起源及发展脉络，辨析其中规律性传播路径，能够讲解葡萄酒产区分布格局；深入剖析我国葡萄酒发展历史，具备讲解能力。

思政目标：通过学习葡萄酒的历史及所蕴含的人文传统，培养学生良好的历史人文视野，初步树立学生探索未知、追求真理的科学精神；通过梳理葡萄酒在我国的传播脉络及发展历史，增强学生民族自豪感，培养学生的家国情怀，重塑学生的中国葡萄酒文化自信。

章首案例

葡萄酒最早的酿造者

章节要点

- 知道：欧亚葡萄在新、旧世界，包括中国的传播路线及节点。
- 了解：葡萄发源及传播路线。
- 理解：古埃及、古罗马、古希腊在葡萄酒传播过程中的作用与所做贡献。
- 理解：丝绸之路及新航线的开辟对葡萄酒文化传播的作用。
- 归纳：构建葡萄及葡萄酒传播路线思维导图，辨析世界葡萄酒产国分布规律。

第一节 葡萄酒起源与传播
The History of Wine

一、葡萄起源

考古学家在距今1.3亿年至6700万年的中生代白垩纪地质层中发现了葡萄科植物。在新生代第三纪的化石中，考古学家发现了葡萄属植物的叶片和种子化石，这一发现证实了早在新生代第三纪(距今6500万年)，葡萄属植物已经遍布欧亚大陆北部和格陵兰西部。有关学者认为：葡萄一般分布在光照充足的旷地上，属于喜光矮小的灌木植物，后来由于森林扩张，旷地逐渐被森林代替。为了获得充足的阳光，在进化过程中葡萄的花序突变为卷须，获得了攀缘习性，逐渐演化为攀缘植物，并且具备了许多与之适应的形态特征，如超强、粗大的导管与筛管，以及根压大、合轴式延伸及卷须等。

在第三纪上新世的冰河期，大陆的分离使得广阔的、连片的陆地被分割为分离的几块。在第三纪末期出现了森林葡萄，它是后来普遍栽培的欧亚葡萄的原始祖先。东亚地区，有较多的葡萄种得以保留，在当地居民有意识和无意识的选择下，形成了一些比较原始的栽培类型。如原产于我国东北、俄罗斯远东和朝鲜的山葡萄，能够忍受－50 ℃低温而不产生任何冻害症状(欧洲葡萄的低温抵抗极限为－22—－20 ℃)，是葡萄属中生长期最短、抗寒性最强的葡萄。又如江西由刺葡萄驯化而来的塘尾葡萄，不仅果实品质佳、耐储运，而且具有很强的抗病性。在北美洲，约有30种葡萄得以留存下来，如河岸葡萄、沙地葡萄及山平氏葡萄等，由于北美洲东南部是葡萄根瘤蚜、霜霉病等病虫害的发源地，因而美洲葡萄种群多具有较强的抗病性。

综上所述，葡萄的起源地为北半球的温带和亚热带地区，即欧洲中南部、亚洲北部和北美洲地区。全世界所有葡萄种都源于同一祖先，但由于大陆分离与冰川影响，其分散到不同的地区，在长期的自然选择过程中，形成了欧亚种群、东亚种群和美洲种群。

二、葡萄酒起源

从理论上讲，葡萄浆果落地裂开，果皮上形如白色果粉的物质，即酵母菌就开始活动了，天然酿酒也就开始了。正因如此，在人类起源的远古时代就有了葡萄酒，葡萄酒成为已知的最古老的发酵饮料，葡萄酒的历史与人类的文明史几乎是同步的。由于葡萄酒酿造的天然性，人们慢慢学会使用另一种方式储藏葡萄，即酿酒。葡萄酒的历史可追溯至更遥远的年代，历史学家和考古学家在众多的相互独立的人类起源地都发现了葡萄酒留下的痕迹。在公元前 300 万年至公元前 250 万年间，生活在地球上的直立人，就已开始食用葡萄野果了。随后大约在公元前 6000 年的新石器时代，被称为智人的人类（曾是欧亚葡萄的种植者）将葡萄果粒堆积在一起发酵，制作了第一代原始的葡萄酒。

欧洲语言中的“葡萄酒”一词（法文为 Vin），可能来自格鲁吉亚语的“Gvino”，在英国、俄罗斯、德国、意大利等国家，葡萄酒分别写为 Wine、ВИНО、Wein、Vino。在某些历史学家看来，葡萄酒一词源于希伯来语的“Ioun”，意为“使产生起泡”；而另一些史学家则认为，葡萄酒这一术语可能来自梵语的“Véna”，在吠陀梵语中，有“被人喜爱的”或“令人愉悦的”之意。另外，从其他观点资料来看，在文字出现前的 3000 年，葡萄酒就已经存在了，由此推断，该词是非常先进的历史文明中的非文字和非语言交流的产物。多少世纪以来，传统、礼仪、神话和文字记载都赋予了葡萄酒特殊的作用，葡萄酒在人类的信仰和日常生活中都扮演着极其重要的角色，是古代文明中占有重要地位的饮料形式。

三、葡萄酒传播

历史故事

3300 年前的双耳酒罐

（一）欧亚葡萄兴起

欧亚葡萄是人类较早驯化的果树。虽然在新石器时代，野生葡萄分布于欧洲许多地方，但考古学证据表明，葡萄的驯化首先发生在远东地区。考古学家发现，远在 7400—7000 年前，伊朗扎格罗斯山脉北部就开始了葡萄的栽培与酿酒；在土耳其，也发现了驯化的葡萄种子；在格鲁吉亚也发掘出了成堆的葡萄籽。这表明，在 7000—5000 年前，葡萄就广泛栽培在南高加索、中亚细亚、叙利亚、土耳其等地。随着人类的迁移，在 5500—5000 年前，葡萄酒传播到幼发拉底河和底格里斯河流域，两河流域所滋润的美索不达米亚平原曾是古巴比伦的所在地，在这片土地上诞生了世界最早的文明——美索不达米亚文明，葡萄酒种植与酿造也随之发扬与传播开来。在两河文明的促进下，尼罗河文明和印度河文明逐渐形成与发展，古埃及受此影响深远，法老对葡萄酒的痴迷亦是受此影响。他们深受两河农业文明的影响，学会了葡萄的种植与酿造。他们在酒罐上刻上酿造年份、葡萄园的名称，甚至酿造师的名字，这些成为那个时代古埃及人对葡萄酒产业发展与推崇的有利证据。

（二）地中海的传播

随着贸易交流，葡萄进一步扩散到了地中海地区。公元前 2000 年，希腊的葡萄栽培已极为兴盛，在公元前 16 世纪上半叶至公元前 12 世纪的古希腊迈锡尼文明时期，葡

萄种植获得了真正意义上的大面积推广。随后，海上交通的发达也促进了希腊早期的海外贸易。希腊对欧亚葡萄在地中海的传播发挥了重要作用，为欧亚葡萄在地中海沿岸国家的栽培与酿造奠定了坚实的基础。

公元前1500年，欧亚葡萄由希腊经西西里岛传入意大利。希腊人深信意大利有天然种植葡萄的潜力。天然绝佳的风土环境，使得意大利很快成为葡萄种植的天堂。意大利人把希腊人对酒神的敬仰亦是全盘吸收，他们对葡萄酒极其热爱，从此掀起了狂热的追随之旅。

公元前6世纪，葡萄栽培和酿造技术通过马赛港传入高卢（即现在的法国一带）。罗马人把葡萄园从高卢南部扩展到北部，从东部扩展到西部，直到覆盖整个高卢。葡萄园从罗讷河谷开始，相继经过勃艮第、波尔多、卢瓦尔河谷、洛林地区等直到北部罗马的边界。在这一传播过程中，基督教徒成为葡萄与葡萄酒的忠实推广者，大大促进了当地经济的发展和葡萄酒文化的形成。此后，伴随着古罗马帝国的日渐繁荣，罗马版图开始在欧洲大肆扩张，葡萄栽培与酿酒术迅速传遍西班牙、北非及德国莱茵河流域，并最终进入欧洲得以快速发展。直到今天，我们在法国罗讷河谷、德国莱茵河、奥地利多瑙河地区都能找到罗马人留下来的葡萄种植痕迹，葡萄酒开始在欧洲飘香遍地。

在欧亚葡萄一路向西急速发展的同时，人工种植的葡萄也从近东和波斯湾往东方传播，印度早在公元前500年就已经有欧亚葡萄。随后，伴随着丝绸之路的开通，在公元前250年前后，欧亚葡萄向东传入我国西部，并继续向东传到我国西北、华北一带。

历史故事

古希腊人的挚爱

（三）欧洲的发展

公元476年（西罗马帝国覆灭）至公元1453年（东罗马政权结束），被史学家称为欧洲的中世纪时期。此时，天主教占据着思想上的绝对统治，排斥阻碍一切科学生产力方面的进步，造成欧洲文明发展极其缓慢甚至倒退的局面，中世纪因此被定义为“黑暗时期”，但葡萄酒却成为那个时期为数不多的幸运儿。

随着公元476年罗马沦陷，葡萄园的发展承担起了双重使命，在西欧和北欧，基督教的发展有利于修道院和教会葡萄园的开发，在基督教的教义中，葡萄酒被认为是信仰不可缺少的组成部分。公元529年创立于意大利的本笃会修道会发展迅猛，分院遍布欧洲大陆，这些修道士们为了圣餐仪式和纳税的需要，开辟了大片的葡萄园，细心研究葡萄的修剪、引枝、酿造技术等，极大地提升了葡萄酒的品质，这在法国的勃艮第地区尤为明显。公元1098年，西多会在法国勃艮第第戎地区应运而生，他们倡导恢复本笃会的原始精神主张，注重劳动和苦修，在开发葡萄园方面做出了突出的贡献。他们率先提出了Climat概念，即风土，并强调在有特定范围和名称的土地上，凭借特殊的条件，能够出产区别于其他环境的葡萄酒。他们会把这些Climat用石墙区隔开来。本笃会和西多会的足迹遍及卢瓦尔河谷、香槟、莱茵高等一系列知名产区，对当今旧世界葡萄酒格局产生了重要影响。

（四）世界范围内的扩张

15—16世纪，西班牙与葡萄牙的崛起给世界发展带来了新的契机，哥伦布新航路的开辟，促成了美洲与欧洲的物种大交换。大量的食物，诸如土豆、辣椒、玉米等被带入

欧洲，成为欧洲餐桌上的美食，而欧洲人引以为豪的葡萄酒自然也被殖民与移民的大潮带入美洲。葡萄酒世界开始开启另一扇大门，葡萄酒行业在南美、北美境内新的人口聚居地迅速发展了起来。修道院的葡萄园如雨后春笋般涌现，由修士虔诚打理。据记载，1530年，葡萄种植技术传播到了墨西哥，此后，秘鲁、智利、阿根廷也开始种植葡萄。随着探索的不断深入，16世纪文艺复兴后，葡萄牙、西班牙、英国与法国等国传教士开始在新大陆建立定居点，为葡萄种植与酿造提供人文环境；1654年，荷兰殖民者在南非开普地区建立葡萄园，随后，法国新教徒于1688年开拓了葡萄园；17世纪，定居在墨西哥的基督教会教士将欧亚葡萄引入了北美，在此之前，北美只有美洲葡萄；1788年，随着首次定居澳大利亚的英国人船队的到来，葡萄开始在澳大利亚与新西兰扎根发芽。自此，世界葡萄酒的格局基本形成。

历史故事

葡萄酒的新航线

第二节　欧亚葡萄在我国的传播与发展
Spread of Vitis Vinifera in China

我国是葡萄属植物的起源中心之一。葡萄酒是野生浆果通过附着在其果皮上的野生酵母自然发酵而成的果酒。葡萄酒的发酵自然天成，这与我国“猿猴造酒”的传说不谋而合。葡萄，在我国古代曾叫“蒲陶”“蒲萄”“蒲桃”“葡桃”等，葡萄酒则相应地叫作“蒲陶酒”等。葡萄栽培在我国有非常悠久的历史，《国风・王风・葛藟》曾记载：“绵绵葛藟，在河之浒。终远兄弟，谓他人父。谓他人父，亦莫我顾。”在《诗・周南・蓼木》中也有记载：“南有蓼木，葛藟累之；乐只君子，福履绥之。”这表明早在殷商时代，我国劳动人民就已知道采集食用各种野生葡萄了。在约3000年前的周朝，我国就已经存在人工栽培的葡萄园。

我国引入欧亚葡萄(Vitis Vinifera)始于汉武帝时期。目前，一般认为我国最早种植欧亚葡萄、酿造葡萄酒的地区是新疆，距今有2300—2400年历史。在我国古代史籍中，新疆属于“西域”，狭义指葱岭以东的广大地区，即昆仑山以北、敦煌以西、帕米尔以东的今新疆天山南北地区；而广义则泛指玉门关以西，其核心部分则是包括我国新疆在内的中亚地区。也有学者认为，公元前5世纪西域中亚和中国新疆用来酿造葡萄酒的葡萄原料可能是欧亚葡萄，它们大约在波斯帝国时期经小亚细亚、南高加索地区、伊朗高原及中亚细亚阿姆河与锡尔河地区向东传入新疆。

我国葡萄酒虽已有漫长历史，但葡萄与葡萄酒生产始终为副业，未在中原地区受到足够重视，产量不大，直到1892年爱国华侨张弼士在烟台建立酒厂，我国葡萄酒产业才走向工业化道路。

总之，欧亚葡萄在我国的传播与发展经历了如下几个阶段。

一、起始于西汉——欧亚葡萄传入中原

西汉时期，张骞出使西域(从甘肃敦煌经西边的阳关，到新疆乃至中亚细亚，再至伊

朗等地)，开拓了后世闻名的“丝绸之路”。《史记·大宛列传》中记载“宛左右以蒲陶为酒，富人藏酒万余石，久者数十岁不败……”大宛，古西域国名，在今中亚的塔什干地区，盛产葡萄、苜蓿，以汗血马著名。

葡萄栽培术与酿酒术正是通过丝绸之路这一商业渠道传入我国中原地区的，因而，欧亚葡萄引入的路线大概是从中亚细亚进入新疆，到达兰州，最后到达汉朝都城长安。到了三国时期，民间葡萄种植业有了一定的发展，黄河流域已经种植有品质优良的葡萄品种，在曹植的《种葛篇》中也有“种葛南山下，葛藟自成阴”的诗句。但当时葡萄酒十分珍贵，并没有得到广泛传播。

张骞出使西域

建元元年(公元前140年)，汉武帝刘彻即位，张骞任皇宫中的郎官。建元三年(公元前138年)，汉武帝招募使者出使大月氏，欲联合大月氏共击匈奴，张骞应募任使者，于长安出发，经匈奴，被俘，被困十年，后逃脱。西行至大宛，经康居，抵达大月氏，再至大夏，停留了一年多才返回。在归途中，张骞改从南道，依傍南山，企图避免被匈奴发现，但仍为匈奴所得，又被拘留一年多。元朔三年(公元前126年)，匈奴内乱，张骞乘机逃回汉朝，向汉武帝详细报告了西域情况，武帝授以太中大夫。因张骞在西域有威信，后来，汉遣使者多称其为博望侯，以取信于诸国。

张骞出使西域本为贯彻汉武帝联合大月氏抗击匈奴之战略意图，但出使西域后，实际促进了汉民族和少数民族文化的交流，使中原文明通过丝绸之路迅速向四周传播。因而，张骞出使西域这一历史事件便具有特殊的历史意义。张骞对开辟从中国通往西域的丝绸之路有卓越贡献，举世称道。

来源 文旅中国

案例思考：探析丝绸之路对世界葡萄酒文化传播的意义及“敢为天下先”的开拓精神与民族精神。

思政启示

二、繁荣于唐朝——进入寻常人家

唐朝是我国葡萄种植和酿造的辉煌时期，这时，由于疆土扩大、国力强盛、文化繁荣，喝酒已不再是王公贵族、文人名士的特权，葡萄与葡萄酒大量走向民间。李白诗中的“葡萄酒，金叵罗，吴姬十五细马驮，青黛画眉红锦靴，道字不正娇唱歌”反映了葡萄酒在唐代已经在民间普及，但仍然价值不菲，它与金叵罗一样，可作为少女出嫁的嫁妆。此外，唐代还有很多描写葡萄与葡萄酒的诗句，如王翰的“葡萄美酒夜光杯，欲饮琵琶马上催”，刘禹锡有也言“珍果出西域，移根到北方”，韩愈也有“柿红葡萄紫，肴果相扶檠”的诗句。这都表明，葡萄酒已在唐朝时期在民间已有广泛的传播。

三、兴盛于元代——种植区域扩展

元代是我国古代葡萄酒的兴盛时期，葡萄种植面积有了很大扩展，酿酒数量也是前

所未有的。《马可·波罗游记》中记载了公元13世纪元代河北、山东、山西等地种植葡萄酒的情景："我们向西走了30里（1里＝0.5千米），沿途常有葡萄园，从涿州向西旅行10天，到太原府城，又见许多好看的田地的大葡萄园。"考虑到粮食短缺等问题，元世祖十分重视农桑，并要求朝廷专管农桑、司农司编纂农桑方面的书籍，《农桑辑要》《博闻录》中都有大量葡萄栽培方面的记载。可见在元代葡萄栽培不仅政府重视，确也达到了相当的栽培水平。不仅如此，元代在葡萄酒酿造税收方面也给予了大量的政策扶持，因此葡萄酒在元代达到了较高的发展水平，并集中体现在了诗词、元散曲、绘画等文化艺术领域之中。

四、成于清代——工业化酿酒开始

到了明朝，葡萄酒则失去了政策的扶持，白酒（蒸馏酒）与黄酒得以发展与流行，葡萄酒失去往日风光。但葡萄酒毕竟已有相当的基础，在一些书籍与文学作品中均有体现。明朝李时珍所撰《本草纲目》中对葡萄酒的酿造及功效进行了研究与总结，里面就有葡萄酒能"暖腰肾，驻颜色，耐寒""葡萄皮薄者味美，皮厚者味苦"等句子。

清朝是我国葡萄酒发展的转折点。一者西部逐渐稳定，葡萄种植与品种均有明显增加；二者海禁开放，葡萄品种大量增加，开始出现国外进口葡萄酒。据《清稗类钞》记载："葡萄酒为葡萄汁所制，外国输入甚多，有数种。不去皮者色赤，为赤葡萄酒，能除肠中障害。去皮者色白微黄，为白葡萄酒，能助肠之运动。"清末民初之时，葡萄酒不仅是王公、贵族的专属，在一般社交场合及酒馆里也开始兴盛。1892年，爱国华侨实业家张弼士在烟台芝罘创办了张裕葡萄酒公司，大量引入欧亚葡萄，开始在烟台栽培酿造。这是我国葡萄酒业经过2000多年的漫长发展后，出现的第一个近代新型葡萄酒厂，它的建成标志着中国葡萄酒民族工业的开端，也标志着中国葡萄酒工业的诞生。

知识链接

张弼士与葡萄酒

张弼士，清朝晚期著名的爱国华侨，官拜一品，俗话说"南有胡雪岩，北有张弼士"。19世纪末期，清政府中的一些爱国人士开展了洋务运动。由于张弼士先生早年漂洋过海到荷兰当过学徒，下过南洋，并逐渐拥有了自己的事业，财富与日俱增，于是后来代表中国商团远赴美国，并受到美国威尔逊总统接见，同美国人合资成立了中美银行、远洋轮船公司等。张弼士为了振兴祖国，也做起酿酒生意。关于张弼士选择在烟台投资建厂，还有一个小故事。当年，张弼士去拜访法国驻马来西亚参赞，第一次喝到了葡萄酒，其间他和这位法国参赞聊起了葡萄酒的酿造技术等事情。法国人告诉他，当年八国联军进攻中国的时候一些法国士兵在烟台登陆了，发现烟台周边有很多葡萄非常合适酿酒，这些士兵当时就产生了打完仗要在烟台酿酒的想法，但是不了了之。和法国参赞交谈以后，张弼士就有了到国内开设葡萄酒公司的想法，并于1892年创办了张裕葡萄酒公司。当时张弼士在烟台周围考察了好多年，最终在烟台东山（也就是现在的葡萄山）上开辟了400亩（1亩＝666.67平方米）的葡萄园。

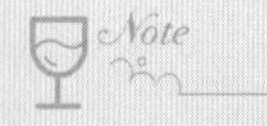

来源 蓬莱区葡萄与葡萄酒产业发展服务中心

案例思考:探析张裕葡萄酒公司在我国现代葡萄酒工业中的地位及张弼士"实业兴邦"的企业家精神。

思政启示

本章训练

章节小测

□ **知识性训练**

1. 介绍葡萄种群的起源与演化过程。
2. 制作葡萄酒传播路线图。
3. 介绍欧亚葡萄在我国的传播阶段与过程。
4. 介绍新、旧世界葡萄酒的相同及不同之处。

□ **技能性训练**

1. 根据所学知识,对世界葡萄酒起源、发展与传播历史进行讲解训练。
2. 尝试绘制世界葡萄酒产区分布格局图,并解析新、旧世界葡萄酒产国的异同之处。
3. 详细梳理我国葡萄酒历史发展脉络,设定多个命题,对中国葡萄酒文化进行拓展性讲解训练。

Note

第二章
葡萄栽培与酿造

本章概要

本章主要讲述了葡萄的系统分类、葡萄的栽培管理、酿造以及葡萄酒风格等相关内容，明确了葡萄科、属的系统分类以及栽培葡萄的具体分类基准；葡萄栽培方面主要介绍了葡萄的一年四季的生长阶段以及各阶段需要的维护与管理工作；葡萄酒的酿造详细介绍了红、白、桃红葡萄酒的酿造方法与程序，同时还详细阐述了与葡萄酒酿造有直接关系的橡木桶的主要产地、制作工艺等内容；另外，本章还包含了葡萄酒的基本类型、质量与风格以及酒标阅读等内容。同时，在本章内容之中附加与章节有关联的历史故事、知识链接、思政案例、章节小测及教学视频（二维码）等内容，以供学生深入学习。本章知识结构如下：

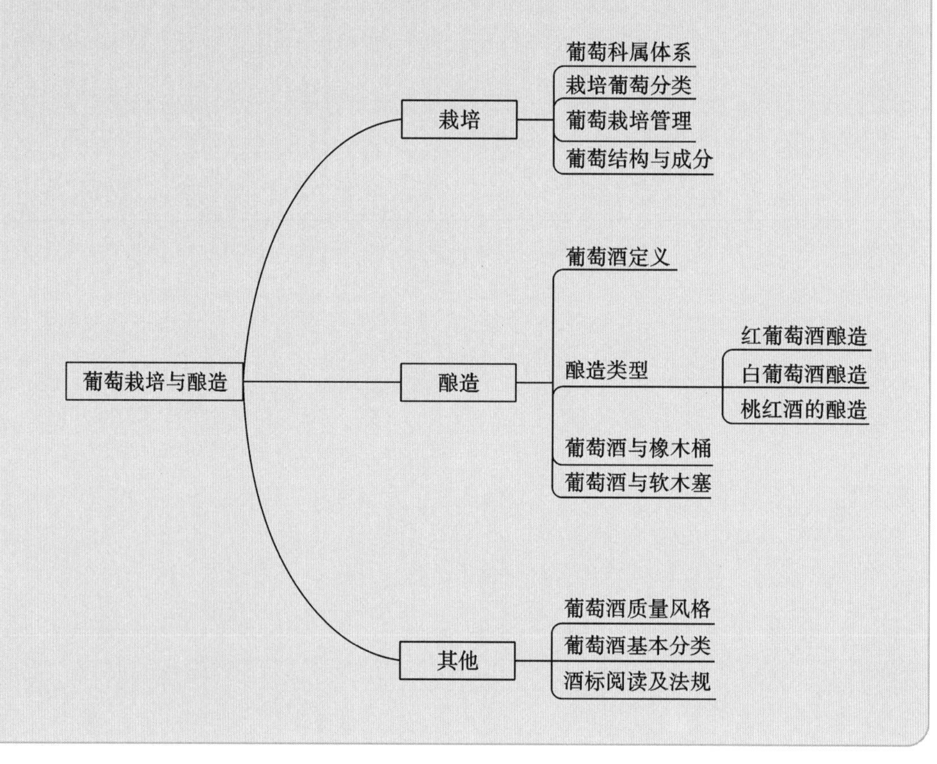

学习目标

知识目标：了解葡萄的系统分类，红、白、桃红葡萄酒的酿造工艺与程序；了解葡萄的四季管理常识；了解橡木桶的主要产地及制作工艺；理解橡木桶的使用对葡萄酒风格的影响；掌握葡萄酒的主要类型及酒标阅读方法，并能从葡萄栽培与酿造等各方面，理解影响葡萄酒风格、质量的因素。

技能目标：运用本章知识，能够分析不同类型葡萄酒质量与风格形成的影响因素，具备识别葡萄酒酒标的能力，并能判断葡萄酒的口感风格及质量等级，具备服务讲解能力；通过对本章知识点相关的产区考察、酒庄实训及品鉴等认知活动，能够理论联系实际，在真实工作场景中具备对葡萄栽培与酿造理论的灵活运用及举一反三的能力。

思政目标：通过本章学习，解析人类在葡萄栽培与酿造方面的历史传统和人文理念，让学生理解其中蕴含的思想价值和精神内涵，提升历史文化素养；通过葡萄园及酿酒车间认知劳作等实践活动，让学生感悟积极进取、精益求精的匠人精神，养成热爱劳动、践行劳动的良好习惯；通过融入中国葡萄酒案例，让学生了解我国风土及人文优势，初步树立服务我国葡萄酒产业及乡村振兴的使命感和责任感。

章节要点

• 知道：葡萄与葡萄酒结构及主要成分；红、白、桃红葡萄酒酿造步骤；葡萄酒主要类型及酒标命名法。

• 理解：不同种群葡萄属性及特征；葡萄栽培、酿造对葡萄酒风格形成的影响；葡萄酒风格形成的影响因素。

• 了解：植物科属分类方法；葡萄成长规律及四季管理；葡萄酒与橡木桶及软木塞的相互依存的关系；欧洲葡萄酒分级及法律法规。

• 学会：对不同类型葡萄酒的风格进行对比，并分析葡萄酒质量与风格形成的影响因素，学会酒标识别方法。

• 归纳：构建葡萄科属分类、葡萄酒类型、葡萄酒质量与风格影响因素思维导图。

章首案例

戎子鲜酒

第一节 葡萄科属分类
Systematic Classification of Vitis

一、葡萄科植物的分类

葡萄树大多是藤本植物，属于葡萄科家族。在植物学分类中，葡萄科属被子植物门、双子叶植物纲、鼠李目。按照托帕勒的分类方法，葡萄科共有 14 属 968 种。1990 年，李朝銮又将俞藤属加入葡萄科，因而，葡萄科现有 15 个属共 970 种。

葡萄科植物多为藤本或匍匐性灌木，少为直立性灌木、小乔木和草本植物，常借卷须攀缘。广泛分布于温带、亚热带和热带地区。葡萄科中，各属之间形状差异大。其中，最重要的一个属是葡萄属，果实可食用的仅限于葡萄属。

二、葡萄属植物的分类

根据植物的性状，葡萄属又可分为两个亚属，即麝香葡萄亚属（Muscadinia Planch）和真葡萄亚属（Euvitis Planch）。两个亚属性状之间有一定的差异。

（一）麝香葡萄亚属

麝香葡萄亚属较小，仅包括圆叶葡萄（Vitis Rotundifolia Michaus）、鸟葡萄（Vitis Munsoniana Simpson）两个种。麝香葡萄亚属植物多生长于北美洲热带和亚热带森林中，生长势强，对根瘤蚜完全免疫，对真菌病虫害及线虫有较高的抵抗性。圆叶葡萄是麝香葡萄亚属中的常见种，已有栽培品种选育出来，如斯卡佩隆，广泛栽培于美国南部。

（二）真葡萄亚属

真葡萄亚属由目前世界上栽培的大部分葡萄品种组成，属内植物种较多，一般认为数量在 60—70 种。按照物种的原产地划分，真葡萄亚属内物种可分为 3 个种群，即欧亚种群、东亚种群和北美种群。

1. 欧亚种群

欧亚种群原产于欧洲、亚洲西部和北非，经过冰川的侵袭，现仅残留一个种，即欧亚葡萄（Vitis Vinifera）。欧亚葡萄有两个亚种，即野生型葡萄和栽培型葡萄。欧亚葡萄是栽培价值较高的一个种，是目前酿造葡萄酒所需的葡萄品种的主要来源，目前已拥有 5000 多个优良栽培品种，广泛栽培于全世界。然而，该种群对真菌、根瘤蚜等葡萄叶病虫害极其敏感。

2. 东亚种群

东亚种群原产于中国、朝鲜、日本及俄罗斯等地，生长强健。东亚种群包括 39 种以上的葡萄，在我国约有 30 种，如广泛分布于我国东北地区的山葡萄。东亚种群变种较多，类

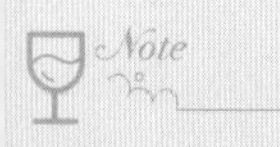

型丰富，是良好的育种原始材料，有较强的耐寒特性。东亚种群中比较重要的分类有：

(1) 山葡萄 Vitis Amurensis Rupr；

(2) 毛葡萄 Vitis Quinquangularis Rehd；

(3) 刺葡萄 Vitis Davidii Foex；

(4) 秋葡萄 Vitis Romanetii Roman；

(5) 毛叶葡萄 Vitis Lanata Roxb。

3. 北美种群

北美种群原产于美洲，包括了28种葡萄，主要生长于北美东部森林、河谷中，具有明显的抗根瘤蚜特性。目前，通过长期的育种，已产生了一批抗根瘤蚜品种和欧美杂交种。北美种群中比较重要的分类有：

(1) 美洲葡萄 Vitis Labrusca L；

(2) 河岸葡萄 Vitis Riparia Michx；

(3) 沙地葡萄 Vitis Rupestris Scheele；

(4) 冬葡萄 Vitis Berlandieri Planch；

(5) 夏葡萄 Vitis Aestivalis Michx。

综合以上内容，葡萄科属情况如图2-1所示。

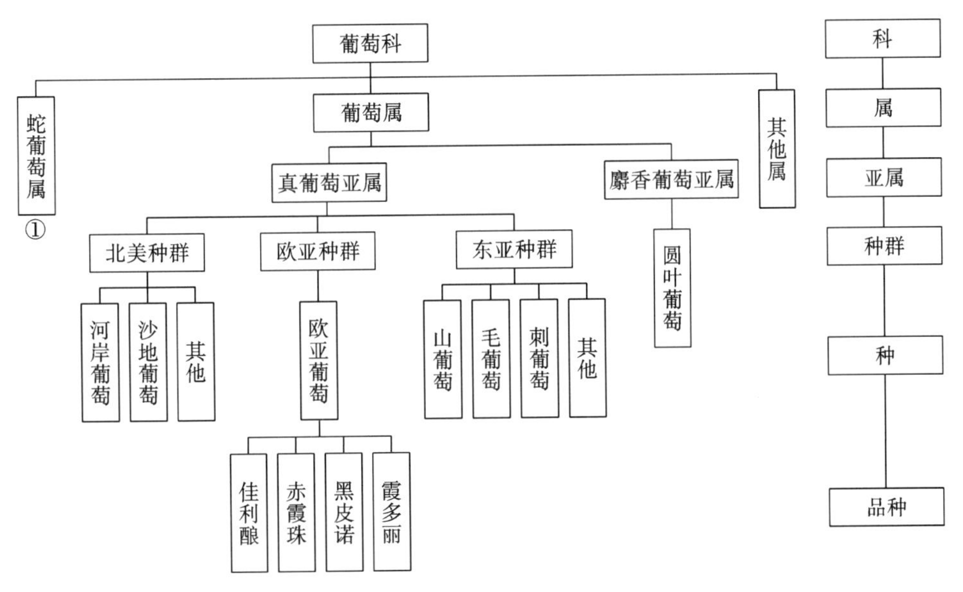

图2-1 葡萄科属情况

三、栽培葡萄分类

葡萄品种繁多，全世界栽培葡萄品种在10000个以上，实际用于生产的约3000多个。葡萄品种的分类方法有多种，可以根据品种起源、酿造用途等进行划分。

（一）按照品种起源划分

1. 欧亚品种群

欧亚葡萄(Vitis Vinifera)是葡萄属中具有极高经济价值的种群，目前全世界各国

栽培的品种大部分属于此类。根据涅格鲁里分类方法，该品种群可分为东方品种群、黑海品种群和西欧品种群三大类。

(1) 东方品种群。

该种群形成于沙漠、半沙漠干燥地区，一般叶面光滑，背面无毛，或仅沿叶脉上生有刺毛，果穗较大，一般无香气，种子大，生长期长，抗寒性差。宜在雨量少、气候干燥、光照充足的地区栽培。东方品种群在栽培过程中，逐渐形成了里海亚群和南亚亚群。前者起源于较早的酿酒类型，如玛特拉萨等；后者起源于较晚的鲜食类型，如龙眼、牛奶、无核白、粉红太妃等。东方品种群多为鲜食和制干品种，是选育大粒、鲜食、无核品种的重要原始材料。有些品种也可以用于酿造，如龙眼。

(2) 黑海品种群。

该品种群主要分布于黑海沿岸各国，一般叶背面有茸毛或刺毛，果穗中等，果肉多汁、生长期较短，抗旱性弱，抗寒性强。黑海品种群又分为格鲁吉亚亚群、东高加索亚群及巴尔干亚群。黑海品种群绝大多数适用于酿酒，如晚红蜜、白羽等，也有少数品种适于鲜食，如保加尔。

(3) 西欧品种群。

西欧品种群主要分布于西欧诸国，如法国、意大利、德国、葡萄牙等。一般叶背有茸毛，果穗小，果肉多汁，种子小，生长期较短，抗寒性差。该种群绝大多数适合酿酒，如赤霞珠、黑皮诺、法国蓝、佳利酿等。少数可鲜食，如瑞必尔等。

2. 北美品种群

北美品种群起源于美洲，一般卷须连续着生，叶背常被白色或棕色茸毛，具有特殊的狐臭或草莓香味，如康可等。

3. 欧美杂交品种群

该品种群指以欧亚品种群与北美品种群杂交育选出来的品种群，著名的品种有黑赛必尔、玫瑰露等。

4. 欧亚杂交品种群

欧亚杂交品种群指以东亚品种群与欧亚品种群杂交选育出来的品种，一般东亚品种群多选择抗寒性强的山葡萄，如中国科学院植物研究所北京植物园育成的北玫、北醇、北红，以及吉林农业科学院果树研究所育成的公酿一号、公酿二号等。

5. 东亚品种群

东亚品种群指从东亚种群野生葡萄中选育出来一些两性花品种，以其为父母本杂交出来的一些品种。如山葡萄品种中的双庆、双红、双丰、双优等。

6. 圆叶葡萄品种群

该品种群只在美国东南部的一些地方栽培，著名的品种有斯卡普浓、汉特、托马斯等。它的果实具有特殊的芳香，葡萄酒也别具一格。由于采收后香味很快就会损失掉，所以种植范围较窄，仅在当地有一定分布。

(二) 按照酿造用途划分

所有葡萄可以根据用途分为鲜食品种、酿造品种、制干品种、制汁品种四类。

1. 鲜食葡萄品种

鲜食葡萄品种即主要用于新鲜食用的葡萄品种，这类品种总体外形美观，品质优

良，适于运输与储藏。果柄与果粒不易分离，果穗中等偏大，浆果颜色常分为白色、红色、黑色3种，少数品种有中间色，如粉色、紫黑色等。果皮薄，不带涩味，皮肉容易分离。常见的有巨峰葡萄、苏丹娜葡萄等。

2. 酿造葡萄品种

酿造葡萄品种主要用于酿造红、白、桃红葡萄酒、强化酒及白兰地等。这些酿造葡萄品种根据酿造葡萄酒的种类不同又分为如下几类。

(1) 酿造红葡萄酒品种。

酿造红葡萄酒品种即主要用于酿造红、桃红葡萄酒的品种。这类品种一般果实色泽较深，含糖量高，含酸中等，单宁丰富。常见的有赤霞珠、品丽珠、蛇龙珠、美乐、小味尔多、佳利酿、佳美、西拉、丹魄等。

(2) 酿造白葡萄酒品种。

酿造白葡萄酒品种即主要用于酿造白葡萄酒的葡萄品种，这类品种一般果实色泽较浅，含糖量高，含酸量中高，具有典型的香气。常见的品种有贵人香、霞多丽、雷司令、长相思、赛美蓉、白羽、白诗南、琼瑶浆等。

(3) 酿造强化酒品种。

酿造强化酒品种即主要用于酿造酒精度较高(通常14% vol—16% vol)、甜、干型开胃酒的品种，一般糖、酸含量较高，富有品种典型性，红、白葡萄品种均有。常见品种有国产多瑞加、小白玫瑰、福明特等。

(4) 酿造白兰地品种。

酿造白兰地品种主要用于酿造白兰地，一般含酸量较高，无特别香气，产量较高。常见品种有白玉霓、鸽笼白、白羽、龙眼、艾伦、白福尔、佳利酿等。

(5) 染色品种。

染色品种主要用于对其他品种酒进行调色。常见品种有紫塞北、烟73、烟74等。

3. 制干葡萄品种

这类品种含糖量高，含酸量低，香味浓，通常无核或少核。制成的葡萄干质地柔软，色泽均衡，风味适宜；在储藏期间，一般不会发生粘连现象。我国新疆是制干葡萄的主要分布区，主要品种有无核白、无核红。选育的品种的京早晶、大无核白等。

历史故事

四处扎根

4. 制汁葡萄品种

这类品种的葡萄要求汁液必须在灭菌后保持原有的香味。香味浓郁的美洲葡萄“康可”(Concord)受巴斯德灭菌的影响很小，因此康可成为美国一个主要的制汁葡萄品种。在中欧，白雷司令、沙斯拉可用来制汁。在法国南部阿拉蒙，佳利酿是主要的制汁葡萄品种。在我国，制汁常用的为玫瑰香，少数为佳利酿、柔丁香。

第二节 葡萄结构与成分
Structure and Composition of Grape

我们通常所指的酿酒葡萄与鲜食葡萄有很多不同之处。酿酒葡萄果串普遍较小，果粒之间较为紧凑，颗粒精致，小巧，果皮厚，果肉少，富含色素与单宁。另外，酿酒葡萄的天然糖分与酸度含量也比鲜食葡萄高。因此，优质葡萄酒在酸度、单宁、酒精等物质的作用下可陈放数年。葡萄果粒一般由果皮、果肉、果籽与果梗构成。

一、果皮

果皮是酿造红葡萄酒的重要原料，是葡萄酒颜色的重要来源，含有相当多浓缩的色素。主要由蜡质层、表皮和内皮层组成。

（一）蜡质层

蜡质层也称为角质层，主要成分为油烷酸，具有防水作用。

（二）表皮

蜡质层之下是表皮，带有皮孔。含有丰富的纤维素、果胶、色素、单宁和风味物质。

（三）内皮层

表皮之下是内皮层，或称为表皮下层细胞。内皮层由 7—8 层细胞构成，它们的液泡中含有对酿造红葡萄酒十分重要的色素（花青素）、单宁与香味成分。果皮中的还含有大量钾和微量元素，是红葡萄酒中矿物质元素的主要来源。在果皮表面，还有一层粉末状物质，称为果霜(Bloom)。果霜中含有许多微生物，包括野生酵母。

从重量上来说，一颗成熟的葡萄中葡萄皮所占的比例在 5%到 12%之间（不同品种，其果皮比例有所差异）。葡萄皮的厚度通常在 3 微米到 8 微米之间。葡萄颗粒越小，果皮含量越高，所酿的葡萄酒通常风味越足。

二、果肉

果肉是葡萄果实中最重要的部分，位于内皮层之下，由充满果汁的大细胞组成。主要成分是水分、碳水化合物、酸、葡萄糖以及果糖等物质，是对葡萄酒容量贡献最多的原材料。

三、果籽

果籽富含苦油，不同的葡萄品种，其果籽的数量与大小均不同。所以在压榨时，应避免压破果籽，否则会在葡萄酒中释放油脂与苦味单宁。

四、果梗

果梗含有大量单宁，但果梗并不是一无是处，优质果梗可以为葡萄酒提供更多单宁，但如果使用不成熟或已木质化的果梗，对葡萄酒则没有任何益处。

葡萄果粒生理构造如图 2-2 所示。

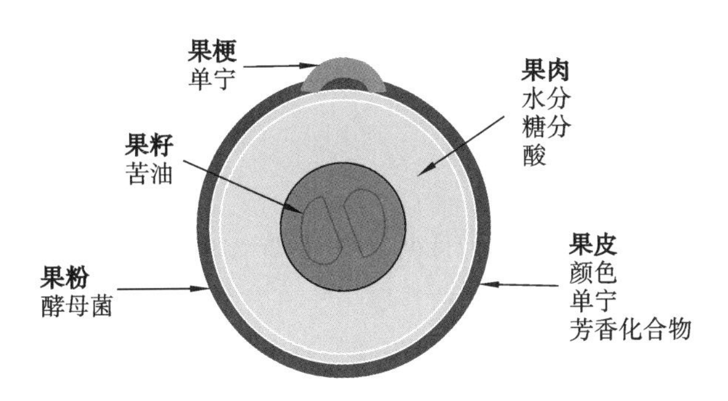

图 2-2 葡萄果粒生理构造图

第三节 葡萄的生长周期
Grape Growing

葡萄栽培主要包括葡萄的繁殖与育苗、葡萄的栽培方式、葡萄的整形与修剪、葡萄的采收与运送管理、葡萄园的改土与定植、葡萄园的浇灌与排水，以及土壤的耕作与管理、营养的补充与施肥等。本节只针对葡萄浆果的生物化学变化情况做如下认知性整理，通过展示葡萄的生长周期，呈现影响葡萄酒质量的因素。

一、发芽

葡萄树是一种多年生植物，从发芽到结果循环往复，葡萄的孕育过程从冬天便已经开始了。到了春天，当气温上升，万物复苏，气温上升至 10 ℃左右时，即 4 月份前后(南半球 10 月份)，冬芽开始膨大，鳞片裂开，葡萄开始抽出嫩芽。不过这时的芽孢非常脆弱，抵御病虫害与恶劣天气的能力较差，因此如果遇到倒春寒等恶劣天气，这一年的葡萄将有一个艰难的开始，从而影响该年份葡萄的质量。防霜冻是这阶段的重点工作，在法国香槟区和夏布利地区，常常会在葡萄园里放置火炉，为葡萄藤取暖。另外，拖拉机瓦斯喷火炉、洒水以及使用大型风扇或直升机吹散冷空气都是经常被用到的方法。

春天是农耕的开始，这时尤其是一些坡地，会用牛马耕地以疏松土壤，同时抑制杂草生长，这种方法除了可以减少对葡萄树干的伤害外，也可以防止机器压实土壤。葡萄园除草工作是田间管理的重要内容，这对改善葡萄园通风、减少病虫害非常有利。当然，19 世纪末，开始出现了葡萄园生草制度，这一新的管理方法对减少水土流失、生产优质绿色食品发挥了积极作用。具体管理需据实而定。

二、抽梢

新芽长出后的半月左右，即 5 月份前后(南半球 11 月份)，树叶开始伸展开来，此时需要充足的阳光。这一时期是白粉病的易发期，需格外注意。另外，在芽苞萌动但尚未展叶之时，需要进行抹芽工作，之后新梢长到 20 cm 时进行定枝工作。最后，还需要将

葡萄的发芽、开花与坐果

知识链接

春季展藤

留下来的葡萄新梢绑缚到支架上，以引导新梢的生长，进入下一个阶段。

三、开花

葡萄的开花

发芽抽梢的2个月后，即6月份前后(南半球12月份前后)，葡萄藤进入下一个重要阶段——开花期。这时气温升高，日照量充足，在温度达到20℃左右时，葡萄花蕊在新梢根部一分为二，葡萄树开始长出白色花朵。开花季的半月后，授粉完成，花朵退去，雌蕊根部便形成硬小、细嫩的果实(葡萄果粒)，这一过程通常需要10天左右。其间，部分花朵通过授粉发育成果实，称之为坐果，最终形成葡萄浆果，而未授粉的花朵则会脱落。每年收成的好坏的重要影响因素是授粉的成功率。寒潮的天气以及病虫害是这一时期最大的风险。在花期之后，一般进行摘心截顶工作，让有限营养供应有限葡萄，提高葡萄坐果率。

四、坐果

开花季的半月后，即7月份前后(南半球1月份前后)，花朵退去，果柄上会露出小的葡萄果粒，葡萄浆果形成，称为坐果期或者幼果期。此时，葡萄细胞开始分裂，果实迅速增大，酸味成分迅速增加，糖分出现。这时，应摘除掉多余的花台和枝梢，减少葡萄养分流失。另外，果农们仍然最关注天气的变化，恶劣的天气不仅会影响葡萄的坐果率，还会影响到颗粒的大小及其均匀程度。落果与发育不良是葡萄在这一时期常出现的问题，通常是由糟糕的天气所致。

五、转色期

葡萄的转色与成熟

从7—8月份开始(南半球1—2月份)，随着幼果的成长，葡萄果粒开始渐渐成熟，果粒会变软，葡萄果皮开始着色，慢慢进入成熟状态。其间，果皮叶绿素开始分解，红葡萄果皮颜色逐渐变为深红色、墨蓝色或黑色，白葡萄逐渐变浅，呈现微绿带淡黄色。这一时期的果肉也开始发生变化，糖分得以积累，酸度慢慢下降，同时，葡萄风味也越加浓厚，当达到糖酸平衡后便进入成熟阶段，果实成熟，生长停止便可以采摘了。在这一阶段之始，如果产量过高，可以进行一定比例的果穗修剪，尽早疏果。另外，在转色期，还需要进行摘叶工作，增强果粒光合作用，以促进果实的成熟。

六、成熟

葡萄的成熟度检测

9月份葡萄普遍成熟(南半球3月份)，果皮颜色也已深化。果汁的酸度降低，糖分剧增，单宁和香味物质慢慢形成，果肉开始软化。此阶段，可以做糖酸度检测。传统上，葡萄开花后100天被认定为进入成熟期。葡萄成长到一定程度的指标主要包括糖分与酸度是否均衡、果香等风味物质是否充分、酚类物质是否成熟等。从葡萄外观上看，红葡萄颗粒必须有一致的深紫色泽，不能带有绿色，而白葡萄也必须有一致的淡绿或淡黄色。另外，果梗也由原来饱满的绿色开始转变为棕色并开始木质化。这一时期的天气变化仍然是重中之重，任何干旱与洪涝灾害都会影响葡萄糖分与酸度的均衡，影响葡萄的风味走向。尤其在北半球产国，好的年份对葡萄酒质量至关重要。为了确保果串可

以吸收更多的日照与得到充足的养分，这一阶段一般需要摘叶疏通。

七、采收

葡萄的采收通常在9—10月份完成，个别晚收品种或用于酿造特殊酒类的品种会延长至11月份甚至更晚的时间。首先，葡萄采收时间的确定是该阶段的首要工作，适时采收对葡萄酒颜色、香气以及酸、糖平衡都有好处，采收的日期取决于产地、品种、当年气候条件以及想要获得的葡萄酒风格。这一阶段，可通过早熟、中熟还是晚熟的品种物候期及品尝确定采收时间。在这个过程中，葡萄一旦进入转色期，定期的采样分析也是不可或缺的技术工作（如糖分检测）。采收方式，目前有人工与机械两种。前者可以更好地保障质量，但成本较高；后者效率高，节省成本，但目前主要为水平摇动式机器采收，对地形及树的整形方式有一定的要求，对葡萄也有一定有破坏，两者各有利弊。

八、越冬与修剪

进入11月份（南半球5月份），随着气温的降低，葡萄树开始落叶。落叶后的葡萄藤进入植物生长的休眠状态，称之为冬眠期。接下来的工作是为葡萄园施冬肥和修剪枝蔓，以提高葡萄藤的抗寒能力。葡萄藤在12月份（南半球6月份）到来年2月份会一直处于休眠状态，果农们的重点工作就是根部的保暖，特别是新栽的葡萄树。

葡萄起源于温带，属于喜温作物，耐寒性较差，一般认为冬季－17 ℃的绝对最低温等温线是我国葡萄冬季埋土防寒与不埋土防寒露地越冬的分界线。为了防止葡萄冻害，我国很多产区入冬后需要用土壤将葡萄藤埋起来，以让葡萄更好地越冬。不需要埋土越冬的产区，通常会在这一时期对葡萄藤进行修剪，以此刺激葡萄的生长活力，便于葡萄藤从沉睡中苏醒。2月份后，果农开始为葡萄园犁土和施肥，借此来提高土壤的透气性，为其补充营养的补充。而在一些气候温暖的地区，当温度上升到10 ℃后，葡萄藤的枝蔓开始萌芽，葡萄进入下一个生命的历程。

葡萄果实生命周期的每个节点决定了葡萄最终成熟的质量及风味特质的形成，葡萄的质量很大程度上影响葡萄酒风味及细节变化。好的葡萄酒首先出自葡萄的良好培育与管理，这一点或许是所有果农及酿酒师们共同遵守的信条，因此葡萄一年四季的栽培管理尤为重要。青岛九顶庄园划分的葡萄生长期见图2-3。

历史故事

培植和选种

第七届宁夏贺兰山东麓葡萄迎春展藤节

冬藏埋土，迎春展藤，是贺兰山东麓葡萄种植的独特方式。冬季，要对葡萄藤进行修剪并用土压埋，帮助葡萄藤顺利度过严冬；春季，则将葡萄藤从土壤中重新挖出来，上架、绑扎。每年的出土展藤，都代表着新的一年葡萄开始生长发育。葡萄酒产业是宁夏回族自治区确定的九大重点产业，2015年以来，贺兰山东麓葡萄春耕展藤节已成为我区传承葡萄农耕文化的一项品牌活动。第七届宁夏贺兰山东麓葡萄春耕展藤节以“传承葡萄农耕文化·宁夏葡萄酒当惊世界殊”为主题，旨在进一步传承葡

图 2-3 青岛九顶庄园划分的葡萄生长期图

萄农耕文化，推进葡萄酒产业高质量发展，提升产品竞争力、品牌影响力和产业带动力，助力乡村振兴，让宁夏葡萄酒当惊世界殊。“本届展藤节是推动产业融合、乡村振兴的重要举措。葡萄酒产业是一二三融合发展的产业，在推动乡村振兴方面扮演着重要角色。”宁夏贺兰山东麓葡萄产业园区管委会相关负责人介绍，葡萄酒产业已成为宁夏扩大开放、调整结构、转型发展、促农增收的重要产业。

来源 《新消息报》2021-04-13

案例思考：思考我国主要的埋土防寒区对严寒的应对措施以及葡萄酒产业对发展区域经济的作用。

思政启示

第四节　葡萄酒定义与主要成分
Definition and Composition of Wine

一、葡萄酒定义

根据国际葡萄与葡萄酒组织的规定，葡萄酒是指以破碎或未破碎的新鲜葡萄果实或葡萄汁经完全或部分酒精发酵后获得的饮料，多数葡萄酒的酒精度不低于 8.5% vol（我国规定为大于或等于 7.0% vol）。某些地区由于气候、土壤、品种等因素的限制，其酒精度可以降低到 7% vol。按照中华人民共和国国家标准《葡萄酒》(GB/T 15037—2006)，葡萄酒的生产应满足下列三个条件。

（一）原料必须是鲜葡萄或葡萄汁

大部分酒庄或酒厂有属于自己的葡萄园，其酿酒车间通常位于葡萄园内，这样就可以直接采收新鲜葡萄，并可令其直接进入酿造阶段。有的酒厂用外购的葡萄汁进行酿

酒，这也是政策允许范围之内的。当然，葡萄酒酿造时，葡萄越新鲜质量越好。

（二）必须经过全部或部分发酵工艺

这里的发酵指酒精发酵，在发酵过程中，葡萄汁中的糖分如果全部转化为酒精，则酿成的酒为干型；如果部分转化为酒精，保留部分糖分，则会酿造成半干型或甜型葡萄酒。在发酵过程中，还有很多分解、合成、转化等化学反应，这也是葡萄酒品质的重要影响因素。例如，对红葡萄酒来说，人们在酿造过程中对其葡萄皮中的花青素、单宁、矿物质元素、香味等成分会进行长时间的萃取，引发了许多生物化学反应，葡萄酒中产生了大量呈香呈味物质，这赋予了葡萄酒独特的色、香、味。

（三）酒精度大于或等于 7.0% vol

国际葡萄与葡萄酒组织的规定“某些地区由于气候、土壤、品种等因素的限制，葡萄酒酒精度可以降低到 7% vol 以下”，之所以规定酒精度，主要是为了强调原料的品质。如果原料含糖量过低，发酵后酒精度便会偏低，同时也意味着其他营养物质的含量也严重不足。

二、葡萄酒主要成分

葡萄酒有 600 余种成分，主要为水分、酒精、酸、糖分、酚类、矿物质、维生素、香气物质等。以 12% vol 的干红为例，其中含有 12% vol 的乙醇，80%以上的水分，其余的是多酚（包括单宁、色素等）、甘油、高级醇、糖类、有机酸、氨基酸、矿物质、维生素及芳香物质等。当然，这些成分会随着时间的推迟发生变化。

这些物质大致分为十大类。

（一）水分（Water）

葡萄酒里面有 80%为水分，主要来自葡萄果汁中。

（二）酒精（Alcohol）

酒精包括乙醇（Ethanol）、高级醇（Alcohols Superiors）及甘油（Glycerol）等。乙醇（72—120 g/L）在葡萄酒酒精中占 99%的比例，给予葡萄酒入口后的灼热感，同时带有香味；高级醇（5—10 g/L）主要为葡萄酒提供香气上的质感，提高葡萄酒的品质；甘油为葡萄酒带来香味。

（三）糖分（Sugar）

糖分包括葡萄糖、果糖、还原糖等。通常使用“g/L”来表示含糖量或以酒精当量表示含糖量，干型葡萄酒含糖量一般小于或等于 4 g/L。

（四）甘油（Glycerol）

甘油具有脂肪特性并增强甜味的作用。

(五) 矿物质(Mineral)

矿物质包括阴离子(氯化钠、硫酸根阴离子等)和阳离子(钙、铜、镁、锌、铅等重金属阳离子,还有铝等其他金属阳离子)。

(六) 酸(Acid)

葡萄酒中的酸主要分为两大类:一类产生于葡萄果实之中,主要有酒石酸(Tartaric)、苹果酸(Malic)、柠檬酸(Citric);另一类产生于发酵过程,分别为琥珀酸(Succinic)、乳酸(Lactic)、醋酸(Acetic)。以上除醋酸外,其他五类酸均为葡萄酒固有的酸性味道。

1. 酒石酸

酒石酸($C_4H_6O_6$),即 2,3-二羟基丁二酸,含量最高,为 2—8 g/L,在低温下,以酒石酸钙或酒石酸钾的形式沉淀。

2. 苹果酸

苹果酸($C_4H_6O_5$),化学名称为 2-羟基丁二酸,它在乳酸发酵期间降解为乳酸($C_3H_6O_3$)。

3. 琥珀酸

琥珀酸,每 100 g 酒精中浓度仅为 1 g,影响葡萄酒的味道。

4. 醋酸

如果葡萄酒中的醋酸过量,葡萄酒就会醋化。

(七) 二氧化碳(CO_2)

二氧化碳一般是由发酵产生的。

(八) 酚类(Polyphenol)

酚类包含由数百种化学物质组成的多酚物质分子,它影响了葡萄酒的口味、颜色和口感。酚类物质广泛分布在葡萄果皮、果梗与果籽里。随着葡萄的成长,经过阳光的照射,葡萄中的酚类物质也将聚集得越来越多。它主要含有以下物质。

1. 花青素(Anthocyanins)

花青素大部分存在于葡萄的果皮,是红葡萄酒的颜色的来源。

2. 单宁(Tannin)

单宁存在于果皮、果梗、果籽以及橡木桶中,给予葡萄酒涩味(苦涩感来自单宁与口腔唾液中的蛋白质发生的反应),收敛性强。

3. 香气物质(Aroma)

香气物质可以分为三种类型:一是葡萄本身的香气物质;二是酒精发酵时产生的香气物质;三是葡萄酒成熟过程中(陈年过程)产生的香气(酒香)物质。

4. 白藜芦醇(Resveratrol)

白藜芦醇是一种大量存在于酿酒用葡萄皮上面的酚类物质,红葡萄上尤其多。

(九) 氮物质(Nitrogen)

氮物质存在于压榨的葡萄浆中(200—500 mg/L),能起到为酵母提供营养、实现良好发酵的作用,在最后获得的葡萄酒中仍会有 0.5%—1%的氮含量。

(十) 挥发性与芳香性化合物

挥发性与芳香性化合物主要产生于发酵与熟成过程中,主要有酯、醛、高级醇、酮、挥发性酸等,它们都是高分子化合物,处于其他可识别和可量化的二核苷酸中。其他物质为乙醛,是乙醇氧化的产物,它的存在与氧化现象紧密相关,并为葡萄酒带来熟透的苹果香气。

第五节 红葡萄酒酿造工艺
Red Wine Making

葡萄转变成葡萄酒的过程遵循了一个极为简单的原理:葡萄富含天然糖分与果糖,果皮上充满天然野生酵母,葡萄成熟、破裂,酵母自然侵入并消耗果汁里的糖分,发酵自然开始,葡萄糖转化成酒精。葡萄酒发酵公式如下:

$$C_6H_{12}O_6 + \text{酒化酶} \rightarrow 2C_2H_5OH + 2CO_2$$

(葡萄糖+酵母→酒精+二氧化碳)

葡萄酒本身是大自然的产物。一生物产品(葡萄)转化为另一生物产品(葡萄酒),只需要一种重要的媒介——酵母。工业上酿造葡萄酒根据这一发酵原理,大致遵循这样一个过程:首先采收葡萄,去除果梗,破碎果粒,添加酵母菌,接下来果汁开始发酵,待发酵完成后,生成酒精,经过短期陈酿熟成,最后过滤装瓶。

红葡萄酒显著特征是拥有亮丽红色。因此,有别于白葡萄酒只使用澄清葡萄汁进行发酵,红葡萄酒的发酵需要用果皮与葡萄汁混合物,发酵过程中需保持葡萄汁与果皮的接触,浸渍色素与单宁,红葡萄酒的酿造只能使用富含色素的红葡萄品种。红葡萄酒酿造工艺流程见图 2-4,酿酒步骤如下。

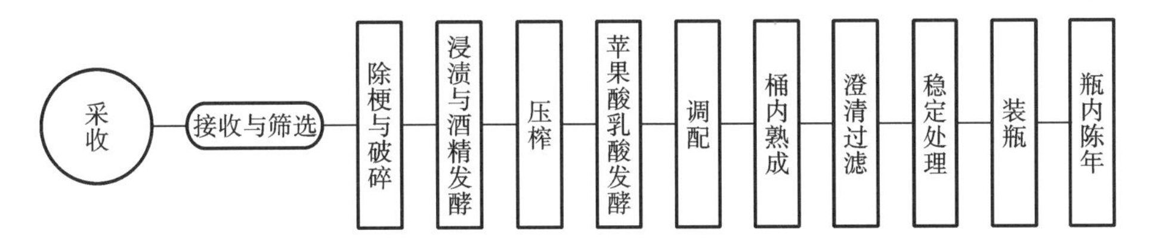

图 2-4 红葡萄酒酿造工艺流程

葡萄的人工采收

一、采收(Harvest)

葡萄成熟后进入采收阶段,采收时间通常包括采收日期与具体的采收时间。葡萄

采收期应结合气候特点确定，每年在葡萄采摘前一个月，葡萄种植者会每周检测一次葡萄的酸度、糖度和质量状况。另外，通过对葡萄皮和葡萄籽的精确品尝来确定多酚（单宁等）成熟的最佳日期。由于南北半球存在季节差异，因而葡萄生长周期也截然不同。北半球的葡萄采收时间一般是9—10月，南半球的采收时间则是3—4月。一天中，葡萄种植者们会选择在清晨或下午3点之后采收，避免果实过于潮湿或因高温受损氧化。

随着人力成本的不断上升，地势平坦的葡萄园或者有条件的酒庄会选择使用机器采收葡萄，这样可以节省人力成本，而且可以夜间作业，加快采收节奏。采收机器水平摇动葡萄藤，成熟的果粒便随之脱落。机器采收对葡萄果粒有一定的破坏，通常会选择果粒不易破损的赤霞珠、品丽珠或美乐等品种进行机器采收，避开容易破裂以及不易脱梗的葡萄品种。另外，还可以通过一边采收，一边喷洒粉末状的二氧化硫的方式防止葡萄过度氧化。选择夜间采收是目前机器采收的普遍做法。

历史故事

采葡萄，踩葡萄

当然，对一些高质量的葡萄酒来说，酒庄仍然选择最传统的方法进行人工采摘，采收时间避开高温的中午，多选在清晨与上午。人工采收葡萄是我国葡萄采摘时最普遍使用的方式，这是一项劳动密集型的工作，需要较长的劳动时间，体力消耗也较大。

葡萄采收前，一定要先把握天气情况，然后需要准备好专业的采收工具和设备，如采收剪、采收篮筐和装运果实的车等。采收后的葡萄通常会即刻运送至车间进入分选阶段，如果葡萄原料本身温度过高，在条件允许的情况下，部分酒庄会让葡萄进入冷藏空间进行物理降温，然后再进行接下来的工业处理。

葡萄的接收与筛选

二、接收与筛选(Reception and Selection)

葡萄采收后，需要对进入酒厂的原料进行一系列处理，这是葡萄原料从“农业阶段”转入“工业阶段”的起点，因此需要对其进行质量检验、分级或过磅（果农向酒厂出售的情况下）等。

知识链接

光学粒选仪

筛选主要是对原料中枝叶、僵果、生青果、霉烂果及其他杂物进行筛选。车间筛选一般分为穗选与粒选两种形式。

在除梗前对整穗葡萄进行筛选，即为穗选。这一过程主要挑选出着色较浅的果穗、霉烂果、二次果、干缩果和叶片、枝条等杂物，穗选主要通过人工在原料采收时和除梗前在筛选台上进行。经筛选的葡萄串会被传送带送入除梗机，实现果粒与果梗的分离。

除梗后的果粒会输送至震动粒选平台，人工辅助去除残留的碎果梗、生青果、着色不佳的果粒等杂物，这一过程即粒选，也就是在原料穗选的基础上，除梗后再逐粒进行的二次筛选。粒选可以通过粒选设备和人工辅助筛选进行，粒选后的葡萄进行轻度破碎后便被输送至不锈钢控温发酵罐进行下一步的发酵。

葡萄的除梗与破碎

三、除梗与破碎(Destemming and Crushing)

除梗是将成熟的葡萄浆果果粒与果梗分离的过程，葡萄果梗含有苦涩的劣质单宁和水分，去除果梗可以减少红葡萄酒的颜色和酒精的损失，减少葡萄酒中劣质单宁的含量及降低收敛性，避免未成熟、未木质化的果梗给葡萄酒带来青梗味、苦涩味。破碎是将葡萄浆果压破，以利于果汁流出，使果汁与浆果固体部分充分接触，便于葡萄皮中的

色素、葡萄皮中的优质单宁和芳香物质的浸出。

除梗与破碎往往使用除梗粒选破损机进行作业。酿酒师在这个阶段，还需要考虑部分果串是否保留小部分成熟木质化的果梗，这样可以为葡萄酒增加更多的单宁与骨架。如果生产柔和的葡萄酒，则会全部除梗。

四、浸渍与酒精发酵(Alcoholic Fermentation)

葡萄除梗破碎后，会被转移到不锈钢桶、水泥槽或橡木桶内，在桶内葡萄汁开始华丽蜕变。葡萄果浆里糖分在酵母菌的作用下慢慢转化为酒精。果皮上的色素在浸渍过程中得以释放，葡萄酒获得色素、单宁与酚类物质。浸渍的时间需要根据葡萄酒的风格而定，如果想酿造果香、清新感十足的即饮型葡萄酒，则应缩短浸渍时间，降低单宁，保持酸度；如果想酿造陈年型优质红葡萄酒，则需要加强浸渍，提高单宁含量。

在这一阶段，果皮、果籽或果梗，很容易被不断上升的二氧化碳推向容器的顶部。所以，保持这些物质(酒帽，Cap)与果汁接触在过去并不是一件容易的事情。为了萃取葡萄皮中的色素，人们往往需要在容器上端不停地搅拌。而二氧化碳及其他物质混杂在一起，让人很容易昏倒，甚至失去生命。现在技术的运用解决了这一难题，工业上淋皮(Pump Over)与踩皮(又叫倒罐/压帽，Punch Down)的方法被广泛应用在这个环节，机械及电脑操控让这一过程变得更为精确。

另外，在这一阶段，发酵温度的控制也是考验酿酒师的重要环节，合理的温度调控，最终会促进葡萄酒风格的形成。一般情况下，红葡萄酒的发酵温度比白葡萄酒略高，在26—30 ℃，发酵时间从几天到几周不等。葡萄酒发酵温度范围，见表2-1。

表2-1 葡萄酒发酵温度范围 单位：℃

葡萄酒类型	最低发酵温度	最佳发酵温度	最高发酵温度
Red Wine	25	26—30	32
White Wine	16	18—20	22
Rose Wine	16	18—20	22
Fortified Wine/Sweet	18	20—22	25

五、压榨(Pressing)

发酵时间的长短取决于葡萄的成熟度、葡萄品种每年的品质潜力及酿酒师所希望取得的葡萄酒结构。酿酒师会品尝各种浸渍的葡萄酒，然后与团队一起确定放出新酒的最佳日期、处理方式和压榨过程。压榨是指将发酵后存于皮渣中的果汁或葡萄酒通过机械压力压榨的过程。

发酵结束后，葡萄汁通常分两种：一种是未经压榨自然流出的汁液，被称为自流汁(Free Run Juice)；另一种是第一次和第二次压榨后所得到的汁液，被称为压榨汁(Press Juice)。自流汁分离完毕，待容器内二氧化碳释放完成后就可以将发酵容器中的皮榨取出。目前，压榨工作多使用气囊压榨机进行，它可以有效减少因为强烈挤压葡萄酒带来的苦涩感。

历史故事

笨重的榨汁机

对于红葡萄酒而言，压榨汁约占15%。压榨汁与自流汁相比，果皮受挤压，口感发涩，酒体较粗糙。而自流汁柔和圆润。酒厂通常按照一定比例直接混合或处理后将二者混合调配，以提高葡萄酒利用率，或者用来打造不同风格与质量等级的葡萄酒。另外，压榨汁还可以用来蒸馏。

六、苹果酸乳酸发酵(Malolactic Fermentation)

大部分红葡萄酒的酿造都会采用这种发酵工序，红葡萄酒只有在苹果酸乳酸发酵(MLF)结束，并进行恰当的二氧化硫处理后，才具有生物稳定性。因此，酒精发酵后的红葡萄酒会保持高浓度的酸度，酸度锋利敏锐。接下来，采用MLF把生硬尖锐的苹果酸转化为柔和的乳酸。这一发酵通常在酒精发酵过程中便自然开始了，当然也可人工协助其发酵。进行了MLF的葡萄酒，口感更加柔滑、圆润，同时为葡萄酒增加了烤面包、饼干、牛奶等香气。大部分白葡萄酒不进行这一过程，以保留其清新的果香以及脆爽的酸度。

七、调配(Blending)

葡萄酒的调配混合是很多地区的酿酒惯例，品种之间相互调和可以形成特性互补，对葡萄酒增加香气、酸度、酒体与色泽都有帮助。旧世界葡萄酒的调配非常普遍，例如法国波尔多式调配、罗讷河调配等都是非常典型的例子。新世界葡萄酒的调配也很普遍它除了可以令各品种在口感风味上相互补充之外，也可以给酒厂带来很好的收益，是酿酒师惯用的酿酒方法。

八、桶内熟成(Maturation)

大部分红葡萄酒发酵结束会进入成熟阶段，其容器多为橡木或其他木质容器。其中，橡木桶是广为人知的熟成容器。由于橡木桶富含单宁及与葡萄酒自然近亲的香气，数百年前就成为酿造陈年葡萄酒的最佳容器。它可以为葡萄酒带来更多复杂的果香，帮助葡萄酒陈年，而且其物理性的结构特点可以有效地帮助葡萄酒澄清与稳定，柔化葡萄酒的口感。红葡萄酒一般会在橡木桶内熟成，时间从几个月到3年不等，并且在葡萄酒培养的过程中，还需要经历3—4次换桶，以便葡萄酒与氧气接触，从而使单宁变得更加柔顺。白葡萄酒一般在橡木桶内陈年时间较短，通常使用旧桶陈年。当然，大部分白葡萄酒不在橡木桶内陈年，以避免使葡萄酒丢失清新的果香。

九、澄清过滤(Clarification)

大部分红葡萄酒通常在来年春季结束时，要进行澄清、过滤或离心分离。澄清处理主要通过沉降(Sedimentation)、下胶(Fining)与过滤(Filtration)等步骤完成。一旦发酵完成，大多数葡萄酒都会进行沉降，小的渣滓聚合后会沉淀下来，酿酒师会将发酵好的葡萄酒转移出去，只留下这些沉淀物，这种方法叫作分离(Racking)。

下胶，即通过促进最小的非胶体粒子聚集和沉积，来帮助提高葡萄酒的澄清度。在酒厂常见的澄清剂有明胶、皂土、蛋清、果胶酶等。一些酿酒师认为，过度澄清可能会使

葡萄酒流失香气及其他有益物质，所以也有不少现代酒厂不过滤澄清而直接装瓶。不过，这样的葡萄酒(Unfiltered Wine)沉淀物会很多，侍酒时应特别注意。

过滤，是从物理上去除葡萄酒杂质颗粒的过程，通常会采用过滤筛进行。当葡萄酒发酵后，便可以进行过滤，以迅速去除细小的杂质颗粒。过滤有两种方法：表面过滤(或绝对过滤)和深度过滤。

十、稳定处理(Stabilization)

稳定处理主要包括酒石酸盐稳定、微生物稳定以及氧稳定。

由于酒精的存在，且酒石酸在酒中的溶解度比在葡萄汁中更低，随着时间的推移，酒石酸会以酒石酸氢钾或酒石酸氢钙的形式沉淀。它们会以无色晶体的形式出现在白葡萄酒中，以紫色晶体的形式出现在红葡萄酒中，它们的颜色与葡萄酒中的色素有关。为了防止这一现象的发生，需要先冷却葡萄酒，通常让温度降至接近冰点，这时葡萄酒中的酒石酸盐便会变成固体状沉淀到酒槽底部。尽管这一过程可以降低酒石酸盐的含量，确保葡萄酒的澄清度，但同时也会影响葡萄酒的口感和陈年能力。

微生物稳定的背景是指酵母、酒石酸菌和乳酸菌会在葡萄酒中发生反应，即使是在装瓶之后，这些反应也有可能会继续发生。这些反应会破坏葡萄酒的口感，不利于葡萄酒的销售。酿酒师通常采取过滤除菌、巴氏灭菌等措施来阻止微生物的化学反应，以减少葡萄酒污染，这一过程可在装瓶阶段进行。

氧稳定是指确保葡萄酒在装瓶时消除氧气，使葡萄酒更加稳定的过程。这一过程主要在装瓶阶段，采用厌氧技术完成。

历史故事

巴斯德杀菌法

十一、装瓶(Bottling)

葡萄酒过滤澄清后，就进入灌装环节。在装瓶时，必须保证葡萄酒处于无菌状态。

冷灌装是现在装瓶常用的技术手段，有时也被称为“无菌装瓶”。这种方法是使用滤膜对葡萄酒进行除菌过滤，去除所有的酵母和细菌的装瓶方法。此时起，葡萄酒所接触的管道、设备容器、酒瓶、瓶塞都需要进行消毒，保持无菌状态。

葡萄的装瓶、封塞、塑帽、贴标、装箱与搬运

热灌装采用的是巴氏灭菌法，有各种不同的巴氏灭菌技术可以采用，但所有这类方法都会涉及将酒加热到足以杀死酵母和细菌的温度。通常这种方法只适合生产廉价的葡萄酒或者含有较多糖分的葡萄酒，因为高温会造成葡萄酒风味的损失。

在装瓶前，通常还需要调整待灌装的葡萄酒中二氧化硫的水平，但须保证总二氧化硫的含量低于食品安全国家标准的含量要求，在安全的前提下确保保质期内葡萄酒的品质。现代包装线常采用隔氧技术，酒瓶装入葡萄酒之前，要充满二氧化碳或惰性气体，排除瓶子里的氧气。灌装后的葡萄酒需要进行封瓶，这时酒厂应提前做出决定是选择使用软木塞还是螺旋盖。大部分葡萄酒产国使用软木塞封瓶，而在澳大利亚、新西兰、南非等新世界国家，螺旋盖的使用非常普遍。

十二、瓶内陈年(Maturation)

封瓶后，大部分葡萄酒在正式发售之前会进行一段时间的瓶内陈酿熟成，也称为瓶

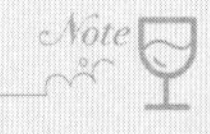

储。瓶储结束后，再进行塑帽、贴标、装箱、销售。

第六节　白葡萄酒酿造工艺
White Wine Making

酿造白葡萄酒的品种一般是青葡萄，也可以使用红葡萄。在酿造时，先榨汁获得清澈的葡萄汁，再进行发酵。年轻的干白呈水色，口感与红葡萄酒相比，酸度更加凸显，果香清新。白葡萄酒酿造工艺流程见图 2-5。

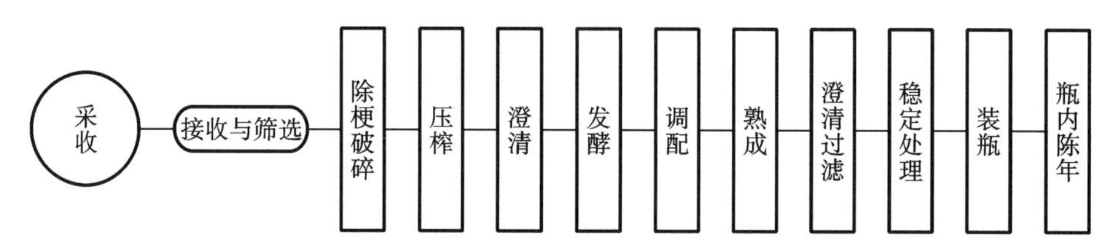

图 2-5　白葡萄酒酿造工艺流程

一、采收(Harvest)

与红葡萄一样，白葡萄的采收也会根据当地法规，选择采收时间与采收方式，以及选择人工采收还是机器采收。白葡萄的采收时间一般会比红葡萄品种早，特别是在香槟产区，为了保留天然的酸度，一般提早采收。当然，如果葡萄生长的年份不好或葡萄本身所含糖浓度太低，欧洲的酿酒师有权根据其所处的地区标准，在酿酒时添加糖分(蔗糖或浓缩葡萄浆汁)。另外，如果酿酒师希望获得熟透的葡萄，也可以选择晚采摘。熟透的葡萄含糖丰富，酿造出的酒呈淡黄金色，果味更加充沛。

二、接收与筛选(Reception and Selection)

白葡萄的接收与筛选过程与红葡萄一致。

三、除梗破碎(Crushing and Destemming)

大部分白葡萄的除梗破碎程序与酿造红葡萄酒是一致的，对白葡萄来说，有些酒庄会整串压榨。破碎后的葡萄原料现在多进行冷浸工艺处理，以提取果皮中的芳香物质，冷浸温度通常在 5—10 ℃，浸渍时间需要根据原料特性及质量而定，通常在 10—20 小时。冷浸工艺结束后，再分离自流汁。

四、压榨(Pressing)

与红葡萄的压榨不同，生产白葡萄酒时，压榨是对新鲜葡萄的榨汁过程。这一程序需要尽快处理，尤其是使用红葡萄酿造白葡萄酒时，更需要速战速决，减少果皮与果汁

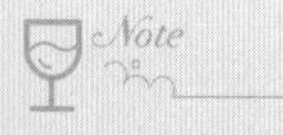

接触的时间。但由于研究证实，香气和香气前体主要集中在某些白葡萄的果皮中而不在果肉中，因此若将白葡萄浸皮一定时间，会有助于提取其颜色、香气与酒体结构。现在这一操作已用于许多白葡萄品种之上，如勃艮第香瓜、白诗南、霞多丽或长相思等。压榨时，葡萄果汁的质量很大程度取决于设备条件，现在通常使用气囊压榨机进行作业，由于它对物料仅产生挤压作用，摩擦作用很小，不易将果皮、果籽及果梗本身的构成物压出，因此很大程度上保障了葡萄汁的质量。白葡萄酒的压榨汁约占 30%。同样，榨取的汁液根据质量情况通常会与自流汁按一定比例调配使用，也可作为他用。

五、澄清(Clarification)

根据压榨技术和压力的不同，刚压榨的葡萄汁通常会较为浑浊(不透明)，因此需要首先进行澄清，以避免葡萄酒中的香气偏差(在酒中出现的植物、土壤的味道，会使口感加重)，然后才进入发酵阶段。为避免葡萄酒过早开始发酵，澄清可在 18—24 小时，通过离心法或自然冷沉淀进行。通过下胶(膨胀土、酪蛋白、硅胶等)可以加速沉淀，但这种方法也会带走葡萄酒口味结构所必需的芳香或机构化合物。因此注意不要过度澄清，以免影响酒精发酵的正常进行。酿造优质的白葡萄酒，澄清的方法会倾向于让固体颗粒慢慢沉向不锈钢桶的底部，通过换桶，达到澄清的效果。

六、发酵(Fermentation)

为了保留白葡萄酒中自身的水果果香，白葡萄酒发酵温度一般在 15—20 ℃，比红葡萄酒低，葡萄酒香气更加优雅细致，发酵时间为 2—4 周。为了更好地控温，白葡萄酒通常使用不锈钢桶发酵，也有部分白葡萄酒会使用橡木桶发酵。另外，酿酒师可以通过使用不同的酵母菌株，来更好地展现不同葡萄品种的特定香气或发酵风味。

传统上，在某些白葡萄的酿酒过程中，如勃艮第的霞多丽，会进行第二次发酵，即苹果酸乳酸发酵(MLF)。这一发酵是指在乳酸菌的作用下，苹果酸(具有苹果香气的二酸)转化为乳酸(具有牛奶、焦糖、黄油等香气的一元酸)的过程，这可以降低葡萄酒的天然酸度，增加香气的复杂性。MLF 虽然在红葡萄酒酿造上非常普遍，但对大部分白葡萄酒来说并不合适。MLF 通常会为葡萄酒增添奶香及黄油香气，同时也会减少新鲜的果味，这对那些果香型葡萄品种，例如雷司令、琼瑶浆等来说，简直是致命的打击。

发酵结束应尽快对葡萄酒进分离，如果葡萄酒不需要进行 MLF，还要对葡萄酒进行二氧化硫的稳定处理。酒泥培养技术广泛应用于南特地区的香瓜和白福儿葡萄品种上，在酒精发酵后几个月的酵母自溶作用下，它可以丰富葡萄酒的芳香，增强葡萄酒的结构，带来榛子、杏仁、黄油、饼干及烤面包的香气。出于相同的原因，一些酿酒师也在长相思、白诗南、霞多丽品种身上，通过使用搅桶技术将酒泥翻动起来加速发酵。

七、调配(Blending)

与红葡萄酒一样，很多产区会使用不同的品种进行混酿，当然单一品种酿造也非常常见。

八、熟成(Maturation)

白葡萄酒比红葡萄酒脆弱很多，所以，是否熟成需要根据不同品种、不同质量以及不同风格区分进行。大部分白葡萄酒为了保留其新鲜的酸度与果香，会直接装瓶。也有部分会转移到橡木桶(多使用旧桶)内进行陈年，为葡萄酒增加酒体、香气与质感。

九、澄清过滤(Clarification)

白葡萄酒的澄清过滤与红葡萄酒相似，主要通过沉降、下胶与过滤等方法完成。

十、稳定处理(Stabilization)

白葡萄酒的稳定处理主要包括酒石酸盐稳定、微生物稳定以及氧稳定。白葡萄酒装瓶之前，会先冷却澄清，过滤酒石酸，稳定葡萄酒，否则葡萄酒很容易出现白色结晶状的酒石酸盐。其他稳定方法与红葡萄酒的一致。

十一、装瓶(Bottling)

白葡萄酒一般采用无菌装瓶，并确定使用软木塞还是螺旋盖进行瓶封，在新世界国家很多产区，螺旋盖的使用频率较高。

历史故事

添加硫黄

十二、瓶内陈年(Maturation)

与红葡萄酒一样，部分白葡萄酒在正式发售之前会进行一段时间的瓶内熟成，在瓶储结束后进行塑帽并贴标发售。

第七节　桃红葡萄酒酿造工艺
Rose Wine Making

桃红葡萄酒是含有少量红色素略带红色色调的葡萄酒，最常见的颜色有玫瑰红、橙红、黄玫瑰红、紫玫瑰红等，其颜色深浅及风味特征与使用葡萄品种、发酵时间、酿造方法都有很大关系，口感风味介于红、白葡萄酒之间。优质的桃红葡萄酒多呈现新鲜的果香，具有活泼愉悦的酸度以及平衡的质感。桃红葡萄酒不易陈年，适合年轻时饮用。

桃红葡萄酒虽然完全可以通过调配(Blending)红、白葡萄酒进行酿造，但大部分的桃红葡萄酒却是结合红、白葡萄酒的酿造方式酿造而成的。葡萄酒颜色的萃取与发酵温度和发酵时间的长度是分不开的，因此在酿造红葡萄酒的基础上降低发酵的温度或者压缩发酵的时间便可以获得桃红葡萄酒。桃红葡萄酒主要有以下四种酿造方法。

一、直接压榨(Direct Pressing)

这种方法更适合葡萄原料色素含量高的品种的酿造，直接采用白葡萄酒的酿造程序。酿酒葡萄一旦经过破碎，就会马上进行轻柔压榨，释放果汁。为了防止葡萄汁萃取过多的颜色和单宁，葡萄汁和果皮的接触时间非常短。普罗旺斯产区一般都会采用这个方式酿造葡萄酒。压榨过程完成之后，葡萄酒就会正式进入发酵环节。用这种方法酿出的桃红葡萄酒，颜色往往过浅，因此适合高色素含量的品种，如佳利酿、慕合怀特等。流程如下：

原料接收→破碎→SO_2 处理→分离→压榨→澄清→发酵

二、放血法(Saignée)

这种方法与红葡萄酒的酿造方法一样，当红葡萄浸渍数小时后，在酒精发酵之前，分离出部分葡萄汁用来酿造桃红葡萄酒，留下来的果汁会与果皮继续进行浸渍，用以酿造浓度更高、颜色更深的红葡萄酒。用这种方法酿成的桃红葡萄酒，颜色比前者略深，有更多的果香。流程如下：

原料接收→破碎→SO_2 处理→浸渍 2—24 小时→分离→压榨→澄清→发酵

三、排出法(Drawing off)

排出法和红葡萄酒酿造方式相似。排出法所需要的时间要比直接压榨法更长一些。酿酒师会将破碎后的酿酒葡萄放至一个可控温的发酵罐中一段时间。此时，葡萄皮和葡萄汁混合，果皮中的色素、单宁和一些风味物质会被萃取出来。通常在发酵进行至 6—48 小时后，将发酵的葡萄酒排出，转移至低温环境中继续发酵。具体时间要视葡萄汁颜色深浅而定，时间越久，颜色越深。由于和果皮接触时间长，使用这种方法酿成的桃红葡萄酒颜色更加理想。

四、混合法(Blending)

混合法即将红、白葡萄酒按照一定的比例调配混合从而得到桃红葡萄酒的酿造方式。这个方式一般在欧洲不允许用来酿造法定产区级别的桃红葡萄酒，但桃红香槟(Rose Champagne)属于特例。在香槟产区，添加少量红葡萄酒一直是当地传统的酿造方式。在新世界产酒国，混合法一般用以酿造大批量的廉价桃红葡萄酒，这些葡萄酒一般果味非常浓郁。

知识链接

二氧化碳浸渍法

第八节 葡萄酒与橡木桶 Wine and Oaks

葡萄酒与橡木桶的结合一直被史学家认为是最巧妙的因缘，葡萄酒在橡木桶里发

酵与熟成已经有长达几个世纪的历史，两者的完美结合是人类智慧的结晶。橡木桶有非常好的防水性与柔韧性，容易弯曲与切割，这使得它优于其他木质材料，更容易打造出圆桶的形状。橡木本身携带大量优质单宁与香气，这是其他木质材料所不能比拟的。

一、橡木桶的历史

橡木桶的使用最早可以追溯到2000年前，据说那时人们在葡萄酒运输中发明了橡木桶。在随后的时间，罗马人开始使用这种比陶瓷器皿轻便、耐用的桶来运输葡萄酒，当时橡木桶承担了更多运输的功能与角色。橡木桶的正式大量使用开始于17世纪，人们在一次偶然中，把制作好的葡萄酒盛放在橡木桶中，然后放入山洞中存储，一年后，取出的葡萄酒充满了不一样的芳香，异常芳醇，单宁更加顺滑，口感也变得非常柔和，并透出琥珀的色泽。“山洞的秘密”被发现后，人们开始效仿这一做法，橡木桶陈年也便随之传开。

橡木桶之所以能成为葡萄酒的最佳搭档，有它自身的优势。首先，橡木树组织属于多孔组织，气孔多，柔韧性强，使得桶内的葡萄酒可以与外面的空气接触，葡萄酒处在微氧化的环境中，香气与味道都可以得到更好的陈年。其次，橡木桶还可以有效地沉淀葡萄酒中的杂质，使得葡萄酒的发展更加稳定。最后，橡木桶内包含大量的有益单宁与香气物质，葡萄酒在与橡木桶接触的同时，会大量吸收桶内有益的单宁与香气，这是葡萄酒存储潜力与复杂香气的重要来源。现在，橡木桶被广泛使用于葡萄酒、白兰地、威士忌甚至啤酒等酒精饮品的陈年。如图2-6所示为蓬莱瓏岱酒庄酒窖内陈列的橡木桶。

图2-6　蓬莱瓏岱酒庄酒窖内陈列的橡木桶

来源：瓏岱酒庄 Pierre-Yves Graffe-Barbara Kuckowska-FdL

二、橡木桶的产地

全球范围内出产橡木桶的国家很多，如法国、英国、匈牙利、葡萄牙、西班牙、美国等都盛产大量优质橡木桶，其中以法国与美国最具代表性，构成了世界两大主流橡木桶出产国，但两者有诸多不同之处。

美国产橡木桶木料俗称“白橡木”，它的纹理较为松散，单宁高，粗糙，香气呈现香草、椰子及牛奶等风味，气息浓郁，粗犷厚重；从制作工艺上看，一般锯割使用，木材浪费率较低，因此总体成本较低，一般成品价格为 300—500 euro/barrel。

法国橡木品种一般称为“黄橡木”，法国各地都有生产，虽然各地因气候、种植历史及品种不同，橡木的质感总体有细微差异，适合陈酿的葡萄品种等有侧重。总体而言，相比美国橡木，法国橡木一般拥有非常长的生长周期，木质纹理组织细密，透气性低，单宁细致，香气较为细腻优雅，以精细的辛香、坚果、甘草、烟熏等气味为主。所以一些高品质葡萄酒多选用法国橡木桶，可以让葡萄酒慢慢成熟。它的制作工艺也更加讲究，多按照木材纹理切割，废料多，成本高。一般价格为 500—800 euro/barrel。橡木桶的主要产区有卢瓦尔河地区的利穆桑(Limousin)、阿利河(Allier)、中部地区的讷韦尔(Nevers)、特兰雪森林(Troncais)以及阿尔萨斯地区的孚日山脉(Vosges)。

三、橡木桶的寿命

橡木桶的使用不是永久的，因为橡木桶由木质材料制成，桶的清洗至关重要，防止各种菌类微生物的滋生是橡木桶管理的重要工作。此外，木质材料容易透水，这也需多加防范，这些使用风险都会随着橡木桶使用年限的延长而增加。另外，香气的浓郁度及优质单宁含量也随着橡木桶寿命的延长逐渐降低。因此，从理论来讲，橡木桶具有一定的使用寿命，优质葡萄酒的橡木桶的使用周期通常是 3—5 年。由于橡木桶高昂的成本，对大多数酒庄来说，美式与法式橡木桶或者新桶与旧桶的混用是明智之选。而高端葡萄酒则会严格区分橡木桶的使用年限，例如，对法国波尔多左岸的部分列级酒庄正牌酒来说，经常会使用全新橡木桶陈年，以增加葡萄酒的香气单宁，提高葡萄酒陈年潜力。

四、橡木桶的制作工艺

橡木桶的制作遵循严格的程序，橡木桶原材料来源地、木材的熟成、烘焙工艺是影响葡萄酒风格的重要因素。橡木桶的制作流程主要分为砍伐采收、劈切分段、制作初级木板、露天晾晒、加工定型、制桶烘烤、打孔及密封检测、打磨抛光、打印 Logo 并封存等。

（一）砍伐采收

橡木树一般会选用 150—250 年树种，直径在 1—1.5 m，法国一般的伐木时间是每年的 10—12 月。

（二）劈切分段

砍伐后的木材被轴向 1 m 切断，容量 225 L、228 L 的橡木桶，桶高一般为 95 cm。

（三）制作初级木板

法国木材一般使用压力机按纤维走向劈切，出材率较低。美国木材可以锯割，出材

率高。

（四）露天晾晒

木材一般晾晒时间为2—3年，这个过程中需要淋水冲洗单宁，有效去除橡木的生青味，木材颜色也会转变为成熟的、稳定的颜色。

（五）加工定型

工厂精加工桶板厚度一般为22—27 mm。

（六）制桶烘烤

制桶烘烤是指利用热胀冷缩原理，使用机械慢慢束拢框型，外面加铁圈攥紧。在这个过程中，橡木会释放成熟的单宁，并形成大量烘焙气息，如烟熏、香草等，这是葡萄酒陈年香气产生的重要来源。橡木不同的烘焙温度、时间及成熟度对葡萄酒的风格形成影响巨大，因此烘焙的程度要根据酒庄订单要求确定，烘焙过程主要依赖机械检测与人工经验。成熟度一般分为轻度、中度、中重与重度。橡木桶上出现的“MT”（中度烘焙，Medium Toast）或者“Medium＋＋”等的字样，便是指橡木桶烘焙的程度。

（七）打孔及密封检测

打孔及密封检测是指检测木桶完全密封无渗漏，同时检测机械缺陷。

（八）打磨抛光

打磨抛光是指先去掉橡木桶的第一遍铁圈，再进行磨砂抛光，确保外观整洁。打磨后的橡木桶需要重新安装框圈。

（九）打印Logo并封存

这一步骤是，根据订单激光打印Logo，并使用塑料膜封存，保持木桶清洁，防止老化，最后送往恒温保湿酒窖内储藏。

第九节　葡萄酒与软木塞
Wine and Corks

早在公元前5世纪，希腊人使用软木对葡萄酒瓶进行封口，在他们的影响下，罗马人也开始使用橡木作为瓶塞，还用火漆封口。然而这在那个年代并没有成为主流，从当时的一些油画作品来看，当时多用缠扭布或皮革进行封口，有时使用蜡封，以确保密封严实。直到17世纪中叶，软木塞和葡萄酒瓶才真正地联系在一起，法国香槟产区的豪特威尔（Hauteville）的唐·佩里侬（Dom Pérignon）修道士在香槟的封口上使用了软木塞，才使得软木塞的使用开始普及。

一、软木塞的材料

制作软木塞的树种被称为栓皮栎(Quercus Suber),属于栎属植物,又名 CorkOak,是一种非常古老的树种。这种软木树特别适合种植于大西洋气流影响的地中海式气候的地区,尤其在西南欧及北非,如葡萄牙、西班牙、阿尔及利亚、意大利、摩洛哥、突尼斯、法国等地种植较为广泛,是这些地方的标志性树种。其中,葡萄牙软木年产量稳居全球第一位,约占总量的一半,是名副其实的软木生产大国。

栓皮栎的树皮是其树木的一层软木保护结构,这层软木结构中的细胞会在其生命周期内不断地进行分裂活动。因此,采剥树皮不会对树干造成损害,反而令其表层生成一层新的母细胞,随着时间的延长慢慢长出新的树皮,周而复始。因此,它是一种再生能力极强、拥有快速恢复能力的树种。栓皮栎一般可存活 170—200 年,通常 25 年树龄时才可以开始采收软木,之后每九年采收一次,第三次采收的软木才可以制造软木塞,一直到橡木树无法再形成树皮为止。树龄愈大,树皮采收愈多。采收下的树皮,其厚度变化颇大,为 2—6 cm,由于其特殊质地,非常适合制作软木塞。

二、软木塞的制作

软木塞的制作较为烦琐,主要分为采收、晾晒、蒸煮、分类、冲压、筛选、包装成品等几个步骤。

(一)采收

软木的采收时间通常选定为 5—8 月,这个季节气候炎热,可以使树皮尽快干燥。树皮采收周转通常为九年,这样可以保障树皮生长出较为理想的厚度。采收后的树干上,人们往往用数字记录本次采收的年份,一般会以 0—9 的阿拉伯数字进行标记,它代表了采收年份的末尾数字。

(二)晾晒

采收后的树皮,通常会被放置在水泥地面上,并在户外环境里进行几个月的晾晒、干燥。

(三)蒸煮

对晾晒后的树皮板块进行煮沸,这一过程不仅可以有效降低 TCA 软木塞污染,也可以软化木板,使之变得干净平整,方便下一步操作。

(四)分类

由于树皮质量有很大差异,所以蒸煮后的木板需要进行切割分类,以区分哪些可以用来制作天然软木塞,而哪些由于气孔较大只能填充后制作成填充塞。

(五)冲压

冲压通常分为机器冲压与人工冲压,机器冲压使用压力机与模具完成,手工冲压对

人工熟练程度有很高要求，制成的软木塞，质量也与机器有很多差别。

（六）筛选

软木塞制成后，会进入下一个较为严谨的筛选过程。一般机器先进行初步分类，接下来进行手工挑选，以最大限度地保障软木塞的质量。

（七）包装成品

软木塞进行严格的筛选后，按照等级区分，便可以包装为成品出售。成品的软木塞有严格来源地显示要求，因此厂家在使用时如有问题可以直接溯源。

三、软木塞的优势

软木塞是利用栓皮栎的软木树皮制作而成的。软木拥有蜂房状的皮层组织，具有与泡沫塑料相似的中空结构。软木是由大小约 40 μm 的六边形细胞构成的，1 cm^2 的软木约含有 2500 万个细胞。软木的压缩性与其中含有气体的比例相关。在压缩时，软木的体积减小，在压力停止时，木塞可恢复至原有的直径的 4/5。软木塞的摩擦系数高，在表面上的滑动性小。在割开软木时形成的细胞切面的帽状体就像很多微小的吸盘一样，能吸附在瓶颈内壁上，再加上它对瓶颈内壁的压力，就能保证密封性。其优势在于：

第一，防水、防潮能力强，对葡萄酒起到防水保护的作用；

第二，质地柔软，弹性较大，方便压缩与开启；

第三，气孔较大，能让少量空气进入，有利于葡萄酒陈年。

四、软木塞的尺寸

软木塞的长度有 38 mm、44 mm、49 mm、54 mm 等规格，一般优质葡萄酒会选用较长的软木塞。以法国为例，通常佐餐及地区餐酒使用 38/44 mm 尺寸，而 AOC 法定产区葡萄酒使用 54 mm 软木塞，直径均为 24 mm。香槟瓶塞一般使用合成的蘑菇塞，长为 47 mm，直径为 31 mm。

五、葡萄酒封口材料的类型

软木塞一直以来被认为是葡萄酒瓶塞的最理想选择，世界各地使用率极高，但橡木产地有限，加上整块软木塞在制作过程中废料较多，成本较高，因此软木塞颗粒聚合加工品以及各类替代物应时而生。目前，主要类型有如下几种。

（一）天然塞(Natural Wine Corks)

天然塞属于软木塞中质量最上乘的一种，由一块或几块天然软木加工而成，富有弹性，密封性好，可以使少量空气进入，对葡萄酒有微氧化作用，对改善葡萄酒酒质也有一定的帮助。这一酒塞制作成本较高，适合用在优质、高档、有陈年潜力的葡萄酒上。但干燥环境下，软木塞容易干裂，使氧气进入酒中引起氧化问题。另外，仍无法完全避免

TCA(2,4,6-三氯苯甲醚,一种造成葡萄酒软木塞污染的化学物质,使酒体香味殆尽甚至产生霉味)产生的风险。

(二)复合塞(Agglomerate Corks)

复合塞以天然软木塞与聚合塞为主体,在其一端或者两端附加天然软木圆片,两端的软木片避免了聚合塞胶合剂与酒液的直接接触,在一定程度上具备了天然塞与聚合塞的性能,成为天然塞的优良替代品。但复合塞仍然具有很多不稳定因素,价格在天然塞与聚合塞之间,适合用在普通葡萄酒上。

(三)填充塞(Colmated Wine Corks)

填充塞与天然塞相似,使用整块软木制作,但其质量较差,中孔较大,需要使用一定填充物,以防止酒液洒出。通常填充物由该类酒塞打磨时掉落的软木碎末与胶混合制而成。该类软木塞价格较低,其填充物对葡萄酒有污染风险,适合价位较低的葡萄酒。

(四)聚合塞(Technical Corks)

聚合塞是将软木制作时产生的颗粒物与黏合剂混合,在一定温度和压力下压柱而成的。因为是含胶材质,所以葡萄酒长期接触会影响其风味与透明度,适合使用在快消酒上。

(五)高分子合成塞(Polymer Synthetic Corks)

高分子合成塞由塞芯和外表层组成,消除了软木塞会出现的断裂、破碎、掉渣以及干枯萎缩的短板。但高分子合成塞有时会给葡萄酒留下化学橡胶的味道,还会随着时间推移而变硬导致酒液透气氧化。该类型酒塞成本较低,对消费者来说需要一定的接受过程。

(六)螺旋盖(Screw Cap)

螺旋盖使用金属材料制作而成,一般为铝制品,成本较低,因可以回收的特点成为近年来新世界产酒国较为热衷使用的类型,尤其在澳大利亚、新西兰、美国、南非等地被大量使用。螺旋盖有两大好处:一是由于其属于金属材质,没有 TCA 风险;二是开启较为方便,不需要酒刀,深受顾客喜爱。但它也有明显缺憾,即没有透气性,空气无法进入,缺少氧化作用,葡萄酒也会有出现还原性气味的风险。

酒瓶的绝配——软木塞

人们很早就开始为用什么来塞住酒瓶而发愁。罗马人用过软木塞,但后来逐渐失传了。中世纪的画作中,有的酒瓶口是用扭成麻花状的布塞住的,有的则是直接用布包住。也有人用过皮革瓶塞,有时会在外面再封上一层蜡。16 世纪中期,有人再次使用了软木塞。有资料多次提到,数以千计的朝圣者们在从西班牙北部跋涉往康伯斯德拉的圣地亚哥时,都会带着软木塞。如此看来,软木塞与酒瓶搭配使用应该是从 17 世纪上半叶的英格兰开始的。但在相当长的一段时间里，人们仍然给每个酒瓶配备专用的磨砂玻璃瓶塞，这种塞子成本很高，每一个瓶塞都要经过精心打磨，用金刚砂粉末和油进行处理之后，才能跟某个专门的酒瓶配合得天衣无缝。

来源　[英]休·约翰逊《美酒传奇·葡萄酒陶醉 7000 年》

案例思考：思考软木塞作为封瓶材料的优越性及对开瓶器等酒瓶附件产品技术创新的推动作用。

思政启示

第十节　葡萄酒质量与风格
Wine Style and Quality

葡萄酒品尝的本质是对葡萄酒质量的鉴定。从广义上来讲，质量基础是葡萄酒的特性，包括复杂性、细致性、平衡性、优雅性、发展潜力、持续性和独特性等。不同的人对这些特性的感官感知差异较大，这不仅仅是由于人们的鉴赏能力存在差异，还由于人们品尝经验的不同。这些使得人们对葡萄酒质量的描述仍然比较困难。

影响葡萄酒质量与风格的因素有很多，其中酿酒师是非常重要的，因为葡萄酒生产工艺的选择与处理对葡萄酒风味的影响是极大的。另外，葡萄的种植与栽培也是极为关键的因素，葡萄的质量很大程度上决定了葡萄酒的质量。从这个角度来讲，葡萄的生长环境明显制约了葡萄的质量。除此之外，储藏条件与陈年过程都会影响每款酒的风格以及质量。葡萄由水果变成美酒，在它往返轮回一年四季的生命周期里，栽培、酿造、陈年等各个环节都极其关键，风格的形成与质量的高低与当地的自然环境、人文环境、技术条件以及市场定位等都有直接的关系。

总体来说，葡萄酒的质量涉及因素众多，它们之间相互作用，相互影响。本书把这些因素归为三大类：种植因素、酿造因素与其他因素。

一、种植因素

（一）气候(Climate)

气候是指一个地区大气的多年平均状况，是该时段各种天气过程的综合表现。它又可分为大气候、中气候与微气候。大气候主要是指大范围的地势影响下的气候，如纬度、海拔、山脉方向、陆地大小等；中气候指较小自然区域的气候，如森林气候、城市气候等(由于葡萄种植更需要大气候与微气候，本书对此将不再展开)；微气候是指贴近地气层和小范围特殊地形下的气候，如土壤、地形等。

从大气候来看，全球各大洲都分布有众多葡萄酒产区，但几乎所有的葡萄酒园都位于北纬或南纬 30°—50°，因为这些地区的温度、日照和降雨较为均衡，适宜葡萄的种植。这些大气候根据温热条件，从整体上可分为冷凉气候、温暖气候与炎热气候，不同气候适合不同品种生长，葡萄酒口感差异较大。

一般而言，炎热气候下，葡萄酒呈现高酒精、丰富的热带果香，具有浓郁的酒体与更多的单宁；冷凉气候下，葡萄酒则会出现更高的酸度，但酒精偏少，酒体清淡许多，香气也较为寡淡。此外，还需要了解不同的大气候类型对葡萄酒风味的影响，这些气候类型主要包括地中海气候、海洋性气候及大陆性气候。

大气候中，有一个重要的微气候是指局部小气候条件，在旧世界产酒国经常用“风土”(Terroir)表示(不过该词汇所指意思已延伸)。狭义上，它主要包括土壤、地形、气温、降水、光照、风力等气象要素。

1. 土壤(Soil)

每个不同的品种有偏好的土壤类型，土壤的差异，直接造成了葡萄风味的不同。土壤主要通过对热量的保持、阳光的反射、持水性与排水性以及营养条件来影响葡萄的生长。例如，土壤的颜色与质地组成会改变对热的吸收，从而影响葡萄的成熟。以黏土来举例，黏土的表面积和体积比较大，持水力强，这就意味着这种土壤在春天温度上升较慢，凉爽的温度会延缓葡萄的生长。但在秋季，这种土壤则会为葡萄提供温暖的环境，降低早秋霜害。当然，如果在雨季，它可能会引起水涝，葡萄果实会开裂并腐烂。主要的土壤类型有：花岗岩(Granite)、石灰石(Limestone)、白垩土(Chalk)、泥灰岩(Marl)、片岩(Schist)、黏土(Clay)、沙子(Sand)、淤泥(Silt)、砂砾(Gravel)。

知识链接

风土

总的来说，欧亚葡萄偏好排水性好、结构松散、相对贫瘠的深层土壤。比较潮湿、肥沃的土壤会促进葡萄酒枝叶的茂盛生长，但不利于果实浓缩。历史上，一些将葡萄种植在适宜土壤条件下的产地都成了世界上的经典产区，例如砂砾石土壤的波尔多左岸、充满大块鹅卵石土壤的南罗讷河谷、以板岩而著称的德国摩泽尔以及以红土闻名天下的澳大利亚库纳瓦拉等，这些产区出产的葡萄酒都非常典型地反映了该产区的风土特征。另外，在同一个葡萄园中，土壤的同质性非常重要，土壤的不一致会导致果实成熟时间不一，进而影响葡萄酒的质量。这也是很多酒庄会出产优质、经典单一园葡萄酒的原因所在。葡萄园位置不同，土壤类型等微气候差异大，酒质及风格也会有很大不同。

知识链接

品尝土质

2. 日照量(Sunshine)

光照对任何植物的生长都是必需的，特别对葡萄这类喜好热量的植物来说显得更加重要。光照为植物的光合作用提供重要的能量，它让葡萄吸收二氧化碳和水在光的作用下生成葡萄糖和氧气。有了足够的糖分，才能酿造出酒精，才能做出葡萄酒。光照量多的产区，葡萄酒会释放更多香气，酒体也更加饱满。

3. 地形(Terrain)

葡萄园的坡度和走向会影响葡萄树的年生长发育期，从而影响葡萄的成熟度。例如，在光照条件有限的产区，果农会选择东向、南向的山坡上种植葡萄，南坡比北坡有更高的热量与光照，这一点在法国勃艮第、阿尔萨斯等较凉爽产区表现得尤其明显。坡度是葡萄品质的重要影响因素，坡度还可以影响从水面反射过来的太阳光。当太阳方位角度低于10°时，反射到平原上葡萄叶片上的辐射是山坡上葡萄树的一半。另外，坡度也有利于排水和引导冷空气(会导致霜的产生)远离葡萄园。

历史故事

Climat

概念

4. 湖泊(Lake)

葡萄园附近的水域可以产生显著的微气候作用。这些作用尤其在大陆性气候下是非常有利的,它可以降低夏天和冬天的温度波动;但是在海洋性气候下多为不利效应,它会缩短葡萄的生长期,雾气的产生对于山坡上的葡萄树几乎没有什么好处,并且会增加病虫害的发生概率。

(二)天气(Whether)

我国常用"风调雨顺"来指风雨恰适农时,年景正好。葡萄与其他农作物一样,一年的风雨天气状况对其当年收成极为关键,年度天气的差异对葡萄酒口感、品质都有较大影响(先进的葡萄种植方法与方式的使用可以有效地减少天气对葡萄品质的影响)。

葡萄成长的每个阶段,天气都很关键。在葡萄的开花、坐果期及成熟期,冰雹、大风、水灾等对葡萄的坐果、果粒大小、品质等会产生较大影响,这便形成了品质与口感差异,这被称为"年份差异"(Vintage Variation)。这一点对北半球产区来讲尤其重要,如法国中北部、德国、意大利北部等产区。年份很大程度地影响了一款葡萄酒的风格、质量及价格,好的年份是评判一款优质葡萄酒的重要依据。

(三)品种(Grape Varieties)

葡萄是一种衍生能力很强的植物,在数千年的发展进程里,派生出了众多葡萄种群与品种。不同葡萄种群葡萄品种适合在特定的地方与环境中成长,果皮厚度、色素含量、果肉糖分、酸度等物质含量都不相同,这使得用它们酿造的葡萄酒口感各有风格。例如,霞多丽与雷司令、赤霞珠与黑皮诺,以及欧亚葡萄与山葡萄,品种不同,它们的糖分、香气、酸度、单宁及结构感都存在极大差异。葡萄品种是影响葡萄酒风格的重要影响因素之一。

(四)种植(Growing)

葡萄属于攀缘性植物,生长势强,酿酒葡萄需要合理控制其长势,培育优质葡萄是酿造优质葡萄酒的重要前提。葡萄在种植方面的质量控制是生产优质葡萄酒的重要环节。以下主要从葡萄的整形与修剪、产量控制、肥水管理、病虫害预防、采收方面展开讲述。

1. 整形与修剪(Training and Pruning)

葡萄树的修剪通常伴随着葡萄树生长的一生,尤其在冬季,一般都会使用短枝修剪(Spur Pruning)或长枝修剪(Cane Pruning)来确定留在葡萄树上过冬的芽眼的位置和数量。在葡萄的生长季,也可以通过修剪与疏果合理控制葡萄的长势。另外,修剪还可以有效控制葡萄树营养器官的生长,较薄的叶幕可以增加光照和通风,进而有利于果实风味物质的形成和成熟度。修剪与疏果也是控制产量的一种方法。

整形是使结果枝上的果实产量和质量最优化,同时又有利于果藤或果树长期健康生长的一种技术。目前存在的整形方式有几百种,但葡萄栽培代表性整形方式只有如下几种,见表 2-2。

表 2-2 葡萄栽培代表性整形方式

整形方式	介绍
新枝垂直分布形 Vertical Shoot Positioning(VSP)	将葡萄树的新枝按与长枝或主蔓垂直的方向绑在葡萄架上,减少遮阴,留有一定的空隙,通风环境好,适合机器采收,应用广泛

续表

整形方式	介绍
居由式 Guyot	只保留一根长枝称为单居由式；若保留了两条长枝，并将它们按照相反方向固定在铁丝上，则称为双居由式。可限制葡萄产量，在法国应用广泛
高登式 Cordon	又称主蔓式，是一种基于主蔓整形和短枝修剪的栽培架式，分为单高登式和双高登式，常见于美国加州和欧洲部分地区
灌木形 Bush	通常无任何支架，任由新枝从主的顶部自然垂下，也被称为高杯式(Goblet)。其树冠有很好的遮阴效果，可保护葡萄不被太阳灼伤，不适合在冷凉与潮湿环境使用，不方便机器采收
斯科特·亨利式 Scott Henry	由美国俄勒冈州亨利酒庄(Henry Estate)研发，常见于俄勒冈州和许多新世界产区。它通常保留4根长枝，并将长枝一高一低水平绑缚在葡萄架上。新枝分别以垂直向上和向下，能够享受到充足的光照，可以机器采收
斯马特-戴森式 Smart-Dyson	由澳洲理查德·斯马特(Richard Smart)和美国的约翰·戴森(John Dyson)发明。广泛应用于新世界国家。这类整形与前者相似，其结构为主蔓短枝上抽出的新枝以向上和向下交替的方式绑缚在葡萄架上，形成两个树冠。有很好的通风性，不易滋生病菌，可以机器采收
日内瓦双帘式 Geneva Double Curtain	葡萄树的新枝分成两帘，且使其向下生长的整形方式，能够给予葡萄充分的光照，免受霜冻灾害影响，也可机器采收
竖琴式 Lyre	与日内瓦双帘式相反，它的新枝向上生长，通气性和透光性俱佳，可预防霉菌滋生。在新世界产酒国使用普遍
棚架式 Pergola	在意大利、阿根廷和西班牙比较常见，适合炎热干旱地区使用。枝条沿着搭建好的高棚架生长，果实高高悬挂于枝叶下，避免太阳直射，远离地表高温，还不易被动物吃掉，方便管理

2. *产量控制(Yield Control)*

葡萄树的产量与葡萄酒的质量有着复杂的关系，产量的增加会延迟葡萄成熟时糖分的积累，进而影响果实风味的发展。控制葡萄生长势是控制产量的一种方法，生长势过强会促进新枝的生长，新枝会很大程度上抢夺果实的营养(降低生产力)，所以合理限制生长势是提高葡萄质量的有效方法。

剪枝是通用限制葡萄树生长能力的方式，剪枝须判断合理的条件。在相对干旱和贫瘠的山地，过度剪枝会导致树体提前停止生长。

3. *肥水管理(Nutrition and Irrigation)*

在葡萄种植中，常见的观点是使葡萄树处于逆境生长环境下可以生长出优质葡萄，但这一说法并不是在任何条件下都能成立的。平衡生长势和坐果率是葡萄种植的重要法则，同样的道理，长期处于缺水和营养逆境环境对葡萄树是不利的，相反，过度浇水和施肥也是对葡萄树管理的浪费。精确的浇灌量和浇灌时间可以把养分和防治病虫害的化学物质直接带到根部，这些措施适用于干旱与半干旱地区。

4. 病虫害预防(Disease Prevent)

病虫害是抑制葡萄质量的重要因素,所以病虫害预防也是尤为重要的环节。病虫害预防及治理方法多样,如葡萄树的整形与修剪、适当增加行距、优化整形方式可以有效改善葡萄树架面的通风及透光条件,修剪也可以使葡萄树达到通风和透光效果。对埋土越冬的地区,在掩埋土壤防寒之前,彻底清洁落叶,也可减少冬天的病原形成。选育抗病虫害的品种或砧木嫁接也是有效防御病虫害的方法。当然,喷洒药剂预防也是一种被广泛使用的方法,不过在葡萄成熟前一个月应禁止喷洒农药,以免影响葡萄酒风味与质量。

5. 采收(Harvest)

采收是葡萄由果实变为葡萄酒前的关键性步骤,主要指采收时间的把握与采收方式的采用。采收时间是获得葡萄最佳成熟度的关键,葡萄的成熟度可以通过葡萄的糖分、酸度、糖酸比、颜色或者风味来衡量。当然,根据法规(某种特定等级的酒可以允许)在酿造阶段可以轻微调整葡萄汁的糖分和酸度来弥补某些物质的不足,但是颜色与风味物质却是不可以直接添加改变的。有关采收方式,目前人工采收与机器采收都是普遍使用的方式,两者各有优缺点,需根据葡萄园地形、地势、整形方式、葡萄酒风格(薄若莱新酒及香槟整串发酵,不适用机器采收)、酒庄成本及质量等具体要求来选择。

二、酿造因素

葡萄酒质量七分种、三分酿,葡萄酒质量的提升取决于酿酒的各个环节。葡萄酒酿酒程序复杂,每个步骤都需严谨与规范对待。压榨过程处理、冷浸工艺、浸渍时间、发酵温度的控制、酵母的添加与使用、SO_2 的处理、MLF 进行与否、调配与混酿、发酵容器与发酵时间控制以及过滤、澄清、稳定等每个环节都是对葡萄酒生命的诠释。在此,本书从以下四个方面进行简单阐述。

(一)发酵前处理

压榨方式是影响葡萄酒质量的重要环节,现在酒庄多使用气囊压榨机进行作业。这种压榨大多是在水平放置的圆柱体中进行,压榨时可以使用空气泵给气囊加压使葡萄汁流出。这种方式压出的自流汁苦涩味较低、富含香气。白葡萄酒压榨后需要先澄清再发酵。

葡萄压榨后,白葡萄酒通常会立刻澄清,然后被放入发酵罐里进行发酵,大部分酿酒师会允许在压榨过程中让葡萄汁与空气短暂接触,或者在压榨后对葡萄汁进行通气,这可以延长白葡萄酒的保质期,也可以促进发酵的完成。

另外,葡萄汁和葡萄皮接触的时间长短决定了被提取风味物质的强度,从某种程度上来说,风味物质的强度、陈年潜力和葡萄皮浸渍的时间成正比,两者接触有利于快速启动和完成发酵,同时也会改变酵母产生的香味物质的组成,因此浸渍时间和浸渍温度决定了葡萄酒的部分风味。

(二)发酵中处理

1. 发酵容器(Fer-mentor)

发酵容器、发酵过程对葡萄酒风格形成影响也很大。目前,常用发酵容器有惰性材

料制作的不锈钢罐、橡木桶、混凝土罐及陶罐等。不锈钢罐有众多优势，相比于橡木桶，价格经济实惠，使用寿命也较长，而且容量大小不一，方便清洁，可有效防止细菌积聚，从而降低葡萄酒被污染的风险。另外，优质不锈钢罐配有温控系统，可以监控并调节酒精发酵过程，有利于葡萄酒天然果味的保持，是目前主流的发酵容器之一。

橡木桶和不锈钢罐一样，也是主流市场发酵容器，它自带单宁与独特的芬芳香气，所以可以带给酒液相应的香气和单宁物质。另外由于木桶透气，可以让葡萄酒进行微氧化，为葡萄酒香气增加复杂度。但是它难以清洗与储藏，使用寿命较短，成本较高。

混凝土罐使用历史也非常悠久，自古希腊、古罗马时代起，它就被用来发酵、储存和运输葡萄酒，但未能成为主流。近年有些酿酒师开始重新启用这一容器。现代的混凝土罐常被设计成蛋形，这样可以使发酵时罐内形成局部的温度差，酒液向四周扩散，形成流动循环，不需要过多酒帽管理。这一容器的优点是混凝土的物理特性使罐内的温度能自然地保持在较低水平，使得整个发酵过程变得缓慢而温和，进一步促进酒液形成清新优雅的风格。

陶罐是一类使用时间较为悠久的发酵容器，陶土发酵罐通常由黏土制成，透气性相对较好，能使酒液与氧气充分接触，使葡萄酒发展出复杂的香气风味和顺滑的质感。这一容器的使用大有扩张趋势。

2. 酵母(Yeasts)

酵母是葡萄酒发酵的灵魂，发酵时酿酒师对酵母的选择是一项重要环节。不同的酵母可以赋予葡萄酒不同的感官风味。酿酒师可以选择让葡萄酒自然发酵，也可以选择加入一种或几种酵母来启动发酵。在这个过程中，经验显得非常重要，菌株的作用也十分重要。

3. 苹果酸乳酸发酵(Malolactic Bacteria Fermentation)

许多葡萄酒需要两次发酵，苹果酸乳酸发酵可以降低酒体酸度，改善葡萄酒的风味，增加复杂感。尤其在较寒冷的地区，提倡对大部分红葡萄酒使用二次苹果酸乳酸发酵，它可以改变潜在的酸度及葡萄酒的粗涩感。相反，在温暖的产区，则需限制乳酸菌的活动，避免酸度降低。由于不是所有的葡萄酒都能自发地进行苹果酸乳酸发酵，酿酒师常需要加入一种或多种符合要求的菌株来启动这一发酵过程，不同的菌株产生的香气物质差异也很大。

(三) 发酵后处理

1. 调配(Blending)

调配广泛使用在葡萄酒的酿造上，如不同发酵罐之间的调配，不同品种、不同地区和葡萄园以及不同年份间的调配。复杂的调配是很多酒庄葡萄酒质量具有独特性的核心。对于很多产区，不同品种调配可以表现它们的传统特色，如波尔多红白、香槟、基昂第红、罗讷河谷等产区一些经典调配。调配可以强调一种酒的优点，掩盖它们的缺陷。调配是考验酿酒师技术经验的一项重要环节，需要合理处理。

2. 后期加工(Processing)

后期加工有项古老的技术一直被沿用至今——带酒泥陈酿。多用在白葡萄酒与传统工艺法起泡酒的酿造中。这一过程是把葡萄酒和酒泥(死酵母沉淀)一起放置一段时

间。一般情况下，葡萄酒与酒泥的接触、发酵都在同一发酵罐（常常是橡木桶）中进行，它可以增强酒的稳定性和香气浓郁度。对起泡酒来说，两者长时间混合，酵母的自我降解给起泡酒产生了一种烘烤的味道，而且酒泥的陈酿也是甘露糖蛋白胶体的来源，这种蛋白胶体有利于酒中产生持久连续的细小起泡。

3. 橡木桶（Oak）

橡木桶是酿酒的重要道具，橡木桶产区来源地、种类、橡木桶处理的方法、烘烤的程度、橡木桶使用的次数都会为葡萄酒带来一系列的风味。这几个方面的因素都可以通过橡木桶和葡萄酒接触的时间来调整（几周、几月到几年不等），是否采用这种方法来增强或减弱葡萄酒的主要特点取决于酒庄酿酒师的选择。在一些产区中，会有法规明确规定橡木桶的陈年时间或类型。

4. 软木塞（Cork）

软木塞对葡萄酒质量的潜在影响是毋庸置疑的，这个潜在影响不仅包括如何防止2,4,6三氯苯甲醚（TCA）等化学物质引起的葡萄酒的污染，也包括软木塞自身的构造特点和耐用性的影响等。对顶级葡萄酒来说，软木塞的作用非常重要，是葡萄酒得以保存数十年之久的原因之一。其中一个例子便是橡木生长速度较慢地区出产的软木塞比生长速度快的地区出产的软木塞弹性更好、更耐用。

（四）酿酒师

葡萄酒是酿酒师技术和艺术的表现，因此，每个酿酒师酿造的葡萄酒都是不同的。他们积累的经验和对质量的把控与理解赋予了葡萄酒不同的个性，酿酒师们对技术和创造性的不同理解和认知决定了他们酿造的葡萄酒的差异。但酿造师们的工作职责不仅仅在酿酒车间，越来越多的酿酒师会在葡萄的栽培上倾注精力，这种行为的结果是葡萄原料质量的保障。当然，酿酒师还会关注葡萄的成熟度等情况，决定何时把葡萄变为葡萄酒，要采取哪些工艺，这个流程中大部分工艺决定了葡萄酒的类型以及葡萄酒质量。

三、其他因素

（一）其他成本

随着人口的不断增长，土地使用成本也在不断攀升。在任何国家，葡萄园的使用成本都是制约一款葡萄酒价格的重要因素。不仅如此，葡萄酒包装、运输、汇率、进口葡萄酒的关税等都会影响每款酒的价值。

（二）化学本质

葡萄酒的质量最终归功于它的化学本质，葡萄酒中含有超过800种化学物质。糖、酸、酒精和酚类物质的相互作用被称为平衡。平衡作用在所有葡萄酒类型中都有体现，这一平衡作用在化学上是非常复杂的。例如，在干型酒中，平衡可能来自陈酿中单宁的聚合，并且失去聚合前的苦味和涩味；红葡萄酒中的酒精浓度和适度的酸对平衡有很大贡献。影响葡萄酒的化学成分还有酯类、醛类和杂醇油，这些物质构成了葡萄酒的基本香气。还有其他一些化合物，不过很多化学成分仍然处于待研究的状态。无论如何，化

学一词本身就意味着复杂和精细，要完全揭示葡萄酒质量的化学本质还需数年时间。

第十一节 葡萄酒类型
Types of Wine

葡萄酒类型多样，根据我国国家质量监督检验检疫总局（现国家市场监督管理总局）发布的《葡萄酒》(GB/T 15037—2006)国家标准，大致可按如下几个标准进行分类。

一、按颜色划分

（一）红葡萄酒(Red Wine)

红葡萄采收后，加以破碎，葡萄连同果皮、果肉、果籽，甚至果梗一起发酵，浸渍果皮从而获得红润的色泽，这种带皮发酵产生的葡萄酒即为红葡萄酒。

（二）白葡萄酒(White Wine)

使用白葡萄或者红葡萄先榨汁再进行发酵，便可酿成白葡萄酒。年轻的干白一般会呈现非常浅的淡黄色或水白色，随着年份的延长，葡萄酒颜色会越变越深。

（三）桃红葡萄酒(Rose Wine)

桃红葡萄酒是介于红葡萄酒与白葡萄酒之间的葡萄酒，有清新的酸度与丰富的果香，几乎没有单宁，适合搭配各类亚洲料理。

二、按糖分含量划分

葡萄酒按照糖分含量可以分为干型(Dry/Sec/Trocken)、半干型(Off-dry/Demi-sec/Semi-dry)、半甜型(Semi-sweet)及甜型葡萄酒(Sweet/Doux/Dulce)。

（一）干型葡萄酒(Dry Wine)

干型葡萄酒指含糖（以葡萄糖计）小于或等于 4.0 g/L 的葡萄酒；或者当总糖与总酸（以酒石酸计）的差值小于或等于 2.0 g/L 时，含糖最高为 9.0 g/L 的葡萄酒，这类葡萄酒为市场主导葡萄酒类型。

（二）半干型葡萄酒(Semi-dry Wine)

半干型葡萄酒指含糖大于干型葡萄酒，最高为 12.0 g/L 的葡萄酒；或者当总糖与总酸（以酒石酸计）的差值小于或等于 2.0 g/L 时，含糖最高为 18.0 g/L 的葡萄酒。

（三）半甜型葡萄酒(Semi-sweet Wine)

半甜型葡萄酒指含糖大于半干型葡萄酒，最高为 45.0 g/L 的葡萄酒。

（四）甜型葡萄酒(Sweet Wine)

甜型葡萄酒指含糖大于 45.0 g/L 的葡萄酒。德国、奥地利的颗粒精选(Beerenauslese)、干果颗粒精选(Trocken Beerenauslese)、冰酒(Icewine/Eiswein)，法国苏玳甜酒，匈牙利托卡伊贵腐甜白等都是非常典型的例子。

葡萄酒根据含糖量分类见表 2-3。

表 2-3 葡萄酒根据含糖量分类表

类　　型	含糖量(g/L)(总糖 d 以葡萄糖计)
干型葡萄酒(Dry Wine)	≤4.0
半干型葡萄酒(Semi-dry Wine)	4.1—12.0
半甜型葡萄酒(Semi-sweet Wine)	12.1—45.0
甜型葡萄酒(Sweet Wine)	>45.0

三、按是否含有二氧化碳划分

（一）静止葡萄酒(Still Wine)

静止葡萄酒指在 20 ℃时，二氧化碳压力小于 0.05 MPa 的葡萄酒，属于市场上的主流类型。

（二）起泡葡萄酒(Sparkling Wine)

起泡葡萄酒是指在 20 ℃时，二氧化碳压力大于或等于 0.05 MPa 的葡萄酒。酿造葡萄酒时，通过一些方法保存发酵自然产生的二氧化碳，便会酿成携带二氧化碳的起泡酒，法国香槟(Champagne)，意大利阿斯蒂(Asti)、普罗塞克(Prosecco)，德国塞克特(Sekt)，西班牙卡瓦(Cava)等都是世界经典起泡酒。起泡酒又可分为如下几种类型。

1. 高泡葡萄酒(Sparkling Wine)

高泡葡萄酒指在 20 ℃时，二氧化碳(全部自然发酵产生)压力大于或等于 0.35 MPa(对于容量小于 250 mL 的瓶子二氧化碳压力大于或等于 0.3 MPa)的起泡葡萄酒。

(1) 天然高泡葡萄酒(Brut Sparkling Wine)。

天然高泡葡萄酒指酒中糖含量小于或等于 12.0 g/L(允许差为 3.0 g/L)的高泡葡萄酒。

(2) 绝干高泡葡萄酒(Extra-dry Sparkling Wine)。

绝干高泡葡萄酒指酒中糖含量为 12.1 g/L—17.0 g/L(允许差为 3.0 g/L)的高泡葡萄酒。

(3) 干高泡葡萄酒(Dry Sparkling Wine)。

干高泡葡萄酒指酒中糖含量为 17.1 g/L—32.0 g/L(允许差为 3.0 g/L)的高泡葡萄酒。

(4) 半干高泡葡萄酒(Semi-dry Sparkling Wine)。

半干高泡葡萄酒指酒中糖含量为 32.1 g/L—50.0 g/L 的高泡葡萄酒。

(5) 甜高泡葡萄酒(Sweet Sparkling Wine)。

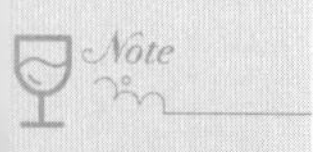

甜高泡葡萄酒指酒中糖含量大于 50.0 g/L 的高泡葡萄酒。

高泡葡萄酒根据含糖量分类见表 2-4。

表 2-4 高泡葡萄酒根据含糖量分类表

类　　型	含糖量(g/L)(总糖 *d* 以葡萄糖计)
天然高泡葡萄酒(Brut Sparkling Wine)	≤12.0(允许差为 3.0)
绝干高泡葡萄酒(Extra-dry Sparkling Wine)	12.1—17.0(允许差为 3.0)
干高泡葡萄酒(Dry Sparkling Wine)	17.1—32.0(允许差为 3.0)
半干高泡葡萄酒(Semi-dry Sparkling Wine)	32.1—50.0
甜高泡葡萄酒(Sweet Sparkling Wine)	>50.0

2. 低泡葡萄酒(Semi-sparkling Wines)

低泡葡萄酒指在 20 ℃时,二氧化碳(全部自然发酵产生)压力在 0.05 MPa—0.25 MPa 的起泡葡萄酒。

四、按用餐程序划分

酒餐搭配需要遵守一定的规则,尤其对西餐来讲,不同上餐的程序需要搭配不同类型的葡萄酒。根据西餐用餐程序,葡萄酒有如下划分。

(一) 开胃酒(Aperitif Wine)

开胃酒指搭配开胃餐时饮用的葡萄酒,这类酒多为干型起泡、香槟及清爽型干白。它们特点是都具有清新的酸度、淡雅的果香以及轻盈的酒体,这样可以很好地搭配新鲜、清淡精致的开胃菜肴。卢瓦尔河的普依芙美(Pouilly-Fumé)、桑塞尔(Sancerre)、波尔多未过桶的长相思、夏布利的霞多丽(Chablis)、德国珍藏级(Kabinett)、奥地利瓦豪(Wachau)的芳草级(Steinfeder)葡萄酒等都是开胃酒的不错选择。

(二) 佐餐酒(Table Wine)

佐餐酒指可以搭配佐餐菜肴的葡萄酒。佐餐酒通常需要根据菜品类型进行搭配,包括各类干红、干白或桃红葡萄酒,可以根据食物类型、口感风味及浓郁度匹配红白葡萄酒,具体酒餐搭配参考后文。

(三) 餐后甜酒(Dessert Wine)

餐后甜点一般有各类水果、蛋糕、布丁、慕斯、冰激凌或中式甜品等,冰酒、贵腐甜白、晚收甜白、稻草酒、法国 VDN、波特、奶油雪莉等是搭配这些餐后甜点的经典选择,具体可根据甜品食材类型、甜味浓郁度、质感等进行合理搭配。

五、按酿造方法划分

(一) 发酵型(Fermented Wine)

以葡萄为原料,在酵母活性菌的活动下发酵而成,不添加任何糖分、水分、香料及酒

精的葡萄酒即为发酵型葡萄酒。我们日常饮用各类干红、干白、甜白大多都属于此。酿造过程依赖酵母的使用，由于酵母生存环境较为微妙，发酵型葡萄酒酒精度一般在12.5% vol上下，最高为16.5% vol。在酒精度过高的环境下，酵母无法存活。

（二）蒸馏型(Distilled Wine)

蒸馏型葡萄酒指以葡萄为原料，蒸馏而成的葡萄酒，通常称为白兰地(Brandy)，如法国干邑。白兰地酒精度通常大于等于40% vol，酒精度较高，口感浓郁，一般餐后单独饮用或者作为鸡尾酒基酒制作各类鸡尾酒。

（三）加强型(Fortified Wine)

在天然葡萄酒中加入蒸馏酒(一般称为白兰地)进行强化，即可得到加强型葡萄酒，这类葡萄酒酒精度一般在15% vol—20% vol，如雪莉酒、波特酒、马德拉酒、马尔萨拉酒等。

六、按照酒体划分

葡萄酒有不同的酒体，有的轻盈，有的厚重，按照酒体轻重关系可以划分为轻盈型(Light Fruity Wine)、均衡型(Medium Bodied Wine)及浓郁型(Full Bodied Wine)。不同酒体的红、白葡萄酒举例见表2-5和表2-6。

表2-5 不同酒体的白葡萄酒举例

清爽、新鲜干型 Crisp, Fresh, Dry Wine	中等浓郁型 Medium Bodied Wine	浓郁型 Full Bodied Wine
卢瓦尔河白瓜 Loire's Muscadet	夏布利特级园 Chablis's Crand Cru	赫米塔吉 Rhône's Hermitage/ 格里叶堡 Chateau-Grillet
威尼托索阿维 Veneto's Soave	卢瓦尔河长相思 Loire's Sancerre	加州霞多丽 California's Chardonnay
摩泽尔雷司令 Mosel's Riesling	卢瓦尔河白诗南 Loire's Chenin Blanc	智利南非霞多丽 Chile, South Africa', Chardonnay
意大利灰皮诺 Pinot Grigio	莱茵河雷司令 Rhine's Riesling	澳大利亚霞多丽 Australia's Chardonnay

表2-6 不同酒体的红葡萄酒举例

轻盈、新鲜型 Light Fresh Wine	中等浓郁型 Medium Bodied Wine	浓郁型 Full Bodied Wine
阿尔萨斯黑皮诺 Alsace's Pinot Noir	马贡 Bourgogne's Mâcon	梅多克 Bordeaux Médoc's Cabernet
薄若莱新酒 Beaujolais Nouveau	佳美娜 New Zealand's Cabernet	巴罗洛 Piemonte's Barolo/Barbaresco

续表

轻盈、新鲜型 Light Fresh Wine	中等浓郁型 Medium Bodied Wine	浓郁型 Full Bodied Wine
瓦尔波利切拉 Veneto's Valpolicella	澳大利亚 GSM GSM Australia's GSM	加州赤霞珠 California's Cabernet Sauvignon
巴贝拉 Piemonte's Barbera	罗讷河谷丘 Côtes du Rhône	教皇新堡 Châteauneuf-du-Pape
德国黑皮诺 Germany's Spätburgunder	里奥哈 Spain's Rioja	巴罗萨西拉 Barossa's Shiraz

七、特种类型

特种类型指用鲜葡萄或葡萄汁在采摘或酿造工艺中使用特定方法酿制而成的葡萄酒，分为如下几种类型。

（一）利口葡萄酒(Liqueur Wines)

利口葡萄酒指在由葡萄生成的总酒精度为12% vol以上的葡萄酒中，加入白兰地、食用酒精或葡萄酒精以及葡萄汁、浓缩葡萄汁、含焦糖葡萄汁、白砂糖等，使其终产品酒精度为15.0% vol—22.0% vol的葡萄酒。

（二）加香葡萄酒(Flavoured Wines)

加香葡萄酒指以葡萄酒为基酒，经浸泡芳香植物或加入芳香植物的浸出液（或馏出液）制成的葡萄酒。通常采用的芳香及药用植物有苦艾、肉桂、丁香、豆蔻、菊花、陈皮、芫荽籽、鸢尾等。因为添加的香味物多样，葡萄酒会出现苦味、果香及花香等特殊风味，苦艾酒与味美思是其中典型代表。

（三）低醇葡萄酒(Low Alcohol Wine)

世界各国有关低醇葡萄酒这一酒精度标准，有不同的规定。按照我国最新葡萄酒国家标准，低醇葡萄酒是指"采用鲜葡萄或葡萄汁经全部或部分发酵，采用特种工艺加工而成的、酒精度为1.0% vol—7.0% vol的葡萄酒"。

（四）无醇葡萄酒(Non-alcohol Wine)

无醇葡萄酒与低醇葡萄酒概念相似，是指"采用鲜葡萄或葡萄汁经全部或部分发酵，采用特种工艺加工而成的、酒精度为0.5% vol—1.0% vol的葡萄酒"。这类葡萄酒是近几年的新锐产品。但如何在不影响葡萄酒风味的情况下脱醇，严格意义上讲是一项艰难的工作，目前很多国家还在研究开发中。

（五）葡萄汽酒(Carbonated Wine)

葡萄汽酒指酒中所含二氧化碳是部分或全部由人工添加的，具有同起泡葡萄酒类

似物理特性的葡萄酒。这类酒有时会添加白砂糖及柠檬酸等物质，以增加其风味。起泡的物理特性与真正的起泡酒相似，但风味相差很大。

(六) 山葡萄酒(Vitis Amurensis Wine)

山葡萄酒指采用鲜山葡萄、毛葡萄、刺葡萄、秋葡萄等或其葡萄汁全部或部分发酵酿制而成的葡萄酒。

(七) 冰葡萄酒(Ice Wine)

冰葡萄酒指将葡萄推迟采收，当气温低于－7 ℃时，使葡萄在树枝上保持一定时间，结冰晶，然后采收，在结冰状态下压榨、发酵，酿制而成的葡萄酒(在生产过程中不允许外加糖源)。

(八) 贵腐葡萄酒(Noble Rot Wine)

在葡萄成熟的后期，若葡萄果实感染了灰绿葡萄孢，果实的成分会发生明显的变化。贵腐葡萄酒指使用这种葡萄酿制而成的葡萄酒。

(九) 产膜葡萄酒(Flor or Film Wine)

产膜葡萄酒指葡萄汁经过全部酒精发酵，在酒的表面产生一层典型的酵母膜后，加入白兰地、葡萄酒精或食用酒精，所含酒精度等于或大于 15.0% vol 的葡萄酒。

葡萄酒主要类型见图 2-7。

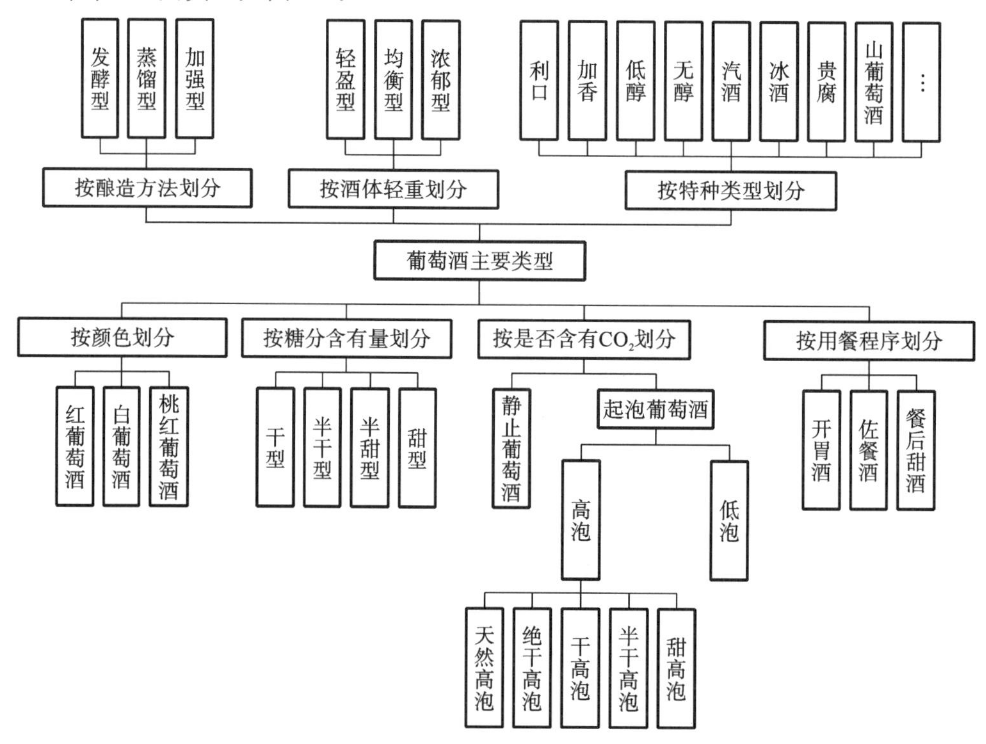

图 2-7　葡萄酒主要类型

知识活页

有机葡萄酒、自然葡萄酒与生物动力法葡萄酒

1. 有机葡萄酒(Organic Wine)

“有机”概念的基本思想是不使用化学合成物质和转基因产品。通常通过有机种植和有机酿造来达到减少环境污染、保护生态平衡的目的，生产出更加健康、自然的葡萄酒。用于酿造有机葡萄酒的葡萄必须是100%有机种植，可以允许添加有机糖和使用橡木块来调节酸度和增加风味。而对有机葡萄酒，各国的规定都不一样，以欧美为例：美国规定不能添加二氧化硫或亚硫酸盐；而欧盟则要求，干红的二氧化硫含量低于100 mg/L，干白低于150 mg/L，其他葡萄酒二氧化硫含量必须低于30 mg/L。

2. 自然葡萄酒(Natural Wine)

自然葡萄酒(以下简称自然酒)源于20世纪五六十年代的法国薄若莱(Beaujolais)产区。“自然酒之父”朱尔斯·肖维(Jules Chauvet)主张在酿造过程中尽量减少人工干预以及二氧化硫的添加，并提倡有机耕作和使用天然酵母，这些举措激励了一代又一代的自然酒酿酒师。自此，自然酒的概念开始在全球范围内蔓延开来。杰西斯·罗宾逊(Jancis Robinson)与朱莉娅·哈丁(Julia Harding)共同编著的最新版《牛津葡萄酒指南》(*The Oxford Companion to Wine*)一书，对自然酒的诠释为：

(1) 酿造自然酒所用的葡萄通常由小规模的独立生产商种植；

(2) 葡萄需由人工采摘；

(3) 发酵时不添加任何酵母(即采用天然酵母发酵)；

(4) 发酵时不使用添加剂(如酵母营养物质等)；

(5) 最少量添加或不添加二氧化硫。

在酿造自然酒的过程中，不可加糖和调节酸度，不可添加色素以及改善口感的添加剂，不可使用新橡木桶、橡木条、橡木片或其他添加液来为酒液增添风味，还应尽量避免澄清、过滤等。

3. 生物动力法葡萄酒(Bio-dynamic Wine，BD)

生物动力法葡萄酒源于奥地利哲学家鲁道夫·斯坦纳(Rudolf Steiner)提出的一套特殊的农业耕作理论。它将整个葡萄园当作一个完整的生态系统，强调生物的多样性，其中就包括植物和动物。减少人为干预，通过土地、环境、天气等来影响植株的生长，并提高其天然的抗病虫害能力，同时改善土壤肥力，以此来培育葡萄和酿造葡萄酒。生物动力种植采用堆肥和粪肥，在田间喷洒天然的草本植物碎屑和矿物元素，并禁止使用任何化学药剂或人工添加剂(包括商业酵母)。

生物动力法的另一个学说就是充分考虑宇宙间天体的运行规律，尊重风土，尊重生物的自然规律，构造人与自然的和谐发展。它不仅要求使用者会预测天气，而

且还要会考虑宇宙间各天体运行对植物的生长的影响。这一点与我国道家提倡的道法自然是切合的。

以上不同类型葡萄酒的对比如表 2-7 所示。

表 2-7　不同类型葡萄酒的对比

类别	项　目	普通葡萄酒	有机葡萄酒	自然葡萄酒	生物动力法葡萄酒
栽培	杀虫剂	☑	☒	☒	☒
	除草剂	☑	☒	☒	☒
	波尔多液	30kg/ha/an	6kg/ha/an	3kg/ha/an	少用或不用
	石硫合剂	☑	☑	☑	少用或不用
	采收方式	可机械	人工	人工	人工
酿造	酵母/乳酸菌	人工培育	有机认证	原生酵母	原生酵母
	离心	☑	☑	☒	☒
	加糖	☑	有机认证	☒	☒
	加酸	☑	☑	生物动力/有机认证	☒
	加单宁	☑	☑	可以减酸	☒
酿造	加橡木块	☑	☑	☒	☒
	澄清	☑	☑	☑	☒
	酒石酸稳定	☑	☑	☑	☒
	SO_2 最大量/红	150 mg/L	100 mg/L	70 mg/L	30 mg/L
	SO_2 最大量/白及桃红	200 mg/L	150 mg/L	90 mg/L	40 mg/L

来源　根据网络资料整理

第十二节　欧洲法律法规及酒标阅读
European Wine Law and Wine Label Reading

葡萄酒市场健康、良性、有序的发展，离不开法律法规的约束与监管。世界各国葡萄酒行业发展程度各异，葡萄酒法律环境也有很大的不同。相比较而言，旧世界产酒国法规严格，约束性条件多，欧洲各国有着各种严格的葡萄酒原产地保护法，甚至每个产区以及具体酒款都有严格的规范，较为复杂。这些法规一般在原产地、品种使用、酿酒方式、陈年时间、栽培技术、产量、糖分、最少酒精含量等方面提出了具体的要求，划分出

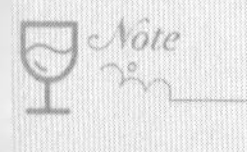

了一套成熟的等级体系，如法国的AOC制度、意大利的DOCG制度、西班牙的DO制度等。识别这些符号，不管对消费者还是对于侍酒服务人员来说，都是了解葡萄酒的重要途径。而在新世界产酒国，由于葡萄酒发展历史短暂，葡萄种植及酿造相对灵活，更加注重创新与品牌建设，各国也有一些原产地保护制度，但相对宽松。

一、欧洲各国葡萄原产地命名法

对欧盟国家来讲，现在普遍存在新、旧两套葡萄酒原产地保护制度体系，各酒庄可自行选择使用。旧制度主要指欧洲各国早期建立的原产地保护制度，如我们常见的AOC、DOCG等符号标记，由于这些制度形成时间较早，也有很强的认知度，所以欧盟各国仍然继续沿用旧的保护制度。新制度体系是由欧盟统一颁布的，旨在使成员国的葡萄酒的规章制度与世界贸易组织（WTO）的地理标识的国际标准接轨，该制度于2009年正式实行，分为PDO和PGI两大类。

（一）PDO葡萄酒

PDO葡萄酒指“原产地命名保护”的葡萄酒，为Protected Denomination of Origin的缩写。这个等级涵盖了各国的法定产区酒，例如法国的AOC、意大利的DOC等。如果想申请注册为PDO葡萄酒，那么葡萄酒需要满足以下条件。（非欧盟国家的葡萄酒产区也可以注册为PDO，但截止到2014年年底，只有美国的纳帕谷和巴西的维尼多斯山谷（Vale dos Vinhedos）进行了PDO登记，该地的葡萄酒也同样符合以下条件。）

（1）所用葡萄100%来自该产区，且整个生产过程在当地完成；

（2）其品质和特征能反映当地特定的自然风土与人文条件；

（3）所用葡萄只能是欧亚葡萄。

（二）PGI葡萄酒

PGI葡萄酒意为“地理标志保护”葡萄酒，为Protected Geographical Indication的缩写，主要指各国的地区餐酒，如法国的地区餐酒（Pays d'Oc VDP）。PGI的相关法律约束有以下几点。

（1）最少有85%的葡萄来自该产区，且在该产区酿造；

（2）其拥有一定的归属于该产区的品质、声誉或特征；

（3）所采用的葡萄必须是欧洲品种或欧洲品种与其他葡萄种属的杂交品种。

对于旧体系下最低端的葡萄酒，也就是各国的日常餐酒，在每个国家都有自己的语言标识方法，西班牙标记为Vino de Mesa、法国使用Vin de Table，现在多体现为Wine of+国家。由于欧盟每个国家语言不同，所以要留意Wine的不同表达，法语为Vin、德语为Wein、葡萄牙语则为Vinho等。世界主要产国葡萄酒分级体系，见表2-8和表2-9。

表2-8 PDO世界主要产国葡萄酒分级体系

国家	PDO欧盟新名称	传统名称
法国	Appellation d'Origine Protegee (AOP)	Appellation d'Origine Controlee(AOC)

续表

国　家	PDO 欧盟新名称	传 统 名 称
意大利	Denominazione di Origine Protetta (DOP)	Denominazione di Origine Controllata e Garantita(DOCG) Denominazione di Origine Controllata(DOC)
西班牙	Denominacion de Origen Protegida (DOP)	Vinos de Pago(VP) Denominación de Origen Calificada(DOC) Denominación de Origen(DO)
葡萄牙	Denominacao de Origem Protegida (DOP)	Denominacao de Origem Controlada(DOC) Indicacao de Proveniencia Regulamentada(IPR)
德国	Geschutzte Ursprungsbezeichnung (GU)	Pradikatswein Qualitatswein bestimmter Anbaugebiete(QbA)
匈牙利	Oltalom Alatt Allo Eredetmegjeloles (OEM)	Minosegibor/Vedett eredetu bor
奥地利		Qualitatswein/Pradicatswein，包括 DAC

表 2-9　PGI 世界主要产国葡萄酒分级体系

国　　家	PGI 欧盟新名称	传 统 名 称
法国	Indication Geographique Protegee(IGP)	Vin de Pays(VDP)
意大利	Indicazione Geografica Protetta(IGP)	Indicazione Geografica Tipica(IGT)
西班牙	Indicacion Geografica Protegida(IGP)	Vino de la Tierra(VDIT)
葡萄牙	Indicacao Geografica Protegida(IGP)	Vinho Regional(VR)
德国	Geschutzte Geografische Angabe	Landwein
奥地利	Geschutzte Geografische Angabe	Landwein
匈牙利	Oltalom Alatt Allo Foldrajzi Jelzes	Tajbor

二、酒标阅读

酒标是学习葡萄酒的入门，新世界酒标内容比较简洁，除品种信息外，大部分标识多为英文，这使得我们相对容易辨析与记忆；在旧世界产酒国，传统的酒标内容非常丰富，产区、品种、陈年、等级或装瓶信息等都会在酒标上以不同的文字符号表现出来，以此界定该酒的原产地、分级、质量等级及其口感特点等，旧世界酒标的识别比新世界的要复杂很多，了解这些基本信息显得非常重要。

酒标内容一般除了包括容量、酒精度、产国、厂商地址等信息外，还包括品种、产地、年份、品牌等内容。首先，认清这些信息有一个重要问题——语言。欧亚品种的传播主要是从欧洲随着殖民、移民及贸易辐射全球的，所以几个核心产酒国的语言识别至关重要。识记一些简单的法语、西班牙语、德语等常用术语是阅读酒标最好的捷径。其次，每个国家，尤其是欧洲国家对葡萄酒的法律法规会有间隔性调整，及时关注这些信息的

更新与修正，对酒标认知会有很大帮助。最后，酒标的两大重点信息是产地与品种，对于品种而言，产地、气候、土壤环境不同，葡萄酒的口感均有很大不同。所以该品种产区的地理位置、气候类型、山体河流以及海拔等也需要熟记心中，因此酒标内容的准确解读与地理人文知识的积累有密切的关联。常见酒标术语对照表见表 2-10。

表 2-10 常见酒标术语对照表

English	French	Italian	Spanish	German
Wine	Vin	Vino	Vino	Wein
Red	Rouge	Rosso	Tinto	Rot
Rose	Rose	Rosato	Rosado	Rose
White	Blanc	Bianco	Blanco	Weiss
Dry	Sec	Secco	Seco	Trocken
Medium-dry	Demi-sec	Abboccato	Semi-sweet	Halbtrocken
Sweet	Doux	Dolce	Dulce	Suss

一般而言，酒标内容分为必需项与非必需项。必需项有容量、酒精度与生产商等。首先，一般会使用 mL、L 为容积单位。葡萄酒的一般容积有 750 mL(大部分为干红、干白、起泡酒)、500 mL 与 375 mL(冰酒或甜酒居多)、187 mL(时尚单杯装)，另外还有大容量的 1 L、3 L、6 L、9 L、12 L 等。

酒精度对属酒精饮品的葡萄酒的酒标来说也是必需项，通过它我们可以了解酒精浓度，从而更好地选择葡萄酒，更好地搭配菜品。葡萄酒酒精度一般在 12.5% vol 上下，天然发酵型葡萄酒酿酒度数极限是 16% vol，在较高的酒精度环境下酵母无法生存(除特殊培养的酵母菌)；最低一般在 5% vol。葡萄酒酒精度数的计量间隔一般为 0.5% vol，我们也经常能看到以更加精确的数字来表示酒精度，诸如 13.3% vol、13.8% vol等。

生产商也是酒标的必需项，它是葡萄酒身份的重要来源，因此至关重要。

选择项一般包括品种、年份、产地、品牌、等级等信息，这些内容虽然不是必需项，但对一款葡萄酒的口感、风格却更具有实际意义，以下为详细介绍。

(一) 品种

葡萄酒的口感很大程度上来自品种，正因如此，品种标识越来越受到重视，除了大部分新世界产酒国会突出品种外，一些旧世界产酒国也开始转变观念，进行品种标示。德国葡萄酒通常会在酒标上标记品种信息，法国部分产区也采用品种标识法，如阿尔萨斯、勃艮第、朗格多克等。新世界品种标记一般以单一品种居多，两个或者两个以上品种混酿也经常出现，如 Chardonny-Sémillon、Cabernet Sauvignon-Merlot、Shiraz-Cabernet、Cabernet-Shiraz，以及 Grenache-Shiraz-Mourvedre(GSM)等。

值得注意的是，品种标识在很多新世界国家并不一定指代该款酒 100%使用该品种酿造，大部分国家规定了品种标识的最小百分比，例如，澳大利亚要求品种至少达到 85%，美国、智利则要求至少达到 75%。对两个以上品种混酿的葡萄酒来说，排列在前的品种为主要品种。

（二）产地

产地命名法是旧世界葡萄酒标的惯用方式，也一直是欧洲的传统，他们一直坚信"风土"(Terroir)条件是匹配葡萄种植与酿造的重要因素。有些产地结合了很好的种植环境，有向阳面的山坡，又有适合葡萄生长的土壤，如板岩、鹅卵石、石灰岩、白垩土、冲积土、砂石以及混合性土壤等，日照充分，有溪流河谷的温度调节，再加上悠久的人文酿酒传统，这里聚集了更多优越的自然与人文条件，更有优势酿造出高品质的葡萄酒，所以酒标更突出产地标示。

随着新世界葡萄种植时间的推进，加上厂商对地理标识的重视，他们也越来越多地进行产地标识，例如，澳大利亚的GI产区命名、美国的AVA种植区域的限定、智利DO对大产区及子产区的划分都是对酒标产地命名法的一种实践。

（三）年份

年份是大部分葡萄酒重点标示的一项内容，以此传递给消费者该款酒的酿造时间及葡萄采摘时间(背标年份为装瓶时间)，不仅如此，通过年份信息可以读懂很多重要内容。首先，对大部分旧世界产区来讲，年份仍然是一款高品质葡萄酒的重要衡量因素，尤其对法国波尔多、勃艮第以及奥地利、德国、意大利北部等地的冷凉产区来说，好的年份会在很大程度上提升该地区葡萄酒的价格。对法国的波尔多来说，近些年的优秀年份有1982年、1986年、1990年、1995年、2000年、2003年、2005年、2009年、2010年以及2015年、2016年。通过一些酒店的酒单，可以很清楚地验证好年份的价位优势。年份可以成为侍酒师对客服务时的重要介绍内容，也是葡萄酒爱好者收藏高价位葡萄酒的重要信息依据。

新世界产区，尤其是东澳利大亚、南澳利大亚、智利中央山谷、阿根廷门多萨、美国加利福尼亚州等这些受地中海气候影响的葡萄酒产区日照充分，气候变化相对稳定，差年份较少。

当然，不管年份优劣，对一款葡萄酒来说，年份的标识都是非常重要的信息，侍酒师可以据此推算葡萄酒的香气及口感变化，以此向消费者提供最佳的服务建议。不仅如此，年份也是酒餐搭配时重要的信息依据。

（四）品牌

品牌标识对新世界葡萄酒生产者来说显得更加重要，新世界产区在葡萄酒品牌建设与命名上远比旧世界灵活多变。在生活节奏越来越快，讲究便捷、时尚、有趣的新兴市场上，酒庄突出品牌标识赢得了越来越多消费者的青睐，品牌推广也是新世界酒商市场营销的重要手段之一。澳大利亚的奔富(Penfolds)、禾富(Wolf Blass)，新西兰的云雾之湾(Cloudy Bay)，美国的作品一号(Opus One)，智利甘露旗下的众多品牌如红魔鬼(Casillero del Diablo)、柯诺苏(Cono Sur)，以及与木桐酒庄合作的活灵魂(Almaviva)等都是世界范围内有较高知名度的品牌。

当然，对旧世界来说，品牌也是重要信息，法国葡萄酒品牌一般为单个酒庄(如Château、Domaine、Clos)名称，为了区分葡萄酒质量等级，常以正牌、副牌、三军品牌出

现，它们拥有非常悠久的历史，酒庄名称即为葡萄酒品牌名称。

品牌命名法有效保障了葡萄酒质量的一致与价格的稳定，它是消费者对酒庄产生忠诚度的重要源泉。另外，新、旧世界品牌 Logo 图案上也有很多不同点，新世界酒标图案活泼多变，常以风景、动物、花草、事物甚至是醒目的数字来做标识，以方便消费者识别与购买；而旧世界则经常以葡萄园、酒庄、城堡、奖牌等作为品牌标识。

（五）监管法规与等级符号

监管法规与等级符号是酒标标识另一项重要信息。它们往往占据酒标的中心位置，我们在看到酒标时，要注意观察产地下面的一串小字，这一行小字正是该款葡萄酒的“身份与等级”，如法国 AOC、VDP 等级，意大利的 DOCG、IGT 等级，西班牙的 DOC 等级等。该信息在前文的“欧洲各国葡萄原产地命名法”中已做介绍，不再赘述。

以上信息是酒标常出现的一些内容，除此之外，还有很多惯用术语，例如，法国波尔多葡萄酒经常使用的城堡（Château）、列级酒庄（Grand Cru Classes）、特级园（Grand Cru）、一级园（Premier Cru）、明星庄（Cru Bourgeois）等；意大利葡萄酒酒标常出现的经典（Classico）、珍藏（Reserva）等；西班牙酒标上的陈酿（Crianza）、珍藏（Reserva）、特级珍藏（Gran Reserva）等，都代表了不同的概念与信息。掌握这些术语名词对了解葡萄酒质量有很大帮助。新、旧世界葡萄酒酒标特点对比见表 2-11。

表 2-11 新、旧世界葡萄酒酒标特点对比

区分	旧世界酒标	新世界酒标
文字标识	法语、西班牙语、德国、葡萄牙语等多国文字，复杂、难懂	多英文、简单、明了
图案标识	传统的酒庄城堡、葡萄园、奖章等	醒目的动物、花鸟、数字等
突出点	突出产区标识	突出品种
法律法规	很多词汇有法律法规含义	法律法规较少，灵活
酒的风格	尊崇传统、品种及酿酒方法	很有创意、灵活多变

知识链接

就如何诠释“绿水青山就是金山银山” 山东省自然资源厅给予了最好的答案

为贯彻党的十九大关于“构建政府为主导、企业为主体、社会组织和公众共同参与的环境治理体系”的要求，山东省自然资源厅在落实社会资本参与国土空间生态修复推行中，积极探索生态系统整体修复、可持续平衡发展，充分发挥生态价值在自然资源经济价值中的作用。其中，青岛市莱西市九顶庄园修复工程入选全国十大案例，对“绿水青山就是金山银山”给予了最好的诠释。

莱西市人民政府和自然资源局本着坚持政府指导、规划先行、市场参与、多元化实施矿山生态修复的“青岛思路”，通过地质环境自然修复和治理，消除了矿山开采对附近居民生存环境造成的不良影响和安全隐患，同时盘活了闲置和低效土地资源，吸引青岛大好河山葡萄酒业外资注入近 3 亿元，自主完成了废弃矿山和周边荒山土地综合整治，变废为宝，建成了集种植、加工生产、储存以及旅游度假于一体的九顶庄园

（见图 2-8）。

九顶庄园修复工程被自然资源部选入全国社会资本参与国土空间生态修复的十大案例，在全国推广学习，为进一步丰富矿山地质环境治理模式交付了一份满意的答卷。

修复前

修复后

图 2-8　青岛九顶庄园修复前、后

——《中国企业报》　朱蕾蕾

来源　青岛九顶庄园资料

案例思考：思考葡萄酒产业的优势地位及对发展当地经济的推动作用。

思政启示

本章训练

章节小测

□ 知识训练

1. 葡萄的科属有哪些？
2. 说出葡萄栽培中的阶段管理。
3. 红、白、桃红葡萄酒的酿造过程是怎样的？
4. 葡萄酒的定义是什么？葡萄酒中有哪些主要成分？
5. 橡木桶对葡萄酒风味的影响是什么？橡木桶主要产区及制作工艺是什么？
6. 葡萄酒的类型与风格有哪几种？

□ 能力训练

1. 根据所学知识，制作理论知识讲解检测单，对葡萄酒质量与风格形成的主客观因素进行知识性讲解训练。

2. 设定一定情景（举例一个大家熟悉的中国产区或一款中国的精品酒），对相关的葡萄栽培和酿造方法及葡萄酒风味特征等进行拓展讲解。

Note

第三章
葡萄酒的品尝

本章概要

本章主要讲述了葡萄酒品尝鉴赏相关知识，包括葡萄酒品尝的定义、意义、作用及原理，葡萄酒品尝的视觉、嗅觉、味觉分析，葡萄酒品尝活动的组织、技术训练以及世界上代表性评价体系等内容。同时，在本章内容之中附加与章节有关联的历史故事、知识链接、思政案例及章节小测等内容，以供学生深入学习。本章知识结构如下：

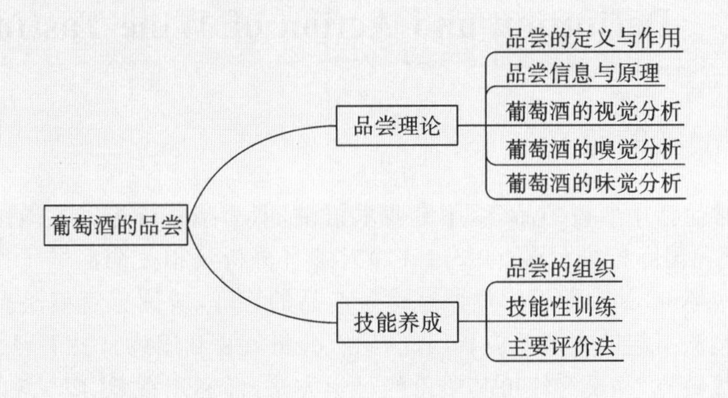

学习目标

知识目标：了解葡萄酒品尝的概念与特性，理解葡萄酒品尝的信息原理，掌握葡萄酒视觉分析、嗅觉分析、味觉分析的理论原理，归纳葡萄酒品鉴的理论步骤及品鉴内容。

技能目标：运用本章专业知识，具备在工作情境中对葡萄酒口感、风格进行讲解及推介营销的能力；通过葡萄酒品尝技能实训，具备专业的品尝组织方法及专业的品酒技能；同时，灵活运用本章品尝理论，解决葡萄酒品鉴过程中碰到的实际问题，具备分析问题、解决问题的能力。

思政目标：通过学习品酒理论知识，注重对学生的唯物主义立场、辩证方法教育渗透，初步培养学生专业、专注、客观、公正的品酒意识与品酒素养，使其理解酒评人应该具备的基本道德修养与职业操守。

章首案例

崛起中的中国葡萄酒

章节要点

- 知道：葡萄酒品尝的步骤与方法。
- 理解：视觉、嗅觉、味觉分析的原理。
- 了解：品尝的作用、意义及世界主要的评价方法。
- 掌握：葡萄酒品鉴的步骤与系统方法。
- 学会：组织品尝活动，填写品尝表，掌握横向品尝与垂直品尝方法。
- 归纳：构建品尝方法的思维导图。

第一节　葡萄酒品尝的定义与作用
Definition and Action of Wine Tasting

一、品尝的定义

在日常生活中所说的品尝，用专业术语讲，即为感官分析。我国国家标准《感官分析　术语》和国际标准(ISO5492：1992)对感官分析及相关词汇做了如下定义：感官分析(Sensory Analysis)即用感觉器官检查产品的特征，所谓感官就是感觉器官，而感觉则是感官刺激引起的主观反应。因此，感官分析就是利用感官去了解、确定产品的感官特征及其优缺点，并最终评价其质量的科学方法，即利用视觉、嗅觉和味觉对产品进行观察、分析、描述、定义和分级。它包括如下四个阶段：

观察(Observation)：利用感官(眼、鼻、口)对酒进行观察，以获得相应感觉；

描述(Description)：描述已获得的感觉；

比较(Comparison)：与已知的标准进行比较；

分级评价(Classification/Evaluation)：对已有比较结果进行归类分级，并做出评价。

虽然品尝并不完全等同于感官分析，因为国家标准规定，品尝(Tasting)是在嘴里进行的感官分析。但人们在日常生活中，习惯用“品尝”一词来描述对食品的感官分析。所以在本书中，我们用感官分析来定义品尝，用专家酒评员定义品尝者(Taster)，将葡萄酒的品尝定义为：利用感官去了解、确定葡萄酒的感官特性及其优缺点，并最终评价其质量的科学方法，即利用视觉、嗅觉、味觉对葡萄酒进行观察、分析、描述、定义和分级。

二、品尝的意义与作用

葡萄酒是众多饮料中种类较多，风味和口感变化较大、较为复杂的一种酒精饮料。

首先，葡萄酒的成分极为复杂，目前，在葡萄酒中已鉴定出1000多种化学成分，其中350多种已被定量鉴定，这给品尝增加了不小难度。其次，虽然所有的葡萄酒都用葡萄酿造而成，但其种类异常庞大，是农业食品中变化较大、种类较多的一种。即使同一品种，受气候、土壤、浆果成熟度、酿造、储藏方式等条件影响，酿成的葡萄酒也会千变万化，质量等级也各不相同。因此，从理论上讲，很难找到感官特性完全一致的葡萄酒，即使同一种葡萄酒，因为饮用时间、地点、环境、气氛、佐餐，甚至饮用者情绪不同，其香气与风味和饮用者所获得的感受也会不同，这正是品尝的意义所在。

在葡萄酒生产和商品化过程中，品尝的作用主要在于鉴定葡萄酒的质量(Quality)。现代酿酒车间里，葡萄酒在出品之前，都要经过品尝专家的质量评鉴。在实施葡萄酒地理标志制度的国家，所有以地理标志(Geographical Indication)或以原产地名为名销售的葡萄酒，都必须经过品尝专家组的品尝鉴定，获得专家组认可后，才能以相应的地理标志或原产地名为名出售。这是因为，一种葡萄酒的质量，首先取决于它是否能给消费者以感官方面的满足，而这些只能通过人的品尝去鉴定，任何其他仪器分析，都无法取而代之。这正是葡萄酒的品尝的意义所在，即鉴定质量。

葡萄酒专业品尝目的根据具体情况不同而不同，我们可以进行简单、粗略的品尝，也可以进行复杂、详尽的品尝。对于葡萄酒工程技术人员来讲，他们必须能够通过品尝来了解其产品的现状、可能的发展变化、工艺缺陷以及应采取的工艺措施等。因此，对他们来讲，必须具有专业的品尝能力。对葡萄酒服务及营销类人员来讲，葡萄酒品尝的目的在于，通过品尝了解葡萄酒风味、口感及质量情况，同时发现问题与缺陷，从而评价其后向发展情况、适饮时间、适饮人群，并判断其适饮温度、酒餐搭配等，最终为企业、为客户创造品尝价值。对普通消费者来说，品尝目的则显得轻松很多，往往是为了获取快乐与享受，但同样也需要认识葡萄酒的质量，并能辨别出葡萄酒的好坏。

总之，品尝是认识、酿造、储藏、检验和最后鉴赏葡萄酒的手段与方法，也是评价葡萄酒质量的最有效手段。但把“喝”变成品尝并不是一件容易的事情，它需要人们集中注意力，努力捕捉并且正确表述自己的感觉。毫无疑问，品尝的最大困难是描述自己的感受，并给予其恰当的评价。

三、对品尝者的要求

品尝是一门艺术，也是一门科学。品尝还是一种职业，或者是职业的一部分。品尝对品尝者要求较高，它需要扎实的理论基础与品酒训练。要想成为合格的品尝者，需要个人不懈的努力、专心致志和持之以恒的精神。首先，品尝者要具有敏锐的嗅觉与味觉等良好的生理条件；其次，品尝者要有高昂的个人兴趣与热情，除个人感官敏锐度的先天优势外，每个人对每一种感觉都有一个固定的感觉最低临界值，要达到这一临界值，就必须经过长期的训练。

在品尝的过程中，人的感官就像测量仪器那样被利用。我们可建立一些规则，以使这些“仪器”更为准确，防止出现误差。但是，对于品尝者本人来讲，他不只是“仪器”，不只是操作者，他同时也是解释者、评判者。他可以表现甚至想象出他所品尝的葡萄酒的样子，他的不全面性，正是他个性的一部分，这就是品尝的反常现象，即尽量要使主观的手段成为客观的方法。而要掌握真正的客观方法，品尝者通常需要具备以下三大基本素质。

历史故事

专业品酒读物

（一）敏感性（Sensitivity）

敏感性指具有尽量低的味觉和嗅觉的感觉临界值。

（二）准确性（Accuracy）

准确性指对同一产品的重复品尝的回答始终一致。

（三）精确性（Precision）

精确性指精确地表述所获得的感觉，精确地表达自己的感受。

葡萄酒品尝学是葡萄酒学的一个分支，是研究关于葡萄酒品尝的理论、方法的一门科学。而葡萄酒的感官质量与感官特性是与葡萄本身的构成成分以及葡萄酒酿酒、陈年工艺密切关系的，因此它与葡萄品种学、葡萄栽培学、酿造工艺学之间有千丝万缕的联系。要想真正了解葡萄酒的感官特征，还必须具有系列学科体系与知识建构，它还必须建立在神经生理学原理基础之上。因此，它要求人们掌握葡萄酒品尝的理论和原理，掌握葡萄酒品尝的方法与技术，通过品尝训练提高葡萄酒品尝的水平。

第二节　葡萄酒品尝的信息与原理
Information and Principles of Wine Tasting

与所有的感官分析一样，葡萄酒品尝就是利用人的感觉器官，对葡萄酒的感官特性和质量进行分析。当然，不了解神经生理学（Neurophysiology）原理也可以品尝，只要将酒杯靠近鼻、口，神经生理学原理就会起作用。事实上，我们时时刻刻都在无意识地利用我们的感觉。感觉刺激通过神经系统的传递、大脑进行响应等，就构成了信息和信息处理的复杂而连续的网络。当然，品尝者并不需要成为神经生理学方面的专家，但对神经感受器、信息处理系统以及影响它们的内、外部因素有较好地了解，可以帮助品尝者创造适当的条件，防止知觉的错误和受其他因素的干扰，使品尝者的感觉更为纯粹，信息传递更为完整。

每种葡萄酒都具有特有的颜色（Color）、酒精度（Alcohol）、香气（Aroma）和味道（Taste）。葡萄酒所有这些特征，对于人的感官来说，即各种各样的刺激（Stimuli）引起的感觉（Sensation）。这些刺激在神经感受器（Receptor）中产生信息（Information），并通过神经纤维传往人的大脑。神经感受器包括视网膜（眼）、味觉细胞（味蕾）、嗅觉纤毛（鼻的前部）以及其他各种黏膜等。

大脑接收这些信息，并进行比较（Comparison）、分析（Analysis）、记忆（Memory）。因此，对于感觉来讲，人的大脑是一个“信息库”。通过训练，这个信息库会不停地扩大其容量，储藏更多的信息（这就是记忆的作用）。在品尝过程中，大脑是通过类比和比较进行工作的。每一种到达大脑的感觉，都会被与已经储藏的“信息库”中的信息进行比较。所以品尝越多，储藏的信息量越大，人们的评价就越精确。

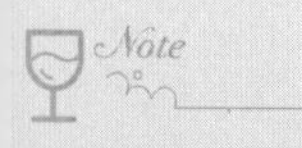

当神经感受器受到某种刺激而产生的信息传达到大脑时，就产生了感觉。但是，如果这一感觉太弱，品尝者就不会察觉，或者会将它同化为相似的感觉。如果这一感觉足够强，能为品尝者所辨认，就为产生知觉(Perception)奠定了基础。

总之，所谓刺激，就是现实的物体和现象作用于感觉器官(感官)的过程：感觉是客观事物的个别特征在人脑中引起的反应，即将环境刺激的信息传递到人脑的手段。感觉是最简单的心理过程，是形成各种复杂心理过程的基础。知觉则是反映客观事物的整体形象和表面联系的心理过程，也就是从刺激汇集的世界中抽译出有关信息的过程。知觉是在感觉的基础上形成的，但比感觉复杂、完整。我们可以用图 3-1 表示品尝的神经生理学原理(Peynaud，1986)。

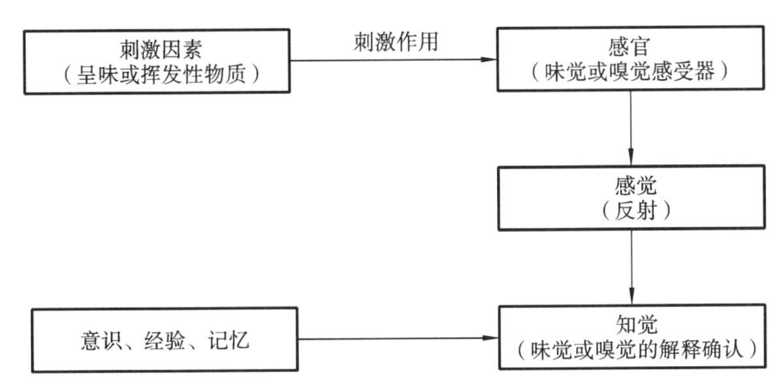

图 3-1 品尝的神经生理学原理示意图

所以，要产生某一感觉(如味觉或嗅觉)，就必须有足够的刺激量。能引起某种感觉的最小刺激量就是感觉阈值(Sensation Limen，SL)；能使人确认出这种感觉的最小刺激量，为知觉阈值(Perception Limen，PL)；而产生感觉差异所需刺激变化的最小值，则为差别阈值(Discrimination Limen，DL)。显然，PL>SL。

品尝是建立在所有人生理反应一致的假设基础上的，这显然是不完全确切的。以上定的阈值，完全取决于每一个人的嗅觉和味觉敏锐度，而不同个体之间的敏锐度差异却很大。因此，以上阈值可以成为选择品尝者的基本考量要素。表 3-1 归纳了在品尝过程中所用到的感官、感觉及其感觉特性。正如我们分析的那样，通常所说的味道(Taste)，包括了通过鼻咽感知到的气味(Odor)，而单纯的“味”则只是由舌头感知到的感觉。这样，我们可用风味(Flavor)来定义在品尝过程中由鼻和口所感知到的所有感觉的总和。

表 3-1 品尝与感知特性表

<table>
<tr><th>感　官</th><th>感　觉</th><th>感知到的特性</th><th colspan="2">总 体 特 性</th></tr>
<tr><td>眼</td><td>视觉</td><td>颜色、澄清度、起泡性</td><td colspan="2">外观</td></tr>
<tr><td>鼻</td><td>嗅觉(鼻腔)</td><td>香气、纯度</td><td>气味</td><td rowspan="6">风味</td></tr>
<tr><td rowspan="5">口</td><td>嗅觉(鼻咽)</td><td>口香</td><td rowspan="3">味道</td></tr>
<tr><td>味觉</td><td>味</td></tr>
<tr><td>黏膜反应、化学感</td><td>涩、刺</td></tr>
<tr><td>触觉</td><td>稠度、流动性、油性</td><td>触觉</td></tr>
<tr><td>热感</td><td>温度</td><td>温觉</td></tr>
</table>

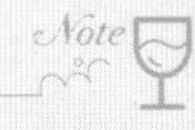

第三节　葡萄酒的视觉分析
Visual Analysis of Wine

葡萄酒感官分析的第一步是观察葡萄酒的外观(Appearance),视觉可以引导和帮助品尝者正确评价葡萄酒的感官特性,使其得出正确的结论;视觉也会使品尝者根据外观印象得出错误的判断。一些个性不突出、质量一般的葡萄酒的外观吸引力是影响消费者判断其质量的主要因素。在人类的感觉系统中,视觉是占据主导地位的感官器官,眼睛是品尝者品尝的起点。葡萄酒的外观主要给人以澄清度(浑浊、光亮)、颜色(深浅、色调)和起泡性等方面的印象。此外,葡萄酒外观还包括起泡性(Foaminess)以及与酒精度有关的挂杯(Tears)现象。

一、澄清度(Clarity)

葡萄酒澄清度是葡萄酒外观质量的重要指标,浑浊的酒在口感方面得分较低,葡萄酒的浑浊(Cloudy)是一种缺陷。对白葡萄酒来讲,澄清度与透明度呈正相关,即澄清的葡萄酒亦透明。但对于红葡萄酒来说,如果颜色很深,即使澄清也不一定透明。通常情况下,澄清的葡萄酒也具有光泽,优良的葡萄酒必须澄清、光亮(Brilliant)。描述这一外观的词汇常有三类。

(一) 澄清度

清亮透明,晶莹剔透,莹澈透明,有光泽、光亮等。

(二) 浑浊度

略失光,失光,欠透明,微浑浊,浑浊,极浑浊,雾状,乳状等。

(三) 沉淀

有沉淀,纤维状沉淀,颗粒状沉淀,酒石结晶,片状沉淀,块状沉淀等。

对葡萄酒表面的观察应从酒杯下面向上观察。正常葡萄酒的表面应该完整、纯洁、光亮。如果有异物(如灰尘、油污、醋酸菌、类酵母等)在表面上形成斑点,破坏表面的完整性,或如果表面灰暗、无光等,都表示葡萄酒不正常。失光的葡萄酒在其他方面也会存在一些缺陷。新年份红葡萄酒往往口味平淡、酸涩、粗糙;陈年红葡萄酒则容易出现氧化过重、老化现象。

二、起泡性(Foaminess)

静止葡萄酒在发酵结束后会保留相当含量的二氧化碳,从而在杯壁和杯底生成小气泡。这种现象常常是在葡萄酒装瓶过早,二氧化碳还没有完全释放的情况下产生的。

二氧化碳产生的气泡也有可能来自细菌的代谢,如装瓶后苹果酸乳酸发酵过程就会产生二氧化碳。同样,腐败菌的活动也可以产生气泡,这时葡萄酒会表现为浑浊现象。

如果是静止葡萄酒含有 1.5—2.0 g/L 的二氧化碳,则会在葡萄酒的表面形成泡沫,并且在舌尖产生刺激感。这类葡萄酒可能有轻微的再发酵或者保留的发酵时产生的二氧化碳引起的发酵。采用开放式转罐,可以去除大部分多余的二氧化碳。

对起泡葡萄酒来说,二氧化碳的释放是非常重要的质量标准,泡沫的多少和稠密度、泡沫下降和消失的方式都是品尝者需要观察的现象。优质的起泡酒不能像啤酒的泡沫一样,厚重、不稳定。起泡酒的气泡质量,可根据起泡的细度、释放持续的时间、泡沫圈的状况等进行判断。

起泡酒的泡沫结构,取决于原酒的构成、二次发酵的技术应用、酒泥陈年时间以及葡萄酒的温度等。例如,有的起泡酒开瓶后,会像汽水一样,突然释放出大量的气泡,这可能是二次发酵的速度过快造成的。当然,气泡的消散还与酒杯的干净程度有关,如果杯壁上残留有洗洁精或油脂,泡沫也会很快消失。

三、挂杯(Tears)

对于任何一款有酒精的葡萄酒来说,摇动酒杯使葡萄酒进行圆周运动,杯壁上形成酒柱,就是挂杯现象,这一现象被定义为 Tears、Legs 或 Rivulets。当葡萄酒附着在杯壁时,酒精挥发形成"酒泪",由于酒精的挥发比其他成分快很多,因此附着于杯壁上的葡萄酒膜表面张力增大,使得水分子相互牵拉在一起,形成了流滴。当这些流滴不断增多,它们开始下垂,形成拱形,最后,流滴下流,形成"酒泪"。酒泪的持续时间取决于影响葡萄酒挥发率的各种因素,如温度、酒精度以及液体或气体的接触面。通常,酒精度越高,酒泪越明显,酒精度越低,酒泪下降速度越快。

四、颜色(Color)

颜色是葡萄酒的"脸面"。观察葡萄酒的颜色,我们可以判断葡萄酒的酒龄、醇厚度以及成熟情况。葡萄酒的颜色取决于葡萄的品种、酿酒方法、葡萄酒酒龄、成熟度等。葡萄酒的颜色包括色度和色调。色度即为颜色的深浅,描写词汇有浅(Pale)、淡(Light)、深(Dark)、浓(Intense)、暗(Dim)等。

葡萄酒颜色的深浅(Color Density)与葡萄酒的结构(Structure)、丰满度(Volume)以及尾味(Final Taste)和余味(After Taste)有密切关系。红葡萄酒中,颜色深浅与单宁的含量往往成正比。如果颜色深而浓,它必然醇厚、丰满、味涩(Astringent)、单宁感强(Tannic);相反,色浅的葡萄酒则味淡(Flat)、味短(Short),但它如果较为柔顺(Soft),且醇香(Bouquet),仍然不失为好酒。葡萄酒的色调可表现出其成熟程度,与酒龄有很大关系。

(一)红葡萄酒

新年份红葡萄酒由于果皮的花色素苷(Anthocyanin)的作用,颜色鲜艳,带紫红或宝石红色调。在成熟过程中,游离花色素苷会因与其他物质结合而逐渐消失,因此陈年

红葡萄酒的色调会在聚合单宁的作用下逐渐变为瓦红或砖红色。主要形容干型红葡萄酒颜色的词汇有紫红色(Purple)、宝石红(Ruby)、石榴红(Garnet)、褐色(Tawny),除此之外,还有鲜红(Bright Red)、深红(Deep Red)、暗红(Dark Red)、瓦红(Tile Red)、砖红(Brick Red)、黄红(Ochre)、棕红(Brown)等词汇。

(二)白葡萄酒

白葡萄酒几乎不含红色素,它多使用白葡萄品种酿造而成,也可以使用红葡萄品种去皮发酵而获得。描述白葡萄酒颜色的词汇有:

近无色(In-color):即接近水的颜色,通常指新年份的白葡萄酒;

麦秆黄色(Straw Yellow):为大多数干白的外观,新年份的白葡萄酒;

浅金黄色(Pale Gold):成熟的、有一定陈年的白葡萄酒;

金黄色(Gold):甜白或利口白葡萄酒的典型颜色;

暗黄色(Dark Gold):带黄色,但色调不很清晰、明快;

琥珀色(Amber):陈年白,口感无氧化时为优质白葡萄酒;

铅色(Leady Colour):略带灰色,一般用于形容失光的白葡萄酒;

棕色(Brown):通常为氧化过重或老化的白葡萄酒的颜色。

(三)桃红葡萄酒

知识链接

葡萄酒颜色的变化

桃红葡萄酒一般含有少量的红色素,略带红色色调。因葡萄品种、酿造方法和陈年方式的不同,色调会有很大差异。主要使用红葡萄品种压榨后的纯汁发酵而成的桃红葡萄酒的花色素苷含量为10—50 mg/L;而用短期浸渍法酿造的桃红葡萄酒(一般24小时内短暂发酵),则通常含有80 mg/L以上的花色素苷;如果花色素苷的含量大于100 mg/L,葡萄酒的颜色会接近于红葡萄酒的颜色。

桃红葡萄酒的色调很大程度上取决于酿造用的葡萄品种,如佳利酿带石榴红、佳美带樱桃色、赤霞珠带树莓色等。桃红葡萄酒色调以玫瑰红为主,常见的色调有黄玫瑰红、橙玫瑰红、玫瑰红、橙红、洋葱皮红、紫玫瑰红等。

第四节 葡萄酒的嗅觉分析
Olfactory Analysis of Wine

在嗅觉与味觉构成的风味中,贡献最大的是那些能被嗅觉感受器所感知的或在空气中可传播的分子。正因如此,葡萄酒风味的广泛差异主要是通过嗅觉来判断的。

嗅觉感受器与味觉感受器都是化学感受器,只有溶解的分子才能激活它。由于这一物理特性,嗅觉能探查到的有气味的物质,必须是挥发性的,才能被吸进鼻腔。它们至少需要能够部分地溶解于水,才能通过鼻膜到达嗅觉细胞。它们还必须能溶于脂类物质,才能穿过形成嗅觉感受器外膜的类脂质层。

嗅觉既是一种警告感觉(Alarm Sense),也是一种享乐感觉(Hedonic Sense),能为

我们品尝葡萄酒提供重要的信息。人体的嗅觉感受器，位于两鼻孔上部的小块组织，即嗅黏膜上。每个鼻孔中的嗅黏膜表面积约有 5 cm^2，嗅觉感受器细胞叫作嗅细胞(Olfactory Cell)，与其他细胞不同，嗅细胞兼具初步的感受与传导两种机能。在嗅黏膜中，约有 1000 万个嗅细胞，嗅细胞上有许多纤毛，纤毛增加了感受器的感受面，从而提高了嗅觉的敏锐度。

具有气味的物质有两条通道可到达嗅黏膜：一条是直接通过鼻腔，即通过鼻孔的吸气到达嗅黏膜；另一条是从口腔通过鼻咽进入鼻腔到达嗅黏膜。前者为鼻腔通路，后者为鼻咽通路。通过鼻腔通路时，嗅觉的强弱取决于葡萄酒表面空气中芳香物质的浓度和吸气的强弱；通过鼻咽通路时，由于口腔的加热，以及舌头及面部运动搅动葡萄酒，加强了芳香物质的挥发；且当咽下葡萄酒时，由咽部运动而造成的内部高压，使充满口腔的香气进入鼻腔，从而加强了嗅觉强度。

一、气味的分类

葡萄酒的气味由数百种物质参与构成，极其复杂、多样。这些物质不仅气味各异，它们之间还通过累加作用、协同作用、分离作用以及抑制作用等，形成了气味的多样性。要正确描述、分析葡萄酒的气味，就必须对其进行分类。气味分类是葡萄酒气味分析的基础，我们从 2 个角度对气味进行分类。

（一）根据不同物质分类

1. 果香(Fruity Odor)

果香可分为柑橘类、浆果类、热带水果、核果、无花果、葡萄干、坚果类(杏仁、核桃、榛子仁)等香气类型。(前述香气类型在内涵上可能存在重叠或包含关系，但以典型性为原则，符合葡萄酒行业实际，后亦同)

2. 花香(Floral Odor)

花香，包括山楂花、玫瑰、茉莉、天竺葵、洋槐、紫罗兰、香橙等香气类型。

3. 植物气味(Vegetal Odor)

植物气味包括青草、落叶、块根、蘑菇、湿禾秆、湿青苔、青椒、芦笋等气味。

4. 矿物质气味(Mineral Odor)

矿物质气味包括湿土、打火石及燧石等散发出的气味。

5. 动物气味(Animal Odor)

动物气味包括脂肪、腐败、肉、麝香、猫尿等气味。

6. 烘烤气味(Toast Odor)

烘烤气味包括烟熏、烘焙、干面包、杏仁、干草、咖啡、饼干、焦糖、巧克力、木头等气味，此外还有动物皮、松油等气味。烘烤气味主要是在葡萄酒成熟过程中单宁变化或溶解橡木成分形成的。

7. 香料气味(Spice Odor)

香料气味包括所有用作佐料的香料气味，主要有月桂叶、胡椒、桂皮、姜、甘草、薄荷等气味。

8. 香脂气味(Balsam Odor)

香脂气味指芳香植物的香气，包括树脂、刺柏、香子兰、松油等气味。

9. 化学气味(Chemical Odor)

化学气味包括酒精、丙酮、醋、硫酸、乳酸、碘、氧化、酵母、微生物等气味。葡萄酒中的化学气味，常见的有硫、醋、氧化等气味，这些气味的出现，会不同程度上损害葡萄酒的质量。

(二) 根据物质的不同来源分类

上述八大香气对应着许多复杂的气味物质。在葡萄酒中，根据这些物质的来源，又可将葡萄酒的香气分为三大类。

1. 一类香气(Primary Aroma)

一类香气又称果香(Fruit Aroma)或品种香气，源于葡萄本身，具有果味特征。每种葡萄品种都有特定芳香物质的种类及浓度，一般而言，酿酒品种只有在适于成熟的地区，才能产出果香味浓、质量优异的葡萄酒。

在多数情况下，葡萄酒的香气比相应葡萄浆果本身的香气要浓郁很多，因此，可以说是酿造过程才使存在于浆果中的一类香气显露出来。这是因为，一方面，浸渍过程中，主要存在于果皮中的芳香物质被浸渍出来进入葡萄酒中；另一方面，发酵也具有“显香剂”的作用，使芳香物质得以释放。通常情况下，我们可以根据地理起源将葡萄进行分类。虽然各种葡萄品种在其他地区种植时，所产出葡萄酒的一类香气有所变化，但它们都能表现出品种特有的一类香气。

2. 二类香气(Second Aroma)

二类香气又称发酵香(Fermented Aroma)，源于发酵过程，具有酒味特征。在酒精发酵过程中，酵母菌在将糖分解为酒精和二氧化碳的同时，还产生很多副产物。这些副产物在提升葡萄酒的感官质量方面具有重要作用。它们有的具有特殊的味感，如琥珀酸的味道既苦又咸。另外，还有很多具有挥发性和气味。这些具有挥发性的副产物，就构成了葡萄酒的二类香气。

构成发酵香气的物质主要有高级醇、酯、醛和酸等。它们几乎存在于所有葡萄酒和其他发酵饮料中。但在不同的葡萄酒中，它们的含量各有不同，因此葡萄酒的二类香气的类型及优雅度可发生很大变化。影响这些成分及其比例的有发酵原料成熟度、酵母菌种类和发酵条件三大因素。酒精发酵过程中产生的物质见表3-2。

表3-2 酒精发酵过程中产生的物质

区分	醇类	酯类	有机酸	含硫化合物
物质及含量	乙醇 80—130 g/L 甘油 2—10 g/L 丙醇 10—125 mg/L 异丙醇 2—150 mg/L ……	乙酸乙酯 5—200 mg/L 乳酸乙酯 1—50 mg/L 苯基乙酸乙酯 0.1—10 mg/L 辛酸乙酯 0.1—8 mg/L ……	琥珀酸 0.5 g/L 乳酸 0.1 g/L 乙酸 0.5—1 g/L ……	硫化氢 1—30 μg/L 二甲硫 5—50 μg/L 二氧化硫 10—100 mg/L ……

3. 三类香气(Tertiary Aroma)

三类香气又称陈年香或醇香(Ageing Aroma/Bouquet),源于陈年过程。葡萄酒香气首先取决于一类香气和二类香气,其中,一类香气无论在浓度上还是在种类上,都应强于二类香气。如果二类香气过强,葡萄酒将失去个性和特点,而且香气质量会在储藏中迅速下降。此外,一部分二类香气挥发性很强,在酒精发酵中和储藏过程中会迅速消失。由于醇香是由一、二类香气物质,特别是二类香气物质经过转化形成的,它出现得比较慢,但更加馥郁、清晰、优雅与持久。果香,通常是新酒的主要香气,而醇香而是陈年葡萄酒的主要香气。

葡萄酒的成熟是从新葡萄酒香气(即二类香气)的消失开始的,新葡萄酒香气向陈年酒醇香开始转变。葡萄酒成熟中的另一现象,是一类香气向三类香气的转化。在这一过程中,环合作用、氧化作用等化学反应,会使葡萄酒的香气向更浓厚的方向变化,从而减轻其果味特征;同时,各种气味趋向平衡、融合、协调。这一变化,在酿造次年的夏天就可明显观察到。一类香气越浓的葡萄酒,其醇香也越浓,而一类香气弱的葡萄酒,其变化不明显。单就香气而言,酿造当年的质量是最好的。

在成熟过程中,单宁的转化物也是葡萄酒醇香的重要构成部分。特别是那些含有优质单宁的品种,像赤霞珠,在成熟过程中,单宁变成了挥发性和其他有气味的物质。葡萄酒在橡木桶中陈年时,橡木溶解于葡萄酒中的芳香物质也是醇香的构成成分,特别是容积小的橡木桶。在成熟过程中,橡木气味和单宁一样也会发生变化,而且逐渐与其他香气融为一体,即橡木会变得具有香气,和单宁一样通常具有香草味,因为香草醛是其分子结构的构成成分。除此之外,长期陈年的红葡萄酒,也具有优雅的蘑菇气味。

醇香在葡萄酒成熟的不同阶段,又分为还原醇香和氧化醇香两类。还原醇香是在氧化陈年条件下形成的香气,这类葡萄酒形成的醇香主要由醛类物质构成,其特点是具有苹果、核桃气味。比较著名的有雪莉酒与马德拉酒。氧化醇香是在还原条件下,包括储藏罐或木桶和酒瓶两个阶段形成的香气。由于二氧化硫具有还原性,它的微量存在对醇香的形成具有良好的促进作用。此外,在合理的浓度范围内,可以通过去除乙醛味而突出新葡萄酒的一类香气,提高一类香气的浓度。当然,浓的还原醇香可以使一些葡萄酒具有不愉快的气味,这些气味称为“还原味”等。光的光化学作用加强了这一不良气味,这些气味通常不纯正,具有大蒜的气味,或有时有汗臭味,这些是由还原状态的硫造成的。开瓶后,通气作用会让这种气味慢慢消失。

葡萄酒三大香气类型见图 3-2。

二、气味的化学物质

气味物质是指所有能引起嗅觉和味觉的物质的总称。芳香物质(Aromatic Substance)是葡萄酒中具有芳香气味的、在较低温度下能挥发的物质的总称,是葡萄果皮中的主要气味物质,存在于果皮的下表皮细胞中,但有的品种的果肉中也含有芳香物质(如玫瑰香系列)。各种葡萄品种特殊的果香味取决于它所含有的芳香物质的种类。目前,已鉴定出的葡萄酒中的气味物质有 600 多种,这些物质包括醇类、酯类、有机酸、酮类与醛类、酚类与萜烯类物质等。

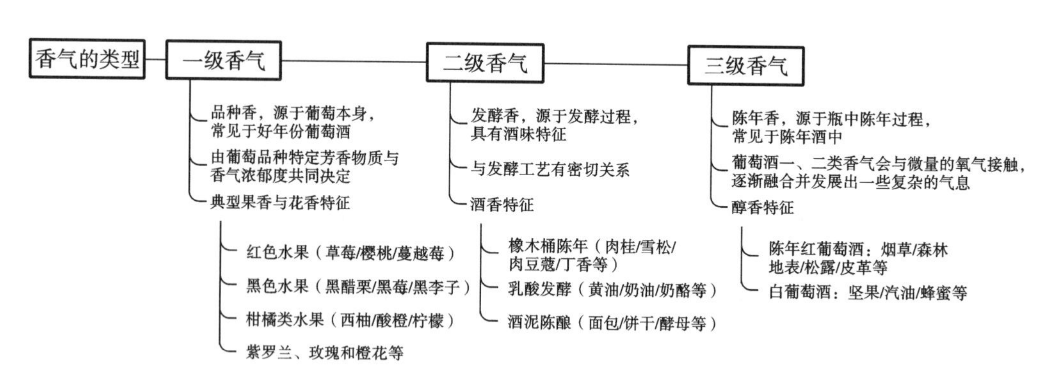

图 3-2 葡萄酒三大香气类型

（一）醇类(Alcohols)

葡萄酒中的醇类化合物，大部分是酵母发酵的副产物，检测出的醇类物质有甲醇、乙醇、2-丙醇、1-丁醇、2-丁醇、甘油等，其感官特性表现出清爽、成熟水果、坚果、青草、矿物质、草药等多种特性，表 3-3 中简单列出了几项醇类物质及其感官特性，以做参考。

表 3-3 葡萄酒中检测出的醇类物质及其感官特性

序号	醇类物质	浓度	感官特性
1	甲醇	40—240 mg/L	香气清爽，酒精味
2	乙醇	80—130 g/L	具有酒精特有的清香，味辣
3	丙醇	10—125 mg/L	香气清爽，酒精味
4	2-甲基丙醇	0.04—84.8 mg/L	苦杏仁味
5	1-辛醇	40—600 μg/L	新鲜柑橘香气、玫瑰花香、油质感、甜草药味等
6	1-庚醇	检出	芳香植物香气，尤其是葡萄香气
……	……	……	……

（二）酯类(Esters)

葡萄酒中的酯类物质中，大部分中性酯类(乙酸乙酯、乳酸乙酯等)都是酵母菌和细菌活动产生的生化酯类。在葡萄酒陈年中产生的主要为酸性酯类(酒石酸乙酯、琥珀酸乙酯等)，表 3-4 中简单列出了几项酯类物质及其感官特性，以做参考。

表 3-4 葡萄酒中检测出的酯类物质及其感官特性

序号	酯类物质	浓度/(mg/L)	感官特性
1	甲酸异戊酯	检出	李子、梅子果实香气
2	乙酸异丁酯	0.023—1	草莓等果香、花香
3	丙酸乙酯	0.09—0.9	菠萝果香
4	辛酸乙酯	检出	新鲜出彩味、甜果香气
5	乳酸乙酯	1—50	优雅的果香
6	棕榈酸乙酯	检出	脂肪味、腐败味、水果味、甜味
……	……	……	……

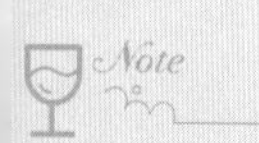

（三）有机酸（Acids）

除少部分挥发性有机酸源自葡萄浆果外，葡萄酒中的有机酸主要是发酵的副产物。葡萄酒中检测出的部分有机酸及其感官特性见表 3-5。

表 3-5 葡萄酒中检测出的有机酸及其感官特性

序号	有机酸	浓度/(mg/L)	感官特性
1	甲酸	检出	刺激性化学气味
2	乙酸	500—1000	醋味
3	丙酸	0.54—6	脂肪味
4	丁酸	0.2—6	不愉快的腌菜味、奶酪黄油味
5	3-甲基丁酸	0.0289—1.81	奶酪味
6	己酸	0.09—9	猫尿味、汗臭味
……	……	……	……

（四）酮类与醛类（Aldehydes and Ketones）

酮类和醛类物质属于羰基化合物，大多数是微生物活动的产物。葡萄酒中检测出的部分酮类与醛类物质及其感官特性见表 3-6。

表 3-6 葡萄酒中检测出的酮类与醛类物质及其感官特性

序号	酮类与醛类物质	浓度	感官特性
1	乙醛	10—150 mg/L	特有的刺激性气味
2	丙醛	检出	似乙醛味
3	异丁醛	检出	香蕉味、甜瓜味、青叶味
4	茴香醛	检出	山楂花香
5	香草醛	9.6—140 μg/L	香草味
6	2-辛酮	检出	花香、青果香、樟脑味
……	……	……	……

（五）酚类与萜烯类（Phenolics and Terpenes）

这些物质主要存在于葡萄的果皮、果梗及果籽中。在葡萄酒的酿造过程中，它们溶于葡萄汁进而进入葡萄酒中。葡萄酒中检测出的部分酚类与萜烯类物质及其感官特性见表 3-7。

表 3-7 葡萄酒中检测出的酚类与萜烯类物质及其感官特性

序号	酚类与萜烯类物质	浓度/(mg/L)	感官特性
1	苯酚	检出	苯酚的化学气味
2	间-甲酚	5.2—32.53	木头味、烟熏味、鞋油味、金属味
3	4-乙烯基苯酚	8.1—1522.5	柏树味、香草味、杏仁味

续表

序号	酚类与萜烯类物质	浓度/(mg/L)	感官特性
4	金合欢醇	检出	柠檬味、茴香味、花香、蜂蜜香
5	α萜品醇	0.54—35800	舒适的甜味、蘑菇味
6	异丁子香酚	检出	花香,尤其是丁子香花香
……	……	……	……

三、不良气味(Off-odors)

快速准确地鉴定出不良气味,不管对于葡萄酒生产者、葡萄酒商还是对消费者来说都是很有帮助的事情。对酿造来说,早期的矫正措施常常可以在葡萄酒缺陷变得严重前采用,以提前解决问题;对酒商来说,避免劣质葡萄酒所带来的损失可以争取更大的利润空间;对消费者来说,更应该了解有关劣质葡萄酒的信息,能发现真正的缺陷。

造成葡萄酒缺陷存在的原因有很多,尚未能明确,然而,香气缺陷确实破坏或掩盖了葡萄酒的芳香性。但造成缺陷的化合物常常在其感知阈值附近是令人愉悦的,在该浓度下,这些化合物还可能增加优质葡萄酒香气的复杂性。另外,对雪莉与波特等酒来说,氧化气味的酒香反而是要素。本节对葡萄酒中部分常见的不良气味做如下概述。

(一)氧化气味(Oxidation)

氧化反应产生平淡的乙醛气味,在白葡萄酒中伴随着颜色的加深,在红葡萄酒则会令酒体颜色变为砖色或棕色。在瓶装酒中,氧化的原因可能是变质的软木塞或葡萄酒储藏不当,快速的温度变化也会使软木塞膨胀收膨变化剧烈导致漏气,使得氧气接触到葡萄酒。另外,如果葡萄酒瓶竖直放置,软木塞很容易风干收缩,从而使空气顺畅地进入瓶中导致酒的氧化。当然,即使在正确的储藏方式下,多数的白葡萄酒仍会在装瓶后4—5年开始出现氧化,放在包装盒内的葡萄酒常常在1年内就有可能被氧化。

(二)二氧化硫气味(Sulfur Odors)

在葡萄酒发酵和成熟过程中,二氧化硫通常会增加一个以上的百分点,葡萄酒酵母也会产生二氧化硫。不过,降低用量就可以避免二氧化硫达到产生刺激性的类似火柴气味的浓度。通过摇晃酒杯,可以很快驱散二氧化硫的气味。

(三)还原性硫化物气味(Reduced Sulfur Odors)

葡萄酒在生产与陈年过程的各个阶段都会产生硫化氢和一些还原性的有机硫化物。适当通风可以驱散硫化氢带来的腐臭味,但不能除去有机硫化物带来的不良气味。硫醇带来的不良气味可以让人联想到麦田里的肥料或腐烂的洋葱味,硫化物会生出煮熟的卷心菜或虾腥味,一些化合物还会产生浓郁的马厩味和葱蒜味。这些化合物可能来自腐败的细菌,但更多的是酒糟中非生物原因组成的高还原性条件造成的。

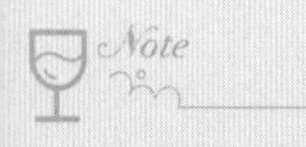

(四) 光照不良气味(Light Struck)

光照不良气味是指葡萄酒暴晒于光照下产生的还原性硫化物的气味。

(五) 霉味(Corky /Moldy)

很多化合物都可以产生葡萄酒中的霉味。最常见的是2,4,6-三氯苯甲醚(2,4,6-TCA)。通常,这种物质的产生是基于以下原因:为了避免软木塞表面或内部生长真菌,而在软木树上施用PCP(一种含五氯苯酚的灭真菌剂)或者用氯对瓶塞进行漂白,在万分之几的浓度下,这种物质就可以产生明显的霉腐气味;软木中存在另一些不良气味是由一些丝状细菌(如链霉菌)产生倍半萜烯后形成的;还有一些软木霉味是一些真菌(如青霉菌和曲霉菌)引起的。另外,除软木塞外,橡木也可以生成类似的不良气味。

(六) 烘烤气味(Baked)

马德拉等加强型葡萄酒在酿造过程中会特意加热至超过45 ℃,在这种情况下,葡萄酒会出现比较明显的被烘烤过的焦糖味。但对佐餐型葡萄酒来讲,这一特征就是负面的,这一味道常常意味着葡萄酒在运输或储藏时环境温度过高。当温度达到35 ℃左右时,葡萄酒在几周内就会产生烘烤味。

(七) 植物气味(Vegetative Odors)

这一味道主要表现为草腥味,这与大家最熟悉的青草味和"叶"醛类与醇类的存在有关。质量不高的赤霞珠与长相思葡萄酒中这种气味比较明显。

为简化对香气的理解,美国加利福尼亚大学戴维斯分校的诺贝尔女士,根据她1990—2002年的研究成果,绘制了香气类型表,见表3-8。

表3-8 香气类型表

<table>
<tr><td rowspan="13">I香气</td><td rowspan="3">A水果香气
白葡萄酒</td><td>A1 柑橘类</td><td>1 柚子 2 黄柠檬 3 青柠 4 橘子</td></tr>
<tr><td>A2 树果</td><td>5 梨 6 苹果 7 青苹果 8 桃子</td></tr>
<tr><td>A3 热带水果</td><td>9 香瓜 10 番石榴 11 菠萝 12 西番莲果实 13 荔枝</td></tr>
<tr><td rowspan="2">B水果香气
红葡萄酒</td><td>B1 红色浆果</td><td>14 醋栗 15 黑加仑 16 草莓 17 桑葚</td></tr>
<tr><td>B2 树果类</td><td>18 樱桃 19 李子</td></tr>
<tr><td colspan="2">C花卉香气</td><td>20 金银花 21 山楂花 23 椴花 24 茉莉花 25 金合欢
26 紫罗兰 27 薰衣草 28 玫瑰</td></tr>
<tr><td rowspan="4">D植物香气</td><td>D1 蔬菜</td><td>29 青椒 30 西红柿</td></tr>
<tr><td>D2 新鲜草本</td><td>31 青草 32 小茴香 33 百里香 34 薄荷</td></tr>
<tr><td>D3 干草本</td><td>35 烟草 36 干草</td></tr>
<tr><td>D4 叶片</td><td>37 黑加仑叶 38 桉树叶</td></tr>
<tr><td rowspan="3">E矿物质
香气</td><td>E1 年轻白</td><td>39 打火石</td></tr>
<tr><td>E2 陈年白</td><td>40 煤油</td></tr>
<tr><td>E3 陈年红</td><td>41 沥青</td></tr>
</table>

续表

Ⅱ芳香族	F 陈年红	F1 灌木丛	42 树苔藓　43 松露　44 蘑菇
		F2 动物	45 皮革　46 麝香
	G 陈年白		48 蜂蜜
	H 强化型红		49 李脯
	I 晚收/贵腐		50 杏子干　51 橙子皮
	K 乳酸发酵		68 酸奶　69 黄油
	L 发酵粉		70 面包
	J 橡木桶陈年	J1 树木	52 松树　53 雪松　54 檀香木　55 橡树
		J2 坚果	56 杏仁　57 榛子　58 椰子
		J3 香料	59 丁香　60 肉豆蔻　61 甘草　62 桂皮　63 胡椒　64 香草　65 烟熏　66 咖啡　67 烤面包片
Ⅲ缺陷	M 酒香酵母	M1 乙基苯酚	71 旧轮胎
	N 硫化物	N1 二甲硫	72 玉米
		N2 乙硫醇	73 洋葱
		N3 硫化氢	74 臭鸡蛋
		N4 二氧化硫	75 橡胶
	O 挥发性酸	Q1 醋酸乙酯	76 卸甲油
		Q2 醋酸	77 醋
	P 热度		78 马德拉酒
	Q 氧气		79 雪莉
	R 三氯苯甲醇		80 软木塞

第五节　葡萄酒的味觉分析
Taste Analysis of Wine

无论是喝酒，还是品尝，都离不开口感与味觉。葡萄酒在口腔中，除味觉以外还会引起很多其他感觉，我们将葡萄酒在口腔中所引起的感觉的总和称为“口感”(Mouth-feel)。口腔为消化道的起始部分，是一个多功能的器官，具有消化器、呼吸器、发音器和感觉器的生理机能。

味觉感受器主要在舌黏膜表面的乳头(Papillae)中，包括丝状、菌状、轮廓和叶状乳头。每个舌乳头包含数百个味蕾(Taste Bud)，味蕾为椭圆形，大小约 80 μg/L×30 μg/L。在成人的舌头和软腭上大约有 9000 个味蕾，在口腔内的硬腭、咽、喉及其他区域也有少量味蕾，每个味蕾又含有数十个味觉感受器细胞(味细胞)，每个味细胞上又有许多

微绒毛。溶解在口腔内的液体化学物质，通过这些微绒毛，在味觉细胞中引起神经冲动。

由于味觉感受器在舌头上分布不均匀，在吃东西或品尝过程中，必须让舌头运动起来，才能将溶解在唾液中的呈味物质，送去与味觉感受器细胞充分接触。所以，为了获得所有的味感，品尝者必须在口中搅动葡萄酒。

一、基本呈味物质(Basic Taste Substance)

虽然，我们通常用酸、甜、苦、辣、咸来描述食物的风味，但实际上，我们舌头上的味蕾只能感觉到酸、甜、苦、咸四种味觉，其他的复合味，都是由这 4 种基本的味觉构成的。当然，在 1908 年，日本科学家在海带中找到第五种味道——鲜味。这种味道是氨基酸的味道，但葡萄酒中只含有很少的氨基酸，它们对葡萄酒味感的贡献甚微。

我们在感知这些味觉的物质时，并不是同时感知的，不同的味觉的刺激反应的时间不同，而且它们在口腔中的变化亦是不同的。甜味，如浓度为 10 g/L 的蔗糖溶液的甜味，在入口后一接触舌头就立即出现，且强度即达到最高峰，然后逐渐降低，最后在第十秒左右时消失。咸味和酸味同样也会迅速出现，但它们持续的时间更长，而苦味在口腔内发展的速度则很慢，在吐掉溶液后，其强度仍然上升，而且保持的时间最长。

了解基本味觉特性非常重要，因为它们能够解释品尝者在葡萄酒品尝过程中所感觉到的连续出现的味道。品尝者必须仔细观察这一时间上的变化。品尝过程中的味觉变化见图 3-3。

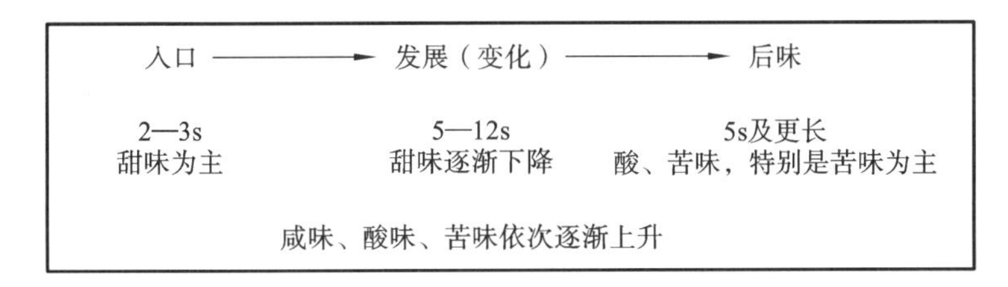

图 3-3 品尝过程中的味觉变化

各种味感的刺激反应时间的差异，主要是舌头上不同味觉的敏感区并不一致导致的。甜味区在舌尖处；酸味和咸味在舌头的两侧；而苦味区则位于舌根处。舌头的中部为非敏感区。如前所述，在 5 种基本味觉中，鲜味是由氨基酸引起的，但对葡萄酒味感的贡献甚微。下面我们只分析构成葡萄酒中的甜味、酸味、咸味及苦味这 4 种基本呈味物质。

（一）甜味物质(Sweet Substance)

葡萄酒中的甜味物质是构成柔和、肥硕和圆润等感官特征的要素。葡萄酒中的甜味物质有两大类：一类是糖，它存在于葡萄浆果和半干型至甜型葡萄酒中，在少量干型葡萄酒中也有部分存在；另一类是具有一个或数个醇基的物质，它们是在酒精发酵过程中形成的。葡萄酒中的部分甜味物质见表 3-9。

表 3-9　葡萄酒中的甜味物质(部分)

甜味物质	含量/(g/L)	甜味物质	含量/(g/L)
糖(源于葡萄浆果)		醇(发酵产物)	
葡萄糖　干型葡萄酒	0.2—0.8	乙醇	72—120
其他葡萄酒	≤30	甘油	5—15
果糖　干型葡萄酒	1—2	丁二醇	0.3—1.5
其他葡萄酒	≤60	肌醇	0.2—0.7
阿拉伯糖	0.3—1.0	山梨醇	0.1
木糖	0.05		

（二）酸味物质(Sour Substance)

酸味是由舌黏膜受氢离子刺激而引起的。因此,凡是溶液中能游离出氢离子的化合物都具有酸味,但各种酸有不同的酸感。葡萄酒的酸味是由一系列有机酸引起的,这些有机酸在葡萄酒中以两种状态存在:大多数以游离状态存在,从而构成葡萄酒的总酸,葡萄酒也是因为这部分酸才具有酸味;另一部分则与葡萄酒中的碱结合,以盐的状态存在。

葡萄酒中的有机酸主要有六种。其中,酒石酸、苹果酸和柠檬酸三种源于葡萄浆果。酒石酸的酸味非常坚硬(Hard);苹果酸是一种具有生青味的酸,带涩味;而柠檬酸则很清爽。另外三种酸,是由酒精发酵和细菌活动形成的乳酸、醋酸和琥珀酸,它们的味感较为复杂。乳酸酸味较弱,实际上只略带酸味;醋酸有醋味;琥珀酸的味感较浓,能增强醇厚感,有时间也会引起苦味。

（三）咸味物质(Salty Substance)

咸味是中性盐所显示的味道。葡萄酒中含有 2—4 g/L 的咸味物质,这些物质主要是无机盐和少量有机酸盐。这些盐参与葡萄酒的味感构成,并使之具有清爽感。

（四）苦味物质(Bitter Substance)

在葡萄酒中,酚类或多酚物质会产生苦味,且它们的苦味常常与涩味相结合。在酚类物质中,引起苦味的物质是一些酚酸,特别是缩合单宁。它是由源于葡萄浆果的种子和果皮的无色花色素苷构成的。果梗中也含有大量无色花色素苷。单宁在红葡萄酒中含量为 1—3 g/L,在白葡萄酒中为每升数十毫克。

知识链接

其他味觉

二、口感(Mouth-feel)

（一）收敛性(Astringency)

收敛性是我们非常熟悉的一种感觉,收敛性能引起干燥(Dry)、苦涩、粗糙及灰尘味的口腔感觉。正常情况下,当用舌头舔口腔、牙床、牙齿和嘴唇时,我们获得是光滑、湿润的感觉。而收敛性则阻碍舌头的滑动,口中组织像被束紧了一样。收敛物就是那

些引起有机组织收缩变紧的物质，它们使分泌作用停止，使组织变硬。

葡萄酒中的单宁是引起收敛性的酚类物质之一，单宁的收敛性强弱与其絮凝蛋白质的能力有关。正因如此，用酪蛋白或明胶下胶，可以使红葡萄酒口感柔和并降低其涩味。尽管葡萄酒的收敛性主要是由单宁和有机酸引起的，但是其他化合物也可以增强收敛性，如高浓度的酒精。然而，一般葡萄酒所含酒精的浓度常常会限制单宁引起的唾液蛋白的沉淀。

（二）灼烧感（Burning）

高酒精度会在口腔中产生灼烧的感觉，尤其是在喉咙的后部。这种感觉来自响应热的感受器官的激活，含糖量高的葡萄酒也会使人产生一种被称为糖“灼烧”的感觉。

（三）刺痛感（Prickling）

口腔中泡沫爆裂会引起刺痛感、麻刺感，有时是疼痛的灼烧感。通常含有3‰—5‰二氧化碳的葡萄酒会引起这样的感觉，并且刺痛感受气泡的大小和温度的影响。除了特殊口感，溶解的二氧化碳还有轻微的酸味（来自碳酸的形成）。

二氧化碳改变了人对呈味化合物的感知，尤其明显的是那些呈现甜味、酸味和咸味的化合物。它会减弱甜味，增强咸味。它对葡萄酒酸味的影响更加复杂，在糖的存在下，二氧化碳会增强酸味，但是会减弱对酸味物质的感知。此外，碳酸化作用很大程度上增加了口腔对冷的感知。二氧化碳促进了一些挥发性化合物的挥发，但同时也影响了其他芳香物的呈现。

（四）丰满感（即酒体，Body/Weight）

在甜型葡萄酒里，酒体大致与含糖量有关系；在干型葡萄酒里，它通常与酒精含量有关。最新的数据显示，甘油似乎能够增强葡萄酒的酒体，然而酸会减弱酒体。在大多数红葡萄酒中，也都有增加酒体的单宁存在，此外，葡萄酒香气的浓郁度也可能会增强酒体。

（五）温度（Temperature）

凉爽的温度会增强舌头的刺痛感，并延长起泡酒气泡的持续时间。冷凉的温度能减弱品尝者对甜味的感知，增强对苦味和收敛性的感知。红葡萄酒适宜在18—22 ℃饮用，在这个温度范围内，葡萄酒易挥发，能增强品尝者对葡萄酒香气的感知。刨除偏好与习惯，这就可以解释为什么在19世纪时在低温下饮用葡萄酒不被推崇。

（六）余味（Finish）

我们把咽下或吐出葡萄酒时所获得的感觉，称为“尾味”或“后味”（After-taste）。我们在咽下或吐出葡萄酒时，口中感觉并不会立即消失。因为在口腔、咽部、鼻腔中还充满着葡萄酒及其蒸气，还有很多感觉会继续存在，它们逐渐降低，最后消失，这就是余味。品尝结束阶段口感和香气的变化见图3-4。

余味在确定葡萄酒的等级和质量方面有重要的作用。我们在评价葡萄酒时，实际

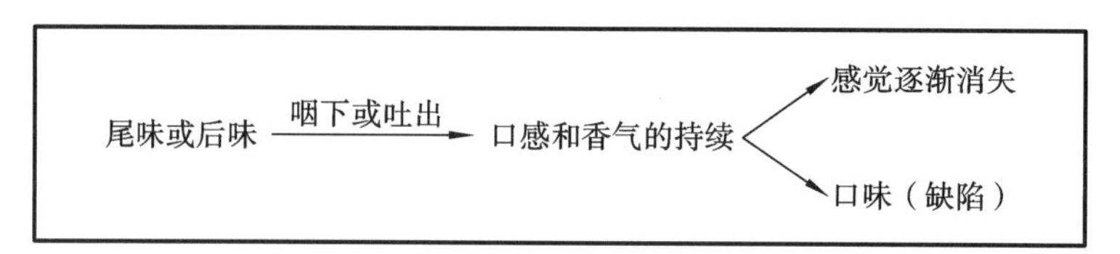

图 3-4　品尝结束阶段口感和香气的变化

上也需要评价其口味的长短和余味的舒适度。优质的干白葡萄酒的余味香而微酸、清爽。优质的红葡萄酒在口中留下醇香和单宁的丰满滋味。值得注意的是，余味的舒适度比余味的长短更为重要，一些芳香型白葡萄酒，虽然余味短，但仍然受到消费者喜爱。对于白葡萄酒来说，余味以酸味为主。对于红葡萄酒来说，决定余味的主要是单宁复杂多样的味感。

根据单宁在余味上的表现，可将其分为下列几类：

(1) 优质单宁：来源于优良葡萄品种的成熟浆果，表现出良好的结构感和丰满度；

(2) 苦味单宁：来源于一般的品种，存在于一些酸度较低的葡萄酒中；

(3) 酸味单宁：存在于瘦弱、刺激感强的葡萄酒中；

(4) 粗糙单宁：存在于年轻葡萄酒和压榨酒中；

(5) 木味单宁：来源于橡木桶；

(6) 生青味单宁：来源于成熟度低的葡萄浆果。

单宁余味表现见图 3-5。

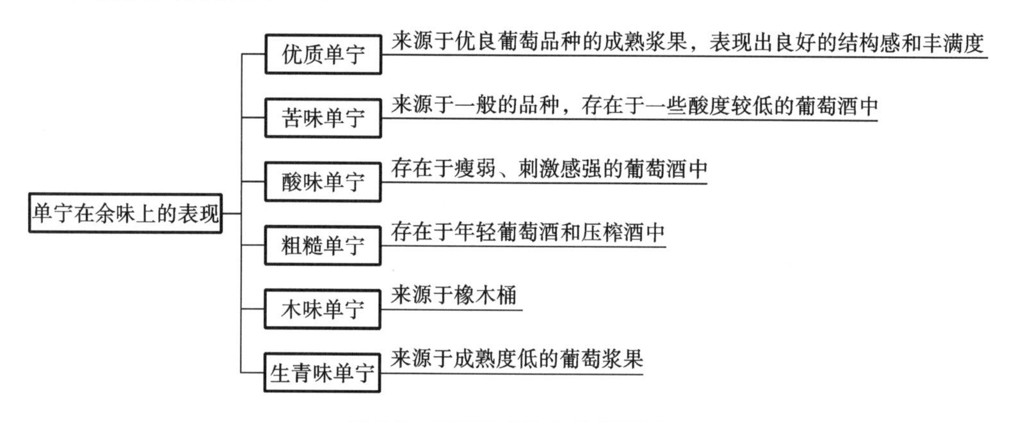

图 3-5　单宁在余味上的表现图

第六节　品尝的组织
Organization of Tasting

品尝的组织(Organization of Tasting)，即科学、有效地组织品尝的顺利进行。品尝工作组织得好，能使品尝者对提供的酒样进行正确的分析，得出科学的结论，达到品尝的目的。品尝的组织包括品尝环境、品尝器皿、品尝者、品尝道具——样酒、品尝记录

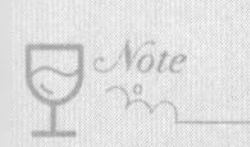

表等方面的组织。

一、品尝环境

在葡萄酒的品尝过程中，品尝者的感官就像测量仪器那样被利用。我们可建立一些规则，使“仪器”更加精确，防止误差。在这些规则中，首要的是与品尝的环境相关的规则。国际标准 ISO 8598—1988《设计感官分析实验室的一般导则》对感官分析实验室的要求进行了一系列的规定，我国国家标准也采用了这一标准。根据此标准，葡萄酒的品酒室应包括品尝的检验区（狭义品尝室）和样品准备区（准备室），应满足如下条件：

（1）有适宜的光线，使人感觉舒适，墙壁的颜色最好是能形成气氛的浅色。光源可采用自然光或日光灯，色温建议为 6500 K。

（2）便于清扫，并远离噪声源，隔音效果好。

（3）无任何气味，通风效果好。

（4）拥有适宜的温度与湿度，温度保持在 20—22 ℃，湿度在 60%—70%为佳。

二、品尝器皿

酒杯是品尝者工作主要工具，影响到品尝者对酒外观与风味的评价。目前，国际上采用的是 NFV09—110 号杯。标准酒杯由无色透明的含铅为 9%左右的水晶玻璃制成，不能有任何印痕和气泡；杯口必须平滑、一致，且为圆边；应能承受 0—100 ℃温度变化，其容量为 210—225 mL。

除专业酒杯之外，吐酒桶也是应该准备的器皿，为了避免大量饮酒影响大脑的活跃度，品尝过程中，品尝者应把葡萄酒吐掉，避免过多酒精麻痹大脑活跃度。时刻保持清醒头脑是对品尝者基本要求。

在这品尝过程中，需要时刻保持口腔清新，矿泉水也是常备物品。每款酒品尝的间歇，尽量使用矿泉水漱口，保持口腔清新，避免不同葡萄酒香气及口感的交叉影响。

三、品尝者

一般认为，葡萄酒的感官分析是一种“主观”的方法。为了使感官分析更为客观，品尝者应具备下列条件：

（1）对一系列基本刺激的感觉阈值足够低，在可被接受范围内；

（2）具有健康的身体，包括眼、鼻、口以及呼吸系统和消化系统的健康；

（3）无明显感官异常现象，有良好的休息，保证身体各部分都处于最佳的、舒适的生理状态，保证良好的精神状态。

（4）品尝前及过程中不得品闻任何具有气味的食物、饮料，更不能吸烟，避免使用香水或浓郁的口红。另外，品酒之前或品酒过程中禁止咀嚼口香糖，当然还要避免口腔残留牙膏等异味。

四、品尝道具——酒样

等待品鉴的酒样，通常应做好归类、编号。首先，需要区分白、红或桃红葡萄酒，再

者区分含糖量，归入干型、半干型、半甜及甜型。为了保证结果的可靠性，应对品尝的酒样做好密码编排，并保存好原始记录。另外，葡萄酒的饮用温度也应调整到最理想状态。通常，大多数专业品尝都是在15—20 ℃条件下进行的。对消费者来说，品酒温度更是品酒的关键。葡萄酒主要类型及品尝温度见表3-10。

表3-10 葡萄酒主要类型及品尝温度

葡萄酒主要类型	品尝温度/℃
IF>36的干红	15—18
IF<36的干红	14—17
芳香型干白、桃红	10—12
半干型、半甜型、甜型	8—10
起泡酒	8—10

通常情况下，葡萄酒的温度应比上述温度低一些，因为温度会在酒杯内自然回升。例如，在室温20 ℃时，酒液在4—10 ℃，每3—4分钟葡萄酒会升高1 ℃；酒液在10—15 ℃，每6—8分钟升高1 ℃。另外，还应注意季节因素的影响。冬季可略高出此范围，夏季则可低于此范围。

五、品尝记录表

品尝记录表是品尝者开展品尝工作不可缺少的辅助工具，它可以记录品尝者所获得的感受，也是组织者进行统计及分析的依据。品尝记录表的格式编排要能全面反映品尝者在品尝过程中所产生的各种感觉，也可因品尝目的和品尝方法的不同而有所侧重。一方面，应记录对葡萄酒感官特征的感知与描述；另一方面，也要便于统计及分析。下面列出几个不同的记录表，仅供读者比较使用，详见侧边栏二维码。

常用葡萄酒品尝记录表

第七节 品尝技术训练
Tasting Technique Training

品尝是一系列动作的总和，每个人都有自己的习惯品酒方式。在酒杯中，葡萄酒有一定的形状、一定的体积和一定的温度。在口中，葡萄酒可以与不同的部位接触，品尝者可以通过面颊、舌头的运动和吸气来搅动葡萄酒。将葡萄酒吐出后，葡萄酒带给品尝者的印象不是立即出现的，而是慢慢呈现的。在这个过程中，品尝者必须集中精力，并形成评价。为了客观地对葡萄酒进行感官分析，我们应尽可能地掌握和使用科学的品尝技术。

一、外观分析

品尝的第一步是观察葡萄酒的外观，主要包括以下内容。

（一）液面观察

握住杯底或杯柄，低头垂直观察葡萄酒的液面，葡萄酒的液面呈圆盘状，必须洁净、光亮、完整。如果葡萄酒液面失光，而且分布着非常细小的尘状物，则该葡萄酒很有可能已受微生物病害的侵扰。如果葡萄酒中的色素物质在酶的作用下氧化，其液面往往呈现彩虹状。如果液面呈蓝色色调，葡萄酒很容易患金属破败病。除此之外，我们还可以观察到液面的木塞的残屑等。

在观察葡萄酒的透明度时，要注意区分"混浊"与"沉淀"两个不同的概念。混浊往往是由病害、酶破败或金属破败引起的，它们会降低葡萄酒的质量。沉淀是由葡萄酒的构成成分的溶解度变化而引起的，一般不会影响葡萄酒的质量。

（二）酒体观察

借助白色背景纸，抓握杯柄，倾斜45°，观察葡萄酒酒体，包括颜色、透明度和有无悬浮物及沉淀物。葡萄酒的颜色包括色调和颜色的深浅。这两种指标有助于我们判断葡萄酒醇厚度、酒龄及成熟情况等。

（三）酒柱观察

将酒杯倾斜或摇动酒杯，使葡萄酒均匀分布在酒杯内壁上，静止后就可观察到在酒杯内壁上形成的无色酒柱。这就是挂杯现象。这一现象的形成首先由于水和酒精的表面张力，其次是由于葡萄酒的黏滞性。所以，甘油、酒精、还原糖等含量越高，挂杯就越明显，其下降速度越慢；相反，干物质和酒精含量都低的葡萄酒，流动性强，其挂杯就少或无挂杯，酒柱下降速度也快。

（四）起泡酒观察

在对起泡酒进行外观分析时，需要观察其起泡的状况，这包括气泡的大小、数量和更新速度等。这些气泡根据酒的类型、酿造方法不同，大小、多少均不同。优质的气泡通常应该均匀、细密，持续时间较长。当然，起泡酒随着年龄的增长，气泡会越来越少。

在品尝起泡酒时，需要选择合适的酒杯。另外，酒杯的温度应调整到与葡萄酒相近，酒杯温度过高，会产生大气泡。

葡萄酒外观鉴赏记录表见表3-11。

表3-11 葡萄酒外观鉴赏记录表

序号	区　分	观察内容
1	观察方法	增加透光性，将酒杯放在白色背景下倾斜一定角度（35°—45°）观察
2	澄清度	浑浊还是晶莹剔透
3	色调	暗淡还是鲜亮，暗淡、浅的、中等的、深的
4	色度	紫色→红宝石→石榴红→棕红/淡水色 麦秆黄→浅金黄→金黄→琥珀色等

续表

序号	区　分	观察内容
5	挂杯	黏滞性，酒泪流动的程度（酒精浓度的天然属性，感官评价中不重要）
6	起泡	气泡活跃的程度、大小、数量及持续时间
7	其他评价	推断品种、产地、酿造风格及陈年时间等

知识链接

CO_2 对感官质量的影响

二、香气分析

分析葡萄酒的香气，需遵循以下分析方法与步骤。

（一）静止闻香分析

在静止状态下分析葡萄酒的香气，步骤是：将倒入适量葡萄酒（三分之一杯左右，不要过多）的酒杯端起，不要摇动，将鼻子接近液面闻香。使用这种方法，可以迅速地比较并排查出不同酒杯中葡萄酒的香气。但第一次闻香，气味会很淡，因为只闻到了扩散性最强的那一部分香气。因此，第一次静止闻香的结果并不能作为评价葡萄酒香气的主要依据。

（二）摇动闻香分析

在第一次静止闻香结束后，摇动酒杯，可以使葡萄酒呈圆周运动，促使挥发性弱的物质的释放，然后进行第二次闻香。摇动闻香包括两个阶段：第一阶段是在液面静止的"圆盘"被破坏后立即闻香，这一摇动可以提高葡萄酒与空气的接触面，从而促进香味物质的释放；第二阶段是摇动结束后闻香，葡萄酒的圆周运动使葡萄酒杯内壁湿润，并使其上部充满了挥发性物质，使其香气最为浓郁、优雅。这种摇动闻香可以重复几次进行。

（三）再次闻香分析

前两次闻香主是鉴别与捕捉使人愉悦的香气，再次闻香则主要是鉴别香气中的缺陷。摇动时应加强力度，使葡萄酒剧烈旋转，这样可以使葡萄酒中不愉快的气味，如乙酸乙酯、氧化、霉化、苯乙烯、硫化氢等气味得以释放。

在以上三次闻香分析中，须对气味的种类、持续性、浓度等一一做记录，同时，区分葡萄酒中香气的类型，区分一类、二类和三类香气。

葡萄酒闻香鉴赏记录表见表 3-12。

表 3-12　葡萄酒闻香鉴赏记录表

序号	项　目	鉴赏内容
1	闻香方法	静止闻香→摇动闻香→再次确认，并写出记录词
2	清新度	确定香气有无污染，确定不良气味（细菌、刺激性、腐烂味、石油、其他）
3	浓郁度	鉴定香气的浓郁度、持续时间、层次（清淡→中等→浓郁）

续表

序号	项　　目	鉴赏内容
4	香气特征	区分香气类型： 白：绿色和黄色的新鲜水果、果干、植物、矿物质、黄油、烤面包、坚果等香气 红：红色或黑色的新鲜水果、果干、花香、青椒、香料、橡木、烟熏、咖啡、焦糖、动物皮革等香气
5	发展程度	区分一类、二类和三类香气，判断葡萄酒发展程度（发展中→已发展）
6	其他评价	根据香气特点，推测酒的品种、产地、酿造风格及陈年情况等

三、口感分析

为了正确、客观地分析葡萄酒的口感，需要有正确的品尝方法。首先，将酒杯举起，杯口放在嘴唇之间，并压住下唇，头部稍往后仰，就像平时喝酒一样。但应避免样酒依靠重力作用流入口中，而应轻轻地向口中吸气，并控制吸入的酒量，使葡萄酒均匀地分布在平展的舌头表面，然后将葡萄酒控制在口腔前部。每次吸入的酒量不能过多，也不能过少，通常在 6—10 mL。酒量过多，无法转动葡萄酒，很难在口中保持住葡萄酒。相反，如果量太少，则不能湿润口腔和舌头的整个表面，而且由于唾液的稀释，酒液的口味不能代表葡萄酒本身的口味。另外，还应注意，每次吸入的量要保持一致，这样品尝会更加准确。

当葡萄酒进入口腔后，闭上双唇，利用舌头和面部肌肉的运动，搅动葡萄酒，也可将口微张，轻轻向内吸气。这样不仅可以防止葡萄酒从口中流出，还可以使葡萄酒蒸气移至鼻腔后部。在口感分析结束时，最好咽下少量葡萄酒，将其余部分吐出。然后用舌头触动牙齿及口腔表面，以鉴别余味。

根据品尝目的的不同，将葡萄酒在口内保留的时间可为 2—5 s，也可以延长为 12—15 s。在第一种情况下，不可能品尝到红葡萄酒的单宁的味道。如果要全面、深入分析葡萄酒的口感，应将葡萄酒在口中保留 12—15 s。鉴别不同款式的酒样，中间应停留片刻，并习惯性用水漱口，以防气味交叉影响。

葡萄酒口感鉴赏记录表见表 3-13。

表 3-13　葡萄酒口感鉴赏记录表

序号	项　　目	描　　述
1	品尝方法	适量饮用酒样（6—10 mL），使酒在口腔内打转，接触舌头、上颚等口腔内所有表面，记录味道感受部位、何时感受到、感觉持续时间、感觉强度及其变化
2	甜味	构成柔和、肥硕和圆润等感官特征，确认酒的类型，干型→甜型
3	酸味	使舌头分泌唾液，鉴赏酸的强度，记录唾液量及分泌的速度，低→中等→高
4	苦味	酚类或多酚物质会产生苦味，苦味常与涩味相结合，由舌根部位感知
5	单宁	引起口腔收缩变紧的物质，收干唾液，使组织变硬、产生粗糙感，鉴别强度，低→中→高

续表

序号	项　　目	描　　述
6	酒精	使口腔、胃部发热，鉴别酒精浓郁度，低→中等→高
7	酒体	和酒精浓郁度成正比，记录灼热感、醇厚感的情况，轻盈→中等→浓郁饱满
8	回味	让酒液在口腔持续停留 10 s 以上，咽下，将经过口腔加热后酒的气味通过鼻腔呼出，记录下回味的长短
9	香气	记录下在温度较高的口腔内香气的类型，吸入氧气，使酒温升高，释放香气物质，鉴别香气类型、特征、持续时间及浓郁度
10	发展程度	鉴定葡萄酒的发展程度，发展中→已发展

四、综合评价分析

这一阶段主要指对葡萄酒进行的最后的综合性评估过程。评估一款酒的质量有很多常用的标准，主要评估指标有平衡感、复杂感、回味性、质量等级、发展程度等内容。葡萄酒综合评价记录表见表 3-14。

表 3-14　葡萄酒综合评价记录表

序号	项　　目	鉴 定 内 容
1	平衡感	糖、酸、酒精、酒体、香气等平衡情况
2	复杂感	香气复杂性、口感复杂性、层次
3	回味性	余韵的长度，短→中等→长
4	其他感知	浓郁度、愉悦感、刺痛感（起泡酒）、高雅感等
5	发展程度	判断酒发展情况，适合现在饮用→有陈年潜力
6	质量等级	鉴定酒质，差→中等→良好→好→优秀
7	其他评价	推测酒的品种、产地、酿造风格及陈年情况等，提出侍酒服务与配餐建议

（一）平衡感

这一指标可以作为葡萄酒的一架天平，果香和甜度在一端，酸度和单宁在另一端。果香或甜度的增加可以通过增加酸度或者单宁来达到平衡，果香或甜度太低，品尝起来会艰涩平淡或者比较干瘦；而酸度或单宁太低，酒品尝起来会笨拙无力且无骨架与层次。所以，在评估酒的平衡感时，应该考虑不同的成分相互融合的程度。

（二）浓郁度

风味和结构成分的浓郁度是评估质量的常用标准，如果一款酒的风味淡而稀薄，一般质量不会太高。当然，在一定水平之上，更高的浓郁度不一定是更高质量的衡量标准，如果一款酒的浓郁度很高，则需要考虑其是否平衡。

（三）回味性

回味性通过回味长度反映，回味长度指在喝下或吐出葡萄酒之后，令人愉悦的感觉

在口腔停留的时间。一般来说,浓郁度高的葡萄酒一般回味长度较长,回味性强。

(四)复杂感

风味与芳香的复杂性和典型性是葡萄酒中不可或缺的因素。葡萄酒的复杂感可能来自果味特点本身,也可能来自二类和三类香气的综合。如果一款酒很简单,很快就会令人厌倦,如果一款酒的复杂感很强,当嗅觉适应了初始的芳香以后,会对该款酒的其他芳香变得敏感起来,酒的风味似乎在变化。一款优秀的葡萄酒还应该能够体现产区特色,能反映出葡萄种植地区的特点。

(五)陈年潜力

陈年潜力也是评估质量的常用标准,一款酒如果能够有比较好的陈年潜力,需要有足够水平的构成成分(酸与单宁)作为支撑,其风味浓度也需有随着陈年过程增加而产生有趣的、诱人的芳香和风味的潜力。有关葡萄酒的质量等级,优秀的葡萄酒可以使用好、很好、特好等词汇;反之,可以使用可接受、差、有缺陷等词汇。

葡萄酒质量等级及描述见表3-15。

表3-15 葡萄酒质量等级及描述

等级	描述
有缺陷(Faulty)	不适合饮用的
差(Poor)	平衡较差,有一些小缺陷或者酒中某些成分的主要风味令人感到不悦
可接受(Acceptable)	风味较淡或者特色不能表现某个葡萄或某个产区的特点,但可以饮用
好(Good)	葡萄酒中的果味、甜度、酸度、单宁达到平衡,所有成分相互融合,能表现品种及产区的一些特点
很好(Very Good)	能够很好地将品种特性清晰地展现出来,也能准确地传达产区特色
特好(Outstanding)	在优雅度、浓郁度、回味长度或复杂感上脱颖而出,无可挑剔,优雅平衡

来源:根据英国葡萄酒与烈酒基金会课程内容整理

(六)发展程度

发展程度即这款酒的适饮程度,也就是检验该酒是会通过陈年获得更好的发展,还是适合现在饮用。如果一款酒主要表现为果味,酸度或单宁结构较淡,基本上可以断定属于"现在饮用型,不适合陈年或继续陈年"。如果失去本该有的果味,而且酸度或单宁结构也较单薄,已失去新鲜度,这么这款酒基本上属于"已过适饮期"。如果一款酒有很紧实的酸度或单宁,并且风味的浓郁度高,那么它经过陈年可以有更好的发展。

一般情况下,如果认为一款葡萄酒的风味会以果香为主,逐渐发展出鲜味、泥土或者香料味道,且单宁变得柔软,大概可以判断这款酒可能属于"现在能饮用,并有陈年潜力"。如果认为某款酒在若干年后,肯定比现在尝起来要好很多,现在品尝过早,则可以

把这类葡萄酒归纳为“太年轻”。相反，如果认为一款酒保存到现在已经是一种浪费，之前肯定比现在品尝起来更好，那么这款酒便属于“已过适饮期”。

（七）其他评价

根据以上6个方面的评价，可以判断出酒的整体风格。接下来就需要对这款酒的身份信息做一个总结性的归纳，这可以为后面的正式饮用做准备。例如，可以帮助侍酒及餐饮工作人员对该酒的最佳饮用温度做出正确判断；另外，还可以为客人提供配餐的建议。其他评价内容主要有如下几点。

1. 品种典型性

推断该款酒有没有明显的品种特性是品尝训练的重要内容。白葡萄酒有很多类型，例如芳香浓郁型，主要品种有麝香、维欧尼、雷司令、长相思、琼瑶浆、特浓情、绿维特利纳、阿尔巴利诺等；还有较为中性的白葡萄酒，如霞多丽、白皮诺、灰皮诺、卡尔卡耐卡、白玉霓等。在这一大类区分下，还可以从芳香的特点（果香或草本）、甜度和酸度以及是否使用橡木桶等方面寻找细节线索。

红葡萄酒可以分为皮厚色深的品种，如赤霞珠、西拉、马尔贝克、佳美娜等，还有皮薄色淡的品种，如黑皮诺、佳美、内比奥罗、桑娇维塞及歌海娜等。当然，与白葡萄酒品种判断一样，也可以从芳香的特征、单宁的多寡、酸度及酒精等方面寻找更多答案。

2. 新、旧世界风格

新、旧世界在风土及酿造方面存在不同，有时在推断葡萄酒风格方面，这似乎也能说明一些问题。对一些典型产区的典型品种，风格典型性还是该酒优劣的重要指标。比如黑皮诺，旧世界风格有更多鲜味，酸度与单宁更加紧实有力，有明显的结构感；新世界的黑皮诺则有更多的果味，酸度、单宁等结构成分并没有那么明显。当然，由于新、旧世界在葡萄栽培与酿造上相互影响，这类特征开始变得模糊，想真正区分一款酒的新、旧世界归属并没有那么容易。

3. 风土来源地

一款葡萄酒的外观、香气与口感可以很清楚地表达葡萄来源地的风土情况。来自炎热产区的葡萄酒，通常有更高的酒精度，相对低的酸度，更饱满的酒体以及更多的芳香物质；来自冷凉产区的葡萄酒，则表现为新鲜的水果风味，较轻的酒体，更明显的酸度，单宁也会因不够成熟而酸涩。

4. 大致年份

葡萄酒随着陈年时间的延长，颜色通常呈现规律性变化。当然，香气与口感也是推断一款酒是年轻还是陈年的重要线索。根据这些基本特征，可以识别出一款葡萄酒的大致年份。年份是影响服务与酒餐搭配的重要因素，因此年份识别很具现实意义。

5. 服务与配餐

在综合以上信息后，一款酒的风格会大致呈现在眼前。根据这一风格，可以进行下一步服务与配餐工作：一是根据酒的风格确定适饮温度及最佳的饮用方式（如醒酒），二是根据酒的风格推荐最适合的餐品类型。

葡萄酒品尝步骤汇总见表3-16。

表 3-16 葡萄酒品尝步骤汇总表

品尝步骤	品尝项目	品尝内容
外观分析	清澈度	浑浊，有沉淀，有杂质还是清澈
	颜色变化	红：紫色→红宝石→石榴红→棕红 白：淡水色→麦秆黄→浅金黄→金黄→琥珀色 桃红：桃红→三文鱼红→橘红
	浓郁度	暗淡还是鲜亮，浅→中等→深
	挂杯	有无挂杯，黏滞性
	起泡	有无气泡，大小、数量、活跃程度、持续时间
香气分析	香气状态	是否干净，确定不良气味
	香气浓郁度	持续时间，层次，清淡→中等→浓郁
	香气类型	果香：绿色水果、热带水果、核果、浆果、坚果、果干 花香：白色花、红色花、干花等 植物香：青草、青椒、芦笋、蘑菇等 动物香：动物皮革、皮毛、肉味、麝香等 香料香：黑胡椒、白胡椒、茴香、桂皮、薄荷、姜、月桂叶等 烘焙香：奶油、吐司、酵母、烟熏、咖啡、木头、橡木、松木、香草等 矿物质香：打火石、燧石、湿土等
	发展程度	判断一、二、三类香气，年轻→发展中→已发展
口感分析	甜度	干型→半干型→半甜型→甜型
	酸度	低→中→高
	酒精度	低→中→高
	酒体	轻盈→中等→浓郁
	单宁	低→中→高
	香气类型	果香、花香、植物香、动物香、烘焙香、香料香、矿物质香等
	香气浓郁度	轻→中等→重
	回味	短→中等→长
	发展程度	年轻→发展中→已发展
综合评价分析	平衡感	糖、酸、酒精、酒体、香气等平衡情况
	复杂感	果香层次及口感层次，低→中→高
	其他感知	浓郁度、愉悦感、刺痛感（起泡酒）、高雅感等
	发展程度	现在饮用，有待陈年，其他评价
	质量等级	有缺陷→差→可接受→好→很好→特好
	其他评价	冷凉、温暖、炎热风格，新、旧世界风格，品种，年份，服务与配餐等

第八节 代表性评价体系
Typical Evaluation System

葡萄酒是一种依赖嗅觉与味觉感知的体验型饮品，拥有科学权威的葡萄酒评分体系非常重要。葡萄酒评论是指依据一定的评分准则与模式，对此款酒的质量进行综合评估判断，然后对该酒给予一定的分值评价的过程。葡萄酒评分是人的行为表现，难免有主观臆断，所以利弊关系也一直饱受争议，评价的客观公正性依赖评价机构或者个人的行业认知度及综合信誉。葡萄酒拥有非常丰富的口感与香气，不同的地域、风土、人文与酿造方式都会让每款葡萄酒充满变数。不管是机构还是专业品酒人，目前在世界范围葡萄酒评价系统里都是一股不可忽视的力量。

一、世界范围葡萄酒评价系统

（一）独立酒评家

这类专家对葡萄酒拥有渊博知识与见解，在行业中有非常强的影响力。美国评论家罗伯特·帕克、英国著名葡萄酒作家简西斯·罗宾逊、澳大利亚杰里米·奥利弗(Jeremy Oliver)与专栏作家詹姆士·韩礼德(James Halliday)等都是这里面的代表性人物，他们都建立了专业评价体系。

（二）著名杂志

目前，较为知名的有《葡萄酒观察家》(*Wine Spectator*)、《葡萄酒倡导家》(*The Wine Advocate*)、《葡萄酒爱好者》(*Wine Enthusiast*)、《葡萄酒与烈酒》(*Wine and Spirits*)和《品醇客》(*Decanter*)以及英国杂志《国际饮料》(*Drinks International*)等。

（三）侍酒师(Sommelier)

这类人群尤其在欧美发达国家餐饮行业有非常高的地位与声誉。他们负责酒店葡萄酒采购、销售管理以及对客服务工作，有关葡萄酒的品评意见对顾客消费有很大引导作用。

（四）国际大奖赛

国际葡萄酒暨烈酒大赛(International Wine and Spirits Competition)、布鲁塞尔国际葡萄酒大赛(Concours Mondial de Bruxelles, CMB)、品醇客世界葡萄酒大赛(Decanter World Wine Awards)等国际著名大奖赛是国内外葡萄酒生产者竞相追逐的赛事，来自全球的专业、权威的评论家会给予葡萄酒系统的打分评价，这为酒商提供了一个很好的推广平台，同时也为葡萄酒消费者提供了购酒参考。

(五) 葡萄酒品评人

这类品评人经常组成个人小范围团体，活跃在葡萄酒贸易企业或者高端餐饮行业里，对行业发展及市场有一定的引导作用。

葡萄酒评价遵循一定的评价方式，目前主要有三种方式被广泛应用，分别是公开评价（Open Evaluation）、半公开评价（Single Blind Evaluation）以及盲品（Blind Evaluation）。另外，葡萄酒品评人的评价过程有着不同的模式，目前主要的评分模式有 100 分值与 20 分值：100 分值的代表性评分体系是罗伯特·帕克评分体系；20 分值的代表是简西斯·罗宾逊评分体系。其他的杂志或者个人的评分也基本遵循这两个体系，根据酒斛网与红酒世界网刊载内容对目前市场主要的评价体系进行如下整理。

二、独立酒评家评价体系

(一) 罗伯特·帕克(Robert Parker)

罗伯特·帕克采用的是 50—100 分的评分体系。根据其评分标准，每款葡萄酒都能得到 50 分的基础分。其他 50 分由颜色与外观、香气、风味与余味、综合评价及陈年潜力 4 个要素组成。罗伯特·帕克评分 4 要素见表 3-17。

表 3-17 罗伯特·帕克评分 4 要素

评价要素	评价内容	分值
颜色与外观	没有大问题，一般都能得到 4 分甚至 5 分	5 分
香气	主要考察香气的浓郁程度、纯正性以及芳香和醇香的复杂程度	15 分
风味与余味	主要考察葡萄酒风味的浓郁度、平衡性、纯正性、深度以及余味的长短	20 分
综合评价及陈年潜力	内容包括葡萄酒的整体品质、发展和陈年潜力	10 分

根据上面 4 个要素，每款葡萄酒都会得到一个分数，不同的分数代表不同的品质，以下为罗伯特·帕克评分体系中不同分数所代表葡萄酒品质的介绍。罗伯特·帕克评分内涵见表 3-18。

表 3-18 罗伯特·帕克评分内涵

分类	评价内容	分值
顶级佳酿(Extraordinary)	经典的顶级佳酿，复杂醇厚	96—100 分
优秀(Outstanding)	优秀的葡萄酒，极具个性	90—95 分
优良(Above Average)	普通的葡萄酒，风味简单明显，缺乏复杂度，个性不鲜明	80—89 分
普通(Average)	有一定缺陷，不过从整体来看也无伤大雅	70—79 分
次品(Below Average)	有着明显的缺陷，如酸度或单宁含量过高、风味寡淡	60—69 分
劣品(Unacceptable)	不平衡且十分平淡呆滞，不建议购买	50—59 分

（二）简西斯·罗宾逊(Jancis Robinson)

简西斯·罗宾逊是世界少数享有国际声誉的葡萄酒作家，祖籍英国，其葡萄酒著作往往是葡萄酒爱好者及商界经典藏书，主要著作有《藤蔓、葡萄与葡萄园》(*Vines, Grapes and Wines*)、《剑桥葡萄酒全书》(*The Oxford Companion to Wine*)、《世界葡萄酒地图》《葡萄酒品酒练习册》，后两本已被翻译为中文，在国内有广泛传播。

简西斯·罗宾逊不仅能著书，而且在葡萄酒界的评分体系中也有着重要的地位，与罗伯特·帕克的100分制不同的，简西斯·罗宾逊采用的是欧洲传统的20分制。

(1) 20分：无与伦比的(Truly Exceptional)；

(2) 19分：极其出色的(A Humdinger)；

(3) 18分：上好的(A Cut Above Superior)；

(4) 17分：优秀的(Superior)；

(5) 16分：优良的(Distinguished)；

(6) 15分：中等水平，即没有什么缺点的(Average)；

(7) 14分：毫无生趣的(Deadly Dull)；

(8) 13分：接近有缺陷或不平衡的(Borderline Faulty or Unbalanced)；

(9) 12分：有缺陷或不平衡的(Faulty or Unbalanced)。

（三）杰里米·奥利弗(Jeremy Oliver)

杰里米·奥利弗是澳大利亚享誉世界的葡萄酒大使，作为澳大利亚顶尖的葡萄酒作家，对推动澳大利亚葡萄酒产业做出了很大贡献，他对澳大利亚葡萄酒的评分受到酒界认可。他使用20分制的评分系统，与简西斯·罗宾逊不同的是，他设定的起始分是16分，并根据不同的分值并对葡萄酒设置了不同的奖牌，表3-19为其评分标准。

表 3-19　杰里米·奥利弗评分标准

20分值	100分值	奖　　牌
18.8以上	96以上	顶级金牌
18.3—18.7	94—95	金牌
17.8—18.2	92—93	顶级银牌
17.0—17.7	90—91	银牌
16.0—16.9	87—89	顶级铜牌

（四）詹姆士·韩礼德(James Halliday)

詹姆士·韩礼德是澳大利亚著名的葡萄酒专栏作家，葡萄酒著作已达50多部，是澳大利亚权威的葡萄酒评论家。他使用比较完善的葡萄酒评分体系。他的评分体系同罗伯特·帕克评分体系一样，也使用100分制，共分为7个等级。詹姆士·韩礼德评价体系见表3-20。

表 3-20 詹姆士·韩礼德评价体系

100 分值	表 现
100—94	卓尔不群的(Outstanding),品质优异,品酒笔记通常会出现在《澳大利亚葡萄酒指南》一书中
93—90	极力推荐的(Highly Recommended),品质优秀,特点突出,值得窖藏
89—87	值得推荐的(Recommended),没有什么缺点,品质高于普通酒,品种特色表现良
86—84	可接受的(Acceptable),没有任何显著的问题
83—80	日常饮用酒,通常比较便宜,没有太大发展潜力,缺乏个性和风味特点
79—75	不值得推荐的(Not Recommended),通常具有一处或者多处比较明显的缺点
Special Value	物超所值的,指相同分数段里性价比较高,也即零售价较低,绝对物超所值的酒

三、著名杂志评价体系

(一)《葡萄酒观察家》(*Wine Spectator*)

《葡萄酒观察家》(*Wine Spectator*)简称 WS,是目前全球发行量最大的葡萄酒专业刊物,始创于 1976 年,在全球拥有超过 200 万的读者。每年要对约 1.5 万款葡萄酒进行品评,是世界非常具有影响力的评论杂志。目前杂志评酒团主要由以詹姆士·劳伯(James Laube)为代表的 6 位经验丰富的酒评专家组成。

《葡萄酒观察家》评价体系同大多数葡萄酒评价体系一样,也采取 100 分制,起评分为 50 分,共分为 6 个档次。评价形式主要采用半公开形式进行:首先工作人员把葡萄酒按照品种、产区分类,然后对酒款进行品评,最后采用盲品评分。

(二)《葡萄酒倡导家》(*The Wine Advocate*)

《葡萄酒倡导家》(*The Wine Advocate*)简称 TWA 或 WA,由美国著名独立评论家罗伯特·帕克(Robert Parker)于 1978 年创办。其评价体系与罗伯特·帕克的评分体系基本一致,每年该杂志都会对 7500 多款葡萄酒进行打分。2006 年,罗伯特·帕克将世界上各个葡萄酒产区的品评权授予了一组专业的葡萄酒品评团队,团队中每人各司其职,品评各自所负责产区的葡萄酒。2012 年,罗伯特·帕克将其创立的《葡萄酒倡导家》的部分股权转让给几位新加坡投资者,他自己则退出了主编的位置,不过其品评团队作为一个有影响力的团体在葡萄酒评分体系里仍占据一席之地。

(三)《葡萄酒与烈酒》(*Wine and Spirits*)

《葡萄酒与烈酒》(*Wine and Spirits*)评分体系有英国与美国两个版本,美国评分体系更有世界权威性。《葡萄酒与烈酒》总部设在纽约和旧金山(San Francisco),自 1994 年起与以上两份杂志一样采取 100 分评分体系对葡萄酒进行评分。评分方式为盲品,

评酒师会根据葡萄酒的表现而打分。评分以80分作为基点，设置4个评分档次，每个分数段代表葡萄酒的不同质量等级。

80—85分：该葡萄品种或产区的典范。

86—90分：极力推荐的葡萄酒。

90—94分：与众不同的葡萄酒。

95—100分：顶级佳酿，稀世珍品。

（四）《品醇客》(*Decanter*)

《品醇客》(*Decanter*)简称DE，于1975年始创于英国，是一本专门介绍世界葡萄酒及烈酒的专业杂志。世界上最大的葡萄酒大赛——品醇客世界葡萄酒大赛(DWWA)就是由它举办的，该葡萄酒大赛在业界享有极高的声誉。《品醇客》是世界上覆盖面较广的专业葡萄酒杂志。2012年秋季，它开设了全新双语网站（英文和简体中文），顾客群体范围大。2012年以前，其采用的是星级评价体系，星级越高越值得信赖。为了规范评级，2012年开始改为20分值评分体系。《品醇客》相关评价体系见表3-21。

表3-21 《品醇客》相关评价体系

20分值	100分值	星　级
20—18.5	100—95	★★★★★
18.25—17	94—90	★★★★
16.75—15	89—83	★★★
14.75—13	82—76	★★
12.75—11	75—70	★
10.75—10	69—66	无

四、国际大奖赛评价体系

（一）国际葡萄酒暨烈酒大赛(International Wine and Spirits Competition)

国际葡萄酒暨烈酒大赛(International Wine and Spirits Competition)简称IWSC，为全球公认的顶级葡萄酒竞赛，也是全球盛大、尊贵的醇酒美食盛宴。该竞赛由酒类学家安顿·马塞尔(Anton Massel)于1969年创办，每年举办一次，举办地点设在英国伦敦。大赛主要设置三大奖项：金奖(Medailles d'Or，90—100分)、银奖(Medailles d'Argent，80—89分)和铜奖(Medailles de Bronze，75—79分)。

（二）品醇客世界葡萄酒大赛(Decanter World Wine Awards)

品醇客世界葡萄酒大赛(Decanter World Wine Awards)简称DWWA，为极具世界影响力的国际性葡萄酒赛事，由世界知名葡萄酒杂志《品醇客》组织举办。该赛事开始于2004年，由英国著名的酒评家Steven Spurrier，即《品醇客》杂志编辑顾问组织发起。

该顾问也是1976年著名的“巴黎评判”(The Judgment of Paris)的组织者。

自创立之日起,该赛事一直是杰出的葡萄酒竞赛,大赛面向全球的酿酒商,每年有万余款葡萄酒参赛,设金、银、铜奖,同时还设有推荐奖、白金奖以及赛事最佳奖等。近年来,中国越来越多的葡萄酒在大赛上获得了奖牌,充分显示了国产葡萄酒的潜力,尤其“宁夏贺兰晴雪酒庄的加贝兰特别珍藏2009”获得了2011年度大赛金奖,改写了宁夏葡萄酒的历史。

该大赛采取100分满分制。83分以下没有奖项,83—84.5分为推荐奖,86—89分为铜奖,90—94分为银奖,95—100分是金奖,除此之外,大赛还设置了白金奖(Platinum)和赛事最佳奖(Best in Show)。

(三)布鲁塞尔国际葡萄酒大赛(Concours Mondial de Bruxelles)

该赛事成立于1994年,为世界四大国际葡萄酒大赛之一,在世界葡萄酒界拥有广泛的影响力。每年,该大赛都会汇聚超过6000款来自40余个国家的葡萄酒,同时有300位左右的葡萄酒权威专家组成评委团进行品评。

大赛采取百分制,评分排在前30%的酒款列为得奖酒款,然后再根据具体得分高低排列出各奖项。得分位于85—87.9分的为银奖(Médaille d'Argent,即Silver Medal),得分位于88—95.9分的为金奖(Médaille d'Or,即Gold Medal),而得分位于96—100分的为大金奖(Grande Médaille d'Or,即Grand Gold Medal)。

知识链接

酒评家

埃克梅尼斯出生在加泰罗尼亚,在中世纪众多酒评家中,以见解独到而著称。在其著作有关暴食的章节中,写到酒窖的设置、种种醉态、酒桌礼仪以及适度饮酒的好处等。他在书中指出:“法国人喜欢喝白葡萄酒,勃艮第人热衷红葡萄酒,德国人青睐芳香型葡萄酒,而英格兰人则热爱啤酒,英格兰人在享用早餐之前就开始喝酒,而德国人更甚,他们会半夜起床喝上两口。”埃克梅尼斯认为,真正优质的葡萄酒应该是纯净、口感清新、酒味丰满浓郁、散发着芬芳而且带有丰富的泡沫的,而那些淡而无味、油腻又带着烟熏味、气味刺鼻、容易变质、口感苦涩、色泽发绿、状似蜂蜜或带着木酒桶气味的葡萄酒都算不上好酒。

随着不同国家和地区许多不同品质与口味的葡萄酒的出现,人们对葡萄酒本身给予了前所未有的关注。葡萄酒行业很快出现了拥有专业知识的一个称号——葡萄酒酒评家。20世纪60年代,还出现了一个新的行业——专门从消费者的角度出发,在书籍、杂志和酒商名录上对各种葡萄酒进行评论。

来源 [英]休·约翰逊《美酒传奇·葡萄酒陶醉7000年》

案例思考:思考酒评家的专业素养与职业操守在葡萄酒品鉴中的作用。

思政启示

本章训练

□ 知识训练

1. 葡萄酒品尝的定义、作用与原理是什么?
2. 葡萄酒品尝的视觉分析原理及分析步骤与鉴定内容是什么?
3. 葡萄酒品尝的嗅觉分析原理及分析步骤与鉴定内容是什么?
4. 葡萄酒品尝的味觉分析原理及分析步骤与鉴定内容是什么?
5. 葡萄酒品尝活动如何组织?
6. 葡萄酒品尝技能如何训练与提高?
7. 世界上有哪些代表性评价组织,其评价方法是什么?
8. 葡萄酒的“垂直品鉴”和“水平品鉴”是什么?
9. 思考影响葡萄酒品鉴的主观因素与客观因素。

□ 能力训练

1. 根据葡萄酒的品尝原理与分析方法,设定一定场景,制作符合实际需要的品酒记录表。

2. 垂直或水平品尝几款葡萄酒,从视觉、嗅觉与味觉方面进行技能性品尝训练,写出详细的品酒词并对酒款风味与质量进行科学评价。

章节小测

CHAPTER

2

第二篇　主要白葡萄酿酒品种

第四章
法国代表性白葡萄品种

本章概要

本章主要讲述了法国主要酿酒白葡萄品种相关知识，知识结构囊括了葡萄的品种特性、栽培特性、酿造风格、经典产区及品种配餐等内容。同时，在本章内容之中附加与章节有关联的侍酒师推荐、营销点评、引入与传播、知识链接、思政案例及章节小测等内容，以供学生深入学习。本章知识结构框架如下：

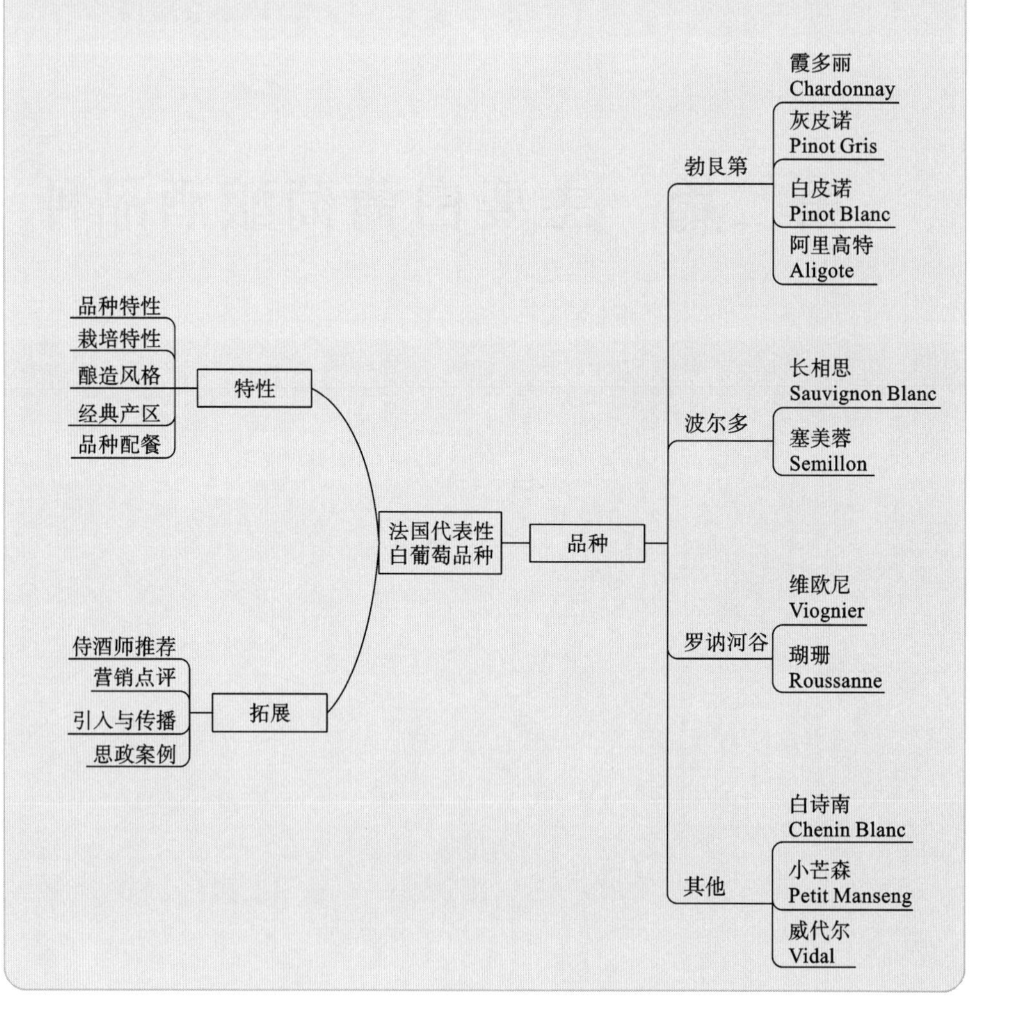

学习目标

知识目标：了解法国主要酿酒白葡萄品种的起源与发展，掌握该葡萄的品种特性、栽培特性、酿酒特性、风格特征、经典产区等理论知识；掌握该品种葡萄酒的营销点及配餐服务建议，理解品种属性及葡萄酒风格形成的因素；熟知该品种在我国的引入、传播及发展情况。

技能目标：运用本章知识，能够分析不同品种葡萄酒的风味与口感特征，具备在工作情境中对本章品种葡萄酒特性进行推介讲解的能力；通过品种葡萄酒对比品尝的技能实训，能够写出品酒词并能够科学评价该酒的质量与风格，具备品种鉴赏能力；通过综合运用品种知识，能在葡萄酒标识别、推介、配餐及侍酒服务中，具备基本服务技能。

思政目标：通过探析法国白葡萄品种栽培酿造及风格特性，让学生了解法国的栽培传统与酿酒哲学；通过对本章主要品种的对比品鉴及推介服务训练，初步培养学生的职业素养；通过解析法国品种在中国的引入与发展情况，发掘其在我国的培育优势与前景，让学生领悟因地制宜、因时而新的哲学智慧，厚植中国优秀人文精神，提升中国在白葡萄酒酿造及营销推广方面的产业动能，培育葡萄酒创新人才。

章节要点

- 掌握：霞多丽、长相思、维欧尼、小芒森、白诗南、灰皮诺葡萄属性、葡萄酒主要产地、风格特征，掌握酒餐搭配方法及营销卖点。
- 了解：威代尔、赛美蓉、瑚珊、阿里高特及白皮诺葡萄属性、葡萄酒的风格及主要分布地。
- 理解：葡萄属性及葡萄酒风格形成的原因。
- 学会：学会品种的对比品鉴、品酒笔记的记录、酒标识别解读，并能为之进行推介营销与配餐。
- 归纳：构建法国白葡萄品种属性对比表，制作品种属性思维导图，辨别不同品种葡萄酒的风格与特征。

章首案例

来自蓬莱的“霞多丽”

第一节　霞多丽 Chardonnay

霞多丽别名莎当妮、夏多利、夏多内等，欧亚品种，原产法国勃艮第。有史料记载，公元3—5世纪，人们发现马孔(Macon)附近卡多内村(Cardonnacum)的白葡萄品种非常优异，这里的本笃会修士便将这种优异的白葡萄带向了世界各地，后来人们为了表明该葡萄的来源，便将该品种取名为Chardonnay。美国加州大学戴维斯分校的卡罗·梅里蒂斯(Carole Meredith)博士于1999年对其DNA进行鉴定证实，霞多丽是由世界上古老的白葡萄古埃(Gouais Blanc)和比诺(Pinot)家族(黑皮诺、灰皮诺、白皮诺)经过漫长的自然杂交形成的，与佳美葡萄有很近的亲缘关系。

霞多丽

一、品种特性

霞多丽，嫩梢绿色，微有暗红附加色，具有稀疏绒毛。为中熟品种，果穗小，平均重225 g，圆柱圆锥形，有副穗。果粒着生较紧密，平均粒重2.1—2.5 g，近圆形，果皮薄，果肉汁多，味清香。成熟时呈绿黄色，略带琥珀色。

二、栽培特性

霞多丽是世界上主要的白葡萄品种之一，也是国际化品种，源于法国勃艮第，是勃艮第与香槟产区极为重要的品种。那里拥有典型的白垩土，有富含钙质、排水性好的石灰石土层，这些质量优异带泥灰岩的石灰质是霞多丽理想的土壤类型。该品种早熟，植株生长势强，极易栽培，容易种植打理，受果农偏爱。成熟晚期，酸度降低速度快，需把握好采摘时间。

这一品种对土壤气候等适应性非常强，世界范围内分布广泛，从勃艮第最北端冷凉的夏布利(Chablis)产区到炎热的阿根廷的门多萨(Mendoza)和南澳大利亚的巴罗萨谷(Barossa Valley)均有种植，是白葡萄品种里最具代表性的品种。目前，霞多丽已跃居世界第八大酿酒品种。在原产地的法国勃艮第，它是极其重要的白葡萄品种；美国加州已成为霞多丽栽培面积最大的地区；在我国山东、河北、宁夏、新疆等地也有非常广泛的霞多丽的种植。

三、酿造风格

霞多丽
品种酒标
图例

霞多丽果味个性并不明显，具有很好的可塑性，这给霞多丽多样的酿造方式创造了的良好先天条件。该品种属于白葡萄里少有的既可以适用酒泥接触、苹果酸乳酸发酵，又能进行橡木桶陈年的优质品种。苹果酸乳酸发酵可以让尖锐的苹果酸转化为柔和的乳酸；带酒泥发酵和橡木桶陈年，可以使霞多丽葡萄酒变得圆润、醇厚，增加奶油、香草、烘焙及坚果的气息。产自勃艮第产区的优质干白霞多丽具有极佳的陈年潜力，大部分可以陈酿5—10年，一些非常好的可以陈酿长达20年或更长时间。通常情况下，霞多丽是单一品种酿造，但也可以和很多品种搭配混酿，为其他品种提供酒体、果香或酸度。

香槟产区是霞多丽的另一个舞台，这里的葡萄通常早采，会保持极高的酸度，这赋予了香槟清新的香气和活跃的口感。一般霞多丽酿酒比例越高，风味越是清新。

多样的气候适应能力与多样酿造手段的使用，造就了风格多变的霞多丽葡萄酒(颜色、香气、口感都有多变性)。霞多丽葡萄酒风味特点及配餐建议见表4-1。

表 4-1 霞多丽葡萄酒风味特点及配餐建议

区分	外观	酸度	酒体	酒精	糖分	香气(配餐建议)
冷凉风格	近白色	中高	清爽	低到中等	干型	柑橘、白绿色水果(开胃菜、生冷食物、海鲜)
炎热风格	浅黄	中等	饱满	中高	干型	黄色或热带水果(味道丰富浓郁的菜肴)
橡木风格	中等黄	中等	浓郁/重	中高	干型	果香、香草、坚果、奶油(风味浓郁的菜肴)

四、经典产区

霞多丽是勃艮第的经典品种,从最北部的夏布利(Chablis)产区到博纳丘(Côte de Beaune),再到夏隆内丘(Côte Chalonnaise),最后到马贡(Maconnais),霞多丽呈现出千变万化的姿态。其中,博纳丘是出产霞多丽的精华区域,汇集了勃艮第八个特级园,出产世界上最优秀的霞多丽葡萄酒。另外,从勃艮第村庄名称来看,默尔索(Meursault)、普里尼-蒙哈榭(Puligny-Montrachet)、普伊-富赛(Pouilly-Fuissé)等都是该地区以生产高品质霞多丽葡萄酒而著名的村庄,云集了一众高品质的葡萄园与酒庄。夏布利以出产细致清雅、有典型的矿物质、白色水果风味的霞多丽葡萄酒而闻名,在南边的夏隆内丘与马贡,葡萄酒变得愈加浓郁。南法、意大利超级托斯卡纳、西班牙、葡萄牙等地也有不少霞多丽种植区域。

新世界产酒国的种植区域也非常广,美国加州是霞多丽的核心种植区,这里的霞多丽更为早熟,糖分高,酸度低,葡萄酒多热带果味,酒体饱满浓郁。橡木桶陈酿是霞多丽在新世界产酒国的主要酿造形式,葡萄酒具有烤面包、香草及坚果风味,层次丰富。另外,霞多丽在澳大利亚玛格丽特河(Margaret River)、智利卡萨布兰卡谷(Casablanca Valley)、新西兰、南非以及我国大部分产区都有优质种植、酿造表现。

五、品种配餐

霞多丽葡萄酒由于风格多样,饮用时需区分风格类型,有针对性地确定侍酒温度。通常,没有橡木桶陈年、酒泥搅动,风格清淡型的霞多丽葡萄酒,建议 6—8 ℃饮用,如清瘦的夏布利葡萄酒;酒体厚重浓郁型则可 10—12 ℃饮用。

由于霞多丽葡萄酒多变的风格,配餐范围非常宽泛。清爽型风格的霞多丽干白可与鱼类、杂蔬等搭配,如中餐里的清蒸海鲜、清炒时蔬、炸萝卜丸子等;橡木风格的霞多丽葡萄酒可与芝麻酱入味菜肴、豆制品、海鲜、家禽猪肉类浓汤搭配,如香草虾仁、炸豆腐丸子、鸡汤煮干、盐水鸭丝、奶汤蒲菜、蒜泥白肉、煎茄盒等。

知识活页

侍酒师推荐

中餐搭配案例：贡椒焗洋沙湖鱼头(Baked Yangsha Lake Fish Head with Gong Pepper)。

霞多丽葡萄酒酒体较轻，有丰富的矿物和青苹果以及橡木桶的香气，与鲜鱼头丰富的胶质和汁水相呼应，而贡椒能增加更多果蔬的清甜和鲜味，夏布利霞多丽葡萄酒的酸度也能很好地搭配鱼头的肥美口感。

来源　Michaeltan　长沙凯宾斯基酒店首席侍酒师

营销点评

霞多丽葡萄酒风味受产区风土及酿造方式影响较大，口感风格多样，卖点较多，配餐能力强，酒单呈现力强，可以满足顾客多样性需求。

引入与传播

我国于20世纪80年代从法国和美国引入该品种，目前在我国种植广泛。该品种凭借先天的种植优势，在我国山东、京津冀、宁夏、甘肃、山西及新疆地区都有非常广泛的分布，是我国占据主导地位的白葡萄品种之一。我国大部分精品酒庄都栽培了霞多丽。

蓬莱产区：2004年蓬莱引进种植霞多丽中熟品种。其在烟台地区4月18日萌芽，10月上旬浆果充分成熟，生长势强，结实力强，易早期丰产，因此适合在蓬莱种植，有很强的品种典型性，但病虫害防治是其栽培成败的关键。

来源　蓬莱区葡萄与葡萄酒产区发展服务中心

怀来产区：霞多丽在怀来产区表现为果穗小，果皮中厚，味清香，含糖量可达215 g/L以上，含酸量6—9 g/L，出汁率70%以上，适合酿造干型白葡萄酒和起泡酒。

来源　怀来县葡萄酒局

第二节　灰皮诺
Pinot Gris

灰皮诺为欧亚品种，原产于勃艮第。与黑皮诺、白皮诺属于近亲，是黑皮诺变异品种中较为知名的白葡萄品种。它的名字源自灰皮诺果实的外貌特征与颜色，其色泽受生长环境影响较大，颜色从略带粉红、浅蓝灰色，再到略带粉红以及棕色都有。灰皮诺

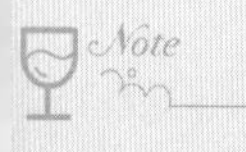

和其他品种一样，名称多样。在意大利被称为 Pinot Grigio，在阿尔萨斯曾被称为 Tokay d'Alsace，在德国被称为 Grauer Burgunder。

一、品种特性

灰皮诺发芽较早，早熟，产量不高，易受葡萄孢菌与霜霉病侵染。与大多数白葡萄品种相比，灰皮诺的果皮颜色较深，呈粉色或紫色。在一些较温暖的地区，该品种的果皮颜色更接近黑皮诺。灰皮诺果串与果实较小，甜度高，酸度中等，成熟期酸度下降较快，颜色会相应增加。

二、栽培特性

灰皮诺种植区域较广，和黑皮诺有相似的生长环境，有黑皮诺的地方几乎都能找到灰皮诺的身影。该品种可以适应多样气候，受风土环境影响较大，不同产区风格具有多变性。在生长期较长的阿尔萨斯地区，葡萄酒呈现颜色中深、酒体浓郁、果香丰富的特性；在偏冷凉的意大利东北部的弗留利-威尼斯-朱力亚（Friuili-Venezia-Giulia）地区、威尼托（Veneto）、阿尔托-阿迪杰（Alto-Adige）等地则会表现出色泽较浅、酒体轻盈、清新高酸的特性，在当地多用作起泡酒或开胃型干白，市场公认度较高。不过需要留意的是，在意大利该品种葡萄酒译名为 Pinot Grigio，这一名称也成为清爽型风格的代名词，而 Piont Gris 则代表着阿尔萨斯的浓郁饱满型灰皮诺葡萄酒。

三、酿造风格

灰皮诺和大部分白葡萄品种一样，多使用不锈钢桶低温发酵。在某些地方偶尔会使用橡木桶，以增加酒体与香气，优质灰皮诺葡萄酒有一定窖藏潜力。不同的种植环境对灰皮诺葡萄酒香气风味影响较大，法国偏甜美；意大利则清新自然；在阿尔萨斯和麝香、琼瑶浆一样是当地晚收（VT）与贵腐颗粒精选的重要调配品种。起泡酒也是灰皮诺葡萄酒常见的类型，常作开胃酒使用。灰皮诺葡萄酒风味特点及配餐建议见表 4-2。

表 4-2 灰皮诺葡萄酒风味特点及配餐建议

类　型	外　观	酸度	酒　体	酒精	香气（配餐建议）
Pinot Gris	稻草黄到中等	中等	中等到浓郁	中高	热带水果、蜂蜜、烟熏（佐餐类食物）
Pinot Grigio	近水色	中高	清淡到中等	中低	绿色水果、梨、柑橘类（典型开胃餐）

四、经典产区

灰皮诺在旧世界经典产区，除法国、意大利之外，在奥地利与德国巴登（Baden）、法尔兹（Pfalz）都有大量种植，在瑞士、匈牙利、罗马尼亚等中欧国家也有一定分布。新世界中，在美国的俄勒冈（Oregon），该品种是已成为当地的特色品种，尤其在威拉米特河谷（Willamette Valley）表现优异，灰皮诺风格介于法国阿尔萨斯与意大利之间，柑橘类

果香突出。澳大利亚也早在19世纪便已引入该品种。

五、品种配餐

意大利的Pinot Grigio常用作开胃酒，可搭配扇贝、牡蛎及各类蔬菜沙拉；阿尔萨斯与俄勒冈的灰皮诺葡萄酒多作为佐餐酒饮用，搭配鸡肉、鱼类是不错的选择。由于酒体从轻盈到浓厚类型丰富，灰皮诺葡萄酒也是众多品种葡萄酒中配餐能力尤其突出的一种。建议搭配灰皮诺葡萄酒的中餐菜肴有海鲜、清蒸类、新鲜时蔬类、凉菜等，如清蒸海鲜、白菜水饺等。

知识活页

侍酒师推荐

中餐搭配案例：宫保鸡丁(阿尔萨斯风格)。

灰皮诺葡萄酒(Pinot Gris)在意大利被称为Pinot Grigio，两种名字代表了两种不同的风格。法国阿尔萨斯的灰皮诺葡萄酒集中饱满，通常保留一定的甜度，可以与宫保鸡丁的酸甜酱汁相匹配，灰皮诺葡萄酒也会有一点香料和生姜的气息，与该菜品本身的辛辣味形成呼应，品种本身的酸度也可以平衡食物的甜腻感。

来源　武肖彬　晟永兴　葡萄酒总监

营销点评

经典的阿尔萨斯灰皮诺葡萄酒多为半干型，对大部分消费者来说容易入口，配餐能力强。

来源　武肖彬　晟永兴　葡萄酒总监

引入与传播

我国于1892年引入灰皮诺，山东、河北、新疆、河南、安徽、陕西等地都有引入，但栽培面积较少。目前仅在一些育苗中心、研究所和资源苗圃里有一定灰皮诺培育。

第三节　白皮诺
Pinot Blanc

白皮诺原产于法国，也被称作为Clevener、Klevener。在德国和澳大利亚被称为Weisser Burgunder，在奥地利被称为Weissburgunder、Klevene，在西班牙和意大利被称为Pinot Bianco。白皮诺其他译名有“白比诺”“白品乐”等。

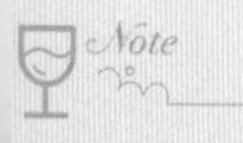

一、品种特性

白皮诺属于欧亚品种，从萌芽到果实完全成熟生长日数约为150日，中熟品种。果粒着生紧凑，果粒重2 g左右，圆形，绿黄色。白皮诺叶片较大，五裂片，果穗中等大，产量中等。白皮诺果皮中有较高的单宁含量，这容易导致葡萄酒发生褐变。

二、栽培特性

该品种生长势中等，抗病性中等。目前，白皮诺主要种植于法国阿尔萨斯、德国、卢森堡、匈牙利、意大利以及一些东欧国家，在南美的阿根廷和乌拉圭也有一定的种植面积。由于白皮诺的叶片结构及浆果结构很像霞多丽，现在很多种植者将其作为霞多丽的替代品。

三、酿造风格

很多国家将白皮诺定为酿造干白与起泡酒的标准品种，酿造的葡萄酒通常颜色较浅，酒体轻盈到中等，呈现苹果、梨、桃子等果味，特色不突出，风味中性，口感清爽，是搭配开胃餐的理想之选。白皮诺所酿葡萄酒多为即饮型，不适合陈年，适合年轻时新鲜饮用。白皮诺葡萄酒的风格因与霞多丽葡萄酒相似，有时候会被误认为是霞多丽葡萄酒，但白皮诺葡萄酒实际上酒体更加清淡，果味更加突出。白皮诺葡萄酒风味特点及配餐建议见表4-3。

表4-3 白皮诺葡萄酒风味特点及配餐建议

区分	外观	酸度	酒体	酒精	香气(配餐建议)
静止干白	浅黄	中高	轻	中等	非芳香性，中性，苹果、梨等果香(白肉、鱼、家禽等)
甜型	金黄	中高	中浓	中等	通常为贵腐风格(各类甜点)
起泡酒	浅黄	中高	轻	中等	苹果、梨等中性水果风格(前菜、贝类、软奶酪等)

四、经典产区

白皮诺经典产区集中在法国阿尔萨斯。在法国阿尔萨斯，白皮诺通常种植在土壤肥沃的平原上，而不是位置更好的山坡上。在当地，白皮诺主要用于酿造传统起泡酒(Cremant d'Alsace)，也可以用于酿造静止干白，风格通常表现为酒体较轻、口感简单、易于饮用。德国白皮诺种植主要在巴登地区，在奥地利也在较广分布，可酿造干型、半干型及甜型葡萄酒。意大利也出产相当多的白皮诺葡萄酒，通常作为风味中性、清爽、高酸的基酒，使用于Spumante起泡酒中。在新世界，如美国加州、乌拉圭和阿根廷等地也有一定种植。

五、品种配餐

白皮诺葡萄酒适合新鲜时饮用，饮用时可充分冰镇，6—8 ℃为宜。静止干白比较适合搭配白肉、家禽、洋葱馅饼和软质奶酪等食物。白皮诺起泡酒一般作为餐前酒，搭配较为清淡的食物，如蔬菜沙拉、海鲜等。

知识活页

营销点评

白皮诺葡萄酒具有高酸的特性，适合搭配各类开胃餐，目前在我国引入较少，性价比较高。

引入与传播

白皮诺在1951年引入我国，在我国山东、辽宁、河北和北京等地都有种植，但单一品种葡萄酒在国内目前较为少见。

第四节　阿里高特 Aligote

阿里高特也被称为“阿里戈特”“阿里哥特”等，外文名称有 Aligotay、Alligotay、Alligote、Chaudenet Gris、Plant Gris 等。该品种原产自法国勃艮第地区，DNA 鉴定结果显示，它与黑皮诺和霞多丽属于近亲。据记载，该品种在18世纪末就出现在了勃艮第地区。

一、品种特性

阿里高特叶片中等，边缘略微自卷，生长迅速，成熟较早，产量中等。成熟时果粒呈椭圆柱形，黄白色，比霞多丽果实颗粒略小，但酸度更高。

二、栽培特性

阿里高特是一种耐寒品种，生命力旺盛，较容易种植，是勃艮第第二大品种。但种植面积远远落后于霞多丽，仅为霞多丽的十分之一左右。阿里高特在勃艮第的地位大不如前，多种植于斜坡的顶部或者底部较为贫瘠的土地上，产量受葡萄园位置影响大。

三、酿造风格

阿里高特葡萄酒颜色较浅，有柑橘类、苹果以及矿物质和草药的气息，酒体轻盈，果

味明显，适合年轻时饮用，一般不陈年，酸度较高，适合作为开胃酒饮用。在混酿时，阿里高特葡萄酒可以为其他品种葡萄酒增添酸度和结构。阿里高特葡萄酒风味及配餐建议见表4-4。

表 4-4 阿里高特葡萄酒风味及配餐建议

类　型	外观	酸度	酒体	酒精	糖分	香气(配餐建议)
静止葡萄酒	淡黄	高	轻爽	中等	干型	果香(作餐前酒或搭配奶酪、沙拉、海鲜等)
起泡酒	淡黄	高	轻爽	中等	干型	果香及花香(作餐前酒)

四、经典产区

阿里高特主要产区为勃艮第，该品种在当地已有几百年种植历史，法国接近2/3的阿里高特种植于金丘的北部地区，广泛用于酿造干白。另外，它也是勃艮第起泡酒的主要原料。在勃艮第，阿里高特有两个AOC名称，分别是大区级的Bourgogne Aligote和村庄级的Bouzeron Aligote。在保加利亚，阿里高特有较多的种植，该品种的种植面积甚至为法国的2倍，当地人认为阿里高特葡萄酒有理想的酸度以及很优秀的混酿特性。在罗马尼亚，阿里高特种植面积也远大于法国。美国的华盛顿州、加利福尼亚州和加拿大的安大略省、不列颠哥伦比亚省也有阿里高特的种植，一般用来混酿。

五、品种配餐

阿里高特葡萄酒酒体轻盈，在饮用时可以充分冰镇，6—8 ℃最宜。经典配菜有勃艮第夏隆内丘(Charolais)或马贡(Maconnais)奶酪、带有酸味的沙拉或海鲜等。阿里高特葡萄酒同样适合作餐前酒。

知识活页

侍酒师推荐

搭配菜品推荐：

冷盘、清蒸和生的生蚝/虾(Cocktail/Shrimp)；凉白肉；云南火腿(Cold Sliced Meats)。

来源　李晨光　上海斯享文化传播有限公司创始人

营销点评

阿里高特是法国古老品种，酿成的葡萄酒有较高的酸度，清爽锐利，适宜早饮。

引入与传播

目前阿里高特在我国栽培不多，宁夏长城天赋酒庄正在培育中。

第五节 长相思
Sauvignon Blanc

长相思属于欧亚品种，长相思为其清末意译，多音译为“白苏维浓”，其他译名还有“苏维翁”等。在法国被称为 Sauvignon Jaune、Blanc Fume 等；在美国加州、南非等地又称 Fume Blanc。长相思原产于法国波尔多和卢瓦尔河谷，已有几百年栽培历史，经 DNA 研究表明，长相思是赤霞珠的两大亲本之一。

一、品种特性

长相思发芽早、成熟早，适合种植在冷凉的地区。果串紧凑，果皮细嫩，多汁，容易受到各种霉菌的侵扰。在特定环境下感染贵腐霉，可以酿造出世界上著名的贵腐甜酒。长相思具有天然高酸，还具有极易于辨认的浓郁香气，有典型的绿色草本芳香和西番莲或接骨木花味。

二、栽培特性

长相思在世界范围有广泛的种植，具有适应性强、早熟等特性，它对土壤、气候的适应均较强。由于生命力旺盛，长相思适合种植在石灰石、黏土-石灰质或贫瘠的沙砾土壤中，最好的长相思来自贫瘠、排水性好的土壤，如卢瓦尔河的白垩土和火石土壤，以及波尔多的砂砾石。如果严格控制葡萄生长，长相思在相对肥沃的土壤中也可以有较好的表现。该品种喜好温和或寒冷，这种气候可以延长葡萄生长的周期，使其糖酸比例达到平衡，从而酿出香气协调、果味突出的葡萄酒。

三、酿造风格

长相思是一种典型的冷凉风格品种，酿造的葡萄酒具有典型的酸度。长相思强调葡萄的天然风味，酿造通常避免人工增添风味，所以很少使用橡木桶酿造或苹果酸乳酸发酵，主要使用不锈钢罐低温发酵，并早装瓶，尽可能多地保留清新的果香。用长相思酿出的白葡萄酒呈现清爽的绿色水果、柑橘类及植物型香气，如黑醋栗芽孢、鹅莓、芦笋、青草、百香果、番石榴等，易于辨认，高酸，酒体由轻盈到中等。橡木桶风格的长相思葡萄酒则会呈现出黄桃、黄油等质感。

长相思
品种酒标
图例

由于长相思具有天然的高酸，在酿造上，成了很多低酸品种的理想搭档。例如，在原产地波尔多，长相思经常与当地的赛美蓉混酿，为葡萄酒增加酸度，带来清新感，同时赛美蓉也为长相思增加了酒体与果香，两种相互补充。在波尔多当地，不管是酿造干白还是贵腐甜白，两者都是理想搭档。

整体来说，长相思主要用来制造多果味、早熟、简单易饮的干白葡萄酒，大多数清新型长相思不适合陈年，适合年轻时饮用。优质长相思葡萄酒也可以在橡木桶内成熟，有

较好的陈年潜力。长相思葡萄酒风味特点及配餐建议见表4-5。

表4-5 长相思葡萄酒风味特点及配餐建议

风格	外观	酸度	酒体	酒精	香气(配餐建议)
无橡木风格	近水色	高	轻盈/中等	轻/中等	青草、绿色果香、番石榴、矿物质(开胃餐)
有橡木风格	浅黄中等	中高	浓郁/饱满	中高	百香果、黄桃、黄油、烤面包、坚果(佐餐)
甜型贵腐	中等黄	高	中高浓郁	中等	果干、果酱、蜂蜜等(浓郁甜食)

四、经典产区

经典产区非波尔多格拉夫(Graves)产区莫属,那里是世界上顶级的干型长相思生产地,苏玳、巴萨克则以出产长相思混酿的贵腐甜白而闻名;卢瓦尔河的桑赛尔(Sancerre)、普依富美(Pouilly Fumé)也是长相思葡萄酒的经典产区,由于该地区特殊气候条件及山坡上有石灰岩、砾石及火石土壤,这里出产的长相思葡萄酒有异常活泼的酸度,丰富的柑橘以及矿物质的风味,非常适合作开胃酒饮用。

新世界的新西兰马尔堡(Marlborough)是公认的长相思葡萄酒的经典产区,除此之外,智利的卡萨布兰卡谷(Casablanca Valley)、澳大利亚凉爽产区也有较多产出。美国加州则酿造出了长相思的另一种风格,当地赋予其富美(Fumé Blanc)的称号,其经过橡木桶陈年,酒体饱满、香气馥郁。当然,如果没有橡木桶陈年,则在酒标上显示"长相思"。除美国外,近年来,在加拿大的尼亚加拉(Niagara)半岛也出产不错的长相思葡萄酒。

五、品种配餐

长相思葡萄酒大部分简单易饮,酒体清淡,呈现极度干型,是一种活泼酸爽的葡萄酒,饮用时多需低温,一般6—10 ℃为宜,浓郁饱满的橡木风格葡萄酒可略高,使用长相思混酿的贵腐甜酒也需低温饮用。干型长相思是开胃酒的理想选择,与海鲜及山羊奶酪搭配完美,搭配中餐中的各类蔬菜(生食、清炒)、海鲜、蔬菜肉水饺、菜饼面食等都非常适宜,如炒竹笋、干煸豆角、青椒炒土豆丝、凉拌菜、烤牡蛎、炸酱面、韭菜水饺等菜肴;橡木风格长相思适合与煎炸海鲜、高汤炖煮、清汤火锅等搭配,如龙井虾仁、佛跳墙、羊汤等。

知识活页

侍酒师推荐

搭配菜品类型推荐:

长相思葡萄酒香气充沛浓郁,有青草、血橙、番石榴、百香果、番茄叶、芦笋等气味,酸度高,口感清爽,非常适合搭配蔬果类菜肴,与中餐中的素食菜品结合完美。

清爽的酸度、清新爽口的口感也使它非常适合搭配海鲜类菜肴。

来源　Bruce 李涛　顶侍葡萄酒总监

营销点评

长相思葡萄酒有典型的青草、百香果的风味，辨识度高，清新活跃的酸度让其配餐有很强的灵活性，尤其适合与亚洲料理时蔬类搭配。

引入与传播

长相思在我国最早于1892年被引入烟台，20世纪80年代又多次从法国等国家引进，目前在山东、河北、宁夏、北京等地有少量种植。我国虽然引入长相思时间较长，但由于白葡萄酒销量及口味喜好等原因，一直未能在生产上大面积推广，目前很多酒庄还在实验栽培中。山东蓬莱逃牛岭酒庄、河北怀来桑干酒庄、迦南酒业、宁夏西鸽酒庄有一定的栽培。

第六节　赛美蓉 Sémillon

赛美蓉为欧亚品种，原产于法国波尔多格拉夫及苏玳地区，18世纪前就在该地有种植历史。赛美蓉的外文别称还有 Sémillon Blanc、Columbier、Blanc Doux 等。

一、品种特性

赛美蓉果穗中等大，平均穗重250 g，圆锥形，有副穗。果粒生长紧密，平均粒重2.08 g，圆形，绿黄色，果肉多汁，具有玫瑰香味。生长势中庸，芽眼萌发力中等，植株进入结果期稍晚，产量中等或较高，为早熟品种。耐寒，但抗病性稍差。成熟后，其果皮往往呈金黄色，在温暖的气候下，果皮会呈现出粉红色。该品种果皮薄，在适宜的条件下，容易感染贵腐霉。

二、栽培特性

赛美蓉是一种易于栽培的葡萄品种，生命力如长相思般旺盛。喜爱阳光充沛但气候凉爽的地区，偏爱沙质土壤和石灰质黏土。果粒小，糖分高，容易氧化。品种特性不明显，酿造的酒香气淡，口感厚实，酸度经常不足。

三、酿造风格

赛美蓉原产自法国波尔多地区，果皮薄，晚熟，极易感染贵腐霉，是该地酿造贵腐甜白的重要品种。丰产，须控制产量，提高质量。适合温和的气候，年轻的赛美蓉香气较为淡薄，陈年后能发展出特别的蜂蜡与干果香气。该品种很容易积累出高糖特性，但因酸度不足，经常与当地的长相思、慕斯卡德(Muscadet)混合酿造，二者可以完美地为其补充酸度、酒体及果香。贵腐甜白通常呈现出浓郁的果香，有杏仁、油桃、芒果、苦橙、蜂蜜、生姜等的气息。该品种也是波尔多干白的主要调配品种，比例在长相思之后，为葡萄酒增加圆润的酒体。赛美蓉葡萄酒风味特点及配餐建议见表 4-6。

表 4-6 赛美蓉葡萄酒风味特点及配餐建议

类型	外观	酸度	酒体	酒精	香气(配餐建议)
年轻干型	浅黄金	中等	中等到浓郁	中高	柑橘、柠檬、烤面包(开胃、佐餐)
陈年干型	中等金黄	中等	饱满浓郁	中高	柑橘、油桃、烤面包、坚果、蜂蜜、香草(佐餐)
甜型贵腐	中等黄金	中等	中高浓郁度	中高	果脯、蜂蜜、香草(各类甜食、鹅肝)

四、经典产区

赛美蓉主要种植在法国苏玳(Sauternes)和巴萨克(Barsac)产区，主要用来酿造贵腐甜白，世界奢侈甜白的代表——滴金酒庄(Château d'Yquem)位于该产区内。澳大利亚的猎人谷(Hunter Valley)是该品种葡萄酒在新世界的典型产区，在这里通常做成干型，早采收，保留其良好的酸度，有时与霞多丽混酿，一般不使用橡木桶陈年。年轻的猎人谷赛美蓉有淡淡的柑橘类香气，酒体比较轻盈，酒精度适中，口感较为中性；陈年后香气会变得极有层次感，产生烤面包、蜂蜜和坚果等复杂香味，具有极强的陈年潜力，备受关注。

五、品种配餐

干型赛美蓉与贝类海鲜，如牡蛎堪称绝配；甜型赛美蓉，在波尔多习惯与当地蓝纹奶酪或鹅肝进行搭配，鲜美甜香，非常经典。

知识活页

营销点评

赛美蓉果皮较薄，极易感染贵腐霉，酿造的贵腐甜酒一直是甜酒的主流，深受消费者喜爱；猎人谷的干型赛美蓉近年受关注度高，陈年后，香气变化多，富有层次，特点突出。

引入与传播

我国于 20 世纪 80 年代引进种植赛美蓉，目前在河北、山东、甘肃等地有一定栽培。怀来桑干酒庄有一定量的种植。

第七节 维欧尼
Viognier

维欧尼是一个古老的欧亚品种，和名称拼写最接近的是法国南部城市维埃那(Vienne)，但起源地尚无定论。2004 年，美国加州戴维斯(Davis)分校进行的 DNA 检验测试表明，这一品种和皮埃蒙特的 Freisa 品种有紧密的关系，基因上和内比奥罗属于近亲。该品种在古罗马时期就已经在罗讷河谷种植，公元 9 世纪，当地使其复兴，成就了今天的格里叶堡(Chateau Grillet)。该品种其他外文名字有 Bergeron、Barbin、Vionnier、Petiti Vionnier、Viogne 等。

一、品种特性

维欧尼属欧亚品种，嫩梢绿色，有时带桃红色。叶片中等大，近圆形，3—5 裂。叶面平滑无毛，叶背密生灰色茸毛，叶缘锯齿双侧凸，叶柄洼张开。果粒紧实，近圆或椭圆形，绿黄色，皮薄，肉多汁。

二、栽培特性

维欧尼生长势较弱，从 9 月初就开始进入成熟期。不易栽培，对于多种病害都很敏感，需要种植在贫瘠干燥且多石的土壤里。酿造的葡萄酒酒精度高，酸度低，和谐，圆润，带有强烈花香(紫罗兰、金合欢等)且能发展出蜂蜜、麝香、桃和干杏的香气。抗旱能力强，喜好充足的热量，糖分含量高，酸度略显不足。

三、酿造风格

在法国罗讷河谷表现十分出众，是当地非常重要的白葡萄品种。多用来酿造单一品种的干白，由于其浓郁独特的果香，也是重要的调配品种，在罗讷河谷可以与红葡萄品种西拉成为完美搭档，可以帮助西拉稳定颜色，同时还可以柔和口感，增加浓郁的果香。

维欧尼品种酒标图例

维欧尼酿成的葡萄酒色泽较深，通常呈浅黄金色，酒精度高，圆润并带有强烈的花香(橙花、紫罗兰、金银花、柑橘花等)。成熟后，能发展出蜂蜜、麝香、桃子和杏仁的香气。半干型维欧尼多呈现桃子、杏干及金银花等气息，同时也会散发出麝香和蜂蜜的风味。酿造上，多使用不锈钢罐低温发酵而成，顺应其馥郁的果香，在部分产区也使用旧橡木桶或新橡木桶陈年，让葡萄酒呈现更多层次。维欧尼葡萄酒大部分为干型，酸度不高，有些也会有一定残糖，这些糖分可以有效抵消灼热的酒精感。维欧尼葡萄酒风味特点及配餐建议见表 4-7。

表 4-7 维欧尼葡萄酒风味特点及配餐建议

类型	外观	酸度	酒体	酒精	香气(配餐建议)
干型	中等偏深	中低	中高	高	桃子、杏仁、花香香料味(浓郁的食物)
微甜型	中等偏深	中等	中高	中高	杏干、蜂蜜、干草(浓郁的甜食)

四、经典产区

法国南部地区是该品种的经典产区,尤其是北罗讷河谷的孔得里约(Condrieu)。该产区使用100%的维欧尼酿造白葡萄酒,使葡萄酒充满浓郁的花香,酒体浓郁,酒精度高,果香浓郁,口感顺滑,但其酸度较低。该地还有一个酿造维欧尼的“明星”,那就是格里叶酒庄(Château Grillet),它是孔得里约地区唯一以酒庄命名的 AOC 名称,该酒庄专门种植维欧尼葡萄,葡萄酒通常在橡木桶中熟成 2 年,香气浓郁细腻,口感饱满圆润,香气馥郁,好的年份葡萄酒具有非常好的陈年能力。近年来,维欧尼在新世界产酒国大有流行的趋势,在美国、澳大利亚(单一品种,有时与西拉混酿)栽培量都在不断扩大。

五、品种配餐

维欧尼有独特的香辛料气息,与地中海的烹饪风格搭配最佳,适合与贝类海鲜、家禽搭配,也可与越南和泰国的咖喱、椰香等风味食物搭配。因其酒体浓郁圆润,它与浓郁的中餐也能很好地结合,中式菜肴类型举例有蔬菜煎炸、炖菜、海鲜类等,菜品有剁椒鱼头、清炖排骨、清蒸蟹、椰子饭等。

知识活页

侍酒师推荐

推荐菜品及类型:

维欧尼葡萄酒可以与香料味浓郁的菜肴进行搭配,如以咖喱或姜入味的菜品;还可以与用奶油酱汁烹饪过的肉质较为细嫩的肉类菜品(如禽类、猪肉、小牛肉等)进行搭配。

中餐搭配案例:奶汤蒲菜(济南第一汤菜)。

该菜品在制作时用奶汤和蒲菜烹制,汤呈乳白色,蒲菜脆嫩,鲜香倍增,入口感觉清淡味美。现下这道菜品中普遍还会添加香菇丁与火腿片,也都是以鲜香为主的食材。这种口感与维欧尼葡萄酒杏仁、橙花、金银花的香气搭配,这些香气会增加菜品鲜味的表达。特别推荐蓬莱产区的维欧尼葡萄酒,普遍回味会有一丝咸鲜感,与奶汤蒲菜搭配也显得更加契合。

来源 张旭 瓏岱酒庄侍酒师

营销点评

维欧尼葡萄酒不管在颜色还是香气上都有独特之处，通常糖分很高，酸度较低，酒体饱满，果香浓郁。

引入与传播

根据相关记载，我国于2001年由中法庄园从法国引入维欧尼，栽培较少，在烟台、新疆、宁夏、北京产区有种植，在新疆焉耆盆地表现突出；宁夏长和翡翠酒庄、北京莱恩堡酒庄出产单一品种维欧尼葡萄酒，有浓郁杏干及花香味，伴随着适宜的酸度，与北方浓郁的菜肴搭配适宜。在山东半岛的蓬莱逃牛岭酒庄出产以维欧尼为主的混酿，风格清新独特，富有活力。

葡萄品种
瑚珊

第八节　白诗南
Chenin Blanc

普遍的说法是白诗南原产自法国卢瓦尔河一带，为法国古老的葡萄品种，早在公元845年，在当地修道院的记录中便有所提及。1652年，随着东印度公司传入南非，南非白诗南的种植面积是卢瓦尔河的2—3倍，南非成为目前世界上白诗南种植面积最大的国家。

一、品种特性

白诗南属欧亚品种，嫩梢绿色，有时带桃红色。叶片中等大，近圆形，3—5裂。叶面平滑无毛，叶背密生灰色茸毛，叶缘锯齿双侧凸，叶柄洼张开。果粒紧实，近圆或椭圆形，绿黄色，皮薄，肉多汁。

二、栽培特性

白诗南原产自法国卢瓦尔河谷，对种植条件要求比较苛刻，发芽早，常受到春霜影响。晚熟，产量较高，需要频繁修剪，种植需合理控制产量。在非常凉爽的地区往往难以成熟，适合温和的海洋性气候和石灰质土壤。白诗南在南非分布最为广泛，主要用来酿造廉价的餐酒或起泡酒，在美洲种植也较多；在我国河北、山东、陕西、新疆等地有一定栽培。

三、酿造风格

白诗南原产地法国卢瓦尔河谷，是卢瓦尔河中段产区非常重要的品种。具有早发芽、晚熟、产量高的特点，适合温和的海洋性气候。优质的白诗南种植在石灰石、片岩的

土壤中，酿成的葡萄酒口感明快、酸度活泼，充满果味。在原产地可以被酿造成不同甜度的白葡萄酒，干型、贵腐甜、起泡酒风格各异，表现出众。在酿造方式上，白诗南很少使用橡木桶陈年。

白诗南葡萄酒风味受气候、土壤及酿造方式影响大，风格多变。不同的类型，果香与口感都不尽相同。干型白诗南一般呈现清新活泼的水果风味（柠檬、苹果、梨等），适合年轻时饮用；优质干白有馥郁的香味，常带有桃子、杏仁、蜂蜜等香气，随着陈年时间的延长会逐渐发展出羊毛脂和蜡质香气；甜型白诗南多为浓郁型，蜂蜜、果干、矿石与花香等风味十足，加上天然高酸，可以很好地平衡糖分，陈年潜力佳。白诗南与雷司令一样，是酿造甜白非常优异的品种之一。白诗南葡萄酒风味特点及配餐建议见表 4-8。

表 4-8 白诗南葡萄酒风味特点及配餐建议

类型	外观	酸度	酒体	酒精	香气（配餐建议）
干型/起泡	稻草黄	中等	清淡到中等	中高	绿色水果、柠檬、柑橘、花、矿物质（佐餐或作开胃酒等）
晚收/贵腐	中等	中高	中高浓郁度	中高	热带水果、桃子、杏仁、蜂蜜、干草（甜食）

四、经典产区

白诗南经典产区当属卢瓦尔河谷，在当地的乌乌黑（Vouvray）及沙文尼亚（Savennieres）产区（多风）陡峭的山坡上，白诗南可以获得更多的日照量，保证其足够的成熟度，是出产顶级的白诗南干白或起泡酒的经典产区。莱昂丘（Côteaux du Layon）、肖姆-卡尔特（Quarts de Chaume）以及邦尼舒（Bonnezeaux）则以出产顶级贵腐白诗南甜白而著称。在新世界产区，对白诗南来说，最耀眼的明星产地当然非南非莫属，它是该国种植最广泛的品种，物美价廉，可以酿造典型的百搭型葡萄酒。

五、品种配餐

白诗南具有天然高酸特质，对食物有很强的包容性，具有百搭性，鸡肉、贝类海鲜等都是不错的搭配选择。半干型白诗南可以与海鲜、厚重油腻或辛辣食物相搭配，如贝类海鲜、炖菜、汤菜等，中餐菜品中可与蚵仔煎、煎饺、海鲜疙瘩汤等完美搭配；甜型白诗南则是各类甜点的理想搭配选择。

知识活页

侍酒师推荐

中餐搭配案例：清蒸海鲈鱼。

白诗南可以酿造成各种风格的白葡萄酒，适合搭配这道菜的还是卢瓦尔河谷的干型白诗南。其酒体中等，有清爽的酸度，带有一些柑橘类与绿色水果的果味，并带有一丝矿物气息。白诗南葡萄酒的酸度可以提升海鲈鱼的鲜味，同时也呼应了酱油酱汁，果香的甜美感也与鱼肉的鲜美相匹配。

来源　武肖彬　晟永兴　葡萄酒总监

营销点评

卢瓦尔河谷的白葡萄酒是最被低估的葡萄酒，尤其是白诗南葡萄酒，其性价比超高，另外，白诗南葡萄酒对于轻酱汁的海鲜尤其鱼类是非常理想的搭配选择。

来源　武肖彬　晟永兴　葡萄酒总监

引入与传播

白诗南于1980年由德国引入我国，现在在河北、山东、陕西、新疆等地有一定栽培。怀来桑干酒庄、宁夏西鸽酒庄有一定种植。

第九节　小芒森
Petit Manseng

小芒森也译为“小满胜”，原产于法国西南部产区，是该地极具代表性的白葡萄品种。在法国还被称为Manseng Blanc、Petit Mansenc。

一、品种特性

小芒森果穗中小，中紧。果粒小，圆形，黄白色，果皮较厚，高糖，通常延迟采收。酿成的葡萄酒酒色金黄，香气浓郁，具有甘蔗和紫丁香的香味，同时也保留了较高的酸度，使酒体更加和谐醇厚。酿造的干白清新爽口，果香浓郁，可经久陈放。

二、栽培特性

小芒森发芽早，成熟晚，其糖分能达到一个较高的水平，同时能保持较高的酸度，被认为是可以酿造甜型葡萄酒的典型品种。小芒森生长势中等，枝条粗壮，易发徒长枝，结实力不高，需长梢修剪，抗病性较好，尤其抗灰霉病，在白色品种中表现突出，但不抗霜霉病和白粉病，适于在土层较厚的钙质土或冲积土中栽植。小芒森为极晚熟品种，果皮厚，汁少，产量不高，通常挂果时间可持续至深秋甚至12月份，在我国蓬莱产区成熟期一般在10月中下旬，个别年份可以持续到11月上旬，糖度290—312 g/L，酸度7 g/L左右。

小芒森
品种酒标
图例

三、酿造风格

小芒森葡萄适合晚采，在法国原产地，当地通常采用自然干缩(Passerillage)方法酿造甜酒。小芒森葡萄果实在长时间的成熟过程中，能够积累丰富的香味和糖分物质，香气馥郁，同时能保持较高的果酸。小芒森酿成的葡萄酒呈淡黄色，果香十分丰富，主要呈现出柠檬、西柚、菠萝、金银花、桂皮、丁香花以及蜂蜜风味，香气浓郁，余味悠长，具有较好的陈年潜力。除酿造天然甜白葡萄酒外，小芒森还可以和维欧尼、霞多丽等品种混酿以增加酒的酸度与芳香。小芒森葡萄酒风味特点及配餐建议见表4-9。

表4-9 小芒森葡萄酒风味特点及配餐建议

区　分	外观	酸度	酒　体	酒精	香气(配餐建议)
干型	淡绿色	高	轻爽、中等	中高	丰富的果香(中等浓郁度及微微辣味菜肴)
甜型	淡黄色	高	中等到饱满	中高	蜂蜜、草药、柠檬、桃子、菠萝等(辣味、甜味菜肴)

四、经典产区

小芒森起源于法国西南部的比利牛斯大西洋省、朗格多克山坡(Coteaux du Languedoc)和维克-毕勒-巴歇汉克(Pacherenc du Vic-Bilh)地区，那里可以产出高质量的香气浓郁的小芒森葡萄酒。甜型小芒森有浓郁的蜂蜜、草药、柠檬、桃子、菠萝、柑橘、白色花卉等香气，其中最主要的香气还是丰富的水果香气，浓郁不失优雅。其中著名的应该是上述地区的朱郎松甜酒(Jurancon Moelleux)。在美国，小芒森的主要种植于加州和弗吉尼亚州等较温暖的地方。

五、品种配餐

干型小芒森由于天然甜美、高酸风格，非常适宜搭配亚洲各类辛辣菜肴。甜型小芒森糖分高，可以与一些甜味或辣味的菜肴搭配，平衡辛辣感，如咖喱菜肴、陈年切达等。

知识活页

配餐推荐

中餐推荐：下午茶、甜点、糖醋鱼、咕咾肉、菠萝果盘、麻辣龙虾等。

西餐推荐：咖喱、鹅肝、奶酪、甜点等。

营销点评

小芒森果皮较厚，抗灰霉病和保鲜性很强，可以在树上保留相当长的一段时间，晚熟，天然高酸，是酿造甜酒非常优质的品种。品种典型性强，在我国受到关注。

引入与传播

我国河北怀来的中法庄园于2001年开始引入小芒森，在中法庄园种植的小芒森自然糖度高，酿造出的甜型白葡萄酒酒精度可达14% vol，有浓郁的柑橘类水果和杏仁的香气，酒体平衡，口感优雅。近年来，小芒森在烟台蓬莱及青岛产区也有突出表现，品种推广性强。小芒森在青岛九顶庄园、蓬莱君顶酒庄、龙亭酒庄、国宾酒庄、安诺酒庄、烟台瀑拉谷酒庄都有不少种植，并出产单品的半干型及晚收甜型小芒森。

葡萄品种
威代尔

威代尔
品种酒标
图例

龙亭酒庄小芒森

蓬莱龙亭酒庄于2014年引入小芒森，种植面积为151亩，晚熟的小芒森非常适应山东半岛临海的冷凉风土。龙亭小芒森种植在相对冷凉的地块坡向，该品种成熟期长，为了保持足够的成熟度，采收时间延期到11月。经手工摘叶、三次树选、穗选和粒选，低温发酵而成，发酵期长达30天。葡萄酒呈金黄色，有典型的柑橘、柚子、金银花及蜂蜜的香气，酸度突出，入口甜润，酒体柔和细腻。小芒森的特性在蓬莱海岸风土中得到充分表达。龙亭酒庄葡萄园分布图见图4-1。

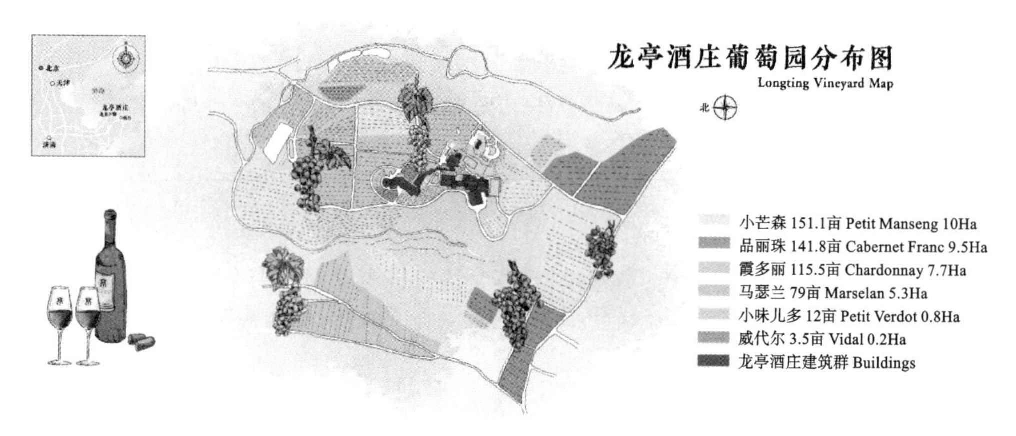

图4-1　龙亭酒庄葡萄园分布图

(1) 2020品醇客世界葡萄酒大赛铜奖点评：有杏干、桃子和芒果干的馥郁芬芳的甜蜜的口味，回味好。

(2) 著名酒评家James Suckling：有些荔枝、甜苹果的香气，像是早饮的水果沙拉。酸度不错，作为第一个年份做得不错，干净、平衡，能感受到酿造得很精心。

(3) 著名酒评家Ian D'Agata：表现出不错的糖酸平衡，既不极度浓缩，也没有极度厚重，一点不黏腻，容易入口，精准表达了品种的特点，与这里的风土非常相配。

来源 蓬莱龙亭酒庄

案例思考：分析山东半岛产区小芒森品种风土适应性。

思政启示

章节小测

本章训练

□ 知识训练

1. 归纳波尔多白葡萄品种特性、栽培特性、酿酒风格、经典产区及酒餐搭配内容。

2. 归纳勃艮第白葡萄品种特性、栽培特性、酿酒风格、经典产区及酒餐搭配内容。

3. 归纳罗讷河谷白葡萄品种特性、栽培特性、酿酒风格、经典产区及酒餐搭配内容。

4. 归纳其他产区白葡萄品种特性、栽培特性、酿酒风格、经典产区及酒餐搭配内容。

□ 能力训练

1. 根据所学知识，制定品种理论讲解检测单，分组进行葡萄品种特性、风格及配餐的服务讲解训练。

2. 设定一定情景，根据顾客的需要，针对本章葡萄品种进行识酒、选酒、推介及配餐的场景服务训练。

3. 组织不同形式的品种葡萄酒对比品鉴活动，制作品酒记录单，写出葡萄酒品酒词并评价酒款风味与质量，锻炼对比分析能力。

第五章
意大利代表性白葡萄品种

本章概要

本章主要讲述了意大利主要酿酒白葡萄品种相关知识，知识结构囊括了葡萄的品种特性、栽培特性、酿造风格、经典产区及品种配餐等内容。同时，在本章内容之中附加与章节有关联的侍酒师推荐、营销点评、引入与传播、知识链接、思政案例及章节小测等内容，以供学生深入学习。本章知识结构如下：

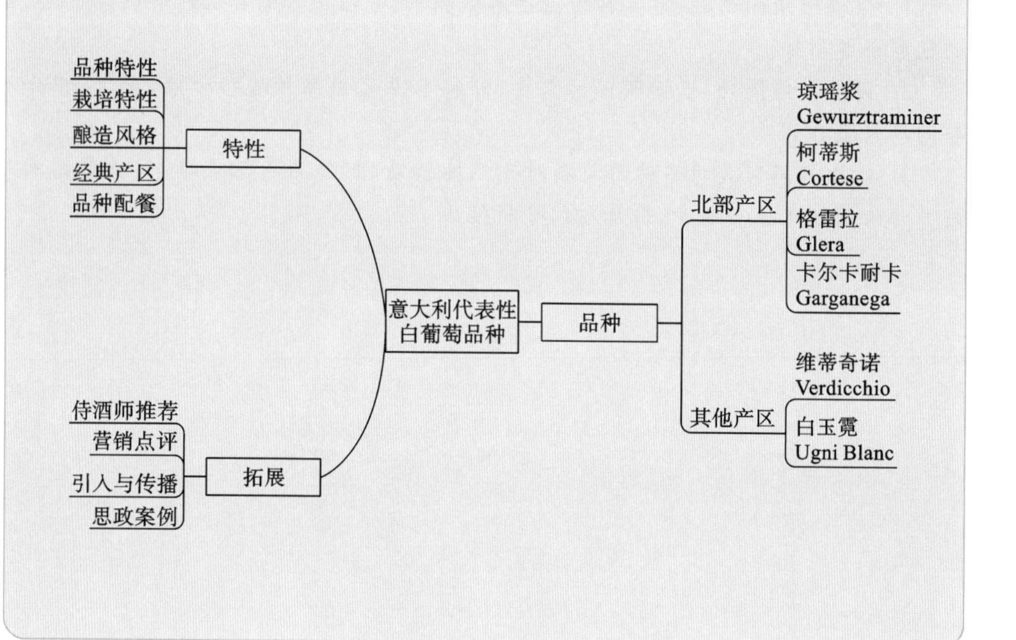

学习目标

知识目标：了解意大利主要酿酒白葡萄品种的起源与发展，掌握该葡萄的品种特性、栽培特性、酿酒特性、风格特征、经典产区等理论知识；掌握该品种葡萄酒的营销点及配餐服务建议，理解品种属性及葡萄酒风格形成的因素；熟知该品种在我国的引入、传播及发展情况。

技能目标：运用本章知识，具备在工作情境中对本章品种葡萄酒基本特性进行推介讲解的技能；具备对该品种的酒标识别、侍酒服务及配餐推荐的基本服务技能；通过品种对比品尝的技能性实训，具备对该品种葡萄酒的口感风格及质量等级的鉴赏能力，具备良好的识酒、选酒、品酒技能。

思政目标：通过本章理论学习，解析意大利在白葡萄品种栽培与酿造方面的特色，让学生理解意大利白葡萄酒的酿酒传统和发展之道；通过对本章主要品种葡萄酒的对比品鉴及推介服务训练，使学生具有良好的职业素养；通过解析该品种在中国的传播发展情况，解析该品种在我国发展的优劣之处，培育学生探知精神。

章节要点

- 记住：琼瑶浆、麝香、卡尔卡耐卡葡萄属性、主要产地、风格特征，掌握酒餐搭配及营销卖点。
- 了解：柯蒂斯、格雷拉、维蒂奇诺、白玉霓葡萄属性、酒的风格、配餐及主要分布地。
- 理解：葡萄品种属性及葡萄酒风格形成的因素。
- 学会：品种的对比品鉴，品酒笔记的记录，酒标识别，并能为之进行推介营销与配餐说明。
- 归纳：建立意大利葡萄品种属性对比表，构建品种属性思维导图，辨析不同品种葡萄酒的风格与特征。

章首案例

《马可·波罗游记》

第一节 琼瑶浆 Gewürztraminer

琼瑶浆（Gewürztraminer）名称的翻译源于“琼浆玉液”一词，它形象地描述了琼瑶浆的风格特点，该品种葡萄酒属于典型的芳香型酒，非常容易辨识，浓郁的热带果味与香料的味道让人难以忘怀。琼瑶浆原产地为意大利东北部，位于著名的阿尔托-阿迪杰

(Alto-Adige)产区内,其名称里的 Traminer(现为意大利一葡萄品种名称,由琼瑶浆改良而来)后缀正是由阿迪杰产区村庄名 Tramin 演变而来,前缀 Gewüerz 在德语中有“强烈的香味”之意。该品种在意大利被叫作 Traminer Aromatic、Termeno Aromatic 等,名称较多,1973 年,在法国阿尔萨斯被正式命名为 Gewürztraminer。

一、品种特性

琼瑶浆

琼瑶浆葡萄品种嫩梢红带绿色,幼叶绿色附加酒红色。成龄叶片较小,圆形,秋叶红色。两性花。果穗中等大,圆锥形。果粒着生紧密,粒小,近圆形。果皮较厚,成熟后果皮呈粉红或紫红色,酿成的酒颜色偏深。百粒重 170—210 g,每颗果实有种子 1—4 粒,汁多味甜。

二、栽培特性

琼瑶浆发芽较早,容易遭受霜冻的危害,容易坐果不良,生长势弱,产量较低,对栽培条件要求较高,世界范围分布少。该品种含糖量较高,然而酸度往往不足,在较炎热的气候下,琼瑶浆需要提早采摘。喜好干燥气候,适于种植在向阳坡地,偏好中性偏酸性土壤,不适合石灰质土壤。抗寒性强,可以晚收酿造贵腐甜酒或冰酒。

三、酿造风格

琼瑶浆品种酒标图例

法国阿尔萨斯的琼瑶浆无疑是最光彩夺目的,不仅种植面积最大,风味表现也极佳。该品种主体香气源于一种叫“萜烯”的化合物,一般呈现出甜美的荔枝、水蜜桃、香水、玫瑰的芳香,间或有生姜等香料气息,让人很远就可迅步而来。琼瑶浆葡萄汁容易被氧化,适合低温发酵,有利于萜烯类化合物和其他香气成分的提取,只有这样才能表现其典型性。酿造过程一般不会使用橡木桶或引发苹果酸乳酸发酵,很少人工干预,适合单一品种酿造。

相同年份的琼瑶浆葡萄酒与其他品种葡萄酒相比,颜色深,呈浅黄到深金黄色泽,口感肥厚甜美,质感黏稠,酒体浓郁,口感圆润,肥硕,酒精度相对较高,酸度中等偏低。琼瑶浆葡萄酒风味特点及配餐建议见表 5-1。

表 5-1 琼瑶浆葡萄酒风味特点及配餐建议

类 型	外 观	酸度	酒 体	酒精	香气(配餐建议)
干型	浅黄金中等黄	中低	中等到浓郁	中高	荔枝、菠萝、水蜜桃、生姜片(辛辣菜)
晚收/贵腐	中等黄金	中等	浓郁型	中高	哈密瓜、水蜜桃、蜂蜜、果酱等(甜品)

四、经典产区

琼瑶浆主要种植在欧洲国家,法国阿尔萨斯是该品种种植的大本营。那里以出产果味丰富、酒体浓郁的琼瑶浆葡萄酒而著称。该品种可以用来酿造干白、半干白,也可

以用来做迟摘晚收(Vendange Tardive)、贵腐颗粒精选(Selections de Grains Nobles)葡萄酒。阿尔萨斯受孚日山脉的影响,秋季气候干燥少雨,这给琼瑶浆提供了绝佳的成熟条件,使其生长周期延长,能更好地积累香气与糖分。意大利原产地也出产清新款的琼瑶浆;与阿尔萨斯临近的德国法尔兹(Pfalz)也是该品种重要的种植区。与旧世界相比,新世界的琼瑶浆种植目前还不够广泛,只在新西兰、澳大利亚、加拿大的极个别凉爽产区有渐增的趋势。

五、品种配餐

清淡的琼瑶浆可以用作开胃酒,浓郁的与熏鲑鱼、阿尔萨斯奶酪、鹅肝酱等为经典搭配。它还是公认的搭配亚洲料理的最佳之选,尤其与粤菜、川菜、东南亚一带料理搭配完美,其浓郁的香气与各式香料交相呼应。中餐中适合搭配琼瑶浆的风味有中高浓郁度菜肴、微甜菜肴、火锅、辛辣菜等,如南瓜汁、麻婆豆腐、无锡排骨、煲仔饭等。

知识活页

侍酒师推荐

推荐菜品及类型:

咖喱土豆鸡、咖喱鱼蛋(Fish Ball with Curry Sauce);糖醋(Sweet-and-Sour)里脊、糖醋鲤鱼、糖醋小排;洋葱炒牛柳、川湘辛辣菜(Chinese Cuisine);香菜(Cilantro)炒肉丝;以肉桂、丁香为主香料的菜;使用姜、蛤蜊等海鲜类的开胃前菜;带橘子酱的甜点等。

来源 李晨光 上海斯享文化传播有限公司创始人

中餐搭配案例:南瓜汤。

南瓜汤的口感浓稠厚重,在搭配葡萄酒时要考虑酒体不可过轻,否则在口腔中会有失重感。琼瑶浆馥郁的香气与相对油质感的酒体可以给汤带去更多诸如姜丝、果干、热带水果(荔枝等)的香气,而且琼瑶浆的酸度普遍不强,跟圆润口感的汤搭配也不会太突兀,酒与汤的香气相互交融,相得益彰。

来源 张旭 瓏岱酒庄侍酒师

营销点评

琼瑶浆属芳香型品种,具有相当高的辨识度。主要分布在阿尔萨斯,在这里琼瑶浆被用于酿制各种甜度的葡萄酒,包括干型、半干型、晚收和粒选贵腐葡萄酒,香气扑鼻,通常带有玫瑰花瓣、荔枝和甜香料的香气。

引入与传播

我国于1892年从欧洲引入琼瑶浆至山东烟台,1980年前后又多次将其从法国引入山东、河北等地。目前在我国山东、河北、甘肃一带有少量种植。河北桑干酒庄、紫晶庄园、中法庄园、宁夏西鸽酒庄出产单品的琼瑶浆葡萄酒。

河北怀来：1980年怀来引入琼瑶浆，用于单一品种酿酒，所酿葡萄酒呈浅黄色，有丰富的荔枝、芒果的香气，略带麝香气息，酒体饱满，口感圆润，酸度略低。目前在当地主要引入酒庄及栽培面积为：紫晶庄园40亩，红叶庄园15亩，桑干酒庄40亩，中法庄园30亩。

来源 怀来县葡萄酒局

第二节 柯蒂斯
Cortese

柯蒂斯(Cortese)也被称为Bianca Fernanda、Corteis、Cortese Bianca、Contese Bianco、Cortese d'Asti等。柯蒂斯最早的文献可以追溯到1659年，记录其出现在意大利亚里山德里亚省的加维(Gavi)地区。

一、品种特性

该品种皮薄，酸度高，喜好在温暖环境下生长。皮薄，可作鲜食葡萄。

二、栽培特性

柯蒂斯极易出现腐烂等情况，在栽培种植过程中，须细心管理以确保其健康生长。柯蒂斯属高产品种，如果不控制产量，酿造出的葡萄酒会较为平淡且缺乏特色。

三、酿造风格

柯蒂斯葡萄酒较为中性，呈现出苹果、白桃、柑橘类水果及矿物质风味。酸度高，酒体轻盈、口感清新，适合年轻时饮用。该品种通常在不锈钢罐内发酵，干型风格，保持清新果香，有时会进行乳酸菌发酵，也常用于酿造起泡酒。如果在特别凉爽的产区或年份，葡萄酒会因为酸度较高而变得不够平衡，苹果酸乳酸发酵和橡木桶发酵可以有效缓解这一问题。柯蒂斯葡萄酒风味特点及配餐建议见表5-2。

表5-2 柯蒂斯葡萄酒风味特点及配餐建议

区分	外观	酸度	酒体	酒精	香气(配餐建议)
干型	淡绿色	中高	中等	中	苹果、柠檬、白桃及矿物质(海鲜或沙拉)
起泡	淡绿色	高	轻盈	中	苹果、柠檬等柑橘类(作餐前酒)

四、经典产区

意大利种植了大约3000公顷的柯蒂斯，其中，皮埃蒙特(Piemonte)有近90%面积。柯蒂斯因抗病能力强、高产量以及能酿造高品质的葡萄酒而倍受赞誉。长久以来，

由柯蒂斯酿造的葡萄酒(尤其是来自加维的葡萄酒 Gavi DOCG)一直受到南部热那亚港口餐馆的青睐。加维是该品种最重要的法定产区名称,皮埃蒙特 DOC 允许将其作为单一品种使用。在威尼托地区,柯蒂斯常与棠比内洛(Trebbiano)和卡尔卡耐卡(Garganega)酿造比安科·迪·库斯托萨(Bianco di Custoza)葡萄酒。在南半球部分产区也有柯蒂斯种植,包括澳大利亚的维多利亚产区等,但大多仍处于试验阶段。

五、品种配餐

该品种配菜可选择海鲜沙拉、烤虾、罗勒松子意面等。柯蒂斯起泡酒口感清爽,酸度宜人,适合作餐前酒。

知识活页

侍酒师推荐

西餐搭配案例:扇贝柑橘汁。

推荐理由:柯蒂斯(Cortese)来自意大利北部的皮埃蒙特产区,为当地特有白葡萄品种,用以酿造加维(Gavi)葡萄酒。加维葡萄酒酒体轻盈,酸度偏高,带有柠檬以及青苹果的味道,推荐搭配餐品冷食冰岛扇贝配柑橘汁和柠檬鱼子酱。酒的酸度平衡了柑橘汁的酸度,同时提升了扇贝的鲜度,青苹果的清香增加了酱汁的果味,使得菜品与酒实现完美融合。

来源　Stephen 张　北京 TRB 餐厅

营销点评

柯蒂斯葡萄酒目前在市场比较少见,几乎均出自意大利北部,认知度有限,性价比高。

来源　Stephen 张　北京 TRB 餐厅

第三节　格雷拉
Glera

该品种即为目前市场颇具影响力的意大利普罗塞克(Prosecco)起泡酒的酿酒品种,过去曾用名为 Prosecco,因为容易引起混淆,意大利当局用该地地名“Glera”进行了修改。作为意大利古老的葡萄品种,格雷拉起源于古罗马帝国时代,在意大利葡萄品种中占有很重要的地位。

一、品种特性

格雷拉嫩梢绿色,茸毛中等密度。叶片呈心脏形状,3—5 裂,叶柄洼开张椭圆形。

果穗较大，可达 500 g 以上。果粒为黄绿色，中等大小，植株生长势旺盛，较晚熟，产量较高。

二、栽培特性

格雷拉晚熟，属高产品种。格雷拉被广泛种植在意大利的东北部地区，该品种的抗寒和抗病力较强。但在平原地区容易受到潮湿空气的影响，需要加强病虫害防治。

三、酿造风格

格雷拉具有极高的酸度和较为中性的风格，非常适合起泡酒的酿造。该品种酿造的起泡酒口感清新，酸度活泼，具有十分明快、清爽的水果果香，酒精度较低（通常在 8.5% vol—12% vol），适合夏季畅饮，是开胃酒的理想之选。因其清爽的口感和亲民的价格，格雷拉酿造的起泡酒近年来在国际市场增速较快，深受消费者喜爱。格雷拉葡萄酒风味特点及配餐建议见表 5-3。

表 5-3 格雷拉葡萄酒风味特点及配餐建议

区　　分	外观	酸度	酒体	酒　　精	香气（配餐建议）
起泡酒	淡绿色	高	轻盈	低到中等	白桃、苹果、柑橘类（餐前酒或清凉饮料）

四、经典产区

该品种原产自意大利东北部，目前主要分布在威尼托大区内，主要用来酿造普罗塞克起泡酒，也用以酿造干型风格的静止干白。格雷拉的经典产区为威尼托产区的一个名为格雷拉的村庄，该葡萄品种也以该村庄命名，同时村庄也被认为是格雷拉品种的起源地。在意大利以外，格雷拉在斯洛文尼亚和澳大利亚有一定量的种植，在澳大利亚国王谷（King Valley）产区表现优异。1981 年，该品种被引入中国，在北京通州和河北有小面积种植。

五、品种配餐

格雷拉酿造的葡萄酒通常清爽、高酸，完全冰镇后，饮用效果最佳，是夏季清凉饮料或开胃酒的理想之选。格雷拉适合搭配各类蔬菜沙拉、贝类海鲜等开胃餐，如鼠尾草黄油扁面条、烟熏三文鱼面包、荔枝椰奶等。

知识活页

营销点评

格雷拉品种高产，高酸，清爽宜人，口感中性，在当地主要用来酿造普罗塞克起泡酒，可作开胃酒，佐餐能力强，灵活度高。可与腊牛肉沙拉、黄油蘑菇意大利宽面、意大利面包、椰汁黄姜饭、荔枝椰奶、奶酪沙拉、烟熏三文鱼、柠檬冰激凌等菜品搭配。

第四节 卡尔卡耐卡 Garganega

卡尔卡耐卡是一种源于意大利东北部威尼托(Veneto)产区的古老葡萄品种,早在13世纪时便已出现该品种的记录。DNA分型研究证实,该品种与西西里岛的Grecanico Dorato/Grecanico葡萄属于同一品种。

一、品种特性

卡尔卡耐卡果穗长而松散,果粒紧凑,葡萄风干速度快,这使得该品种成为当地酿造名酒索瓦韦(Soave)与蕊恰朵(Recioto)葡萄酒的理想选择。

二、酿造风格

卡尔卡耐卡的生命力十分旺盛,属于晚熟品种,丰产。经典的卡尔卡耐卡葡萄酒以桃花、杏仁、杏子和烤金苹果的香气为重要特征。该品种表现出极强的酿造甜酒的能力,特别是用风干后的葡萄干制成的甜酒具有浓郁的花蜜风味。

葡萄品种
维蒂奇诺

该品种在索瓦韦(Soave)和甘贝拉(Gambellara)地区都以出产优质的蕊恰朵(Recioto)闻名。这类葡萄酒质地丰富,散发出浓郁的蜂蜜、蜜饯、热带水果和甜香料的香气。该品种同时也以酿造干型葡萄酒而闻名,是经典索瓦韦(Soave Classico)的主要使用品种,能使葡萄酒主要呈现出柠檬及杏仁的风味,质地细腻,略带颗粒感,风格精致,酸度十分清新。卡尔卡耐卡葡萄酒风味特点及配餐建议见表5-4。

表5-4 卡尔卡耐卡葡萄酒风味特点及配餐建议

区　分	外观	酸度	酒体	酒精	香气(配餐建议)
干型	淡绿色	高	轻盈	中等	杏仁、杏子、烤金苹果的香气(海鲜、羊奶酪等)
甜型	淡黄色	高	中到高	中等	蜂蜜、蜜饯、热带水果和甜香料的香气(中餐中芒果糯米饭等甜品)

葡萄品种
白玉霓

三、经典产区

知识链接

格里洛

卡尔卡耐卡是意大利威尼托和相距1000千米的西西里岛的主要种植品种。主要的葡萄酒风格因威尼托索瓦韦(Soave)在世界范围内享有盛誉,当地重视度高,那里的葡萄园几乎完全致力于单一品种葡萄酒的酿造。即使DOC法律允许将多达30%的棠比内洛(Trebbiano di Soave/Verdicchio)或霞多丽混合在内,也极少有生产者将卡尔卡耐卡与其他品种混酿。一些威尼托IGT和特雷维内齐(Trevenezie)IGT葡萄酒也将卡尔卡耐卡和灰皮诺(Pinot Grigio)结合在一起,在当地也常风干葡萄以生产甜型蕊恰朵(Recioto)。除此之外,在翁布里亚(Umbria)的更南端,阿玛里尼丘(Colli Amerini)和佩里吉尼丘(Colli Perugini)也有一些卡尔卡耐卡葡萄藤,这里的卡尔卡耐卡葡萄酒被用作干白葡萄酒和起泡酒的少量混合成分。

四、品种配餐

卡尔卡耐卡干白通常酒体轻盈，饮用时需要充分冰镇，适合搭配各类贝类海鲜等菜肴，如大蒜和欧芹煮熟的贻贝或山羊奶酪烤西葫芦等。卡尔卡耐卡酿造的甜型葡萄酒适合的配菜为甜点，也可以作饮品单独饮用。

知识活页

侍酒师推荐

推荐菜品及类型：

索瓦韦葡萄酒适合配开胃前菜，清蒸鲈鱼(Bass)/比目鱼；胡萝卜(Carrots)，马苏里拉(Mozzarella)奶酪；黄瓜(Cucumbers)；煎蛋饼/卷(Omelets)；茴香(Fennel)；香煎鱼块/龙虾(Fried fish/Lobster)；蔬菜海鲜沙拉；玉米大麦粥(Polenta)；螃蟹、蛤蜊、沙丁鱼等。

来源　李晨光　上海斯享文化传播有限公司创始人

营销点评

卡尔卡耐卡源于意大利北部威尼托产区，生命力旺盛，高产晚熟，在严格控制产量的情况下，可以酿造出十分出色的葡萄酒。高品质的卡尔卡耐卡葡萄酒通常散发着梨子、柑橘和杏仁的味道，风格精致，酒体轻盈，酸度活跃。

本章训练

□ 知识训练

1. 归纳意大利北部主要白葡萄品种特性、栽培特性、酿酒风格、经典产区及酒餐搭配。

2. 归纳意大利中部主要白葡萄品种特性、栽培特性、酿酒风格、经典产区及酒餐搭配。

3. 归纳意大利南部主要白葡萄品种特性、栽培特性、酿酒风格、经典产区及酒餐搭配。

章节小测

□ 能力训练

1. 根据所学知识，制定品种理论讲解检测单，分组进行葡萄品种特性、风格及配餐的服务讲解训练。

2. 设定一定情景，根据顾客需要，对本章葡萄品种进行识酒、选酒、推介及配餐的场景服务训练。

3. 组织不同形式的品种葡萄酒对比品鉴活动，制作品酒记录单，写出葡萄酒品酒词并评价酒款风味与质量，锻炼对比分析能力。

第六章
其他国家代表性白葡萄品种

本章概要

本章主要讲述了上述以外的世界其他国家(包括德国、西班牙、葡萄牙及中国等)主要酿酒白葡萄品种相关知识,知识结构囊括了该葡萄的品种特性、栽培特性、酿造风格、经典产区及品种配餐等内容。同时,在本章内容之中附加与章节有关联的侍酒师推荐、营销点评、引入与传播、思政案例及章节小测等内容,以供学生深入学习。本章知识结构如下:

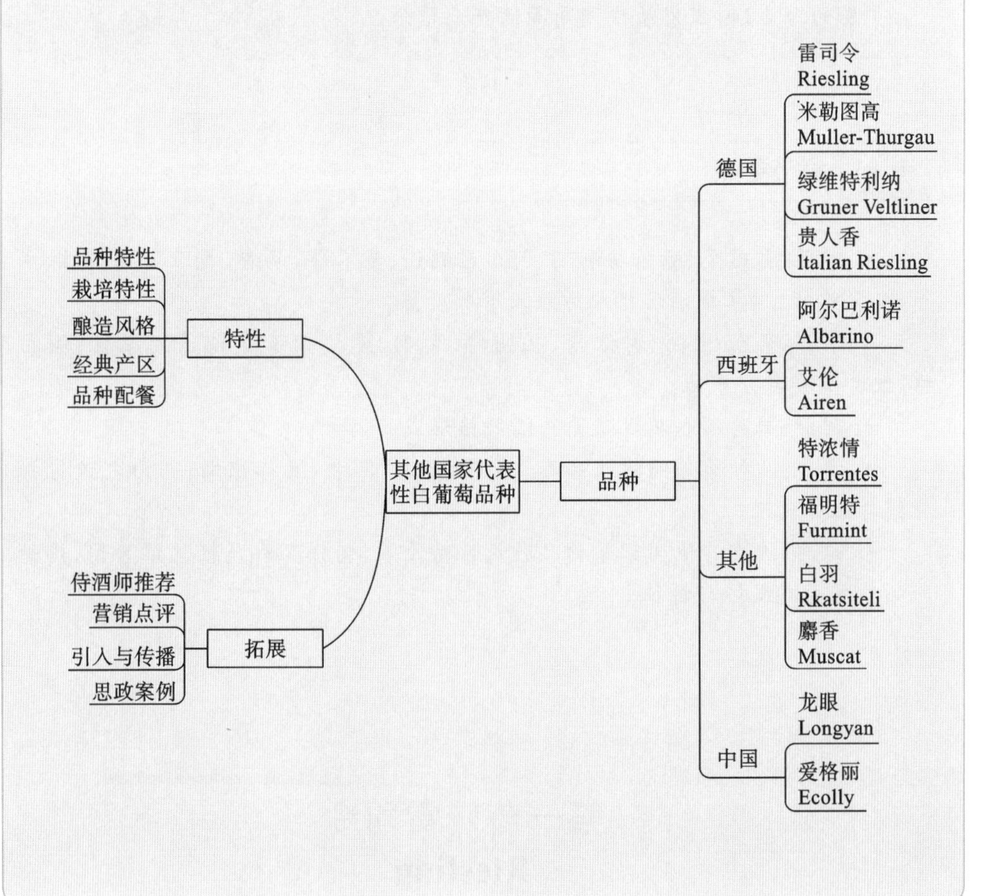

学习目标

知识目标：了解本章主要酿酒白葡萄品种的起源与发展，掌握该葡萄的品种特性、栽培特性、酿造风格、风格特征、经典产区等理论知识；掌握该品种的营销点及配餐服务建议，理解品种属性及葡萄酒风格形成的因素；熟知该品种在我国的引入、传播及发展情况。

技能目标：运用本章知识，具备在工作情境中对本章品种葡萄酒基本特性进行推介讲解的能力，具备对该品种进行酒标识别、侍酒服务及配餐推荐的基本服务技能；通过品种葡萄酒对比品尝技能实训，具备对该品种葡萄酒的口感风格及质量等级进行分析鉴赏的能力，具备良好识酒、选酒及品酒技能。

思政目标：通过学习本章品种在栽培、酿造中的历史文化与人文理念，解析其风格形成的主客观因素，进一步提升学生的文化素养；通过对本章主要品种葡萄酒的对比品鉴及推介服务训练，递进培育学生专业、专注、客观、公正的品酒意识；通过剖析我国在适应本土发展的白葡萄品种培育、酿造等方面的探索与成效，挖掘我国风土及人文优势，理解我国葡萄酒产业厚积薄发的潜力，增强发展中国葡萄酒产业信念。

章首案例

怀来葡萄酒，对它有何期望

章节要点

- 掌握：雷司令、绿维特利纳、阿尔巴利诺、贵人香、麝香、龙眼葡萄属性、主要产地、风格特征，掌握酒餐搭配方法及营销卖点。
- 了解：米勒-图高、特浓情、福明特、白羽、爱格丽及艾伦葡萄属性、酒的风格、配餐及主要分布地。
- 理解：葡萄品种属性及葡萄酒风格形成的因素。
- 学会：品种葡萄酒对比品鉴，品酒笔记的记录，酒标识别，并为之进行推介营销与配餐说明。
- 归纳：构建其他国家葡萄品种属性对比表，制作品种属性思维导图，辨析不同品种葡萄酒风格与特征。

第一节　雷司令
Riesling

雷司令是一种古老的欧亚品种，原产于德国莱茵河谷地区，早在1392年就出现了有关雷司令的记录文字。雷司令第一次以今日的书写方式出现，是在1552年由希罗努

姆斯·伯克撰写的植物学书籍中。该书 1577 年的德文版中有如下的句子:“雷司令生长于摩泽尔河、莱茵河畔,以及沃姆泽地区,雷司令具有悠久的种植历史。该品种名称多样,在加州被称为 Johannisberg Riesling,在澳大利亚称为 Rhine Riesling,在南非则被称为 Weisser Riesling。在市场上,我们还能看到威尔士雷司令(Welsch Riesling)和贵人香(Italian Riesling),这些则与雷司令毫无关系。”

一、栽培特性

雷司令原产于德国莱茵河谷地区,是德国及其周边国家奥地利非常重要的品种,在德国各大产区均有广泛种植。该品种适宜生长在凉爽产区,天然高酸。雷司令生长势较强,结果早,然而产量偏低,抗病性弱。但葡萄藤木质坚硬,因而十分耐寒,这让它成为寒冷产区的首选葡萄品种,多种植于阳斜坡及砂质土壤中,需要有良好的日照及通风条件。在温暖地区会成熟过快,香味减少。

雷司令的成熟十分缓慢,在德国,一般在 10 月中旬至 11 月末才开始采收。漫长的生长周期,让它可以慢慢积累糖分及酚类特质。晚熟的雷司令皮薄肉软,容易感染贵腐霉,所以非常适合酿造晚收、精选葡萄酒、冰酒和贵腐甜酒。

二、酿造风格

雷司令在果味方面有突出的表现,因此其酿造风格与长相思相似,为了保留其天然清爽的酸度及果香,不适宜苹果酸乳酸发酵及橡木桶陈年。酿造过程通常通过轻柔方式处理,以不锈钢罐低温发酵而成,尽可能多地保留其细腻、优雅、清新的自然风貌。雷司令可酿造的葡萄酒类型多样,在酿造干白、半干型、半甜型、甜型葡萄酒以及起泡酒等方面,都有经典表现。无论什么类型,雷司令葡萄酒都会充满令人愉悦的果香,完美平衡的酸度以及酒体,使其在德国以及全球范围内拥有超级多的女性粉丝团,是众多女性顾客的钟爱。

雷司令品种酒标图例

年轻的雷司令,通常色浅,多呈现绿色水果、柠檬、白色花(金银花、金合欢)及矿物质的香气,陈年后演变为碳氢化合物的香气(类似汽油味),甜型雷司令会有甜美的桃子、蜂蜜、葡萄干及烤面包等的香气。由于酸度高,优质雷司令具有很好的陈年潜力。雷司令葡萄酒风味特点及配餐建议见表 6-1。

表 6-1 雷司令葡萄酒风味特点及配餐建议

类　型	外　观	酸度	酒　体	酒精	香气(配餐建议)
清爽干型	浅绿	高	轻盈到中等	轻到中等	绿色水果、柑橘类及淡雅的花香(开胃餐)
成熟干型	中等	高	中等到浓郁	中等	白黄色热带果味、香料、汽油(辛辣菜)
各类甜型	黄金	高	浓郁	中等	菠萝、橘子酱、蜂蜜、坚果(甜品、辛辣菜、粤菜)

Note

三、经典产区

德国是世界上雷司令葡萄酒最大的生产国，主要集中在德国的摩泽尔(Mosel)、莱茵高(Rheingau)、莱茵黑森(Rheinhessen)、法尔兹(Pfalz)与巴登(Baden)产区，紧靠德国的法国阿尔萨斯以及奥地利部分产区也是雷司令的主导产区。另外，意大利东北部的阿尔托-阿迪杰(Alto-Adige)也出产酸度较理想的清新款雷司令葡萄酒。新世界一些冷凉产区也经常酿出一些优质雷司令干白，例如澳大利亚克莱尔谷(Clare Valley)、伊顿谷(Eden Valley)、塔斯马尼亚岛(Tasmania)和新西兰坎特伯雷(Canterbury)产区等，这些新世界产区所酿雷司令葡萄酒多为干型，香气比德国雷司令葡萄酒丰富，多呈现热带果香。

四、品种配餐

大部分雷司令葡萄酒果香十足，饮用时多需低温，一般在6—10 ℃。干型雷司令是开胃酒的理想选择，与清淡的鱼类、贝类搭配自如，微甜型、甜型雷司令与水果蛋糕、果脯等甜食搭配完美。

由于具有高酸、甜美的天然优势，它与很多油腻、微甜、辛辣的中餐也可以形成很好的结合，是搭配众多中餐材料的理想之选。干型雷司令可与贝类、辛辣多油类、火锅等中餐菜肴搭配，如海贝、酸菜鱼、炒面、春卷；甜型雷司令可与拔丝菜肴搭配，如糖醋鱼、生煎包等。

知识活页

侍酒师推荐

酒款类型1：干型雷司令酸度清亮，酒体轻盈，有着出色的小白花和柑橘水果香气，极富矿物感。

搭配推荐：

西餐：新鲜生蚝、海螯虾、蟹脚、青口贝、炙烤三文鱼、八爪鱼等。

中餐：粤菜海鲜以及清淡风味的江浙菜。

日料：寿司和刺身，特别是醋饭等。

酒款类型2：半干型到甜型的雷司令，有残糖，需要根据甜度来选择与之搭配的菜肴。

搭配推荐：

西餐：鹅肝酱、西班牙火腿、意大利熏肉等(味道集中，咸度较高，可与雷司令的甜度平衡)。

中餐：中式的糖醋调味的菜肴，如糖醋鱼、糖醋小排，或者较甜的江浙点心。

甜点：水果风味为主的甜品，如杨枝甘露、芒果布丁、水果慕斯等。

来源　王逢源侍酒师

中餐菜品推荐:宫保鸡丁。

除去白酒配白肉的经典搭配之外,现在改良川菜会把宫保鸡丁做出类似一种"荔枝口"的酱汁口感:酸甜加上轻微的香辣。用雷司令葡萄酒搭配,除用酸度解除油腻之外,还能给这道菜的味型增添一抹淡雅的花果香!

来源 Colin LI 成都华尔道夫酒店/希尔顿集团大中华区西区首席侍酒师

营销点评

雷司令是原产德国的经典品种,雷司令葡萄酒酸度坚挺但气味极其芳香,陈年潜力强,干型、甜型风格多样,心头最爱!

来源 Colin LI 成都华尔道夫酒店/希尔顿集团大中华区西区首席侍酒师

引入与传播

我国于20世纪80年代多次引种雷司令,目前主要分布于山东、河北、宁夏、甘肃及新疆等地。河北的迦南酒业、马丁酒庄,宁夏迦南美地,新疆天塞酒庄、蒲昌酒庄、丝路酒庄、国菲酒庄等栽培有一定的雷司令,并出产单一品种的雷司令葡萄酒。

第二节 米勒-图高 Müller-Thurgau

米勒-图高原产于德国,在奥地利、卢森堡竺地也被称为"雷万娜"(Rivaner)。该品种于1882年由瑞士图高(Thurgau)的赫尔曼·米勒(Müller)博士通过杂家培育而成,是雷司令和曼德勒内若耶勒(Madeleine Royale)品种的杂交后代。

一、品种特性

米勒-图高早熟,果粒小,皮薄,呈黄白色,果汁丰富。

二、栽培特性

米勒-图高对气候要求不高,对光照的要求低,在寒冷而多雨的气候下也能生长良好。植株长势强,产量高。该品种流行的一个可能原因是它能够在相对广泛的气候和土壤类型中生长,没有雷司令那样苛刻的种植要求。

三、酿造风格

米勒-图高酿造的葡萄酒通常带有柑橘、桃子香气,低酸,多果味。典型的米勒-图高葡萄酒会展现出特别的花香,有柑橘风味,适宜在年轻时饮用。由于产量过高,米勒-图高酿造的酒很难体现出典型特征,酒体也较为单薄,缺乏特色,不适宜陈酿。米勒-图

高被广泛用于酿制大量的QBA甜白，价格有很大优势。米勒-图高葡萄酒风味及配餐建议见表6-2。

表6-2 米勒-图高葡萄酒风味及配餐建议

区　分	外观	酸度	酒体	酒精	香气（配餐建议）
干型	淡绿色	低	轻盈	低	典型的花香和清新的果香（海鲜、蔬菜）
甜型	淡绿色	低	中等	低	果味浓郁，蜂蜜香气（水果蛋糕等甜食）

四、经典产区

米勒-图高在德国种植广泛，米勒-图高葡萄酒曾经在德国是第一大出口葡萄酒，但在1980—1990年，大众口味发生了变化，导致该品种葡萄酒变得不受欢迎。因此，德国许多米勒-图高葡萄藤被拔掉并换成雷司令和西万尼等更高品质的品种。但餐酒市场需求仍然较大，目前米勒-图高仍然是德国占主导地位的品种。

米勒-图高在瑞士也有一定的种植，并经常以“雷司令＋西万尼”混酿形式出售，以保证良好的销量。该品种还在匈牙利、英国和捷克共和国有广泛种植，并且是卢森堡种植最广泛的品种。

五、品种配餐

米勒-图高葡萄酒酸度低，口感柔顺平和，无论干型还是半甜型都是充分冰镇后饮用效果最佳。配菜方面，适宜搭配海鲜、蔬菜等，如章鱼刺身、香蕉叶蒸大虾等。

知识活页

侍酒师推荐

中餐搭配案例：温拌全贝。

将新鲜肥美的全贝焯熟，配新鲜黄瓜丝，用蒜泥、姜末和三合油制成，简单却又充满海鲜的甜美。米勒-图高（Müller-Thurgau）葡萄酒同样是简单轻松的酒，两者搭配，在满足酒款风格与酱汁和海鲜风味搭配的同时，又能给菜品注入一道充满着青提、西柚和柠檬香气的灵魂风味！

来源　Colin LI　成都华尔道夫酒店/希尔顿集团大中华区西区首席侍酒师

营销点评

米勒-图高原产于德国，曾经是德国第一大种植品种，大部分用干型不过桶的方式进行处理，突出品种自身特色和风土表现。

来源　Colin LI　成都华尔道夫酒店/希尔顿集团大中华区西区首席侍酒师

第三节 绿维特利纳 Grüner Veltliner

绿维特利纳起源于德国,其历史最早可追溯到18世纪。Grüner的意思是“绿色”,这表明了葡萄成熟时的果实呈绿色,也反映了绿维特利纳带有的典型的草本风味,而Veltliner是几个欧亚葡萄品种的后缀。2007年,DNA鉴定结果表示,该品种由Traminer和种植在奥地利布尔根兰州的一种本土品种Sankt Georgen杂交而成。绿维特利纳又叫Weissgipfler、Grunmuskateller、Veltlin、Veltlin Zelene等。

一、品种特性

绿维特利纳是一种中晚熟葡萄品种,果实颗粒小而紧凑,呈绿黄色,易受到霉菌、白粉病和葡萄锈螨的影响。

二、栽培特性

该品种成熟期较晚,10月中后期成熟。以花岗岩风化土壤种植的,产量高。在奥地利,绿维特利纳与雷司令一起生长在陡峭的斜坡上的梯田中,这些梯田和德国摩泽尔产区的一样,由板岩而形成。该品种大部分种植在奥地利维也纳地区,由于其成熟期较晚所以并不适合种植在欧洲北部。

三、酿造风格

绿维特利纳所酿造的白葡萄酒往往带有明显的柑橘、柠檬、柚子香气以及西芹、青豆等植物香气和香辛料气息,有明显的白胡椒的辛辣感。绿维特利纳葡萄酒主要有两种类型:第一种酒体较轻,清新活泼,高酸度,优雅新鲜;第二种香气浓郁,酒体较重,口感更为复杂,多为来自温暖的瓦豪、克雷姆斯谷和坎普谷等地区的顶级葡萄酒。第一种葡萄酒专注于矿物质和柑橘的风味:柠檬、柚子以及一些植物、香料类香气。第二种葡萄酒酒体较重的葡萄酒展现出独特的白胡椒风味,结构感很强,风味复杂,香气浓郁。

酿造风格上,绿维特利纳葡萄酒大部分使用不锈钢罐发酵,保留清新果香与酸度,适合年轻时饮用。部分会使用较小的新橡木桶陈年或旧橡木桶陈年,风格较为强劲,具有很好的陈年潜力。随着时间的流逝,它们变得柔和起来,并呈现出类似果酱般的特征,与酒液诱人的深金色相匹配。而这种风格的绿维特利纳葡萄酒据说与某些成熟的勃艮第白葡萄酒有相似之处。绿维特利纳葡萄酒风味特点及配餐建议见表6-3。

表 6-3　绿维特利纳葡萄酒风味特点及配餐建议

区　　分	外观	酸度	酒体	酒精	香气(配餐建议)
矿物质风格	淡绿色	高	轻盈	中等	柑橘类水果、白胡椒(海鲜、蔬菜等)
浓郁风格	淡黄色	高	中等	中等	果味浓郁、香辛料(豆制品、猪肉浓汤等)

四、经典产区

绿维特利纳是奥地利的标志性葡萄,也是迄今为止该国种植最广泛的酿酒葡萄。随着奥地利在国际葡萄酒市场上争夺名声的努力,绿维特利纳葡萄酒顺理成章成为该国旗舰酒款。奥地利此品种最好的表达来自瓦豪、克雷姆斯谷和坎普谷的多瑙河上方的葡萄园。

几乎每个奥地利葡萄酒产区都广泛种植绿维特利纳,但是该品种却没有在相同气候条件下的邻国取得成功。它还在斯洛文尼亚和捷克共和国广泛种植,在意大利北部、新西兰、澳大利亚和美国也有少量种植。

五、品种配餐

该品种与食品搭配广泛,新鲜的风格非常适合搭配许多蔬菜沙拉,多用来作开胃酒。浓郁的风格结合自然的高酸度和复杂的口感,使其成为霞多丽最佳替代品。风格清新的绿维特利纳葡萄酒较为适合的配菜为海鲜、蔬菜等,如炸萝卜丸子、秋葵金枪鱼沙拉、西葫芦乳蛋饼等。风格更加浓郁的绿维特利纳葡萄酒适合味道浓郁的菜肴,如香草虾仁、盐水鸭丝等。

知识活页

侍酒师推荐

西餐搭配案例:田园沙拉。

绿维特利纳是奥地利的明星白葡萄品种,所酿葡萄酒典型风格为有些绿色水果和绿芦笋的香气,带有一丝白胡椒气息,酸度清脆,酒体细瘦,可以很好地搭配一些蔬菜沙拉,高酸度可以平衡沙拉酱汁。

来源　武肖彬　晟永兴　葡萄酒总监

营销点评

奥地利的绿维特利纳白葡萄酒可以是很好的开胃酒,搭配头盘或贝类海鲜、沙拉都是理想之选。最重要的是这一类型的酒性价比极高。

来源　武肖彬　晟永兴　葡萄酒总监

第四节 贵人香 Italian Riesling

贵人香是一种古老的欧亚品种，起源不明，广泛分布于欧洲西部、中部等地。在奥地利等国称为“威尔士雷司令”(Welsch Riesling)，在意大利叫作 Riesling Italico。

一、品种特性

该品种嫩梢底色绿，有暗紫红附加色，茸毛中等。叶片较小，呈心脏状，较平展，浅五裂，叶面光滑，叶背部有中等黄色茸毛，叶边缘呈锯齿状，双侧直，叶柄洼闭合，具有椭圆形空隙，或开张，呈底部尖的竖琴形。果穗中小，带副穗，紧实。果粒中小，浅黄绿色带红斑及红晕，带脐明显。果皮薄，柔软多汁，中糖，高酸，味清香。该品种为中晚熟品种。

二、栽培特性

尽管贵人香偏爱干燥气候和沙质、丘陵山地等温暖的土壤，但总体来说，该品种相对容易种植，且十分高产，抽芽和成熟均较晚，果实酸度极佳。该品种适合在干燥温暖的气候下生长，同时也具有相对不错的耐寒性。易受白粉病侵袭，但对霜霉病和灰霉病有较好的抗性。

三、酿造风格

贵人香可酿制优质干白，酒色浅黄，果香浓郁，协调爽口，经得住陈酿，也适合酿造起泡酒与甜酒，酿酒类型丰富。在威非尔特(Weinviertel)，由于有出色的酸度，该品种被用于作酿造起泡酒的基酒；而在施泰尔马克(Steiermark)，该品种酿成的风格强健的葡萄酒在当地酒馆大受欢迎。该品种成熟晚，酸度较高，果香清新自然，适合早饮。陈年后，酒体饱满浓郁，回味悠长。贵人香葡萄酒风味特点及配餐建议见表 6-4。

贵人香品种酒标图例

表 6-4 贵人香葡萄酒风味特点及配餐建议

区分	外观	酸度	酒体	酒精	香气(配餐建议)
干型	淡黄色	高	轻盈	中等	丰富的果香(海鲜、蔬菜等)
甜型	金黄色	高	中高	中等	贵腐风格、浓郁芬芳(甜点)

四、经典产区

目前，贵人香在奥地利有非常可观的栽培面积，在其中的布尔根兰州最受关注，有

近一半分布在当地的新锡德尔湖(Neusiedlersee)产区,可以用来酿造奥地利非常优质的晚收、BA及TBA葡萄酒。在该州的新锡德尔湖产区,在气候条件尤为优越的年份里,威尔士雷司令葡萄会感染贵腐霉,达到干果颗粒精选(Trockenbeerenauslese,TBA)级别葡萄酒的成熟度,同时又不失其标志性的酸味,口感尤为平衡和丰富。有时该品种会与霞多丽或其他本地葡萄品种进行混酿,具有不错的陈年潜力。

贵人香在匈牙利被称为"欧拉瑞兹琳"(Olasz Rizling),是该国种植面积最为广泛的白葡萄品种,主要集中在巴拉顿湖(Lake Balaton)地区。匈牙利出产优质的干型和甜型贵人香葡萄酒,有时带有一丝苦杏仁的气息。此外,该品种在斯洛文尼亚、罗马尼亚、捷克共和国、西班牙、意大利、塞尔维亚、阿尔巴尼亚、保加利亚和中国等地均有种植。

五、品种配餐

干型贵人香适合搭配清蒸或者水煮的原味海鲜(如蛤蜊、扇贝、螃蟹),与凉菜及汤食也搭配自如,如达尔马提亚海鲜炖(肉汤);甜型贵人香适合与甜点搭配,如八宝饭、柠檬蛋糕、酸橙冰糕等。

知识活页

营销点评

贵人香葡萄酒有悦人的果香和花香,柔和爽口,主要分布在奥地利、匈牙利、罗马尼亚、克罗地亚等中欧国家,可以酿造干型、甜型葡萄酒及起泡酒,是当地非常优质的干白品种。

引入与传播

贵人香早在1892年便由张裕酿酒公司(现烟台张裕集团有限公司)引入山东烟台,20世纪五六十年代我国再次从欧洲引入。目前在山东半岛、宁夏、河北等地有较多栽培,尤其在山东半岛产区分布最为广泛。目前已有多家酒厂及精品酒庄推出单品贵人香,通常被酿造成干白、半干白或甜白风格。蓬莱君顶酒庄、国宾酒庄、山西戎子酒庄、宁夏西鸽酒庄、长城天赋酒庄、张裕龙谕酒庄、新疆丝路酒庄等有一定量的种植。

蓬莱产区:近几年,贵人香在蓬莱表现优良。其发芽晚,成熟晚,在蓬莱产区9月下旬成熟,生长势中旺,树势直立,风土适应性强,喜肥水,丰产性较好,幼树结果早,易丰产,抗病性中等,容易感染炭疽病。

来源 蓬莱区葡萄与葡萄酒产业发展服务中心

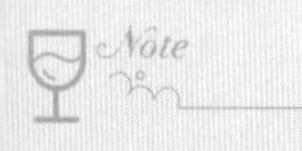

第五节 阿尔巴利诺
Albariño

阿尔巴利诺是伊比利亚半岛上古老的葡萄品种。据推测，阿尔巴利诺是在12世纪时由克吕尼(Cluny)的僧侣带到伊比利亚半岛的。阿尔巴利诺是西班牙西北部加里西亚省的下海湾(Rias Baixes)区的主要白葡萄品种，在葡萄牙，它被称为“阿瓦里诺”(Alvarinho)。从生物学上讲，该品种与法国小芒森属于近亲。

一、栽培特性

阿尔巴利诺果皮厚而果粒小，每植株的果实量不多，较为耐高温和耐高湿。阿尔巴利诺能适应大风、寒冷和潮湿的海洋性气候，但干燥的土壤才是其最佳的种植环境。为了减少了霉菌的侵害，让葡萄藤接收充足的光照，在绿酒产区(Vinho Verde)，葡萄藤通常在高棚架上接受整枝培型，生长过程中，需要对藤蔓进行大树冠的线控管理。

二、酿造风格

阿尔巴利诺葡萄酒以独特的植物香气和柑橘味而著称，与维欧尼、琼瑶浆和小芒森非常相似。它品质优异，柑橘、苹果、梨、西柚、杏仁等果香浓郁，具有尖刻的酸度，酒体多变，可以酿成轻盈果香型葡萄酒，也可以使用橡木桶陈年或与酒泥接触，打造出饱满浓郁型葡萄酒。在西班牙等葡萄酒聚集区域大部分为年轻易饮型葡萄酒，多使用不锈钢罐发酵，保留清爽的果香，酸度怡人，非常适合搭配各类杂蔬及海鲜类菜肴，与亚洲菜也非常匹配。阿尔巴利诺风味葡萄酒特点及配餐建议见表6-5。

表6-5 阿尔巴利诺葡萄酒风味特点及配餐建议

区分	外观	酸度	酒体	酒精	糖分	香气(配餐建议)
干型	淡黄色	高	轻盈	高	干型	浓郁果香和花香(开胃菜和海鲜等)

三、经典产区

阿尔巴利诺原产于伊比利亚半岛西北角的区域。在西班牙，阿尔巴利诺占下海湾(Rias Baixas)地区种植葡萄的90%以上，是最早一批用于酿制单一品种葡萄酒，并出现在酒标上的品种。在葡萄牙，有时会将阿尔巴利诺干白(Alvarinho Vinho Verde)装瓶保留一定量的二氧化碳，使葡萄酒在口中产生清新的起泡感，这些葡萄酒通常用于早期饮用。

近些年，阿尔巴利诺发展迅速，受欢迎程度的增长支持了传播的广度和价格的飞速增长。该品种在美国加利福尼亚的卡内罗斯(Carneros)、圣伊内斯(Santa Ynez)有一

定种植。阿尔巴利诺在许多新西兰葡萄酒产区也有立足之地，特别是在马尔堡、吉斯伯恩和尼尔森。

四、品种配餐

阿尔巴利诺有着高酒精度及尖刻的酸度，果味突出。侍酒时应充分冰镇。适合作开胃酒，适宜搭配海鲜、蔬菜生食等，如干煸豆角、青椒土豆丝、蒜泥白肉、炸酱面等。

知识活页

葡萄品种
艾伦

葡萄品种
特浓情

侍酒师推荐

酒款特点：阿尔巴利诺葡萄酒口感爽脆清澈，酸度明快，果香清新自然，非常适合搭配清爽酱汁前菜。

西餐搭配案例：马苏里拉番茄沙拉。

清爽的番茄味和马苏里拉芝士的微微奶香弥漫口腔，搭配清新的意式橄榄油和香醋，是无比美妙的开胃菜。用阿尔巴利诺葡萄酒搭配，清新的青苹果、梨子香气会给整道菜的香气增色，果香的浓郁度刚好匹配菜的清爽风格。

中餐搭配案例：李庄大刀白肉（蒜泥白肉）。

作为川菜的代表菜之一，其对刀工要求极高，每片肉要求 2—3 mm 薄，搭配特制的酱汁并撒上焙香的芝麻，整体呈现轻微的鲜咸微辣和醇香。该品种葡萄酒的酸度刚好能平衡白肉轻微的油腻感，并给这道菜赋予一丝清爽的滋味，仿佛雨后太阳初升，窗前坐饮碧潭飘雪。

来源　Colin LI　成都华尔道夫酒店/希尔顿集团大中华区西区首席侍酒师

营销点评

阿尔巴利诺是西班牙下海湾产区经典的白葡萄品种，是长相思最好的替代品，香气和酸度都有相似之处，但会多一些轻微盐水的咸味，这也让该品种显得更加清爽怡人，适合搭配中餐，卖点突出！

来源　Colin LI　成都华尔道夫酒店/希尔顿集团大中华区西区首席侍酒师

第六节　福明特 Furmint

福明特原产地不详，据史料记载，瓦农的葡萄农于 13 世纪将福明特引入了匈牙利的托卡伊。福明特又被称为 Mosler、Sipon、Moslovac 等。

一、品种特性

福明特有两个品系，一个为青色，一个为黄色，黄色的质量更加优秀。其果穗大小适中，较为紧密；果粒呈圆形，果皮薄，黄绿色，有斑点，果肉汁水较多，无香味，品质中等。

二、栽培特性

福明特属晚熟品种，易于种植在贫瘠的土壤中，发芽早，成熟晚，一般在10中下旬采摘。果皮较薄，产量中等，抗旱性强，但抗病性较弱，易感穗腐病、霜霉病及白粉病等。由于天气和当地的原因，福明特还容易受到灰绿葡萄孢(Botrytis Cinerea)的侵染。当受到贵腐霉侵染后，葡萄果皮就会失去防水功能，随着日晒风吹，葡萄果粒中的水分会逐渐蒸发，变得干萎，这就是著名的托卡伊贵腐酒的原料。福明特对干旱条件具有很高的耐受性，这就意味着葡萄种植在灌溉资源有限的地区也可以获得良好的产量。

三、酿造风格

福明特的酿造方式多种多样，从干型葡萄酒到受到贵腐菌感染的贵腐葡萄酒都可以酿造。福明特酿造的葡萄酒具有天然高酸，果汁中酚类化合物多，风味复杂。福明特葡萄酒，尤其是贵腐酒甜酒，具有很大的陈年潜力，其中一些极好的年份，可以连续陈年一个多世纪。这种陈年的潜力来自葡萄酒中高酸和高糖的平衡。

干型的福明特以烟熏味、梨子和石灰的香气为特征。甜型风格有小杏仁饼、血橙、杏子和大麦糖的香气。陈年后通常会散发出烟熏和辛辣的烟草、肉桂、果酱、太妃糖及巧克力的风味。福明特葡萄酒风味特点及配餐建议见表6-6。

表6-6 福明特葡萄酒风味特点及配餐建议

区　　分	外观	酸度	酒体	酒精	香气(配餐建议)
干型	淡黄色	高	中等	中等	浓郁烟熏味、梨子和石灰(浓郁的食物)
甜型	金色/琥珀	高	浓郁	中等	香气浓郁，酒体饱满(甜点)

四、经典产区

福明特最主要的产区是匈牙利，其中有97%以上位于托卡伊(Tokaji)地区。在托卡伊，它通常与哈斯莱威路(Hárslevelü)和黄麝香(Sárga Muskotály)混合，用来酿造贵腐葡萄酒。该品种也被用于生产干型葡萄酒。

在托卡伊以外，福明特还在匈牙利西北部狭小的索姆洛(Somlo)地区有种植，用于生产干型单一品种的葡萄酒，经常出现石灰、梨子和橙子的香气。随着陈年时间的延续，酒呈现出古铜色和琥珀色以及坚果、辛辣的风味，带有复杂的杏子、小杏仁饼和红茶风味，并带有棕色香料和蜂蜜的香气。

在斯洛文尼亚，福明特被称为Šipon，习惯用于酿造干白，在某些好的年份也会酿造甜酒。福明特在克罗地亚被称为Moslavac，这里的葡萄几乎全部用来做干风格葡萄

酒。近年来，生产商也一直在尝试用福明特与霞多丽和黑皮诺一起，酿造起泡酒。

五、品种配餐

干型福明特香气浓郁，适合较为浓郁的食物，如火锅、辛辣菜肴；甜型福明特，在侍酒时应充分冰镇，可搭配甜味食物，如我国的粽子、八宝饭、月饼等甜食。

知识活页

侍酒师推荐

西餐菜品推荐：

托卡伊甜酒适合配餐后甜点，如蓝纹奶酪、巧克力、焦糖布丁、蛋挞、鹅肝酱、坚果、布丁；杏仁/核桃蜜饼（Baklava）；焦糖蛋糕（Caramelized Custard）；枣(Dates)等。

来源　李晨光　上海斯享文化传播有限公司创始人

中餐菜品推荐：

干型：酸菜鱼、辣炒蛤蜊、葱拌八带、白灼乌贝、海肠捞饭等。

甜型：糖醋排骨、红烧肉、糖醋里脊、红烧乳鸽等。

中餐搭配案例：海肠捞饭。

作为一道不需要过分加工，但极其考验手艺的菜品，海肠捞饭价值不菲却又清甜脆爽，是让人欲罢不能的胶东旅游必点美食，选择福明特和它搭配恰恰是因为该酒丰富的矿物感凸显了海肠本身鲜甜的特质，而酒本身具有的柑橘类水果香气又和捞饭里的韭菜香浑然天成，天然的高酸也让海肠变得更加爽脆。福明特完整的结构又完美地承接了海肠捞饭这道氨基酸盛宴的复杂感。

来源　朱晨光　第四届盲品大赛冠军

营销点评

福明特是历史名酒——匈牙利托卡伊甜酒的主要使用品种。托卡伊甜酒高酸，高糖，香气馥郁饱满，极具典型性，是搭配甜点的不二之选。

第七节　麝香
Muscat

麝香是一个庞大的家族，品种超过 200 种，很多麝香家族品种表明，它也许是最早被驯化的葡萄品种。其原产于希腊，家族葡萄颜色从白色到近黑色都有，可用于酿酒也可以制造葡萄干或鲜食。在意大利被拼写为 Moscato，在西班牙与葡萄牙被称为

Moscatel,在克罗地亚被称为 Muskat zuti,其家族成员主要有如下几个:

小粒白麝香(Muscat Blanc a Petits Grains):种植面积最广,细腻,果香浓郁;

亚历山大麝香(Muscat of Alexandria):用于酿造雪莉酒,也可以用于制造葡萄干或鲜食;

奥托奈麝香(Muscat Ottonel):在罗马尼亚、奥地利、斯洛文尼亚等用于酿造甜酒;

汉堡麝香(Muscat Hamburg):在东欧多用来酿造甜酒,在我国叫"玫瑰香",更适合鲜食。

一、品种特性

本节主要针对小粒白麝香展开介绍。该品种藤蔓生长势旺,嫩梢绿色带紫红色。幼叶黄绿色,下表面密生茸毛。成龄后叶片中等,薄且光滑。正面为浅绿,背面灰绿无毛,呈球形,果皮薄,透明。成熟后,葡萄果皮呈金黄色、粉色并略带红色,早熟且容易干透,果实和果籽都十分小,果糖高,紧实,有独特的麝香风味。抗病中等,适应性强。小粒白麝香在世界各地都有分布,成熟期长,萌芽早,成熟晚。具有浓缩的风味,包括淡淡的橙花香气及香料味。

二、酿造风格

小粒白麝香在意大利被称为 Moscato,在皮埃蒙特是酿造世界有名的阿斯蒂(Asti)起泡酒的重要原料,在法国南部用来酿造自然甜葡萄酒(VDN,Muscat de Beaumes de Venise)。在法国阿尔萨斯,它则是当地四大贵族品种之一,主要用于酿造果香浓郁的干白。

香气上,小粒白麝香葡萄酒突出的特征就是品种本身携带的芳香,有典型的玉兰、山梅、茉莉以及许多令人陶醉的白色花朵的香气,同时呈现出纯美的葡萄、葡萄干、柑橘、桃子、荔枝及芒果等风味,颜色通常浅黄,若是葡萄酒类型不同会略有不同。除意大利阿斯蒂(Asti)外,干型与甜型麝香葡萄酒,酒体一般较为浓郁,酒体较重,果香十足,但酸度往往不足。酿造方法上,适合用不锈钢罐低温发酵,不适合用橡木桶熟成。在阿尔萨斯地区,是迟摘晚收(VT)与贵腐颗粒精选的重要调配品种。麝香葡萄酒风味特点及配餐建议见表 6-7。

表 6-7 麝香葡萄酒风味特点及配餐建议

类型	外观	酸度	酒体	酒精	香气(配餐建议)
静止干型	稻草黄到中等	中低	中等到浓郁	中高	热带果味、柑橘、葡萄干、桃(川菜、粤菜)
微甜起泡	浅稻草到中等	中低	清淡到中等	中低	苹果、桃、葡萄、蜂蜜、花香(果味蛋糕)
甜/加强	中等/黄金/氧化	中等	浓郁圆润	中高	葡萄干、蜂蜜、果酱、太妃糖、甜香料(甜食)

三、经典产区

世界上种植小粒白麝香葡萄面积最大的国家是意大利，西班牙也有不少种植。旧世界经典产区主要有法国阿尔萨斯、法国南部产区自然甜（VDN）、意大利东北部阿斯蒂（Asti）等；很多新世界产区用它来酿造半干或者半甜型葡萄酒，用它酿造的起泡酒也很受欢迎，特别是澳大利亚的麝香葡萄酒别具一格。

四、品种配餐

小颗粒麝香酿成的酒香气丰富，口感清新自然，适合搭配清新的菜式，如清淡的海鲜、蔬菜沙拉等。甜酒可以搭配各类甜食，尤其是水果派、水果蛋糕、拔丝水果等，中餐中的粽子、八宝饭、月饼等也能搭配自如。

知识活页

侍酒师推荐

中餐搭配案例：杨枝甘露（粤菜）。

当前改良的杨枝甘露，有的会用香草味型和奶香进行一些打底，配上新鲜的西柚果瓤来增添果香和酸度，尝起来也有爆汁的感觉，再加上西米软糯顺滑的口感，是一道特别完美的中餐甜品。用麝香（Muscat）葡萄酒搭配，可以让主体的香草味和奶香更加馥郁，同时也在香型上增添了一抹优雅的花香！

来源　Colin LI　成都华尔道夫酒店/希尔顿集团大中华区西区首席侍酒师

营销点评

麝香葡萄酒变种颇多，红白均产，酒精度不高，且芳香浓郁，大多数为女性顾客最爱的“小甜水”，香气芬芳扑鼻，极其易饮！

来源　Colin LI　成都华尔道夫酒店/希尔顿集团大中华区西区首席侍酒师

引入与传播

玫瑰香葡萄（Muscat Hamburg）于1871年由美国传教士首先引入我国山东烟台，我国于1892年又从西欧引入，是我国分布较广的葡萄品种，各主要葡萄酒产区都有广泛栽培，主要产地有烟台、河北、河南、京津地区、新疆等。该品种也是我国主要栽培的鲜食葡萄品种之一，深受消费者喜爱。

小白玫瑰（Muscat Blanc a Petits Grains）作为麝香家族中栽培面积较大的品种，于20世纪30年代引入我国，1955年，中国农业科学院果树研究所又从罗马尼亚引入我国。目前在东北、华北、西北等地都有栽培。蓬莱逃牛岭酒庄、苏各兰酒庄、新疆天塞酒庄有一定量的栽培。

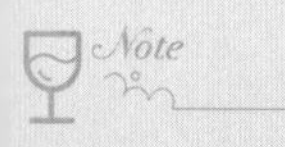

第八节 龙眼
Longyan

龙眼葡萄原产于中国，是我国分布最广的古老葡萄品种，通常认为该品种在中国种植历史已超过 800 年。它品质优秀，鲜食与酿酒皆可。河北怀涿盆地的龙眼葡萄，因颗粒似龙眼，故名。怀涿盆地也因盛产龙眼葡萄而被国家相关部门设定了葡萄酒原产地区域保护。

一、品种特性

龙眼葡萄果粒呈紫红色(类似琼瑶浆)，果皮中等厚，果粉厚，果肉多汁透明，外观美丽，果汁糖分高，味清爽酸甜，刀切而其汁不溢，吃起来味道甘美。龙眼葡萄不仅是鲜食的佳品，还是酿酒(尤其是干白葡萄酒)的主要原料。

二、栽培特性

龙眼葡萄生长势强，植株生长旺盛，果穗较大，丰产，果实成熟期较为一致。适应性强，能在旱地和轻度盐碱的土壤生长，耐旱，耐贫瘠。在河北沙城，4 月中旬萌芽，9 月底到 10 月上旬成熟，生长天数在 160 天以上。含糖量一般都在 15%—22%，可溶性固形物 15.5%—22%，含酸量 0.9%左右，出汁率 72%。河北秦皇岛的昌黎产区也盛产龙眼葡萄，该地同样位于北纬 40°附近，东临渤海，北依燕山，年日照时数长，昼夜温差大，葡萄采收期较迟，果实含糖量高，出产优质龙眼葡萄。龙眼葡萄酒风味特点及配餐建议见表 6-8。

表 6-8 龙眼葡萄酒风味特点及配餐建议

区 分	外观	酸度	酒体	酒精	香气(配餐建议)
干型	黄绿色	中高	中等	中等	丰富的果香(海鲜、清炒蔬菜等)

三、酿造风格

龙眼葡萄果肉呈黄绿色，果香明显，酸度较高，富有活力，多用来酿造干型白葡萄酒。所酿葡萄酒色泽微黄带绿，酒体澄清晶亮，具有清新愉悦的花香、青苹果香及优雅的杏仁香，果味浓郁，口味醇厚清爽，柔细舒顺。龙眼葡萄也可以用来酿造优质起泡酒及蒸馏白兰地。河北怀涿盆地，包括宣化涿鹿及怀来是该品种种植的集中区域。这里气候干燥，昼夜温差大，非常适宜该品种的生长。

龙眼品种酒标图例

四、经典产区

龙眼葡萄现在从黄土高原到山东均有广泛栽培。河北张家口的涿鹿县、怀来县沙

城镇、秦皇岛的昌黎县、山东平度大泽山、山西清徐、陕西榆林等地栽培面积较大,其中河北怀涿盆地栽培面积最大,在当地龙眼葡萄表现最好的为怀来桑园镇。

五、品种配餐

龙眼葡萄酒搭配食物多样,与我国各类海鲜料理搭配完美。

知识活页

营销点评

龙眼葡萄在我国有较长的栽培历史,我国改革开放后研发的第一瓶干白就是使用龙眼葡萄酿制的。龙眼葡萄素有"北国明珠"(由郭沫若先生首先提出)的美誉,既可鲜食,又可酿酒,口感柔和,富有活力。

第九节　白羽 Rkatsiteli

白羽属欧亚种,原产于格鲁吉亚,是当地古老的品种,也是目前格鲁吉亚种植前三位的品种,栽培十分广泛。

一、品种特性

白羽葡萄果穗中等大或较大,平均穗重 429 g,圆锥形或圆柱形,有大或中等副穗,常形成对称歧肩,呈翼状,故又名"白翼"。果粒着生紧密,平均粒重 2.5 g,椭圆形,黄绿色,果皮较薄,果肉多汁。

二、栽培特性

白羽葡萄耐旱,适应性强,在北京地区 4 月中旬萌芽,5 月下旬开花,9 月中旬果实完全成熟,中晚熟品种。植株生长势较强,适应性强,产量较高。白羽是欧亚葡萄品种中抗葡萄根瘤蚜的品种之一,抗寒,抗旱,抗霜霉病的能力较强,但较易感染霜霉病和白粉病。白羽葡萄酒风味特点及配餐建议见表 6-9。

表 6-9　白羽葡萄酒风味特点及配餐建议

区　　分	外观	酸度	酒体	酒精	香气(配餐建议)
干型	浅黄	中高	中高	中高	水果、异域香料以及花朵(大盘鸡、清蒸博湖鱼、椒麻鸡等新疆当地美食,或川、湘等地的辛辣菜)

三、酿造风格

白羽葡萄可以酿造干白、起泡酒、甜型酒及加强型酒等多种类型的葡萄酒，有显著的高酸，口感清爽，有丰富的苹果、柑橘、白桃的香气。陈年后，有浓郁的果酱、蜂蜜的风味。

白羽品种酒标图例

四、品种配餐

白羽葡萄酒可搭配多种食物，浓郁的酒体、丰富的热带果香，可以与中高浓郁度的白色肉类或海鲜，以及新疆清炖菜完美搭配。

知识活页

营销点评

白羽是古老的格鲁吉亚葡萄品种，是世界上较早栽培的品种，有显著的酸味及独特的口感，果香丰富，值得品尝！

引入与传播

白羽于1956年引入中国，目前在河北、河南、北京及新疆有部分种植，所酿葡萄酒具有新鲜的果味。该品种也是目前市场较流行的"橙酒"的传统使用品种（最早起源于格鲁吉亚，在当地人们使用白羽酿造奎弗瑞葡萄酒，呈深橙红色）。

目前新疆蒲昌酒业是我国种植白羽的少数酒庄之一，酒庄于1974年将其引进，分批次取枝条扦插育苗，大面积种植开始于1981年，目前种植面积58.23亩，树龄已有30多年。该品种通常与意大利雷司令采用7：3混酿。2014年，酒庄推出首个年份白羽葡萄酒。葡萄采摘后，单独破碎压榨，低温发酵，使用木桶或不锈钢罐陈年，装瓶前调配。此款酒有明显的热带水果香气，具有异国情调，伴随着淡淡的姜黄粉末的风味，表现力强，回味略辛辣。

来源 新疆蒲昌酒业

思政案例

葡萄品种爱格丽

伊犁河谷的"雷司令"

伊犁河谷位于中国新疆西北角，地处北纬42°—44°，这里地靠我国边界，西与哈萨克斯坦共和国接壤，是我国古丝绸之路的北道要冲，地域优势十分突出。该地北、东、南三面环山，北面有西北—东南走向的科古琴山、婆罗科努山；南有东北—西南走向的哈克他乌山和那拉提山；中部有乌孙山、阿吾拉勒山等横亘，构成"三山夹两谷"的地貌轮廓。伊犁河谷流域形似向西开口三面环山的三角形，三山两谷促使当地形

成了向西的V字形(喇叭形)敞开式独特地理构势。这一独特构造,一方面抵御了西伯利亚寒流的南下,阻挡了塔克拉玛干沙漠干风的北上,另一方面接纳了大西洋和地中海的暖湿气流。另外,南侧山体又阻挡了南部来的热风,使该地成为新疆为数不多的湿润带,天山雪水养育的绿洲,带来了如网织的河流,汇聚在一起形成了美丽的伊犁河谷,伊犁成为名副其实的"塞外江南"。这里是新疆降雨量最多的区域,年均达400mm,山区可高达600 mm,是新疆最湿润的地区,这一风土环境使得这里出产的葡萄酒有典型的区域特征。白葡萄品种中雷司令、威代尔在当地有突出的表现,可以酿造质量优越干型、半干型及甜型冰酒。

丝路酒庄位于新疆伊犁河谷,酒庄东部的葡萄园位于伊犁河谷东部库尔德宁以东5千米的一片面向北的南山坡上,由于该地海拔高,平均温度低,主要种植了适合冷凉气候的白葡萄品种——雷司令、霞多丽和贵人香。2013年,新疆伊犁河谷72团八连引入雷司令种植,种植面积为200亩,采用3 m行距、1 m株距进行栽培。酒庄葡萄园位于海拔1380 m之上,受大西洋暖湿气流影响,这里雨量充沛、气候凉爽,高海拔、冷凉气候、生长周期长等特色为这里的雷司令葡萄酒增添了有别于其他产区雷司令葡萄酒的味觉感受。雷司令在该地相对晚熟,采摘期一般为10月中旬前后。库尔德宁葡萄园周围布满野杏树、野苹果树(亚洲野苹果基因库)等,景色优美,雷司令在这里成长,酿造出的葡萄酒有典型的苹果及小白花的香气,果味充沛而独特,酸度略高,余味干净清爽。

来源　新疆丝路酒庄

案例思考:分析中国与世界其他经典产区雷司令种植风土条件及口感的不同之处。

思政启示

本章训练

章节小测

□ **知识训练**

1. 归纳西班牙主要白葡萄的品种特性、栽培特性、酿酒风格、经典产区等。
2. 归纳葡萄牙主要白葡萄的品种特性、栽培特性、酿酒风格、经典产区等。
3. 归纳东欧主要白葡萄的品种特性、栽培特性、酿酒风格、经典产区等。
4. 归纳中国主要白葡萄的品种特性、栽培特性、酿酒风格、经典产区等。
5. 归纳其他国家和地区白葡萄的品种特性、栽培特性、酿酒风格、经典产区等。

□ **能力训练**

1. 根据所学知识,制定品种理论讲解检测单,分组进行白葡萄的品种特性、风格及配餐的服务讲解训练。

2. 设定一定情景,根据顾客需要,对本章白葡萄品种进行识酒、选酒、推介及配餐的场景服务训练。

3. 组织不同形式的品种葡萄酒对比品鉴活动,制作品酒记录单,写出葡萄酒品酒词并评价酒款风味与质量,锻炼对比分析能力。

CHAPTER

3

第三篇　主要红葡萄酿酒品种

第七章
法国代表性红葡萄品种

本章概要

本章主要讲述了法国主要酿酒红葡萄品种相关知识，知识结构囊括了该葡萄的品种特性、栽培特性、酿造风格、经典产区及品种配餐等内容。同时，在本章内容之中附加与章节有关联的侍酒师推荐、营销点评、引入与传播、知识链接、思政案例及章节小测等内容，以供学生深入学习。本章知识结构如下：

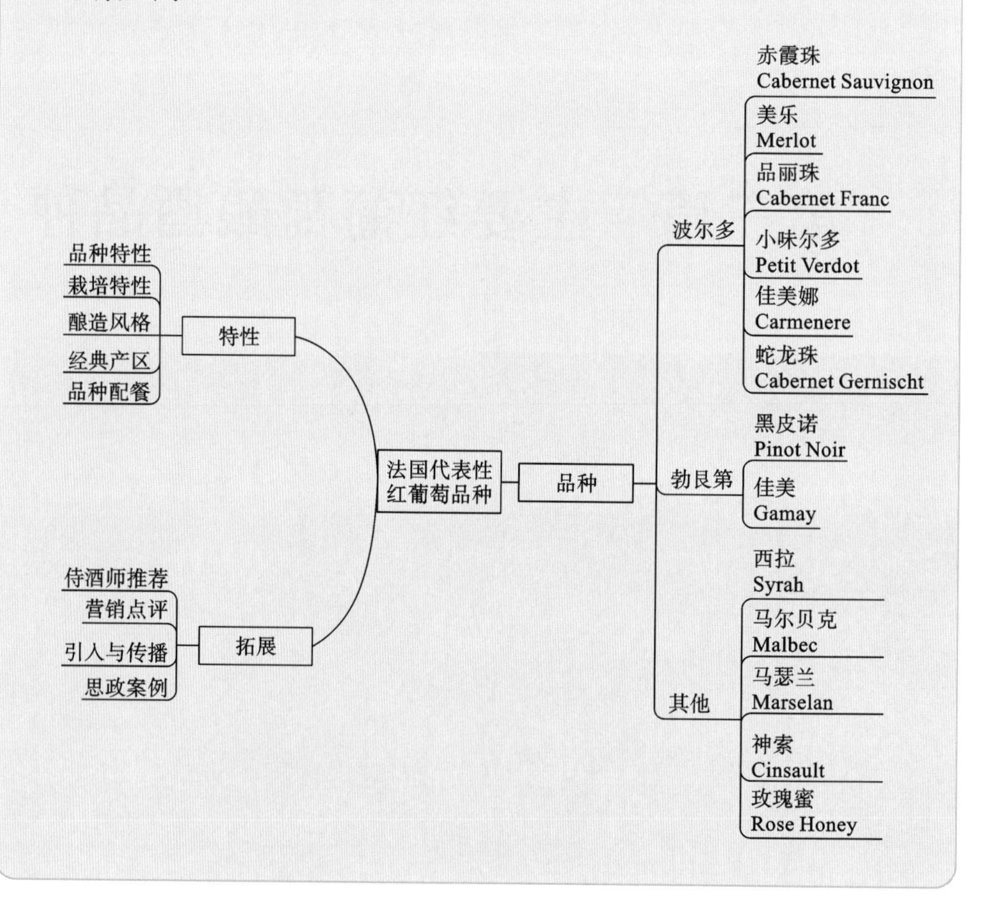

学习目标

知识目标:了解法国主要酿酒红葡萄品种的起源与发展,掌握该葡萄的品种风格、栽培特性、酿酒风格、风格特征、经典产区等理论知识;掌握该品种的营销点及配餐服务建议,理解影响品种属性及葡萄酒风格形成的因素;熟知该品种在我国的引入、传播及发展情况。

技能目标:运用本章知识,具备在工作情境中对本章品种葡萄酒基本特性进行推介讲解的技能,具备对该品种进行酒标识别、侍酒服务及配餐推荐的基本服务技能;通过品种葡萄酒对比品尝的技能性实训,具备对该品种葡萄酒口感风格及质量等级进行鉴赏的能力,具备良好的识酒、选酒及品酒技能。

思政目标:通过学习法国主要红葡萄品种特征,探析法国葡萄栽培与酿造文化,学习其中蕴含的人文传统与酿酒理念,内化知识与技能,厚植学生历史人文素养;通过对本章主要品种的对比品鉴及推介服务训练,强化学生良好的职业素养;通过该品种在我国引入与传播的案例拓展,让学生进一步领会因地制宜、因时而新的道理。

章首案例

中国的明日之星——马瑟兰

章节要点

- 掌握:赤霞珠、美乐、品丽珠、黑皮诺、西拉、马尔贝克、佳美娜、蛇龙珠及马瑟兰葡萄属性、主要产地、风格特征,掌握酒餐搭配方法及营销卖点。
- 了解:小味尔多、佳美、神索及玫瑰蜜葡萄属性、酒的风格、酒的配餐及主要分布地。
- 理解:葡萄品种属性及影响葡萄酒风格形成的因素。
- 学会:学会品种的对比品鉴、品酒笔记的记录、酒标的识别,并能为之进行推介营销与配餐说明。
- 归纳:构建法国红葡萄品种属性对比表,制作品种属性思维导图,辨析不同品种葡萄酒的风格与特征。

第一节　赤霞珠
Cabernet Sauvignon

赤霞珠起源于波尔多,1996 年美国加州戴维斯(Davis)分校通过 DNA 分析表明,该品种由品丽珠(Cabernet Franc)、长相思(Sauvignon Blanc)在 17 世纪前后自然杂交

Note

而成，栽培历史悠久。

一、品种特性

赤霞珠果穗小，单颗果粒也较小。该品种天然果皮厚实，果皮比例大，色素含量高，酿成的葡萄酒颜色幽深，能散发出浓郁的黑醋栗、黑樱桃（略带柿子椒、薄荷、雪松香气）等黑色水果的风味，果味丰富。高单宁、高酸，拥有非常好的陈年潜力。赤霞珠拥有非常优秀的植物特性，是世界上特别受欢迎的葡萄品种。

二、栽培特性

根据国际葡萄与葡萄酒组织2015年数据，赤霞珠为世界第二大葡萄品种，其种植面积为34.1万公顷，所制葡萄酒占全球葡萄酒产量的4%，栽种十分广泛。该品种生长势极强，叶片紧凑，厚实，抵御病虫害能力强。品种适应气候与土壤能力佳，喜好温暖炎热的气候，需要较长的生长期。

赤霞珠的发芽和成熟都较晚，通常比在波尔多经常与之混酿的美乐和品丽珠晚1—2周。由于赤霞珠成熟较慢，该品种在气候凉爽的地区不能完全成熟，抗寒性比较差，不耐风寒，在我国北方产区有些年份枝条易被抽干甚至冻死。而波尔多拥有排水性好的砂砾石土壤，持热性好，可以使赤霞珠获得较高的成熟度；澳大利亚库纳瓦拉的红土（Terra Rossa）也非常适宜赤霞珠的生长；在我国新疆、宁夏、甘肃等地有非常广泛的栽培。

三、酿造风格

赤霞珠
品种酒标
图例

赤霞珠非常适合在小型橡木桶中陈酿，橡木桶的香气为葡萄酒带来了香草、香辛料及烟草气息。所酿葡萄酒色泽幽深，果香饱满，有丰富的单宁与酸度，结构感强。年轻时，赤霞珠的果香以黑醋栗、黑色浆果类气味为主，成熟度不高的赤霞珠，则表现出青椒等植物性气息。继续陈年，优质赤霞珠可以发展出非常优雅的香草、雪茄盒、雪松、香料及皮革的风味。

在旧世界产区，尤其在波尔多，赤霞珠多与美乐、品丽珠等混酿，柔顺口感，增加葡萄酒香气的复杂感。优质赤霞珠葡萄酒，窖藏能力极佳，法国波尔多左岸五大名庄均是以该品种为主要调配品种酿造葡萄酒。在意大利、西班牙等旧世界产酒国，赤霞珠也与当地品种混酿，承担了重要的调配角色，能够为葡萄酒带来色泽、酒体、单宁与果香。在新世界，单一品种及波尔多式混酿都较为普遍，在澳大利亚，赤霞珠还经常与设拉子（Shiraz）混酿，有非常强的陈年潜力。赤霞珠葡萄酒风味特点及配餐建议见表7-1。

表7-1 赤霞珠葡萄酒风味特点及配餐建议

类　型	外观	单宁	酸度	酒体	酒精	香气（配餐建议）
低成熟	紫红	中高	中高	中高	中高	黑加仑、桑葚、青椒等（中等浓郁食物、油腻菜肴）
高成熟	紫红	中高	中高	饱满	高	黑醋栗、黑莓、薄荷、桉树、香辛料（浓郁食物）

续表

类　型	外观	单宁	酸度	酒体	酒精	香气(配餐建议)
陈年后	变化慢	中高	中高	中高	中高	香草、雪茄盒、烟草、烟熏、皮革类(酱料浓郁肉类)

四、经典产区

赤霞珠在全球范围内分布广泛,法国波尔多左岸上梅多克(Haut-Médoc)的四个村庄群(玛歌、波亚克、圣埃斯泰夫、圣朱利安)出产世界顶级的赤霞珠混酿,众多世界级名庄分布于此;格拉夫(Graves)也是赤霞珠的核心产区;意大利超级托斯卡纳(Super Tuscans)的赤霞珠近年得到世界较高赞誉,在保格利(Bolgheri)产区表现尤为出众,为意大利赢得了国际声誉。在新世界,美国加州纳帕谷(Napa Valley),澳大利亚库纳瓦拉(Coonawarra)、玛格丽特河(Margaret River),智利迈坡谷(Maipo Valley)都是非常经典的产区,阿根廷、南非等也都有表现非常优秀的赤霞珠。在我国,赤霞珠也是各产区极具代表性的红葡萄品种。

五、品种配餐

赤霞珠葡萄酒具有高酸、高单宁的特质,对粗纤维、高脂肪的浓郁型食物有非常好的分解、中和作用。可与中餐中的以香辛料入味的猪牛羊肉类、烧烤、高蛋白高脂肪类及酱肉类的菜肴搭配,如酱肘子、酱牛肉、烤羊排、炖牛肉等。

知识活页

侍酒师推荐

推荐酒款:赤霞珠,上梅多克,法国(Cabernet Sauvignon, Haut-Médoc, France)。

中餐搭配案例:本地大片土猪肉(Local Wok Fried Pork Belly with Chili)。

本地大片土猪肉在制作中使用大量湘菜中常见的腌制香料,猪肉通过长时间的腌制蒸熟以及快炒,最终呈现的味型与赤霞珠中的烟熏、柿子椒和香料香气相呼应。这款来自上梅多克经典的赤霞珠葡萄酒酒体中等,饱满的单宁能更好地消解油腻,令唇齿留香,菜肴肉香和酒香在口中完美融合,回味无穷。

来源　Michaeltan　长沙凯宾斯基酒店首席侍酒师

营销点评

赤霞珠是红葡萄中具有王者风范的品种,葡萄栽培遍布世界各地,世界范围内普及性强,消费认知度高。该品种葡萄酒本身带有明显的黑醋栗等黑色水果香味,单宁含量高,陈年后可以展现绝佳风味,是餐厅必备葡萄酒。高端赤霞珠葡萄酒是酒类投资(期酒与拍卖市场)的常客。

引入与传播

我国最早于1892年从法国引入赤霞珠,1961年又从苏联引入北京,20世纪80年代中期又从法国大量引入新品系苗木。目前,这一品种在我国酿酒红葡萄品种占据绝对优势地位,在山东、河北、宁夏、云南、新疆、甘肃等大部分产区分布都非常广泛,质量优越。我国大部分精品酒庄均有赤霞珠的广泛种植,并出产优异单品或混酿葡萄酒。

贺兰山东麓:龙谕赤霞珠干白是国内首款以赤霞珠葡萄酿造的干白葡萄酒。该酒所采用的葡萄原料为宁夏龙谕酒庄种植的树龄12年的赤霞珠。酒庄位于宁夏贺兰山东麓产区,葡萄园采用滴灌灌溉方式,土壤为砂砾土,合理控产,亩产在400 kg,葡萄成熟度较好。该款葡萄酒呈深禾秆黄色,澄清透明,具有浓郁的白色水果香气,并具有青苹果的香气,入口酸度适中,甜润感较好,并带有丝丝单宁的感觉,回味较长。

来源 宁夏张裕龙谕酒庄

怀来:在怀来产区有6个以上赤霞珠优系,表现各有不同。在每年10月5日左右葡萄成分积累基本完成,成熟浆果含糖量可达230 g/L,含酸量6—8 g/L。

来源 怀来县葡萄酒局

蓬莱:果穗中小,较紧密,果粒小,蓝黑色被浓果粉,果皮厚,富含多种花色素,果肉稍硬,果汁具有特别香味,如紫罗兰和野果香味,稍涩,糖酸潜势为中糖高酸,即积累糖的能力中等、积累酸的能力较高。在当地得到了大规模的引进和发展。

来源 蓬莱区葡萄与葡萄酒产业发展服务中心

第二节 美乐 Merlot

美乐原产于法国波尔多,是目前该地区栽培最广泛的葡萄品种。Merlot一词来自法国波尔多地区特有的一种欧洲小鸟(Petit-Merle)。其他常见译名还有“梅洛”“梅鹿辄”等。

一、品种特性

美乐嫩叶绿色富有绒毛,叶片深绿色楔形,叶裂深呈U形。果穗中等,呈现圆柱圆锥型,带副穗。果粒中等大小,果实中等(大于赤霞珠),圆形,蓝黑色,果皮中等厚(比赤霞珠稍薄一些),肉软多汁,产量有保障。因为萌芽早于赤霞珠,应注意防止冻害,有较好的抗病性。

二、栽培特性

原产于法国波尔多，与赤霞珠是经典混酿搭档，是波尔多栽培面积最广的品种，波尔多 AOC(Bordeaux AOC)便以美乐为主酿造。美乐对土壤、气候适应能力强，植株生长势强，较喜欢在潮湿的石灰质黏土里生长，容易种植，产量高，受果农喜爱，成为市场上易见的品种，价格非常亲民。在波尔多右岸的圣埃美隆(Saint-Emillion)及波美侯(Pomerol)等地，气候相对凉爽，黏土以及石灰石的土壤更适合美乐的种植，是世界级经典的美乐产区。美乐在此地表现尤其突出，是柏图斯(Petrus)和里鹏(Le Pin)酒庄的主要使用品种。该品种不易在温热环境中生长，如果气候过于炎热，会加剧美乐成熟的节奏，导致所酿葡萄酒糖酸失衡，酒体过度浓郁，丧失葡萄酒的优雅感，往往质量平平。

三、酿造风格

美乐属于早熟品种，果皮中等，果肉多，很容易积累糖分，所以通常酒精度高，酒体一般饱满浓郁，口感圆润，带有浓郁的果味(李子、草莓、黑莓等)，果香馥郁，中等果酸。单宁比赤霞珠少，口感温和柔顺，多汁味甜，和赤霞珠有很好的互补性，两者一柔一刚，堪称完美搭档。美乐果皮薄，单宁含量低于赤霞珠，酿成的葡萄酒比赤霞珠颜色浅，发酵时应注意防止氧化，合理管控发酵温度。美乐和赤霞珠一样适合在橡木桶里熟成，增加果香的复杂感，陈年后美乐会表现出烟熏、咖啡、香料等的香气。美乐常见的酿酒方式是与赤霞珠调配混酿，赤霞珠可为美乐增加筋骨与结构感。在新世界，美乐多单一品种酿造，通常用来酿造新鲜果味型葡萄酒，呈漂亮的深宝石红色，并略带紫色，果香浓郁，口感柔顺，早熟易饮。美乐风味特点及配餐建议见表 7-2。

美乐品种酒标图例

表 7-2 美乐风味特点及配餐建议

类型	外观	单宁	酸度	酒体	酒精	香气(配餐建议)
低成熟	宝石红	中等	中等	多汁浓郁	中高	樱桃、覆盆子、李子等红色水果或浆果(亚洲料理)
高成熟	紫红	中高	中等	饱满浓郁	中高	黑色水果、巧克力、香料等(浓郁肉类)
陈年后	不确定	中等	中等	饱满柔顺	中高	烟草、烟熏、香草类(酱料浓郁肉类)

四、经典产区

波尔多右岸的圣埃美隆与波美侯冷凉的黏土是美乐种植理想场所(柏图斯使用95%以上美乐酿造)。美乐还在南法种植广泛，是酿造地区餐酒的主要品种，多单一品种酿造，酒标使用品种标识法。美乐在新世界的智利、澳大利亚、美国加州等也用来酿造物美价廉的葡萄酒，分布广泛，通常酿造单一品种或波尔多混合风格葡萄酒。其具有丰富的果香，酒体中等到浓郁、酒精度偏高，适合年轻时饮用。

五、品种配餐

美乐葡萄酒因为酒体柔顺，极易搭配各类美食，尤其适合搭配亚洲料理。对中餐来讲，中等浓郁菜肴、家禽类烧烤、北方炖菜都是极好的搭配，如鱼香肉丝、夫妻肺片、四喜丸子、回锅肉、排骨炖菜等。

知识活页

配餐推荐

美乐所酿葡萄酒通常有着丰富的果味，间或有黑色的浆果味；成熟后会带来巧克力、可可、咖啡、雪松以及烟熏味。美乐葡萄酒适合搭配同样风格的菜，如炖肉类、羊小腿、鸭肉及火腿类食物。

营销点评

美乐为波尔多最广泛种植的红葡萄品种，常与赤霞珠等品种进行调配。美乐的典型香气不够明显，肉感突出、果香多、柔顺是它最大的优势，波尔多右岸一些名庄会使用更高比例的美乐酿造优质红葡萄酒。

引入与传播

与赤霞珠一样，我国最早于 1892 年由西欧引入美乐至山东烟台，20 世纪 70 年代后又多次从法国、美国、澳大利亚等国引入。近年美乐得到大力推广，目前在全国各地主要产区都有分布，如甘肃、河北、山东、新疆、云南、山西等。该品种与赤霞珠一样在我国大部分精品酒庄均有种植，并出产单品或混酿葡萄酒。

蓬莱产区：在当地 4 月 20 日前后萌芽，到 10 月中旬完全成熟需要生长 145—165 天，需活动积温 3150—3300 ℃。生长势中等，产量较高，极易早丰产。

来源　蓬莱区葡萄与葡萄酒产业发展服务中心

怀来产区：美乐在怀来产区表现良好，生长势中等，容易受冻害，栽种时最好用嫁接苗或者尽量深栽。成熟时含糖量可达 220 g/L，含酸量 6—9 g/L。

来源　怀来县葡萄酒局

第三节　品丽珠
Cabernet Franc

品丽珠，欧亚葡萄，原产于法国波尔多，为法国古老的酿酒葡萄。有关起源问题，近期的研究表明，12 世纪时，在西班牙和法国边界处的巴斯克（Basque）大区内的龙塞斯

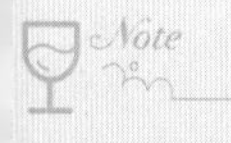

瓦列斯(Roncesvalles)镇上，当地牧师种植的本地葡萄品种 Acheria 即为品丽珠。而在法国的卢瓦尔河谷则找到了16世纪时种植品丽珠的记录，当时被称为“布莱顿”(Breton)。直到19世纪，品丽珠的现代拼写 Carbenet Franc 才正式出现。

一、品种特性

品丽珠嫩梢绿色，有浓密绒毛。幼叶绿色，边缘有红晕，两面均有浓密绒毛，叶面有光泽。叶片小，近圆形，5裂，上侧裂深，下侧裂浅，叶面呈小泡状，背面有中等密的混合毛，叶柄洼心形。秋叶紫红色。两性花。果穗中等大，相比赤霞珠，果皮略薄。紫黑色，果肉多汁，味酸甜，有青草味。

二、栽培特性

品丽珠宜生长在黏土、沙土中，在卢瓦尔河谷有广泛种植。该品种原产地法国波尔多，是波尔多产区第三位的调配品种。该品种生长势比赤霞珠更加旺盛，结实有劲，产量较高。品丽珠比赤霞珠成熟早，在赤霞珠不够成熟的年份，能适应较冷气候的特征，成为赤霞珠重要的替代品，起到补充作用。其在波尔多右岸温度低而湿润的土壤里，表现优异，右岸著名的白马庄(Château Cheval Blanc)便是以品丽珠为主酿酒。另外，目前它是卢瓦尔河谷重要的红葡萄品种，非常适应当地冷凉的气候，是当地干型红与桃红葡萄酒的重要酿造品种。

三、酿造风格

该品种所酿葡萄酒具有浓郁的植物性香气，与赤霞珠所酿相比，无论是在色泽、香气浓郁度还是口感饱满度上，都比较细弱，单宁相对少，中高酸度，风味偏清淡，柔顺易饮。香气上，该品种酒有丰富的鸢尾、紫罗兰及甘草茎的香气，也充满着新鲜的覆盆子及樱桃等红色水果的果味，在气候较冷的地方，未成熟时有青椒、树叶及绿色蕨菜等植物性香气。

品丽珠品种酒标图例

品丽珠适宜酿造果香型葡萄酒、桃红葡萄酒，也可以用于调配以提高酒的果香与酸度。在原产地以混酿为主，与赤霞珠、美乐混酿是其经典酿造方式:赤霞珠提供骨架，美乐带来酒体，品丽珠则提供了优雅的香气，三者相辅相成。

品丽珠在卢瓦尔河谷可以单一品种酿酒，该地的希侬(Chinon)、布尔格伊(Borgeuil)以生产优质单一品种的品丽珠葡萄酒而著称，其果香芬芳，含酸量高，伴有红色水果的果香及紫罗兰的香味。品丽珠还是酿造卢瓦尔河谷桃红葡萄酒的主要使用品种，通常采用“放血法”进行酿造，把发酵罐中的一部分正在浸渍的葡萄汁提早放出来单独发酵酿造桃红葡萄酒。我国也以生产单一品种的品丽珠葡萄酒而著称。品丽珠葡萄酒风味特点及配餐建议见表7-3。

表7-3 品丽珠葡萄酒风味特点及配餐建议

类　型	外观	单宁	酸度	酒　体	酒精	香气(配餐建议)
低成熟	宝石红	中低	中高	轻盈/中等	中低	紫罗兰、樱桃、覆盆子等红色水果(亚洲料理)

续表

类　型	外观	单宁	酸度	酒　体	酒精	香气(配餐建议)
高成熟	宝石红	中低	中等	中等/饱满	中等	红黑浆果、紫罗兰、香辛料等(中等浓郁度)

四、经典产区

事实上,在市场很少发现品丽珠的身影,它的名气总是在赤霞珠、美乐之后,但无论是作为单一品种酿造还是参与混合酿造,它的地位与角色都不容忽视。卢瓦尔河谷是种植品丽珠的核心区域,索米尔-香佩尼(Saumur-Champigny)和希侬(Chinon)是当地著名的品丽珠子产区。这里出产的优质品丽珠葡萄酒酒体中等,架构平衡,口感丝滑,带有红色水果的芬芳以及铅笔屑的气息。

法国西南产区也有品丽珠的种植,尤其是在内陆较为凉爽的贝尔热拉克(Bergerac)地区。这里的品丽珠通常被用于和丹娜(Tannat)、赤霞珠等高单宁的品种混酿,赋予葡萄酒柔和的口感和优雅的香气。优秀的单一品种品丽珠葡萄酒在意大利也有广泛推广。我国是品丽珠的重要种植国,根据 2015 年国际葡萄与葡萄酒组织的统计数据,我国目前有 3000 公顷的栽培量,主要分布于山东半岛、河北怀来以及宁夏等地,并且表现突出,在国际已逐渐建立起较高声誉。

五、品种配餐

品丽珠葡萄酒通常酒体较淡,口感清爽,单宁不突出,伴有草本植物的香气。可与杂蔬沙拉完美匹配,品丽珠葡萄酒的酸味和草本植物香气能与沙拉中的果蔬原料形成完美的搭配,与鸡鸭鹅肉等也能实现风味统一。以种类丰富的植物类食材(包括大量水果、蔬菜、五谷杂粮、坚果等)为基础的地中海式美食也是搭配品丽珠葡萄酒的理想之选。其与肉类和烤蔬菜元素的中餐也可以很好地结合,如蒸饺、千层面等。因品丽珠葡萄酒酒体中等、果味优雅,其侍酒温度应略低,15—18 ℃为最佳适饮温度。

知识活页

配餐类型

品丽珠葡萄酒宜与带有香料和青椒风味的蔬菜,高脂肪和以番茄为主的菜肴,地中海式植物类食物,时蔬、肉类混搭的中餐等搭配。

肉类举例:火鸡、烤猪肉、意大利肉酱面、鸡肉沙拉、小牛肉、酿烤香草乳酪鸡胸。

蔬菜举例:红辣椒、番茄罗勒、茄子、布鲁塞尔芽菜、蘑菇、菠菜、芹菜、芝麻菜、各种豆类。

营销点评

品丽珠是波尔多地区非常古老的品种，在波尔多，品丽珠一直被用作赤霞珠和美乐的“保险”品种。单一品种的品丽珠葡萄酒主要来自卢瓦尔河谷的希侬与索米尔-香佩尼产区。其结构平衡，口感丝滑，带有红色水果的芬芳以及铅笔屑的气息。在我国胶东半岛产区，品丽珠有上佳表现，所酿的酒果味优雅，酸度突出。

引入与传播

该品种于1892年由山东烟台张裕葡萄酿酒公司（现烟台张裕集团有限公司）首次引入，20世纪80年代后，河北昌黎、山东青岛再次从法国引进，目前在甘肃、山东、宁夏、山西、河北、北京等地的大部分产区都有种植。该品种在山东半岛产区表现出众，品种典型性特征突出，多单一品种酿造。宁夏贺东庄园、长和翡翠酒庄、蓬莱龙亭酒庄、青岛九顶庄园等均出产单一品种品丽珠葡萄酒，质量优异。在我国，品丽珠还通常与赤霞珠、蛇龙珠等混酿。国内出产单品或混酿品丽珠葡萄酒的部分酒庄有：

山东产区：青岛九顶庄园、蓬莱龙亭酒庄、国宾酒庄。

河北/山西产区：怀来中法酒庄、紫晶庄园、山西戎子酒庄。

宁夏/新疆产区：长和翡翠酒庄、贺东庄园、新疆天塞酒庄、丝路酒庄等。

蓬莱产区：蓬莱于2004年引进种植品丽珠。其在当地4月下旬萌芽，10月20日左右成熟；生长势中等，结实力中等，结果较晚，产量稳定。该品种适应性强，耐盐碱，喜沙壤土栽培，适宜在蓬莱栽培种植。

来源 蓬莱区葡萄与葡萄酒产业发展服务中心

第四节 小味尔多 Petit Verdot

小味尔多主要分布于波尔多梅多克地区，起源不明。其名称的法语意思为“小绿”（Small Green），意指该品种成熟晚，浆果不易成熟而常出现不良的绿色。

一、品种特性

小味尔多葡萄叶片有3—5裂，有明显拉长的中央裂片。果穗为圆柱形，有翼小束，果实为黑色小浆果。由于浆果厚皮中的花青素含量很高，小味尔多葡萄酒往往具有浓密紫黑色，甚至黑色的外观。由于浆果小，果皮占比很高，酿造出的葡萄酒有较高的单宁含量。

二、栽培特性

小味尔多成熟晚，浆果往往无法正常成熟，而是需要炎热的白天和冷凉夜晚，即较

大的昼夜温差，才能获得更好的成熟，积累更多风味。小味尔多生长势强，成熟期晚于其他品种（比赤霞珠晚两周），易受到秋季初期霜冻影响。

三、酿造风格

该品种果皮厚，色泽较深（紫黑色），单宁、酸度极高，在波尔多混酿中可以为葡萄酒提供强大的单宁与结构支撑，承担重要的调配角色，一般使用5%左右的调配比例，很少超过10%。小味尔多葡萄酒多呈现饱满浓郁的质感，有黑醋栗、黑莓、蓝莓、桑葚、李子干及香料的风味。我国部分酒庄生产单一品种小味尔多葡萄酒，适合陈年后饮用。小味尔多葡萄酒风味特点及配餐建议见表7-4。

表7-4 小味尔多葡萄酒风味特点及配餐建议

区分	外观	酸度	酒体	酒精	单宁	香气（配餐建议）
干型	深宝石红色	高	饱满	中高	高	黑色水果、干香料（浓郁的肉菜）

四、经典产区

法国几乎所有的小味尔多都种植在波尔多，大部分种植在梅多克（Médoc）。在当地少量使用即可构成经典的波尔多混酿风格。但是晚熟意味着在某些不好的年份，小味尔多成熟度不够。在美国加州，波尔多混酿（Meritage Bordeaux）风格盛行，加州的天气和气候更适于小味尔多的生长，这里出产质量出众的单一品种小味尔多葡萄酒。在秘鲁，伊卡（Ica）南部也种植有大量的小味尔多葡萄藤，伊卡的沙漠天气使得这里可以出产100%的小味尔多葡萄酒。秘鲁乃至美洲大陆古老的酒庄——塔卡玛酒庄（Tacama Winery）生产的高端酒款——唐·曼努埃尔（Don Manuel）正是用100%小味尔多酿造而成的。除上述国家外，小味尔多在新西兰、南非和西班牙的波尔多风格混酿中也作调配品种出现。

五、品种配餐

小味尔多葡萄酒很少有单一品种的，单一品种的小味尔多葡萄酒极为浓郁，香辛料风味出众，结构丰满，适合与浓郁、肉质紧实且香料味重的红肉类食物相配，如烤牛排、羊肉、小扁豆汤配熏火腿、咸鲜重口的奶酪等。

知识活页

营销点评

小味尔多以“绿色小不点”而得名，原产地的小味尔多很难完全成熟，厚而色泽幽深的果皮，可以为混酿葡萄酒提供绝美的颜色，是重要的调配品种。在新世界一

些温暖炎热的产区，可以获得较好成熟度的小味尔多。这些产区会使用高单品比例或单一品种小味尔多酿造葡萄酒。

引入与传播

20世纪初，小味尔多由张裕公司引入中国，目前在国内分布较少，在河北怀来、宁夏及山东等地有一定面积的栽培。青岛九顶庄园出产单一品种的小味尔多葡萄酒，色泽深邃，香气浓郁，浆果及香料味突出，单宁丰富，口感复杂浓郁，陈年能力佳。

蓬莱产区：2004年蓬莱引进种植小味尔多。其4月下旬萌芽，10月中旬成熟，生长势弱，萌芽中，产量中等，抗病较弱，抗寒差，抗旱能力弱，在蓬莱须谨慎发展种植。

来源 蓬莱区葡萄与葡萄酒产业发展服务中心

第五节 佳美娜 Carmenere

佳美娜是欧洲古老的品种，原产于法国吉伦特省(Gironde)。关于佳美娜的记录最早出现在1783年的贝尔热拉克(Bergerac)。又被译为“卡曼尼”“卡曼娜”。该品种广泛种植于智利，由于与美乐葡萄藤的叶子极为相似，在过去很长时间，智利佳美娜一直被误认为是美乐葡萄。直至1994年在蒙彼利埃进行的DNA研究证明该品种为起源于法国波尔多梅多克地区的古老品种，是品丽珠与大卡本内(Gros Cabernet)自然杂交的后代。其他外文名有Medoc、Grand Vidure、Carmenelle、Cabernelle、Bouton Blanc等。

一、品种特性

该品种果穗中等大，果粒小，着生紧密，百粒重182 g，圆形，紫黑色，果皮厚，每果有种子2—3粒，果肉多汁，味酸甜。

二、栽培特性

佳美娜生命力旺盛，喜好贫瘠的土壤，适合在温暖气候下生长，过多的雨水或过度灌溉会突出葡萄的草本和青椒特征。有些酒庄会在高品质佳美娜临近采摘时，给葡萄藤搭上雨棚，防止雨水带来麻烦。该品种在单宁成熟之前，葡萄果糖上升快，过于炎热的气候会使葡萄酒具有较高的酒精度，缺少平衡感。

三、酿造风格

佳美娜葡萄酒具有典型的黑色、红色浆果及香料气息，单宁比赤霞珠葡萄酒柔和，

中高酒体，中高酸度，中高酒精度。佳美娜葡萄酒最佳成熟时，呈现出深红色，蓝莓、黑莓等果味浓郁，佳美娜适合橡木桶陈年，葡萄酒会带有明显的烟熏、香辛料、泥土、黑巧克力、烟草及皮革风味，品质极佳。佳美娜既可以生产单一品种葡萄酒，也可以像小味尔多一样与赤霞珠、品丽珠、美乐进行混酿，增强葡萄酒的颜色以及结构。佳美娜葡萄酒风味特点及配餐建议见表7-5。

表7-5 佳美娜葡萄酒风味特点及配餐建议

区　分	外　观	酸度	酒体	酒精	单宁	香气（配餐建议）
干型	深紫红	中高	浓郁	中高	丰富	红色、黑色浆果和干香料（浓郁的肉菜）

四、经典产区

佳美娜起源于法国吉伦特省，曾广泛种植在波尔多的格拉夫地区，受根瘤蚜病及当地气候的影响，现在在法国几乎已绝迹。19世纪，智利种植者从波尔多进口了佳美娜葡萄，并于1850年前后在圣地亚哥附近的山谷中种植了佳美娜的插枝。

由于智利中部在生长季节的降雨量很少，并且远离根瘤蚜泛滥的欧洲，该品种得以在当地种植发展，这里的佳美娜更加健康成熟。智利农业部在1998年正式认可佳美娜属于独立品种。今天，佳美娜已成为智利具有国家代表性的葡萄品种，品质出众，受到国际市场关注，主要分布在科尔查瓜谷、兰佩谷和迈坡谷等产区。佳美娜在南非、澳大利亚、美国等地也有种植和酿造。

五、品种配餐

佳美娜葡萄酒有黑色和红色浆果和干香料的浓郁香气，一般适合搭配中高浓郁度的菜肴，如家禽、牛羊肉烧烤及北方炖菜等。

知识活页

配餐推荐

猪肉香肠、梅菜扣肉、咖喱羊肉、扁豆泥、烤肉、烤羊排、回锅肉、酱肉、腊肉。

营销点评

19世纪末，佳美娜从法国传入了智利。如今，智利是世界上最大的佳美娜种植区，佳美娜成为该国最具代表性的品种。佳美娜比赤霞珠晚熟，受益于当地温暖的气候，获得了更高成熟度，具有浆果及烟草风味，口感浓厚，有良好的陈年潜力。

第六节 蛇龙珠
Cabernet Gernischt

蛇龙珠为解百纳(Cabernet)品系,欧亚种,原产于法国,为法国的古老品种之一,与赤霞珠、品丽珠是姊妹品种。

一、品种特性

蛇龙珠果穗中等,圆锥形或圆柱形,果粒着生中等,粒中,圆形,果皮紫黑色,着色整齐,果皮厚,粒重 2 g,果肉多汁,可溶性固形物含量 17%,含酸量 0.46%,出汁率 76%左右。

二、栽培特性

蛇龙珠植株生长势较强,结果枝占芽眼总数的 70%。在北京地区 8 月下旬成熟,为中晚熟品种,晚于赤霞珠。适应性较差,耐贫瘠,适合在温暖带积温较高的区域种植,抗旱,抗炭疽病和黑痘病,对白腐病、霜霉病的抗性中等,不裂果。宜篱架栽培,中、短梢修剪。该品种耐干旱,喜欢沙壤土质,在宁夏及甘肃河西走廊一带表现较好。

蛇龙珠
品种酒标
图例

三、酿造风格

蛇龙珠果皮厚,果肉多汁。所酿葡萄酒果香浓郁,有典型的青草香;单宁细腻柔和,酒体圆润,单宁与酸度低于赤霞珠葡萄酒;呈宝石红色泽,澄清发亮,酸度突出,清新度高;在温暖的产区,表现出成熟黑莓、梅子、红椒、果酱等香气,在冷凉地区,表现出红色浆果、青椒、青草气息;香气与赤霞珠葡萄酒有一定的相似性,但口味更加柔和。产于中国的蛇龙珠葡萄酒香气与口感与赤霞珠、品丽珠葡萄酒相似,带有草本气息。蛇龙珠葡萄酒风味特点及配餐建议见表 7-6。

表 7-6 蛇龙珠葡萄酒风味特点及配餐建议

区　分	外　观	酸度	酒体	酒精	单宁	香气(配餐建议)
干型	深紫红	中高	浓郁	中高	丰富	红色、黑色浆果和干香料(浓郁的肉菜)

四、经典产区

蛇龙珠广泛种植于山东半岛产区,由于耐旱性好,目前在宁夏、甘肃河西走廊都有非常优质的表现。

五、品种配餐

蛇龙珠葡萄酒有黑色和红色浆果和干香料的浓郁香气，一般适合搭配中高浓郁度的菜肴，与烤肉、炖菜等可以很好地搭配。

知识活页

配餐推荐

西餐搭配案例：

(1) 金牌手撕牛肉。

主要食材：牛里脊。

辅料：生菜、椒盐。

烹饪方法：牛柳改长块，冷水下锅飞水，冲洗干净；自制卤水烧开放入牛肉慢火卤 2 个小时捞出凉透；把卤好的牛肉顺丝切大片拍淀粉炸至微黄，捞出控油带生菜、椒盐装牌。

口感风味：外焦里嫩，酱香浓郁，与蛇龙珠葡萄酒搭配佳。

(2) 香煎黑椒羊菲力。

主要食材：羊菲力。

配料：彩椒、洋葱、圣女果、芦笋。

烹饪方法：羊菲力用洋葱、黑胡椒、盐、橄榄油腌制 2 小时；锅中加入黄油、橄榄油，下羊菲力煎至两面焦黄出锅，配料加盐煎好装盘；用九顶庄园赤霞珠经典做红酒汁浇上。

口感风味：羊肉焦香，酒香浓郁。

来源 青岛九顶庄园行政总厨刘东

知识链接

蛇龙珠的起源

知识链接

引入与传播

蛇龙珠于 1892 年传入中国，其外文名称为 Cabernet Gernischt，品种适应性强，在山东半岛栽培较广，目前在其他产区有推开趋势，宁夏贺兰山东麓一些酒庄均出产非常优质的蛇龙珠葡萄酒。目前，青岛九顶庄园、宁夏玉鸽酒庄、贺东庄园都推出了单一品种蛇龙珠葡萄酒，结构好，中高单宁，有丰富的果味，在市场广受欢迎。

蛇龙珠在国内部分产区及酒庄的表现情况：

蓬莱产区：中晚熟品种，在烟台地区4月下旬萌芽，10月中旬成熟。生长势强，结实力较低。结果晚，植株一般在4年后才正常结果。抗病性较强，抗旱，不宜在肥沃的壤土栽培。适宜在蓬莱种植。

来源 烟台蓬莱区葡萄与葡萄酒产业发展服务中心

怀来产区：10月中旬葡萄糖分积累完成，成熟浆果含糖量可达245 g/L，含酸量6—8 g/L。酒呈宝石红色，有典型的青椒、红色水果或胡椒香气。

来源 怀来县葡萄酒局

青岛九顶庄园于2012年引入了蛇龙珠，种植面积为57亩，通常延迟采收，以确保葡萄的成熟度，冷浸渍处理后，在小型不锈钢罐中温和发酵，通常使用法国橡木桶陈年1年以上。葡萄酒结构感强，有活泼清新的酸度，突出的浆果，辅以薄荷、香草等香气，风格高贵典雅。

来源 青岛九顶庄园

第七节 黑皮诺 Pinot Noir

黑皮诺为欧亚种，原产于法国勃艮第。最早的栽培记载出现在公元1世纪的罗马，当时被人们称作Allobrogica，并在欧洲广泛种植，中世纪起修道院酿酒的开端使它开始在勃艮第大范围栽种。该品种在德国被称为Spätburgunder，在意大利称为Pinot Nero，其他中文译名有“黑比诺”等。

黑皮诺

一、品种特性

黑皮诺幼叶黄绿色，成叶深绿色、鸡冠状，背面绒毛稀疏。果穗较小，平均穗重225 g，果粒小，排列紧密，百粒重145 g，紫黑色，圆形，果肉多汁。含糖量173 g/L，含酸量8.2 g/L，出汁率74%。该品种为中熟品种，生长势中等，结果早，产量中等偏下。适宜在温凉气候和排水良好的山地栽培，果皮较薄，抗病性较弱，极易感白腐病、灰霉病、卷叶病毒等，需要细心打理。

二、栽培特性

黑皮诺属于早中熟品种，是一种较脆弱、容易受气候影响的葡萄品种，对土壤类型、酸碱度、排水性，气温变化，以及空气湿度都很敏感。该品种拥有非常悠久的栽培历史，是法国勃艮第重要的红葡萄品种，在香槟区种植也非常广泛。该品种对气候、土壤等种植环境要求高，非常挑剔，适应相对凉爽的气候，太热会导致葡萄成熟过快，缺乏风味物

质。生长势中等，结果力强，结果早，产量较低。适宜在气候凉爽、排水性好的山地及白垩土或黏土上栽培。优质黑皮诺来自富含钙质的白垩土、石灰石及黏质土壤。发芽早、成熟早，不宜栽培，对温度比较敏感，萌芽后注意防止霜冻。

三、酿造风格

黑皮诺果皮较薄，所酿葡萄酒颜色浅，呈亮丽宝石红的色泽，酒体单薄，单宁较少，但酸度极为突出。黑皮诺适合单一品种酿酒，低温不锈钢罐式发酵，保留其优雅的果香。陈年阶段，多使用旧橡木桶熟成，也有使用新桶，所酿葡萄酒年轻时一般有红色水果（草莓、覆盆子、樱桃、桑葚等）的果香，口感柔和温淡，优雅细腻，高酸，单宁丝滑柔顺。成熟后会带有动物、泥土、甘草、松露等复杂香气。

黑皮诺品种酒标图例

黑皮诺在香槟区，与霞多丽、皮诺莫尼耶组合成一个完美搭档用来酿造起泡酒。在原产地通常用来酿造干红和起泡酒，是香槟产区的重要的法定品种之一，用来酿造白或桃红香槟。黑皮诺葡萄酒风味特点及配餐建议见表 7-7。

表 7-7　黑皮诺葡萄酒风味特点及配餐建议

类　　型	外　　观	单宁	酸度	酒　　体	酒精	香气（配餐建议）
低成熟	宝石红	中低	高	轻盈/中等	中低	紫罗兰花香及樱桃、李子等红色水果（亚洲料理）
高成熟	宝石红	中等	高	中等/饱满	中高	红黑色浆果、香辛料等（中等浓郁度食物）
陈年后	容易变浅	中低	高	中等浓郁	中低	蘑菇、松露、野味、皮革类（高品质菜肴）

四、经典产区

黑皮诺主要分布在欧洲气候凉爽地段，如法国勃艮第、香槟区、卢瓦尔河谷、德国、瑞士、意大利北部等。法国勃艮第金丘（Côte d'Or）是世界黑皮诺的经典产区。金丘由两个法定葡萄酒产区构成，北部为夜丘（Cote de Nuits），南部为伯恩丘（Cote de Beaune）。夜丘以生产世界顶级黑皮诺葡萄酒而名扬全球，该产区内的热夫雷-香贝丹（Gevrey-Chambertin）、沃恩-罗曼尼（Vosne-Romanée）等村庄聚集一众顶级的特级园（Grand Crus）与一级园（Premier Crus），是全世界黑皮诺爱好者的膜拜胜地。伯恩丘的黑皮诺也非常出色。另外，对于香槟产区，黑皮诺也是尤其重要的品种。法国阿尔萨斯也有优质黑皮诺葡萄酒出产。近年来，黑皮诺在德国也成为非常重要的红葡萄品种，非常适宜相对温暖的巴登产区。

新世界的一些凉爽产地，如新西兰中奥塔哥（Central Otago）、澳大利亚塔斯马尼亚岛（Tasmania）、美国加州的俄罗斯河谷（Russian River Valley）、俄勒冈的威拉梅特谷（Willamette Valley）等地都出产优质黑皮诺葡萄酒。

五、品种配餐

黑皮诺葡萄酒单宁较少，酒体清淡，果味突出。菜肴搭配上大部分的黑皮诺葡萄酒

不适合纤维感强的牛羊肉类，与烤鸭、烤鸡等家禽类菜肴更为匹配。黑皮诺葡萄酒对各类亚洲料理包容性强，尤其与日料的三文鱼、金枪鱼等海鲜类搭配完美。适合搭配的中餐食物有烧烤、红色海鲜、菌类食物、红烧类菜、卤鸭肉等，如叉烧、烤鸭、小鸡炖蘑菇、葱烧海参、红烧肉、烤乳猪等。

知识活页

侍酒师推荐

菜品类型推荐：

黑皮诺是一种非常娇贵的葡萄品种，酿出好酒实属不易。喜好凉爽气候，皮薄色浅。黑皮诺葡萄酒香气细腻优雅，果香充沛，酒体轻盈，可以很好地搭配禽类菜肴，如叉烧类菜肴、红烧肉、东坡肉等，北京烤鸭是其经典搭配。

来源　武肖彬　晟永兴　葡萄酒总监

中餐搭配案例：北京烤鸭。

黑皮诺在所有的葡萄品种里是最能酿出优雅、细腻、柔美的葡萄酒的，除了在原产地勃艮第，在全世界都有精彩的诠释。黑皮诺葡萄酒颜色透亮迷人，有丰富的红色水果(如红樱桃、红色火龙果以及覆盆子)的香气，同时带有和谐的酸度以及诱人的矿物质感。陈年后有蘑菇、香料香味及微微的橡木辛香，单宁紧致，入口丝滑柔软。与北京烤鸭搭配堪称完美，红色水果的香气、和谐的酸度使多汁、入口即化的鸭皮更加香甜，柔美的酒体和单宁与滑嫩多汁的鸭肉相得益彰，也让卷好的肉卷香气和口感更加复杂，富有层次。

来源　Bruce 李涛　北京 Terrior 风土酒馆主理人

营销点评

黑皮诺为目前市场上超火的红葡萄品种，典型的优雅派代表，酒的风格很容易令大部分爱好者着迷。

来源　武肖彬　晟永兴　葡萄酒总监

引入与传播

我国于 20 世纪 80 年代后多次从法国引入黑皮诺，目前在我国山东半岛、河北、秦岭北麓、甘肃、安徽、河南、山西及宁夏产区均栽培有黑皮诺。在我国东部产区种植黑皮诺葡萄风险很大，而其在甘肃等冷凉及干旱区有极佳表现。秦岭北麓、甘肃莫高及宁夏贺兰山是我国重要的黑皮诺葡萄酒出产地。

我国已有黑皮诺种植并出产单一品种黑皮诺葡萄酒的部分酒庄有：

怀来产区，怀来迦南酒业、桑干酒庄、马丁酒庄；

宁夏产区，类人首、西鸽酒庄、贺东庄园、新慧彬酒庄、贺兰晴雪酒庄；

新疆产区，蒲昌酒庄、丝路酒庄；

西安产区，玉川酒庄。

第八节　佳美
Gamay

佳美葡萄原产于法国勃艮第，全名为白汁黑佳美(Gamay NoiràJus Blanc)，是一个古老的欧亚品种，14 世纪时在勃艮第已被用于酿酒。1896 年，Gamay 这个名字被葡萄学家正式采用。DNA 研究显示，佳美是皮诺(Pinot)和白高维斯(Gouais Blanc)自然杂交的后代。

一、品种特性

佳美

该品种果穗短圆形，果穗较大，平均重 320 g，最大果穗重 480 g。果粒呈黑色，近圆形，单果重 1.9 g，出汁率 78.1%。果粉厚，果皮厚而坚韧，着生紧密，近圆形。果肉多汁，无香味。

二、栽培特性

佳美是法国主要的红葡萄品种之一，尤以酿造薄若莱葡萄酒而闻名。此外，萨瓦(Savoie)、都兰(Touraine)等产区也都生产由佳美酿造的红葡萄酒。佳美一直以来生活在黑皮诺的强大光环下，酒体、果香都较为清淡。在 15 世纪被逐出勃艮第后，在勃艮第的最南端薄若莱找到了新的立足之地。该品种发芽早，成熟也较早，生长势中等，适应性差，喜欢温暖和含有钙质的土壤，在肥沃土壤需控制产量，较丰产，但抗病性较差。

三、酿造风格

除正常按照红葡萄酒酿造的方法酿造佳美葡萄之外，法国薄若莱产区的人们发明了一种新的酿造方法。葡萄采摘后，无须脱梗，整串放入发酵桶内，靠葡萄本身重力自然破碎，发酵桶内会被大量的二氧化碳充斥，葡萄会在无氧环境下进行细胞内发酵，这种方法被称为“二氧化碳浸渍法”。使用这种方法酿造的葡萄酒通常具有酒精度低、单宁少、果味突出的特征。佳美葡萄酒外观呈亮丽的宝石红色，酒体清淡，酸度高，有浓郁充沛的红色水果果香，口感清新自然。

由于发酵速度快，这类葡萄酒可以很快地投放到市场，每年 11 月第 3 周的周四是全球统一发售的时间。每到这个时间，世界各地都在庆祝薄若莱新酒(Beaujolais Nouveau)的到来，伴随着即将到来的圣诞与新年，人们欢呼、畅饮，这已成为葡萄酒爱好者的一个重大的节日。市场营销的成功使得佳美葡萄酒风靡全球，受到消费者喜爱。佳美葡萄酒风味特点及配餐建议见表 7-8。

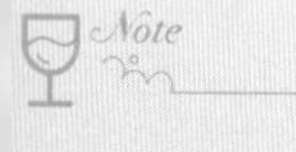

表 7-8 佳美葡萄酒风味特点及配餐建议

类 型	外观	单宁	酸度	酒体	酒精	香气(配餐建议)
二氧化碳浸渍法酿造	石榴红	中低	中高	轻盈	中低	樱桃、覆盆子、桑葚、泡泡糖(亚洲料理)
干型	宝石红	中低	中高	中等	中等	红黑浆果、紫罗兰、香辛料等(中等浓郁度)

四、经典产区

在薄若莱,还有村庄级别佳美葡萄酒(Beaujolais Villages)及 10 个薄若莱特级园(Beaujolasi Cru),这里出产干型、果香浓郁、结构紧、中等酒体的佳美葡萄酒。除薄若莱之外,法国的卢瓦尔河谷也是该品种的重要种植区。在这里,佳美葡萄多用来酿造干型或桃红葡萄酒。

五、品种配餐

佳美葡萄酒与黑皮诺葡萄酒相似,属于低单宁、高酸葡萄酒。饮用时需要低温才能显示出迷人的魅力,适饮温度通常在 13—15 ℃。佳美葡萄酒非常适合与鸡肉、腊肠、小牛肉等肉类搭配,或者与轻淡型的中式菜肴,如口水鸡、干煸四季豆、卤水拼盘、红烧鱼等搭配。

知识活页

营销点评

佳美是古老的勃艮第本土品种,大多数薄若莱葡萄酒都用 100%佳美酿成,其中薄若莱新酒多采用带有地域特色的二氧化碳浸渍法(Carbonic Maceration)酿造。20 世纪七八十年代,当时市场对薄若莱新酒需求量很大,所以这种酿造法广受应用。二氧化碳浸渍法就是将整串完整不破皮的葡萄放在充满二氧化碳的密闭容器中,在无氧条件下,果粒内部进行厌氧代谢、发酵,之后再压榨取汁,进行正常发酵,这样酿造出来的葡萄酒非常芳香,单宁含量低,带有樱桃、香蕉和泡泡糖的香气,口感柔和。

如今有不少薄若莱葡萄酒,尤其是特级村庄葡萄酒,开始用和勃艮第产区一样的红葡萄酒酿造方法。薄若莱 10 个特级村庄有:布鲁依(Brouilly)、谢纳(Chenas)、西露博(Chiroubles)、布鲁依丘(Cote de Brouilly)、福乐里(Fleurie)、朱丽娜(Julienas)、墨贡(Morgon)、风车磨坊(Moulin a Vent)、雷妮(Regnie)、圣-阿穆尔(Saint-Amour)。

引入与传播

我国于 1957 年从保加利亚引入佳美,1985 年由法国再次引入。目前其在甘肃、河北、山东等地有少量栽培。北京龙徽酒庄出产单一品种佳美葡萄酒,蓬莱逃牛岭酒庄有少量佳美葡萄种植。

第九节　马尔贝克
Malbec

马尔贝克为欧亚品种，关于马尔贝克最早的历史记载出现在1761年，记载着马尔贝克在法国西南产区有种植。在法国，马尔贝克更多地被称为Cot，因为其源于Cotoide一族，和Tannat、Negrette有近亲关系。

一、品种特性

马尔贝克葡萄树干健壮，直立向上，结果早，中熟，但对早春霜冻较为敏感，潮湿的环境易导致灰霉病。该品种果穗较大，松散，有副穗，易丰产。浆果果皮呈蓝黑色，圆形，中等大小。

二、栽培特性

马尔贝克广泛种植在法国西南产区，1868年法国人将苗木带到了阿根廷，该品种尤其适应这里干燥、温暖的风土，目前已成为阿根廷最重要的红葡萄品种。在南美温暖的气候条件下，葡萄园拥有更充足的日照量。优质葡萄园建造在一定海拔之上，昼夜温差大，这些条件造就了甘美甜润、酸度均衡的葡萄酒。该品种抗寒性和抗病性不佳，有遭遇春冻的危险，易感染病虫害，如灰霉菌(Grey Rot)。总体上，马尔贝克的适应性较强，可种植在各种类型的土壤上，在石灰岩土壤中的表现较好。此外，该品种偏爱高海拔地区。马尔贝克需要经过漫长的过程才能达到糖酸平衡，高海拔地区昼夜温差较大，更加适合马尔贝克的生长，令所酿葡萄酒口感上乘、陈年能力强。

三、酿造风格

马尔贝克果皮颜色较深，果粒中等，酿出的葡萄酒颜色深邃，黑色水果香气浓郁，单宁含量较高。该品种在其产原地卡奥尔(Cahors)产区占据高达80%的葡萄种植面积，多单一品种酿造。酿造的葡萄酒颜色深，有很强的香辛料、泥土的芳香，酸度高，单宁厚重，结构感强，呈现李子、黑莓等红色浆果的气息。在临近的波尔多，马尔贝克是调配品种之一，与赤霞珠、美乐、品丽珠等混酿，为葡萄酒提供更加丰盈的酒体与色泽，但比例不高。

阿根廷的马尔贝克非常具有代表性，自2011年起，阿根廷葡萄酒协会(Wines of Argentina)将每年4月17日确定为“马尔贝克世界日”，以纪念法国农艺师米歇尔·艾梅·普杰(Michel Aime Pouget)先生，他为推广阿根廷马尔贝克的种植做出了重大的贡献。该品种在阿根廷香气更加丰富，黑樱桃、覆盆子、黑莓和蓝莓气息尤其浓郁。优质马尔贝克葡萄酒具有强陈年潜力，陈年后散发出雪松、甘草、丁香、烟熏和焦油等香气。马尔贝克多单一品种酿酒，也与赤霞珠、美乐、西拉等混酿。马尔贝克葡萄酒风味

特点及配餐建议见表7-9。

表7-9 马尔贝克葡萄酒风味特点及配餐建议

产　地	外观	单宁	酸度	酒体	酒精	香气(配餐建议)
卡奥尔	紫红	中高	中等	中高	中等	花香、李子、泥土、香辛料(各类烤牛排、烤羊羔腿、羊扒、烤家禽、炖肉等)
阿根廷	紫红	中高	中高	中等	中高	果味,如蓝莓、黑莓浆果,紫罗兰、香辛料等(草本与香料突出的阿根廷、墨西哥与亚洲菜品等)

四、经典产区

卡奥尔(Cahors)与阿根廷是全世界马尔贝克种植的主力产区,两者马尔贝克葡萄园面积相加占到全球的80%。在法国卡奥尔AOC法定产区,马尔贝克的最少含有量是有要求的,要求最少70%;如果该品种达到85%的含量,酒标则可以标示品种名。在法国原产地,马尔贝克葡萄酒单宁丰厚,口感较为粗犷,经常添加美乐以柔顺其口感,适合橡木桶陈酿。在阿根廷,种植区域主要集中在门多萨地区,优质的马尔贝克来自海拔较高的瓦尔科山谷(Vall de Uco)与路冉得库约(Lujan de Cuyo)产区。另外,马尔贝克在智利、美国、澳大利亚、南非等地也有较多种植。

五、品种配餐

马尔贝克葡萄酒单宁突出,多与深色家禽肉、烤猪肉、较为精瘦的红肉(如牛里脊肉、牛腹心肉、侧腹横肌牛排等)搭配在一起,与以鼠尾草、迷迭香、杜松子等干草本,干葱头、洋葱、孜然、丁香、香草、大蒜及各种各样的胡椒(白胡椒、青胡椒、红胡椒)入味的菜肴搭配也堪称完美。其他还有牛肉汉堡、鸡肉汉堡、蓝纹奶酪、烤蘑菇等值得尝试。

知识活页

侍酒师推荐

推荐菜品及类型:

马尔贝克葡萄酒搭配菜品:烤肉/墨西哥牛肉卷(Barbecue/Carne Asada);炭烤牛脊;牛小排(Short Ribs);文火炖牛肉;辣椒鸡肉馅饼;铁板烧(Fajitas);山羊肉/烤羊排;蘑菇/菌菇酱(Mushrooms);腊肉腊肠(Sausage)。

来源　李晨光　上海斯享文化传播有限公司创始人

营销点评

马尔贝克曾一度流行于波尔多地区,在阿根廷的出色表现又为该品种带来了发展的生机,已成该国"国宝级"品种。关于马尔贝克最早的历史记载出现在1761

年，提出在法国西南产区有马尔贝克种植。目前，马尔贝克依然是西南产区重要的红葡萄品种，在卡奥尔产区有大量种植。

马尔贝克在18世纪流传到波尔多的梅多克和格拉夫产区，由于马尔贝克葡萄酒颜色深厚，酒体较饱满，因此，常做配角与其他品种混酿，用来增加葡萄酒颜色和酒体。19世纪中期，法国种植学家迈克尔·普热(Michael Pouget)最先将马尔贝克引种到阿根廷，之后马尔贝克在阿根廷表现出色，已成为当地知名的、种植广泛的葡萄品种。

第十节　西拉 Syrah

西拉是法国古老的酿酒葡萄，也称作"设拉子"，原产于法国罗讷河谷一带。

一、品种特性

西拉果穗中等大，平均重275 g，圆锥形，有副穗。果粒着生较紧密，平均粒重2.5 g，圆形，紫黑色，果皮中等厚，肉软汁多，味酸甜，可溶性固形物含量18.6%，含酸量0.7%。在北京地区8月下旬成熟，为中晚熟品种，抗病性较强。

二、栽培特性

此品种在原产地法国罗讷河谷，被称为"西拉"(Syrah)。大约在19世纪30年代被引入澳大利亚，被称为"设拉子"(Shiraz)。西拉像赤霞珠一样在世界范围内分布广泛，适应能力强，比较容易种植。出产的葡萄酒颜色深，酒体浓郁饱满，多香辛料风味，果香丰富。喜欢少雨、温暖干燥的环境，生长期积温要求较高，宜在热量高的地区栽培。喜欢砾石、通透性好的土壤，优质的西拉产地通常有良好的排水性，多石灰石、花岗岩、鹅卵石、砂石等土壤。

西拉品种酒标图例

三、酿造风格

西拉葡萄酒是一种果香尤其突出的葡萄酒，香气主要以黑色水果(黑莓、黑李子及桑葚等)为主，也有典型紫罗兰花卉的风味，且具有明显的香料(黑胡椒、丁香)气息，适合在橡木桶中培养，成熟后散发出香草、烟熏、黑松露及皮革等风味。

西拉酿造适宜使用橡木桶，在新世界多单一品种酿造，葡萄酒成熟度高，酒精度较高，酸度适中，果味突出。在旧世界的原产地罗讷河谷(尤其北罗讷河谷)能出产结构强劲、单宁突出、风味复杂、酸味中高、口感浓郁、窖藏能力好的葡萄酒。在这里，西拉多为单一品种酿造，罗第丘(Côte-Rôtie)允许最多使用20%的维欧尼和西拉混酿，以获得柔

和的口感。在南罗讷河谷，西拉混酿的品种偏向多样化，经常与歌海娜(Grenache)、神索(Cinsault)、慕合怀特(Mourvedre)、玛珊(Marsanne)、瑚珊(Roussane)等混酿。

四、经典产区

西拉在世界范围内分布广泛，原产地法国是西拉最广泛种植地。最优质的西拉来自北罗讷河两岸陡峭的斜坡上，罗第丘(Côte-Rotie)与艾米塔吉(Hermitage)出产的西拉葡萄酒尤其出名；在南罗讷河谷，教皇新堡(Châteauneuf-du-Pape)的西拉葡萄酒通常使用多个品种混酿而成，表现突出，罗讷河丘(Côte du Rhône)是南罗讷河谷最大的AOC名称，盛产传统歌海娜、西拉等品种的混酿。在意大利托斯卡纳也能看到西拉的身影，并且与当地品种桑娇维塞调配使用。

在新世界，设拉子(即西拉)是澳大利亚种植最广泛的葡萄品种，巴罗萨谷是设拉子最耀眼的明星产区。设拉子在澳大利亚其他产区也有广泛种植，在麦克拉伦谷(Mclaren Valley)、猎人谷(Hunter Valley)及玛格丽特河(Margaret River)等地都有优良表现。随着西拉的盛行，在美国加州、智利、南非等地西拉种植有扩大趋势，发展速度惊人。在我国宁夏、新疆等产区，西拉种植也有扩大趋势，且品种表现突出。西拉葡萄酒风味特点及配餐建议见表7-10。

表 7-10 西拉葡萄酒风味特点及配餐建议

类　型	外　观	单宁	酸度	酒　体	酒精	香气(配餐建议)
低成熟	宝石/紫红	中等	中高	中等酒体	中等	紫罗兰、红色黑色水果及香料(中等浓郁肉类)
高成熟	紫红	中高	中等	中等/饱满	中高	黑色浆果、香辛料、巧克力、薄荷等(亚洲菜)
陈年后	变化慢	中等	中等	中等/浓郁	中高	烟草、烟熏、香料、皮革类(浓郁肉类)
Syrah	紫色	中高	中高	结构感强	中高	香料突出、强劲、黑色水果味(浓郁烧烤肉类)
Shiraz	紫色	中等	中等	甜美圆润	中高	成熟红黑色果味/甜美果味/薄荷/甜香料(亚洲菜)

五、品种配餐

西拉适合搭配的中餐菜肴风格有烤肉类、浓郁型、香料丰富菜肴以及卤味等，如烤羊腿、烤肉串、爆炒牛肉、椒麻鸡丝等。

知识活页

侍酒师推荐

酒款类型：北罗讷河谷冷凉优雅风格西拉(Syrah)，酸度较高，新鲜的黑莓、黑李子果味以及一些胡椒香料风味。

搭配推荐：

西餐：烤羊排、鹿肉、乳鸽等。

中餐：西北菜比较合适，如炙烤的牛羊肉，加上一些干香料。西拉的酸度可以较好地平衡油腻，中等的单宁也可以柔化肉的质感，香料风味更可以相互映衬。

酒款类型：主要产自澳大利亚巴罗萨的浓郁甜美风格设拉子(Shiraz)。

搭配推荐：

西餐：慢炖的菜肴，如慢炖牛仔骨、牛脸颊肉，以及意式牛膝骨。

中餐：由于设拉子较为甜美，可以搭配红烧肉等红烧类菜肴。如果是老年份西拉，由于浓郁度和酒体都会更弱，所以在搭配时也需要搭配质地更加清淡的菜肴。

来源　王逢源侍酒师

营销点评

此品种葡萄酒风格主要分为北罗讷河谷的冷凉优雅风格西拉(Syrah)以及主要产自澳大利亚巴罗萨的浓郁甜美风格设拉子(Shiraz)。配餐各不相同，各有营销卖点，目前澳大利亚甜美风格设拉子在国内非常畅销。

来源　王逢源侍酒师

引入与传播

据有关史料记载，我国最早于1955年由保加利亚引入西拉。1987年，北京龙徽葡萄酒酿酒有限公司从法国罗讷河谷引入西拉，在河北怀来种植，并于2002年在国内推出首款单一品种西拉，之后该产区其他酒庄也开始有少量栽培。在中国东部产区，西拉葡萄易感白腐病，真菌病害防治有难度。目前，该品种在宁夏、新疆、河北等地有一定量的种植，种植面积在逐渐扩大。

已出产西拉单品或混酿葡萄酒的酒庄有青岛九顶庄园、苏各兰酒庄、张裕工业园、怀来迦南酒业、瑞云酒庄、桑干酒庄、紫晶酒庄、贵族酒庄、宁夏类人首、西鸽酒庄、美贺庄园、张裕龙谕酒庄、贺东庄园、新疆天塞酒庄(西拉与维欧尼混酿)及云南香格里拉酒业等。

怀来产区：西拉属晚熟品种，在怀来产区的适应性和抗病性均较强。

来源　怀来县葡萄酒局

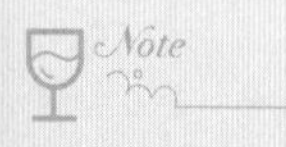

第十一节 马瑟兰
Marselan

1961 年，在南法产区，研究人员使用歌海娜（Grenache）与赤霞珠（Cabernet Sauvignon）杂交后，培育出了马瑟兰这一新品种。该品种于 1990 年被写入法国官方名录，马瑟兰的名字来源于法国地中海沿岸小镇马塞岩（Marseillan），于 2021 年正式成为波尔多法定品种。马瑟兰为保罗·特鲁尔团队研发，人们为了纪念这一优异品种的诞生，将保罗·特鲁尔的生日 4 月 27 日命名为“世界马瑟兰日”。

一、品种特性

马瑟兰生长势中等，较抗灰霉病，属于中晚熟品种。果穗较大，呈圆锥形，略松散，果粒较小，出汁率偏低。抗病性强，需要经常剪短枝。

二、栽培特性

马瑟兰对环境的适应性强，从温暖地区到炎热地区均可种植，对常见的病害也具有很强抗性。该品种集母本品种优点于一身，既高质又高产。栽培时需合理控制产量，能达到很好的成熟度。马瑟兰珠串较大，产量有保障；果粒小，这意味着葡萄果实风味浓郁、单宁含量充足。

马瑟兰品种酒标图例

三、酿造风格

由马瑟兰酿造的葡萄酒呈紫黑色，不透光，酒体中等，单宁细腻，色泽好，具有樱桃、黑莓和黑醋栗等果味特征，隐约伴随黑巧克力和中药的气息，入口柔顺，平衡感佳，香气令人愉悦。马瑟兰可单一品种酿造，也可与美乐、品丽珠、赤霞珠等混酿，香气奔放、浓郁，兼具歌海娜的成熟果味和赤霞珠的优雅；其质地柔顺，结构良好，陈年潜力较强。马瑟兰葡萄酒风味特点及配餐建议见表 7-11。

表 7-11 马瑟兰葡萄酒风味特点及配餐建议

区分	外观	酸度	酒体	酒精	单宁	香气（配餐建议）
干型	紫深宝石红	中等	中高	中高	中高	红色、黑色浆果风味浓郁，黑巧克力及中药气息，口感柔顺（中高浓郁度中餐）

四、经典产区

该品种主要分布在法国朗格多克（Languedoc）和南罗讷河谷（Southern Rhône

Valley)地区，其中南罗讷河谷地区马瑟兰种植面积达 3423 公顷，是当地主要的葡萄品种。另外，该品种已于 2021 年入选波尔多新增法定品种，在当地种植面积有扩大趋势。此外，西班牙、阿根廷、巴西及美国加利福尼亚州等地也有种植。我国是马瑟兰的主要分布地，种植面积在逐年扩大，所酿葡萄酒口感柔顺，风格突出，开始在世界舞台上崭露头角。

五、品种配餐

马瑟兰葡萄酒具有丰富的果香和细致的单宁，可以搭配鸡肉、火鸡肉。因马瑟兰葡萄酒的单宁比较柔和，也可以用来搭配浓郁的鱼类、虾类菜肴，如糟熘鱼片、油焖虾等。西餐方面，可以搭配烤羊肩肉配大蒜、猪肉和黑豆、轻度调味的蔬菜和小扁豆。

知识活页

侍酒师推荐

推荐菜品：宁夏烤盐池滩羊。

马瑟兰在我国表现越来越好，种植面积正在逐渐扩大。该品种葡萄酒颜色深，带紫色边沿，香气肆意，酒体饱满浓郁，单宁柔顺，适合搭配红肉类菜品，如宁夏烤盐池滩羊，甜美丰富的果香可以平衡孜然等香辛料的风味，单宁和酸度也可以中和羊肉的肥美，橡木桶呼应了烘烤带来的香味。

来源　武肖彬　晟永兴　葡萄酒总监

营销点评

马瑟兰必将是国货之光，可单一品种酿造，可用来调配，葡萄酒配餐范围甚广。

来源　武肖彬　晟永兴　葡萄酒总监

引入与传播

2001 年，马瑟兰被正式引入位于河北怀来的中法庄园种植，首个年份佳酿于 2003 年问世，反响不俗。此后，在甘肃、河北、北京房山、山西太谷、宁夏贺兰山东麓以及新疆焉耆盆地等地，马瑟兰被纷纷引入试种，均取得不俗发展。目前，它已成为我国非常具有代表性葡萄品种。2021 年，位于河北怀来的怀谷庄园 2015 马瑟兰获得比利时布鲁塞尔国际葡萄酒大赛大金奖。2006 年，位于山西的怡园酒庄开始种植并酿造马瑟兰，经过十余年的探索，在 2017 年度品醇客亚洲葡萄酒大赛(Decanter Asia Wine Awards)中，2015 年份怡园珍藏马瑟兰红葡萄酒荣获最高奖项——赛事最优白金奖章。近些年，宁夏、新疆等产区精品酒庄出产的马瑟兰葡萄酒也已获得多项国际大赛殊荣，马瑟兰声誉渐起。2011 年，法国拉菲罗斯柴尔德集团也开始在山东蓬莱的瓏岱酒庄内种植马瑟兰，目前马瑟兰为其酒庄酒款的重要调配品种之一。

蓬莱产区：2004年引入蓬莱，4月下旬萌芽，10月下旬成熟采收，果穗大而松散，果粒小，果实颜色紫黑，浆果含糖量233 g/L，含酸量6.9 g/L，出汁率71%。

2013年君顶数据，来源：蓬莱区葡萄与葡萄酒产业发展服务中心

怀来产区：2001年，怀来产区首次将马瑟兰引入中国，该品种适合在怀来种植。表现耐旱抗病，果穗较大，成熟一致，成熟浆果含糖量220—250 g/L，含酸量6—8 g/L。

来源 怀来县葡萄酒局

思政案例

2019年青岛九顶庄园品丽珠采收情况报告

九顶庄园品丽珠种植于2012年，全部为法国进口葡萄苗木，酒庄选择了排水良好的砂砾土壤区域进行了种植。植株采用居由式树形管理，合理有效地限制产量，亩产控制在400 kg以内，保证每一穗果实都能达到最佳成熟度。目前随着葡萄树龄的增加，品丽珠果实的成熟度也在逐年提高。

2019年，整体全年降雨量比往年都要低，气温比往年偏高，整体比较干旱。品丽珠采收于2019年9月18日，对比于其他年份采收大概提前了10天，采收时糖度为25 brix，酸度为5.5 g/L，达到了很好的成熟度。全部采用人工采收，在葡萄园进行了一次分选，在车间里两次分选。葡萄经过了一周冷浸渍，温度控制在15 ℃以下，酒液呈现鲜亮的宝石红色。随后，人工接种酵母并在26 ℃下发酵。酒精发酵持续了10天，酒精发酵结束后，升温至28 ℃，进行了一周左右热浸渍，进一步提取单宁以获得饱满的口感。最后分离果皮和果渣，在不锈钢罐中进行苹乳发酵，完成后倒入橡木桶。为了保持酒的果香，酒庄选用的是一年桶和两年桶(225 L)，陈酿12个月。

九顶品丽珠2019：鲜亮的宝石红色，浓郁的黑加仑和红樱桃的水果香，并伴有香料的气息，酒体平衡，果味丰富，中等单宁，余味持久，带有淡淡的香草味。

来源 青岛九顶庄园

案例思考：山东半岛产区品丽珠品种风格独特性分析。

葡萄品种神索

葡萄品种玫瑰蜜

思政启示

本章训练

□ 知识训练

1. 归纳法国波尔多葡萄的品种特性、栽培特性、酿酒风格、经典产区及酒餐搭配。
2. 归纳法国勃艮第葡萄的品种特性、栽培特性、酿酒风格、经典产区及酒餐搭配。
3. 归纳法国罗讷河谷葡萄的品种特性、栽培特性、酿酒风格、经典产区及酒餐

搭配。

4. 归纳法国其他产区葡萄的品种特性、栽培特性、酿酒风格、经典产区及酒餐搭配。

章节小测

□ 能力训练

1. 根据所学知识，制定品种理论讲解检测单，分组进行品种特性、酿造风格及品种配餐的服务讲解训练。

2. 设定一定情景，根据顾客需要，对本章品种葡萄酒进行识酒、选酒、推介及配餐的场景服务训练。

3. 组织不同形式的品种葡萄酒对比品鉴活动，制作品酒记录单，写出葡萄酒品酒词并评价酒款风味与质量，锻炼对比分析能力。

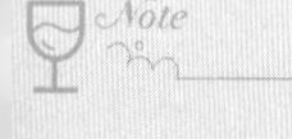

第八章 意大利代表性红葡萄品种

本章概要

本章主要讲述了意大利主要酿酒红葡萄品种相关知识，知识结构囊括了该葡萄的品种特性、栽培特性、酿造风格、经典产区及品种配餐等内容。同时，在本章内容之中附加与章节有关联的侍酒师推荐、营销点评、引入与传播、知识链接、思政案例及章节小测等内容，以供学生深入学习。本章知识结构如下：

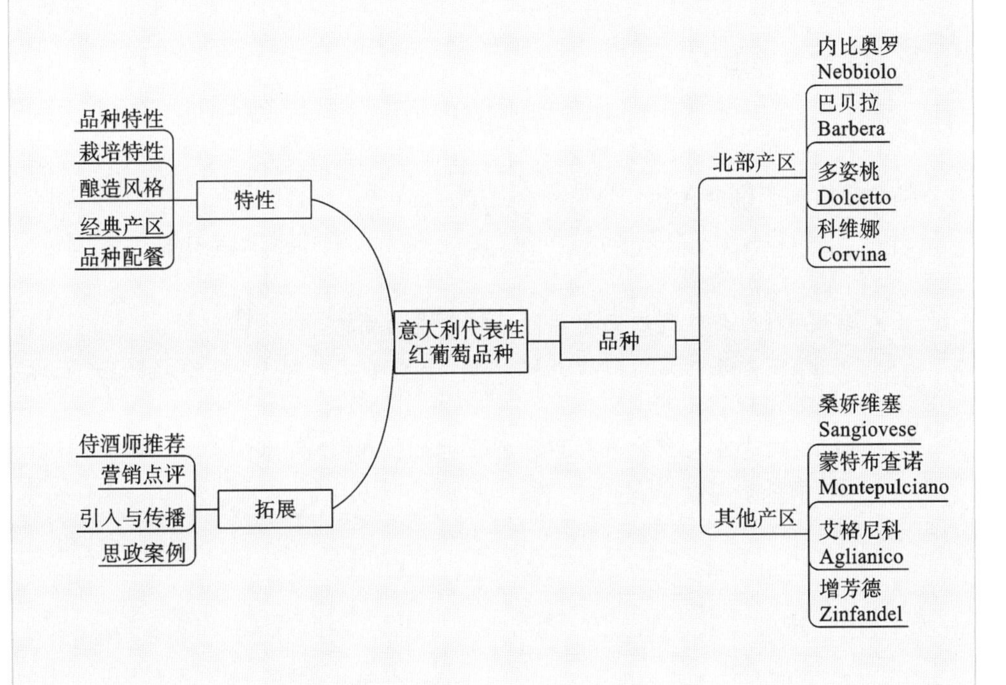

学习目标

知识目标：了解意大利主要酿酒红葡萄品种的起源与发展，掌握该葡萄的品种特性、栽培特性、酿造风格经典产区等理论知识；掌握该品种的营销点及配餐服务建议，理解品种属性及葡萄酒风格形成的因素；熟知该品种在我国的引入、传播及发展情况。

技能目标：运用本章知识，具备在工作情境中对本章品种葡萄酒基本特性的推介讲解技能，具备对该品种的酒标识别、侍酒服务及配餐推荐的基本服务技能；通过品种葡萄酒对比品尝的技能实训，具备对该品种葡萄酒的口感风格及质量等级的鉴赏能力，具备良好的识酒、选酒及品酒技能。

思政目标：通过本章理论学习，解析意大利在红葡萄品种栽培与酿造方面的特色之处，深化学生对意大利红葡萄酒酿酒传统和发展之道的认知；通过对本章主要品种葡萄酒的对比品鉴及推介服务训练，进一步提升学生的职业素养；通过解析该品种在我国的引入与传播情况，战略性分析其发展前景，培养学生的科学思维与变革创新精神。

章首案例

▼

意大利名酒——基安蒂

章节要点

- 掌握：内比奥罗、桑娇维塞及增芳德葡萄属性、主要产地、酿造风格，掌握酒餐搭配方法及营销卖点。
- 了解：巴贝拉、多姿桃、科维娜、艾格尼科及蒙特布查诺葡萄属性、酒的风格、配餐及主要分布地。
- 理解：葡萄品种属性及葡萄酒风格形成的因素。
- 学会：学会品种葡萄酒的对比品鉴，品酒笔记的记录，酒标识别，并能为之进行推介营销与配餐说明。
- 归纳：构建意大利红葡萄品种属性对比表，制作品种属性思维导图，辨析不同品种葡萄酒风格与特征。

第一节　内比奥罗 Nebbiolo

内比奥罗起源于意大利的皮埃蒙特产区，是一个古老的欧亚品种。其文字记载最早可追溯到13世纪末期。品种的名称被认为起源于皮埃蒙特语Nebbia，意指“雾”。一种解释为：该品种采收时间往往在10月底，葡萄园之中常会浓雾弥漫，因此得名。另一种解释为：果实接近成熟时，上面会形成犹如薄雾的一层厚厚的白色果粉。

一、品种特性

该品种原产于皮埃蒙特，是当地有名的“雾葡萄”。发芽早，晚熟，成长周期长，一般会推迟到10月末采收。内比奥罗果皮薄，却很硬朗，成熟时果面覆盖一层灰白色果粉，抗霜性与抗病性良好，产量较低，颜色幽深，单宁非常丰富，酸度偏高，可以很好地陈年，顶级内比奥罗陈年时间可达几十年。

二、栽培特性

内比奥罗开花早，葡萄园的选址必须避开春天霜冻频发的地区，对光照与土壤的要求相当高，为了积累糖分、凝聚风味，达到良好的成熟度，需要充足的光照条件，最佳的种植位置是向阳的山坡。钟爱富含钙质的石灰质土壤，需要温暖的环境，需要较长的成熟期。因为对生长环境的挑剔，该品种产量不高，也因此世界范围内分布不广。

三、酿造风格

内比奥罗在原产地可以酿造出果味复杂、饱满浓郁、高酸、高单宁的优质葡萄酒。酿造风格多样，通常有两个派别：一派遵循传统派技法，延长发酵时间，浸泡出更多单宁，高酸，并至少需要2年才能成熟，陈熟后呈现出果干、紫罗兰、烟草、焦油、腐植、松露等复杂的香气，陈年潜力佳；另一派则更崇尚现代方法，多用食用不锈钢罐低温发酵，使用橡木桶短暂陈年，葡萄酒多呈现黑樱桃、黑莓等果香，伴有香草、咖啡、巧克力的丰盈，口感圆润，易于饮用。当然，现在也有新、旧两派兼得的中间风格。内比奥罗葡萄酒风味特点及配餐建议见表8-1。

表8-1 内比奥罗葡萄酒风味特点及配餐建议

类　型	外观	单宁	酸度	酒体	酒精	香气（配餐建议）
新派	宝石红	中高	高	中高	中等	果干、紫罗兰、烟草、焦油、腐植、松露（烤制块状蔬菜、香料突出的亚洲菜等）
旧派	紫红	高	高	中高	中高	黑樱桃、黑莓等果香，伴有香草、咖啡、巧克力的丰盈（烤制、烟熏、腌制等脂肪含量较高的猪牛羊肉或火腿等）

四、经典产区

优质的内比奥罗主要分布在皮埃蒙特产区，该地两个极具特色的村庄巴罗洛(Barolo)和巴巴莱斯科(Barbaresco)出产的世界顶级内比奥罗葡萄酒，香味复杂，单宁高，酸度够，平衡佳，陈年潜力巨大。阿尔巴内比奥罗(Nebbiolo d' Alba)及朗格(Langhe)也是该品种的主要产区，出产葡萄酒口感较为温和，新世界的栽培还属于尝试阶段。我国于1981年从意大利引入内比奥罗试种，栽培面积较小。

五、品种配餐

内比奥罗葡萄酒风格强劲，慢火烤制、脂肪含量较高的猪肉、牛肉，或是火腿之类的腌肉为其完美拍档，与同样产自皮埃蒙特的帕马森奶酪搭配堪称经典。主要搭配的菜肴类型有浓郁型、香辛料、酱料丰富菜肴，中餐菜品中烧烤类菜肴、金华火腿、梅菜扣肉、孜然羊肉等都是不错选择。

知识活页

侍酒师推荐

西餐搭配案例：烤羊肉茄子羊肉汁。

推荐理由：内比奥罗来自意大利北部的皮埃蒙特产区，主要酿造北部著名的巴罗洛。内比奥罗是意大利著名的雾葡萄，能表现出葡萄酒酿造的梦幻魅力，令巴罗洛酒体丰满，单宁强劲，具有丰富的皮革、松露以及红色浆果的味道。搭配新西兰的羊肉配茄子、灯笼椒，强劲的单宁可以更好地柔化羊肉，浆果的果香能与灯笼椒的香辣融合，复杂的皮革以及松露的味道能更好地提升羊肉汁的鲜香。

来源　Stephen 张　TRB 餐厅北京

营销点评

内比奥罗葡萄酒是意大利红葡萄酒的王牌，具有很强的陈酿性，结构复杂，气味芬芳。

来源　Stephen 张　TRB 餐厅北京

第二节　巴贝拉
Barbera

巴贝拉原产于意大利皮埃蒙特产区，有关巴贝拉的最早记载出现在 1246 年。英文别名有 Barber a Raspo Verde、Barbera Rosa、Barbera d'Asti 等。

一、品种特性

巴贝拉葡萄适应性强，葡萄藤生长十分旺盛，高产，如果不通过修剪或采用其他方法加以控制，过高的产量会降低葡萄的果实品质，葡萄会果味淡薄、酸度突出。该品种成熟期较晚，晚于多姿桃（Dolcetto），但早于内比奥罗，天然高酸，葡萄酒呈宝石红色，单宁含量低。

二、栽培特性

巴贝拉能适应各种葡萄园土壤，尤其适合在贫瘠的石灰质土壤和砂质黏土土壤生长，沙质土壤可以限制葡萄生长的活力和产量。在皮埃蒙特，该品种通常比内比奥罗提前两周成熟，该地通常在最好的地块种植内比奥罗葡萄，次好的地块种植巴贝拉。近年来，酿酒师会延迟采收巴贝拉，以便生产出更富果味、酒体更饱满的葡萄酒。

三、酿造风格

酿酒师有多种方法来应对巴贝拉葡萄的高酸以及出现的涩味，最常见的是与其他品种混酿，调配出更柔和、更平衡的葡萄酒。另外，较低的产量和推迟采收可以让葡萄获得更好的成熟度，以便更好地平衡巴贝拉的高酸。年轻的巴贝拉葡萄酒香气集中浓郁，以樱桃、覆盆子、蓝莓、黑莓等红色和黑色水果的香气为主，适合早期饮用，不宜久存。

20 世纪 70 年代，法国酿酒学家建议，巴贝拉可使用小橡木桶进行发酵和成熟，以增加微妙的橡木香料风味，同时微氧化反应可以很好地柔化巴贝拉葡萄酒。这一建议得到了很多人的认同，许多酿酒师喜欢采用烘烤过的橡木桶来熟成巴贝拉葡萄酒，可以增强酒体、香气复杂感、陈年潜力及香草等橡木香气。巴贝拉葡萄酒风味特点及配餐建议见表 8-2。

表 8-2 巴贝拉葡萄酒风味特点及配餐建议

区分	外观	酸度	酒体	酒精	单宁	香气(配餐建议)
无橡木风格	紫色	高	中等	中等	中等	红色水果香，清新纯净的樱桃风味，香气淡雅(番茄入味菜肴、比萨或中等浓郁度炖菜等)
有橡木风格	紫色	中高	中高	中等	丰富	黑色水果、橡木、香料(炖菜、红色肉类等)

四、经典产区

意大利西北部是巴贝拉的最主要产区，皮埃蒙特的种植面积几乎有一半用于种植巴贝拉。目前有三个子产区：阿斯蒂-巴贝拉(Barbera d'Asti DOCG)、阿尔巴-巴贝拉(Barbera d'Alba DOC)和蒙费拉托-巴贝拉(Barbera di Monferrato DOC)。在伦巴第，巴贝拉常用于酿造易饮的单一品种葡萄酒，包括静止酒和起泡酒。

在美国，该品种被广泛种植在加州中央谷地，在这里被广泛用于低价位葡萄酒的混酿。在纳帕和索诺玛较凉爽地区也有少数高质量巴贝拉葡萄酒产出。在俄勒冈州，巴贝拉也较为成功。在澳大利亚悉尼西北部的马奇(Mudgee)地区，巴贝拉已经生长了大约 25 年，之后在许多产区开始扩散种植，例如维多利亚的国王谷(King Valley)、南澳麦克拉伦谷(McLaren Vale)和阿德莱德山(Adelaide Hills)地区。

五、品种配餐

巴贝拉葡萄酒具有高酸度，搭配食物灵活度高，比较适合搭配较为浓郁的海鲜或中等浓度的炖菜等，如葱烧海参、鱼香肉丝等。

知识活页

侍酒师推荐

推荐菜品及类型：

香蒜鳀鱼热蘸酱；炖肉；白汁牛肉(Carpaccio)；烤肉；番茄酱汁炖牛肉；港式烧腊；红烧肉；茴香/大蒜/洋葱/番茄调味菜肴；烤腰子；番茄意面(Lasagna)；蘑菇/菌菇酱；烩牛膝(Osso Buco)；肉酱牛肉丸；腊肉、腊肠(Sausage)。

来源　李晨光　上海斯享文化传播有限公司创始人

营销点评

与意大利更广为人知的内比奥罗和桑娇维塞葡萄酒相比，巴贝拉葡萄酒略显“平民”特色，天然高酸，甜美多汁，十分易饮。巴贝拉在当地也可以酿造餐前起泡酒，风格多样，随着品质提升开始得到重视。

第三节　多姿桃
Dolcetto

有关多姿桃的记录最早出现于1593年，在意大利语中，多姿桃意思为“小而甜”，主要指这一品种较低的酸度，但是用多姿桃酿造的酒款基本是干型的。多姿桃又称Dolcetto Nero、Nibieu、Nibio等。

一、品种特性

该品种深色果皮，低酸，果味芳香。成熟期早，易感染真菌疾病。

二、栽培特性——多姿桃

适合种植在皮埃蒙特地势较高、气候凉爽的地区。在这些高地，相比多姿桃的自由生长，皮埃蒙特的其他两个代表性品种内比奥罗(Nebbiolo)和巴贝拉(Barbera)可能难以成熟。这些较凉爽的位置有助于多姿桃保持酸度，并避免过早成熟。

多姿桃

三、酿造风格

多姿桃的深紫色果皮中含有大量的花青素，只需花很短的浸渍时间即可产生深色的葡萄酒。果皮的量会影响葡萄酒中单宁的含量，酿酒师通常将浸渍时间限制在尽可能短的时间。使用多姿桃酿制出的葡萄酒口感柔顺而圆润，单宁少，果味浓郁，芳香四溢，常带有甘草和杏仁的风味。

大部分多姿桃葡萄酒需趁陈年时饮用，品质卓越的阿尔巴（Alba）及奥瓦达（Ovada）多姿桃葡萄酒至少可保持5年。由于多姿桃酿制出的葡萄酒能在短时间内上市，而巴贝拉（Barbera）及内比奥罗（Nebbiolo）葡萄酒则需要在橡木桶和瓶中进行较长时间的陈年，因此多姿桃是该产区各大葡萄园的一个重要经济来源，具有较高的商业价值。多姿桃葡萄酒风味特点及配餐建议见表8-3。

表8-3 多姿桃葡萄酒风味特点及配餐建议

区 分	外 观	酸度	酒体	酒精	单宁	香气(配餐建议)
干型	宝石红	高	中等	中等	低	樱桃和李子（清淡或中等浓郁的菜肴）

四、经典产区

多姿桃是一种来自意大利西北部蒙菲拉托（意大利语：Monferrato）丘陵地区的红葡萄品种，曾经在皮埃蒙特广泛种植，根瘤蚜病蔓延后开始减产，而巴贝拉的种植面积逐渐增多。来自阿尔巴（Alba）、阿奎（Acqui）和阿斯蒂（Asti）的多姿桃葡萄酒享有DOC法定称号，可用来酿造单一品种酒，其葡萄酒通常颜色深邃，口感柔软圆润，果香突出。大多数DOC级别葡萄酒使用巴贝拉混酿。在皮埃蒙特的南部邻居利古里亚（Liguria），该品种被称为Ormeasco，并用于制作奥梅斯科·波尔纳西奥（Ormeasco di Pornassio）。

该葡萄最初是由意大利人带到美国加利福尼亚州的，在洛迪（Lodi）、俄罗斯河谷（Russian River Valley）、圣克鲁斯山（Santa Cruz Mountains）、丽塔山（Rita Hills）和圣巴巴拉郡（Santa Barbara County）等地都颇受欢迎。澳大利亚是目前最古老的多姿桃新世界种植地，葡萄藤的历史可以追溯到19世纪60年代。

五、品种配餐

总体而言，多姿桃葡萄酒被认为是一种味道较淡的、简单易饮的红葡萄酒，与意大利面和比萨搭配非常好，与一些味道中等浓郁的菜肴同样搭配自如，如鹰嘴豆菠菜、意大利肉酱面和三文鱼薄片等。

知识活页

营销点评

多姿桃是果香芬芳的意大利本土品种，所酿葡萄酒果香馥郁、独特，有杏仁气息。酒体轻盈适中，简单易饮，常与开胃菜、意大利面等搭配饮用，也适合搭配各式比萨、意式肉丸面及王鲑鱼片等意大利美食。

第四节　科维娜 Corvina

科维娜是一种意大利酿酒品种，也称为 Corvina Veronese 或 Cruina。有关科维娜的历史记载在 19 世纪初期就已出现，彼时科维娜已经广泛种植于意大利维罗那省(Verona)的瓦玻里切拉(Valpolicella)产区，而这一地区也被视为该葡萄品种的发源地。科维娜这个名字起源于当地的方言 Cruina(未成熟的)，意指该葡萄品种晚熟的特征。

一、品种特性

科维娜果皮较厚，果皮颜色深邃，发芽较晚，属于晚熟品种。品种生命力顽强，有着良好的抗寒能力，产量高。

二、酿造风格

该品种天然高酸度，所酿葡萄酒十分明快，酒体较轻，单宁含量少，有天然酸樱桃的风味，并带有淡淡的苦杏仁味余味。在瓦坡里切拉的某些地区，生产商使用桶装陈酿增加葡萄酒的结构和复杂性。该品种晚成熟，皮厚，这意味着非常适合风干处理。采摘后，葡萄会放置在通风环境好的空间里，慢慢风干以浓缩风味，用来生产当地的名酒阿玛罗尼·瓦坡里切拉(Amarone della Valpolicella)、蕊恰朵·瓦坡里切拉(Recioto della Valpolicella)以及里帕索·瓦坡里切拉(Ripasso della Valpolicella)葡萄酒。三款葡萄酒都极具典型性，通常酒体丰满，强劲有力，有干果、巧克力、果酱等味道。科维娜葡萄酒风味特点及配餐建议见表 8-4。

表 8-4　科维娜葡萄酒风味特点及配餐建议

区　　分	外　　观	酸度	酒体	酒精	单宁	香气(配餐建议)
清淡风格	宝石红	高	中	中等	少	干樱桃和李子(中等浓郁的菜肴)

续表

区分	外观	酸度	酒体	酒精	单宁	香气(配餐建议)
阿玛罗尼	深色	高	饱满	中高	中高	煮熟的红色水果,摩卡、巧克力等(浓郁的菜肴或核桃和奶酪)
蕊恰朵	深色	高	饱满	中高	中高	果酱、果脯、糖浆、太妃糖、香辛料等(黑巧克力、黑森林蛋糕等浓郁的甜点)

三、经典产区

科维娜主要种植在意大利北部威尼托大区,用于酿造 DOC、DOCG 和 IGT 级别的葡萄酒。科维娜是意大利本土的重要品种,但尚未在世界范围内广泛传播,只有澳大利亚和阿根廷在酿造科维娜葡萄酒上取得了较大进步。

四、品种配餐

侍酒师通常会在餐厅推荐阿玛罗尼葡萄酒(一种较浓的科维娜葡萄酒)搭配丰盛且浓郁的菜肴(如烤肉)。餐后经典搭配是阿玛罗尼葡萄酒配以核桃和奶酪。而较淡的科维娜葡萄酒则适合中等浓郁度的菜肴或红色海鲜等。

知识活页

营销点评

科维娜晚熟,果皮厚,在意大利是酿造风干葡萄酒的不二之选。以科维娜为主酿造的瓦坡里切拉葡萄酒从樱桃红的浅色到浓郁的深紫色,从清淡酒体到强劲酒体丰满,风格与品质均有很大差别。

第五节 桑娇维塞 Sangiovese

该品种原产于意大利托斯卡纳地区,最早的记载出现在 16 世纪。2004 年,DNA 检测证明其双亲是绮丽叶骄罗(Ciliegiolo)和蒙特纳沃卡拉贝丝(Calabrese di Montenuovo)。桑娇维塞翻译于 Sanguis Jovis,意为“丘比特之血”。19 世纪之后开始在意大利流行开来,在意大利主要用该品种酿造的葡萄酒有 Chianti(Classico)、Rosso di Montalcino、Brunello di Montalcino、Rosso di Montepulciano、Montefalco Rosso 等。

桑娇维塞

一、品种特性

桑娇维塞属于晚熟品种，生长势中等，有很好的抗病性，产量中等。果穗较大，呈圆锥形，有副穗，较为松散，浆果中等大，圆形或椭圆形。

二、栽培特性

该品种果皮较薄，在潮湿天气易腐烂，需注意植株管理。有出色的耐旱性，能够很好地适应各种类型的土壤，不过以排水性好的石灰岩土壤为最佳。该品种与内比奥罗一样，属于意大利传统品种，种植面积非常广，主要分布在意大利中部托斯卡纳产区。喜好温暖的环境，需要充足的阳光，通常种植在朝南向的山坡上。

三、酿造风格

桑娇维塞晚熟，果皮较薄，颜色较浅，一般呈现宝石红或者石榴红的颜色。所酿葡萄酒酸度极高，单宁高，酒体中等，结构感良好，以红色果香为主，如酸樱桃、红莓、草莓、无花果、肉桂、泥土等气息，陈年后会转化为柔和的皮革风味。酿造方式上，近几年，人们更喜欢将其与法国品种赤霞珠、美乐等进行混酿，生产的葡萄酒更加成熟、富有果味，同时使用橡木桶陈年，为葡萄酒增添香草、橡木、烟熏的质感。桑娇维塞葡萄酒风味特点及配餐建议见表8-5。

表 8-5　桑娇维塞葡萄酒风味特点及配餐建议

类　型	品种	外观	单宁	酸度	酒体	酒精	陈年	香气（配餐建议）
Chianti	最少70%	宝石红	中高	高	中等	最少11.5%	次年3月后	酸樱桃、肉桂（红烧肉、狮子头等中等浓郁度菜肴）
Chianti Classico	最少80%	宝石红	中高	高	中等	最少12%	次年10月后	红浆果、樱桃等（中高浓郁度肉类菜）
Brunello di Montalcino	100%	紫红	高	高	浓郁	最少12.5%	4年以上	黑浆果、香草、焦油（烟熏、腊肉、野味等高浓郁度菜）

四、经典产区

桑娇维塞最经典的产区当属基安蒂地区的几个村庄，酒标上常出现基安蒂（Chianti）、基安蒂经典（Chianti Classico）。前者为基础酒款，后者对最少葡萄品种比例、酒精度、陈年时间有更多要求，通常比前者浓郁，指代该品种的经典、传统的酒款。该产区南边的蒙塔希诺（Montalcino）地区也是该品种的核心种植区，酒标上标注蒙塔希诺·布鲁奈罗（Brunello di Montalcino）。布鲁奈罗（Brunello）是桑娇维塞在当地的

Note

名称，使用100%桑娇维塞酿造而成，单宁较重，口感浓郁，是意大利非常优秀的葡萄酒，适合陈年。除此之外，它也是贵族酒(Vino Nobile Di Montepulciano)葡萄酒的主要使用品种，桑娇维塞的最少使用比例为70%。在新世界的美国华盛顿州产区，桑娇维塞也有良好表现。此外，其在瑞士、希腊、土耳其、智利、阿根廷、南非、加拿大、澳大利亚和新西兰均有种植。

五、品种配餐

桑娇维塞葡萄酒一般带有酸樱桃和草莓等红色水果风味，酒体适中至饱满，酸度和单宁含量都比较高，因此与高脂肪油腻菜肴搭配良好，可以很好地抵消食物的油腻感。在意大利当地与番茄酱入味的比萨、熏肉、火腿(萨拉米香肠)及奶酪等搭配完美。中餐菜肴中，可与牛小排、西红柿炖牛腩、水煮牛肉、肉饼等搭配。

知识活页

配餐推荐

酒款：基安蒂或翁布里亚桑娇维塞葡萄酒。

番茄酸味的菜肴；经过黄油或橄榄油等油脂调料处理的素食；熏肉及萨拉米(Salami)香肠等。

酒款：风格严肃基安蒂或布鲁奈罗桑娇维塞葡萄酒。

搭配味道丰富的、油脂含量较高菜肴；炖肉类；熏肉及火腿，如意大利帕尔玛火腿(Prosciutto di Parma)或圣丹尼火腿(Prosciutto di San Daniele)，兼具咸味、甜度与脂肪的菜肴是搭配桑娇维塞葡萄酒的理想之选。

引入与传播

桑娇维塞于1981年从意大利引入我国，1984年，中国农科院郑州果树研究所又从意大利佛罗伦萨大学引入此品种及其品系，目前在山东、河北有小面积种植。在山东蓬莱产区的苏各兰酒庄有一定量的种植，主要用于混酿。

第六节 艾格尼科
Aglianico

艾格尼科原产于意大利南部，又被叫作 Agliatica、Ellenico、Ellanico、Gnanico、Uva Nera 等，中文译名还有“阿里亚尼考”“阿里安尼科”等。

一、栽培特性

该品种发芽早，成熟晚，采摘时间为11月前后。生命力极强，产量高，能很好地抵御白粉病(Powdery Mildew)。偏爱温暖干燥的气候，适宜生长在火山岩上，优质的艾格尼科葡萄园通常分布在海拔400—500米的火山土壤处。该品种酸度相对较高，充满活力。栽培时需限制产量，产量过高，葡萄的品质会大打折扣。

二、酿造风格

该品种果皮颜色深邃，有黑色浆果和泥土的气息。口感强劲，层次感分明，单宁平衡稳固，余韵悠长。艾格尼科葡萄酒在年轻时往往单宁丰富且浓郁，适合陈年，熟成的葡萄酒单宁柔顺。艾格尼科葡萄酒风味特点及配餐建议见表8-6。

表8-6 艾格尼科葡萄酒风味特点及配餐建议

区　分	外观	酸度	酒体	酒精	大宁	香气(配餐建议)
干型	颜色深	高	饱满	高	重	黑色浆果和泥土(浓郁的菜肴)

三、经典产区

艾格尼科是意大利南部最出色的红葡萄品种，生长在布满火山土壤的山坡上。艾格尼科的结构感和复杂性使其在意大利南部成为混酿的主流葡萄。在坎帕尼亚(Campania)，最优质的葡萄酒来自图拉斯(Taurasi DOCG，至少85%的艾格尼科)。那里的土壤主要是火山沉积物和钙质黏土，非常适合艾格尼科的生长。所酿葡萄酒黑色果香浓郁，单宁坚实有力，陈年潜力佳。它经常与赤霞珠和美乐混酿，用于生产当地IGT葡萄酒。在巴西利卡塔(Basilicata)，沃图尔-艾格尼科(Aglianico del Vulture DOC)便是用生长在秃鹫火山(Monte Vulture)火山坡上的艾格尼科葡萄酿制而成，是意大利南部较好的葡萄酒，同图拉斯(Taurasi)一样，有南部巴罗洛(Barolo)之称。

艾格尼科在澳大利亚的河地(Riverland)产区有一定量的种植。艾格尼科喜炎热，能被酿造为色深、风味芬芳的美酒，在澳大利亚潜力大。

四、品种配餐

艾格尼科葡萄酒色泽深厚，有黑色浆果和泥土的气息，适合存放数年后饮用，室温侍酒，适合的配菜为浓郁的肉食菜肴。

知识活页

侍酒师推荐

中餐搭配案例：红烧牛舌尾。

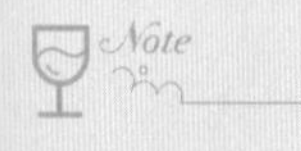

红烧牛舌尾为天津老字号饭庄——登瀛楼的招牌菜。以肥美的牛舌和牛尾为原料，去腥处理后进行红烧，具有经典的浓油赤酱风格但又不失牛肉的软嫩鲜美。艾格尼科能够很好地平衡牛肉中轻微的膻味并增添一分成熟的果香，高单宁能够很好地协助分解牛肉的肌红蛋白，在口感和风味上，浓油赤酱的香气能够很好地被艾格尼科的结构平衡！

来源 Colin LI 成都华尔道夫酒店/希尔顿集团大中华区西区首席侍酒师

营销点评

艾格尼科是产自意大利南部巴西利卡塔(Basilicata)产区的本土品种。所酿葡萄酒结构丰满，单宁和黑色水果香气特别强劲且适宜陈年，也是意大利南部的明日之星品种！

来源 Colin LI 成都华尔道夫酒店/希尔顿集团大中华区西区首席侍酒师

第七节 增芳德 Zinfandel

有关该品种的起源问题一直争论不休，由于在美国加州种植广泛，一度被认为是美国本地品种。直到1994年，该品种经加州大学戴维斯(Davis)分校相关专家DNA鉴定证明，与意大利南部的普里米蒂沃(Primitivo)属于同一基因序列，为同一品种。增芳德又称“仙粉黛”“普里米蒂沃”等。

一、栽培特性

增芳德是美国加州重要的葡萄品种，曾一度认为是当地本土葡萄，在当地种植广泛。该品种原产地意大利南部，当地被称为“普里米蒂沃”。晚熟，耐热、耐干旱，适应干燥、温暖的气候，生长期长，高产。在昼夜温差大，成熟期干燥的地区，尤其是地中海气候环境下生长最佳，喜好花岗岩质土壤，抗病性中至弱，对酸腐病、白腐病较为敏感。

二、酿造风格

该品种果皮薄，糖度高，可酿成不同风格的葡萄酒，可酿造晚采的甜酒、桃红葡萄酒(White Zinfandel)、果香型中等酒体红葡萄酒、波特酒等。香气与口感受气候及酿造方法影响大，主要呈现覆盆子、黑醋栗、李子等果香，果香馥郁。橡木桶陈酿后有红茶、巧克力的味道，单宁较为柔顺，酒体丰厚，酸度中等。市场价格从低到高均有分布，一般是较为亲民，广受欢迎。增芳德葡萄酒风味特点及配餐建议见表8-7。

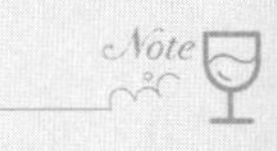

表 8-7　增芳德葡萄酒风味特点及配餐建议

类　型	外观	单宁	酸度	酒体	酒精	香气(配餐建议)
White Zinfandel	三文鱼色	中低	中高	清淡	中等	草莓、樱桃等红色水果(鸡、鱼肉、亚洲菜)
Zinfandel(干型)	中深色泽	中高	中等	浓郁	高	红色水果、果干、甜香辛料等(烤肉)
Zinfandel(老藤)	深色	中高	中高	饱满	高	黑色浆果、香料、泥土(酱骨、鲁菜)
Primitivo	深色	中高	中等	浓郁	高	馥郁的果香、烟草、焦糖及草本(烧烤)

三、经典产区

顶级增芳德葡萄酒主要使用来自索诺玛县(Sonoma County)干溪谷(Dry Creek Valley)等地的老藤增芳德酿造,通常使用橡木桶陈年,口感浓郁,酒体饱满,陈年潜力佳。另外,加州较温暖的阿玛多县(Amador)、西兰丘陵(Sierra)及圣华金河(San Joaquin Valley)也出产优质增芳德葡萄酒。意大利南部的普利亚(Puglia)大区气候温暖,非常适合该品种的生长,葡萄酒呈现出浓郁的果味,并伴有烟草和焦油的气息,酒精度高,酒体浓郁,老藤的普里米蒂沃有非常复杂的结构感。新世界的澳大利亚及墨西哥也有部分种植。

四、品种配餐

增芳德果香丰富,口感柔顺,能与很多菜肴完美搭配。经典西餐搭配菜肴包括配有蘑菇和撒有帕尔玛干酪的意大利面,配有蛤、贻贝、西红柿、大蒜的意大利面、羊乳干酪以及烤肉等;中餐可考虑浓郁的家禽类、烧烤、肉馅面食类菜肴,如烤乳猪、BBQ 猪小排、牛羊蒸包等。

知识活页

侍酒师推荐

推荐菜品及类型:

百里香油煎香肠/烤肠、培根豌豆汤(Soup Bean with Bacon)、罗宋汤(Borscht)、秋葵汤(Gumbo)、炸鱿鱼圈、奶油鸡肉烩饭(Chicken-fried)、西冷/菲力牛排、寿喜烧(Sukiyaki)、金枪鱼寿司配话梅酱、日式照烧酱烤鳗鱼。

来源　李晨光　上海斯享文化传播有限公司创始人

营销点评

增芳德是美国最具代表性的葡萄品种,特别喜爱阳光又耐干耐热。所酿葡萄

酒果香奔放，口感圆润饱满，风格多样，深受当地人的喜爱，并因在加州的突出表现得以晋身全球知名品种。

引入与传播

我国于1980年从美国引入增芳德，目前在河北沙城、昌黎以及其他科研单位有少量栽培，内蒙古乌海和山东蓬莱等地在20世纪90年代也有引入。

怡园酒庄的艾格尼科(Aglianico)

怡园酒庄自2006年起，开始在山西太谷基地种植艾格尼科（怡园酒庄是中国最早种艾格尼科的酒庄），目前栽种面积约30亩。怡园酒庄使用单一品种酿酒，使用法国新、旧橡木桶交替陈年，酿成的葡萄酒结构平衡，具有良好深度，余味长。

2017年品醇客亚洲葡萄酒大赛(DAWA)评审评语：黑樱桃和黑巧克力香气很有层次，口味十分饱满，充满丁香的辛香和甜香料的甜美。

2018年酿造报告：产量3171瓶，葡萄串去梗轻微破碎，进入小型开口式发酵罐和橡木桶。在相当高的温度下进行发酵，并进行常规的人工压帽。使用25%的新法国橡木桶和75%的1年和2年橡木桶。在400 L的橡木桶中陈酿12个月后，装瓶前只进行轻微过滤处理。葡萄酒有绯色边缘，黑色浆果气息，口感强劲，单宁细腻，余味好。

来源 山西怡园酒庄

案例思考：探析我国酿酒葡萄品种结构优化及品种多样性发展情况。

□ 知识训练

1. 归纳意大利北部红葡萄品种特性、栽培特性、酿造风格、经典产区及酒餐搭配。
2. 归纳意大利中部红葡萄品种特性、栽培特性、酿造风格、经典产区及酒餐搭配。
3. 归纳意大利南部红葡萄品种特性、栽培特性、酿造风格、经典产区及酒餐搭配。

□ 能力训练

1. 根据所学知识，制定品种理论讲解检测单，分组进行品种特性、酿造风格及品种配餐的服务讲解训练。

2. 设定一定情景，根据顾客需要，对本章品种葡萄酒进行识酒、选酒、推介及配餐的场景服务训练。

3. 组织不同形式的品种葡萄酒对比品鉴活动，制作品酒记录单，写出葡萄酒品酒词并评价酒款风味与质量，锻炼对比分析能力。

葡萄品种蒙特布查诺

思政启示

章节小测

第九章
其他国家代表性红葡萄品种

本章概要

本章主要讲述了前文未重点介绍的世界其他国家（德国、西班牙、葡萄牙、南非、格鲁吉亚、中国）主要酿酒红葡萄品种相关知识，知识结构囊括了该葡萄的品种特性、栽培特性、酿造风格、经典产区及品种配餐等内容。同时，在本章内容之中附加与章节有关联的侍酒师推荐、营销点评、引入与传播、知识链接、思政案例及章节小测等内容，以供学生深入学习。本章知识结构如下：

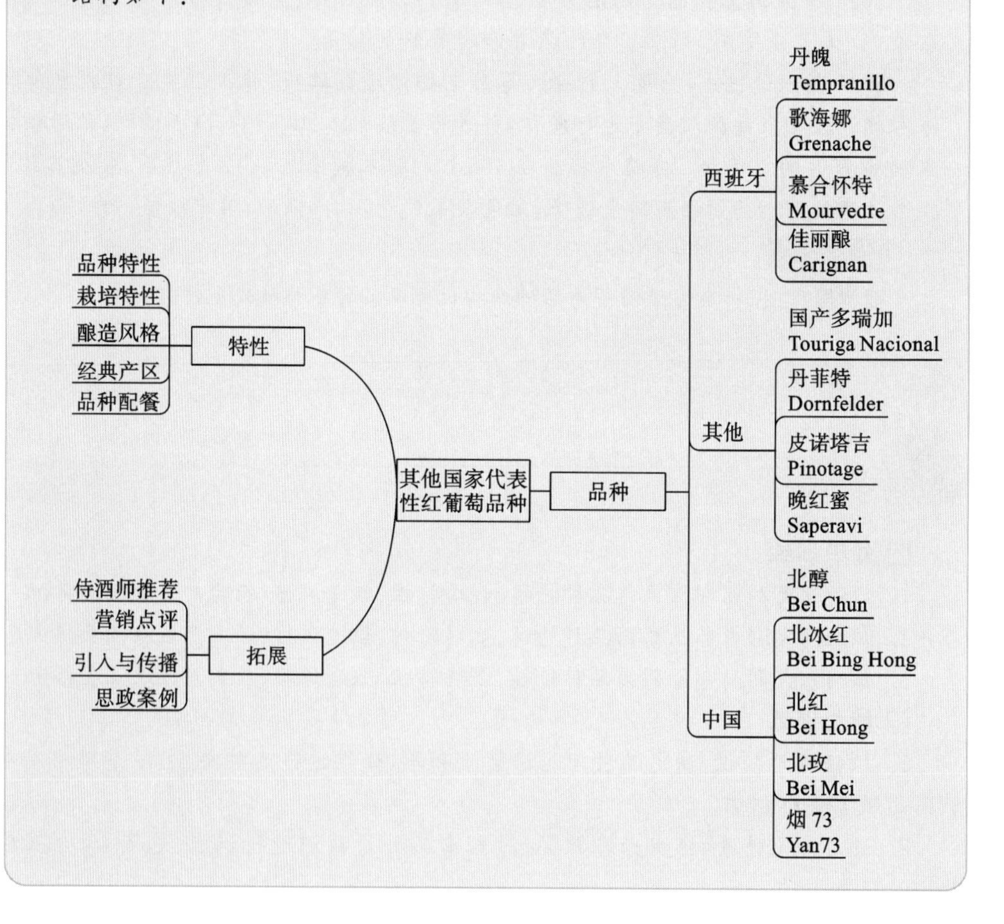

学习目标

知识目标:了解本章主要酿酒红葡萄品种的起源与发展,掌握该葡萄的品种特性、栽培特性、酿造风格、经典产区等理论知识;掌握该品种的营销点及配餐服务建议,理解品种属性及葡萄酒风格形成的因素;熟知该品种在我国的引入、传播及发展情况。

技能目标:运用本章知识,具备在工作情境中对本章品种葡萄酒基本特性的推介讲解能力,具备对该品种的酒标识别、侍酒服务及配餐推荐的基本服务技能;通过品种葡萄酒对比品尝的技能实训,具备对该品种葡萄酒的口感风格及质量等级的分析鉴赏能力,具备良好识酒、选酒及品酒技能。

思政目标:通过学习本章品种在栽培、酿造中的历史文化与人文理念,解析其蕴含的人文精神,丰富学生的历史文化素养;通过对本章主要品种葡萄酒的对比品鉴及推介服务训练,固化专业、专注、客观、公正的品酒意识;通过剖析我国在适应本土发展的红葡萄品种培育、酿造等方面的探索与成效,使学生明辨中国葡萄酒产业的后发优势,增强学生振兴我国葡萄酒产业、建设葡萄酒大国强国的信念。

章首案例

来自吐鲁番的晚红蜜

章节要点

- 掌握:丹魄、歌海娜、国产多瑞加、晚红蜜及北醇葡萄属性、主要产地、酿造风格、酒餐搭配方法及营销点。
- 了解:慕合怀特、佳丽酿、丹菲特、皮诺塔吉、北冰红、北红、北玫及烟73葡萄属性、酿造风格、配餐及主要分布地。
- 理解:影响葡萄品种属性及葡萄酒风格形成的因素。
- 学会:品种葡萄酒对比品鉴,品酒笔记的记录,酒标识别,并能为之进行推介营销与配餐说明。
- 归纳:构建其他红葡萄品种属性对比表,制作品种属性思维导图,辨析不同品种葡萄酒的风格与特征。

第一节 丹魄 Tempranillo

丹魄原产于西班牙,是该国标志性红葡萄品种,广泛分布在伊比利亚半岛的西班牙、葡萄牙境内。丹魄(Tempranillo)有“早熟”之意,后缀“illo”有“小”的意思,名称意

为“早熟的小葡萄”。其他常见译名为“添帕尼优”，常见外文名称有 Tinto Rorez、Aragonez 等。

一、栽培特性

丹魄是一种早熟品种，果粒紧实有力，果穗呈圆锥状或者圆柱状，果皮颜色非常深。一般生长在纬度相对较高的地区，喜冷凉地区，较冷凉的环境可以为葡萄带来高酸的特性。该品种也可以适应相对温暖的气候，对糖分积累与着色有帮助，可以适应不同气候类型。但对病害和虫害的抵抗力较差。栽培时需控制产量，高产容易导致颜色减淡、果味强度及酸度下降。

二、酿造风格

丹魄果皮较薄，葡萄酒具有宝石红色或橘红色的边缘，有丰富新鲜的草莓、樱桃香气，果味浓郁，经橡木桶陈年后散发出香草、甘草及烟叶风味，香气复杂，富有层次。该品种是西班牙种植最广泛的葡萄品种，也是西班牙酿造顶级葡萄酒的优质品种所酿葡萄酒通常呈现中高浓郁度的酒体，酒精度较高。传统酿造方式上，经常与歌海娜、佳丽酿、慕合怀特混酿，现在与赤霞珠、美乐等国际品种的混酿也渐渐流行。

酿酒风格主要分为传统派与现代派，传统风格仍然坚守旧木桶陈年，多呈现香料、皮革与烟草的味道；现代派风格会使用法国橡木桶陈年，但时间不会过长。另外，西班牙通常按照陈年时间划分葡萄酒的等级，分别为新酒（Joven）、陈酿（Crianza）、珍藏（Reserva）和特级珍藏（Gran Reserva）。不同等级的丹魄葡萄酒口感风格不尽相同。陈年时间越久，葡萄酒会呈现越多的皮革、泥土、烟草、肉桂和巧克力等风味。丹魄葡萄酒风味特点及配餐建议见表 9-1。

表 9-1　丹魄葡萄酒风味特点及配餐建议

类　　型	外观	单宁	酸度	酒体	酒精	香气（配餐建议）
年轻的	宝石红	中等	中高	清淡	中等	樱桃、黑莓红色等果味（禽类、炖菜）
陈年的	深一些	厚重	中高	中高	中高	香草、咖啡、烟草、皮革、香料、泥土等（浓郁肉类）

三、经典产区

丹魄在全世界的种植面积正在逐步扩大，在西班牙各个产区都能看到丹魄的身影，西班牙也因此被誉为“丹魄王国”。西班牙丹魄主要种植在北部、中部地区，尤其以纳瓦拉（Navarra）、里奥哈（Rioja）与杜埃罗河岸（Ribera del Duero）最为出众。在葡萄牙，丹魄是酿造波特酒的重要调配品种，当地称为罗丽红（Tinto Rorez）。该品种目前是葡萄牙杜罗河（Douro）产区的第二大红葡萄品种，在杜奥（Dão）产区也同等重要，同时它还是阿连特茹（Alentejo）崇贵的葡萄品种。丹魄在新世界产区的美国、澳大利亚、阿根廷也有种植，且表现出优异的品质。

四、品种配餐

新鲜风格的丹魄葡萄酒口感十分清新，比较适合搭配鸡翅、火鸡、香肠、培根、火腿、牛肉煎饼、蔬菜炖肉、烤茄子等。珍藏级可与腌肉和烤肉等相互增添风味。

知识活页

侍酒师推荐

中餐菜品推荐：煎羊排、九转大肠、酱牛肉、卤味等。

中餐搭配案例：崂山菇炒大公鸡。

一般来说，红肉配红酒是一个基本原则，在这里恰恰是因为丹魄葡萄酒和这道菜的特别之处，里奥哈传统风格的丹魄葡萄酒喜欢使用老旧的、大的橡木桶进行长时间(常见4—5年甚至十几年)陈年和长时间瓶陈，这种做法会让酒体更和谐，状态更沉稳，更是会带来很多菌菇、动物皮毛、酸梅汁的味道。这些香气完美地契合了崂山菇炒大公鸡的特点，菌菇香气无须赘言，和崂山菇自成一脉，动物皮毛香丰富了鸡肉相对单一的肉香，酸梅汁的香气提升了鸡肉的鲜甜，长时间的陈年让丹魄葡萄酒的单宁变得不再躁动，温顺无比，而大公鸡相对紧致的肉质更是对这种质地的单宁无比友好。总之，这是一个和谐又极具新意的搭配。

来源 朱晨光 第四届盲品大赛冠军

营销点评

丹魄是西班牙当之无愧的品种之王，葡萄酒酒体是从清淡到中等，单宁柔顺，口感多汁甜美。陈年后带有香草、皮革和尘土的气息，富有变化。在搭配上，菌类食物是很好的选择。

引入与传播

丹魄在河北怀来产区的迦南酒业与中法庄园有一定栽培。迦南酒业于2009年引入该品种。品种随即展现出优秀的本土适应性，从风味与口感上忠实地表达了怀来产区的风土特质，复杂的果香、集中细腻的单宁给人带来愉悦，风格优雅，陈年潜力优秀，适合搭配中餐美食。2014年开始，诗百篇每年推出单一品种的丹魄葡萄酒。

来源 中法庄园、迦南酒业

第二节 歌海娜
Grenache

通常，人们认为歌海娜起源于西班牙北部的阿拉贡省，在那里它被称为“加尔纳恰

红葡萄”(Garnache Tinta),之后穿越比利牛斯山脉进入法国南部,最终到达罗讷河谷。

一、栽培特性

歌海娜在西班牙被称为 Garnacha,是西班牙种植最广泛的红葡萄品种,尤其在阿拉贡(Aragón)、纳瓦拉(Navarra)和里奥哈(Rioja)地区扮演重要的角色,该品种在法国南部、罗讷河谷及其他地中海国家都有大量种植。歌海娜喜好炎热的气候条件,需要很多热量才能成熟,喜好贫瘠、排水性好、多岩石干旱的土壤类型。生长势强,容易栽培,但成熟较晚,含糖量高,易出现大小年现象。

二、酿造风格

歌海娜

歌海娜成熟后果糖较高,所酿葡萄酒酒精度高,酒体浓郁,温润丰满,酸度相对缺乏。因此,歌海娜常与其他品种混酿,取长补短。其果皮较薄,所以葡萄酒颜色浅,大部分呈现深红或是深橘红色,与其他品种葡萄酒相比,随着成熟的发展颜色变化更快,易变为砖红色。该品种葡萄酒单宁含量低,口感柔顺,在西班牙与普罗旺斯是酿造桃红葡萄酒的不二之选。因为高糖分,该品种在南法地区也可以做成加强型葡萄酒。歌海娜葡萄酒通常呈现草莓、覆盆子等红色水果果香,常伴有淡淡的白胡椒与草药等甜香料的气息。

在法国罗讷河地区,该品种种植相当广泛,经常与西拉、慕合怀特调配酿酒,为葡萄酒增加辛辣的香气与酒体,使用歌海娜调配酿造的教皇新堡(Châteauneuf-du-Pape)葡萄酒广受消费喜爱。那里的土壤布满大型鹅卵石,可以为葡萄树提供更多热量与能量,酿成的葡萄酒甜美圆润,气息迷人。在原产地的西班牙,歌海娜常与丹魄混酿。

在新世界的澳大利亚崇尚 GSM 混酿(歌海娜、设拉子和幕合怀特),巴罗萨及麦克罗伦的歌海娜葡萄酒带有非常明显的甜美果香及香料味。歌海娜葡萄酒风味特点及配餐建议见表 9-2。

表 9-2　歌海娜葡萄酒风味特点及配餐建议

类　型	外观	单宁	酸度	酒体	酒精	香气(配餐建议)
桃红	三文鱼色	低	中等	清淡中等	中等	草莓、红莓等果香、花香、紫罗兰等(亚洲料理)
干红	宝石红	中低	中低	浓郁圆润	中高	桑葚、李子、黑樱桃、香料、泥土等(浓郁菜肴)

三、经典产区

歌海娜主要分布在法国和西班牙。西班牙的普里奥拉产区(Priorat)是最经典的单一品种的歌海娜葡萄酒出产地,高品质的老藤歌海娜葡萄酒深受业界欢迎。在里奥哈(Rioja)地区,歌海娜也有非常大的优势,经常与丹魄混酿,除此之外,歌海娜在纳瓦拉(Navarra)地区以及中部西班牙的拉曼恰(La Mancha)等也有广泛分布。歌海娜在法国主要罗讷河谷、普罗旺斯、朗格多克地区以及许多天然甜葡萄酒产区,如里韦萨特(Rivesaltes)、莫里(Maury)及拉斯多(Rasteau)产区,种植面积广泛。其在新世界澳大

利亚、美国加州、意大利等地也有突出表现。

四、品种配餐

歌海娜酿出的葡萄酒多香料和烟熏气息，能够很好地搭配烟熏肉、烟熏蔬菜等菜肴，如烤鸭、烤羊及地中海菜肴等。中餐中可与各类炖菜、海鲜火锅、海鲜饭、砂锅菜等搭配，与各类肉类也可以完美结合，如红烧肉、宫保鸡丁、水煮牛肉、砂锅牛肉等。

知识活页

侍酒师推荐

品种特点：早熟，果味足。

歌海娜是盛行于地中海沿岸产区的红葡萄品种，早熟。酿成的葡萄酒具有丰富的红色水果香气，酸度微微内敛却活泼，单宁亦偏中高，需要充足的热量来促成良好的熟成度。

西餐搭配案例：澳大利亚 Stockyard M9＋级别牛柳（五成熟）配红酒汁。

红酒汁洋溢着丰富的红酒香气，轻微的咸鲜和良好的回甘口味使得牛柳在口中充满让人咀嚼的冲动。西班牙的歌海娜葡萄酒充裕的红色樱桃、红色李子的香气可以让菜品显得香气层次递进，肉香、果香形成一曲完美的交响，搭配完美。

中餐搭配案例：江南酥小牛肉。

牛肉选取小牛肉的里脊部分，经过腌制、煮熟和炸制，使得肉质内里柔软有弹性，外表却酥脆焦香并且带有一些美妙的甜味，是一道颇有意味的创意菜。歌海娜葡萄酒酒精度一般为13.5% vol，酒本身也带有明显的回甘和丰满愉悦的红色水果、甜香料（肉桂、丁香等）的甜美。两者在味型和香味搭配上，相得益彰！

来源　Colin LI　成都华尔道夫酒店/希尔顿集团大中华区西区首席侍酒师

营销点评

歌海娜是典型的地中海品种，早熟，所酿葡萄酒果香充裕活泼，酸度轻灵，可以说是来自地中海的“水果炸弹”。

来源　Colin LI　成都华尔道夫酒店/希尔顿集团大中华区西区首席侍酒师

引入与传播

歌海娜引入我国的时间是1980年，目前在我国的种植尚不广泛，在山东产区、新疆的鄯善地区、云南产区有一定规模的种植。由歌海娜与赤霞珠杂交而成的马瑟兰在中国发展较快，所酿葡萄酒深受消费者喜爱。

山东蓬莱的苏各兰酒庄有22亩歌海娜的种植。该酒庄于2004年引入种植歌海娜，该品种葡萄酒表现良好。在该酒庄，歌海娜通常与美乐、桑娇维塞进行混酿，所酿葡萄酒果香浓郁，酒体偏轻盈，口感柔顺协调。

来源　蓬莱苏各兰酒庄

第三节　慕合怀特 Mourvedre

慕合怀特原产于西班牙，在该国也被称为 Monastrell，在澳大利亚、美国等新世界国家则被称为 Mataro，别称还有 Esparte、Etrangle-Chien。

一、品种特性

慕合怀特发芽较晚，成熟早，生长直立健壮，产量中下等。果粒较小，密实，果皮呈深紫蓝色，皮厚，抗腐烂性较强。

二、栽培特性

慕合怀特对栽种条件有一定的要求，喜好多日照而温暖的气候，果穗较紧，需要有良好的通风条件，防止腐烂。该品种晚熟，比佳丽酿晚一周，成熟期需要较高的热量，在法国南部 6 月上旬开花，10 月上旬成熟。适合在石灰土中生长，需要定期、限量的水源灌溉。该葡萄采收期往往很短，一旦成熟达到峰值，酸度会急剧下降。

三、酿造风格

慕合怀特果皮厚，所酿葡萄酒有相当出色的颜色、单宁与酸度，骨架感强，风味浓郁，有黑莓、香料、胡椒、皮革以及巧克力的味道，陈年潜力突出，陈年后葡萄酒变得丰满和复杂。该品种由于风格强劲，很少单独酿造，属于绝佳的调配品种，经常与歌海娜、设拉子组成 GSM 组合，也与佳丽酿与神索等调配使用，起到提供骨架、结构以及增强陈年潜力的作用。慕合怀特葡萄酒风味特点及配餐建议见表 9-3。

表 9-3　慕合怀特葡萄酒风味特点及配餐建议

区　分	外　观	酸度	酒体	酒精	单宁	香气(配餐建议)
干型	紫色	中高	饱满	高	高	黑色水果、胡椒、皮革、巧克力等浓郁香气(浓郁的菜肴)

四、经典产区

慕合怀特种植非常广泛，尤其在西班牙西南部莱万特大区，在当地的瓦伦西亚(Valencia)、耶克拉(Yecla)、胡米亚(Jumilla)产区，该品种和歌海娜可以调配酿造出色泽幽深、具有成熟水果果干气息的极具活力的葡萄酒。该品种在南法、罗讷河谷、普罗旺斯等地也承担了非常重要的角色。尤其在南法，慕合怀特既可作为单一品种酿造葡萄酒又作为混酿成分，广受市场欢迎。在澳大利亚，该品种也有流行趋势，歌

海娜-设拉子-慕合怀特的混酿(GSM)数量激增。在美国,慕合怀特主要分布在加州和华盛顿州。

五、品种配餐

慕合怀特具有黑色水果、胡椒、皮革、巧克力等风味,常温下侍酒,适合搭配烤肉、块根类蔬菜、蘑菇等食物,如红烧牛尾炖肉、羊肉切碎烤茄子等。

知识活页

营销点评

慕合怀特葡萄酒是一种相对丰富且浓缩的葡萄酒,带有深色水果的味道,常见于法国南部和西班牙南部。颜色明亮,果香馥郁,单宁丰富,酒精度高,适合与我国北方菜肴搭配。

第四节 佳丽酿 Carignan

佳丽酿为欧亚品种,原产于西班牙北部,并广泛种植于地中海沿岸国家。该品种在西班牙被叫作 Monastell,在意大利被叫作 Carignano,另外也被称为 Carignan、Mazuelo、Bovale Grande、Cariñena 等。

一、品种特性

佳丽酿叶大且厚,5 裂。叶上表面为深绿色,表面光滑,下表面为轻微的灰绿色。佳丽酿的浆果呈蓝黑色,圆形,较大,果皮厚,果实硬而多汁。果穗大,圆锥形,长而紧密,有时有副穗。佳丽酿的果串枝径较短且果粒密实,不适合机械化采摘。

二、栽培特性

佳利酿属晚熟品种,耐旱,生长非常旺盛,高产,世界范围内分布广泛。品种晚熟,这意味着除非在非常温暖的环境下,否则它几乎无法完全成熟。喜好贫瘠的砾石土壤。佳丽酿很容易受到病虫害的危害,其中包括白粉病和欧洲葡萄蛾侵扰,但它对葡萄孢菌、腐霉菌和浮萍属的真菌病具有一定的抵抗力。

三、酿造风格

佳丽酿酿造的葡萄酒具有深红色水果,如草莓、樱桃、覆盆子等的香气,有时也会有

紫罗兰、玫瑰花瓣的花香。酒液颜色较深，酸度较高，单宁结构感强，酒精度较高，并带会有胡椒、甘草等香料的气息。

佳丽酿经常在混酿中被用作着色品种，而不是大规模进行单一品种的酿造。由于其天然高酸、高单宁和涩味，对于酿酒师来说，佳丽酿可能是一个很难加工的品种，需要大量的技巧才能生产出精美而优雅的葡萄酒。最常见的风格是与神索、歌海娜进行混酿，西拉也是佳丽酿最佳的混酿搭档，能够生产出果香丰富、口感柔顺的葡萄酒。佳丽酿葡萄酒风味特点及配餐建议见表 9-4。

表 9-4　佳丽酿葡萄酒风味特点及配餐建议

区　分	外　观	酸度	酒体	酒精	单宁	香气(配餐建议)
干型	紫色	较高	饱满	高	高	香气浓郁，结构感强(肉类、硬质奶酪等)

四、经典产区

佳丽酿广泛种植于法国南部，常用于酿造地区餐酒。2009 年数据显示，佳丽酿在法国的种植面积为 53155 公顷，为西班牙种植面积的 9 倍。其中，80%的佳丽酿种植在南法的奥德(Aude)和埃罗(Herault)两地。该品种在西班牙普里奥拉托(Priorat)产区表现日益突出，在里奥哈，常与丹魄混酿，为葡萄酒增添酸度。在意大利的撒丁岛也有大量种植，在当地，佳丽酿用于酿制口感强劲而怡人的干红与桃红葡萄酒，最负盛名的是苏奇斯佳丽酿葡萄酒(Carignano Del Sulcis)。

新世界产酒国中，佳丽酿在墨西哥、智利、阿根廷、澳大利亚和南非有一定量的种植。

五、品种配餐

从配餐上来说，佳丽酿葡萄酒属于口感醇厚强劲、结构感强的酒，因此需要与肉类、奶酪等搭配，如胡椒加泰罗尼亚香肠、香辣羊肉丸、茄子烤宽面条等。

知识活页

引入与传播

佳丽酿曾经在 1892 年被引入我国烟台，主要分布在山东、河北、河南等地。1957 年，农业部曾向全国各地推荐该品种，因此我国各地都有种植。但因其酿造优质酒难度较高，近年种植面积有下降趋势。

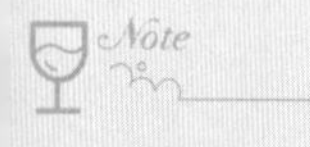

第五节 国产多瑞加 Touriga Nacional

国产多瑞加是葡萄牙本土的红色葡萄品种，又被称为 Bical Tinto、Mortagua、Preto de Mortagua、Touriga Fina 等。

一、栽培特性

国产多瑞加果穗圆锥形，较小，果实紧凑，皮厚，味道浓缩，呈蓝紫色。较为早熟，适合各种生长环境，最适宜种植在高坡上的岩石土壤中。该品种生长势强，需要大量修剪以控制长势，确保葡萄质量。坐果率一般，产量中等，十分容易感染白粉病，对于霜霉病和灰霉病的抗性也不强。

二、酿造风格

国产多瑞加是酿造波特酒的重要葡萄品种，在杜罗河（Douro）和多奥（Dão）越来越多地用于酿造优质干型葡萄酒。该品种酿造的酒颜色深浓，风味集中，结构复杂，单宁充沛，带有丰富的黑色水果风味，如桑葚、黑莓、黑醋栗等成熟水果果香，果味丰富，并伴随有紫罗兰、岩蔷薇等花香，陈年潜力佳。国产多瑞加葡萄酒风味特点及配餐建议见表 9-5。

表 9-5 国产多瑞加葡萄酒风味特点及配餐建议

区　分	外　观	酸度	酒体	酒精	单宁	香气（配餐建议）
干型	紫红（深）	高	饱满	中高	丰富	香气馥郁（牛排、羊排等浓郁菜肴）
波特	深宝石红—茶色	中高	饱满	中高	丰富	果脯、果干、烟熏（浓郁甜点）

三、经典产区

国产多瑞加在波特酒的生产中占有极为重要的地位，大部分种植在葡萄牙杜罗河（Douro）产区。截至 2010 年，国产多瑞加在葡萄牙的种植总面积增至 2004 年的两倍多，达到了 7268 公顷。该品种在国际上赢得越来越多的声誉，其种植范围不断向南延伸，但南部炎热的天气削弱了国产多瑞加优雅和芳香的特性。

在澳大利亚，国产多瑞加简称 Touriga，用以酿造波特风格的葡萄酒以及佐餐酒。在美国加州，国产多瑞加主要种植在圣华金河谷（San Joaquin Valley），用于酿造单一品种的桃红葡萄酒，也会和其他葡萄品种调配，制成混酿的加强型甜葡萄酒。

四、品种配餐

干型国产多瑞加葡萄酒颜色深，单宁强劲，香气馥郁，适合搭配牛排、羊排。波特甜酒适合搭配巧克力、黑森林蛋糕等浓郁甜食。

知识活页

配餐推荐

酒款：波特甜酒。

一些清淡的白波特可作餐前开胃酒，甜度较高的红波特适合用作餐后酒，可与奶酪、巧克力、焦糖甜点、提拉米苏及烟熏坚果等相搭配。

酒款：单品干红。

单品干红香气浓郁，单宁厚重，酒体强劲。适合搭配牛排、羊排、烧烤和炖牛肉等菜肴，如泰国椰蓉五香牛肉、烤牛肉、茴香猪肉香肠、蓝奶酪土豆泥牛柳、奶油里脊丝、肉饼等。

营销点评

国产多瑞加为葡萄牙优质的红葡萄品种，是酿造波特酒的重要品种，主要为波特酒增加单宁、酒体与强劲的结构。近年此品种单一品种干型葡萄酒受到关注，极具陈年潜力。

传播与发展

为应对气候变化，波尔多和优级波尔多葡萄酒生产商联合会（The Bordeaux and Bordeaux Supérieur Wine Producers' Syndicate）通过了7个新的葡萄品种的使用，2020年正式适用。其中就包括了葡萄牙的著名品种国产多瑞加。按要求，这7个品种在葡萄园种植面积不超过5%，在最终酒款混酿成分中的占比不超过10%。国产多瑞加除具有优良的风味、口感特性外，还具备着天然抵抗葡萄园真菌性病害的优秀能力，对波尔多这类海洋性气候来说是再合适不过的品种。

第六节　丹菲特 Dornfelder

丹菲特诞生于德国，为20世纪50年代由和风斯丹（Helfensteiner）和埃罗尔德乐贝（Heroldrebe）杂交而成的新品种。

一、栽培特性

丹菲特生命力旺盛，产量大且稳定。成熟期适中，葡萄果皮黝黑，皮厚，耐寒，同时能有效抵御灰霉菌，抗病性强。

二、酿造风格

丹菲特皮厚，且富含花青素等酚类化合物，所酿的酒颜色深，口感柔和丰富，具李子、樱桃、黑莓气息以及丰富的花香。丹菲特酿造的葡萄酒质量往往取决于品种的产量，合理控制产量可以使葡萄酒具有更浓郁的果味，橡木桶内陈年后，能集中更多单宁与结构，增加葡萄酒的质感和复杂性。此外，由于该品种色泽浓郁，适合与其他品种混酿，增加酒的颜色浓郁度。

在其历史的早期，德国酿酒者会使用丹菲特酿造薄若莱新酒风格的葡萄酒，通过二氧化碳浸渍法酿成清淡的果味型葡萄酒，有时保留一定的残糖，通常有酸樱桃、黑莓的香气。如今，丹菲特的大多数酒都是干型，多在小型橡木桶中发酵或陈年。丹菲特葡萄酒风味特点及配餐建议见表 9-6。

表 9-6 丹菲特葡萄酒风味特点及配餐建议

区　分	外　观	酸度	酒体	酒精	单宁	香气（配餐建议）
干型	深宝石红	中高	饱满	中等	中高	紫罗兰花香、果味浓郁，单宁细腻柔顺（蛋白肉类）

三、经典产区

丹菲特主要种植区域是德国，目前为该国第二大红葡萄品种。在 20 世纪最后 20 年里，种植面积稳定增长。该品种集中种植在莱茵黑森（Rheinhessen）和法尔兹（Pfalz）产区，其栽培面积一直处于增长的态势。20 世纪后期，开始向邻国瑞士扩散，20 世纪 80 年代末丹菲特被引入英国，主要用于生产桃红葡萄酒和起泡酒。在捷克共和国，丹菲特的种植也有一定数量的增长。新世界产酒国中，美国有一定量的种植，加州的圣丽塔山（Santa Rita Hills）及宾夕法尼亚州和弗吉尼亚州都有一定量的种植。在日本北海道，丹菲特也有少量种植。

四、品种配餐

丹菲特葡萄酒呈深红色，酸度较高，口感柔和丰富，具有丰富的花香，适合搭配烧烤和奶酪等。

知识活页

侍酒师推荐

中餐搭配案例：东坡肉。

东坡肉是浙菜系代表，相传为苏轼（四川省眉山市人）所创（一说为苏轼小妾王朝云在苏轼被贬黄州之际为改善饮食所创），最早发源地是四川眉山。原型是徐州回赠肉，为徐州“东坡四珍”之一。原料简单，但极其考究火功，成品色泽红润，肉软糯适口。丹菲特葡萄酒在某些情况下会做成微甜型，这与东坡肉的微甜、带有酒香的风味相得益彰，且又用丰腴的红色水果香气为之润色添彩，会是一个特别微妙的搭配！

来源 Colin LI 成都华尔道夫酒店/希尔顿集团大中华区西区首席侍酒师

营销点评

丹菲特是产自德国的经典红葡萄品种，于 1955 年人工杂交而成，颜色深且以果香为主导，现在发展为果香易饮型和过桶结构型并存的状态。

来源 Colin LI 成都华尔道夫酒店/希尔顿集团大中华区西区首席侍酒师

引入与传播

在我国，丹菲特在宁夏、新疆产区有一定量的种植。宁夏长城天赋酒庄于 2010 年引入该品种，种植面积为 300 亩，目前出品的为赤霞珠与丹菲特的混酿，为赤霞珠增加馥郁的果味及柔顺的口感。

来源 宁夏长城天赋酒庄

第七节 皮诺塔吉 Pinotage

皮诺塔吉是南非标志性葡萄品种，诞生于 1925 年，由贝霍尔德教授在自家的花园中，使用黑皮诺（Pinot Noir）和神索（Cinsault）培育出的杂交品种。由于神索在南非又被称为“埃米塔日”（Hermitage），所以皮诺塔吉取黑皮诺中的 Pinot 和埃米塔日中的 Tage 将新品种命名为 Pinotage。

一、品种特性

皮诺塔吉发芽较早，成熟期适中，生长势强，从萌芽到采摘需要 160—180 天。果穗中大，100—230 g，果实含糖量高，果皮较厚，颜色深，酸度适宜稳定。较容易感染白粉病和灰霉菌。

二、栽培特性

皮诺塔吉兼具黑皮诺的细腻和神索的易栽培及高产、高抗病特性。喜欢阳光充足的地方,但在生长期结束时热量过多会导致葡萄产生令人不快的丙酮香气或呈现出烧焦的橡胶特性,对风土要求较高。

三、酿造风格

皮诺塔吉可酿制多种风格的葡萄酒,使用单一皮诺塔吉酿造的葡萄酒既可以是以清新红色水果为主要风格的淡雅型葡萄酒,也可以是以深色水果风味为主、带有香料味的浓厚型葡萄酒。

在过去,皮诺塔吉葡萄酒一直处于廉价、粗糙葡萄酒的范畴,直到 20 世纪 90 年代后,一些酿酒商开始认真对待皮诺塔吉,走精细化酿制风格。他们尝试延长发酵时间,降低发酵温度,减少酯类(Esters)的挥发,以增加皮诺塔吉单品酒的魅力。同时,引进法国和美国橡木桶,赋予皮诺塔吉更浓郁的果香。

优质的皮诺塔吉葡萄酒有李子、樱桃、黑莓及焗香蕉的味道,成熟后有黑松露的风味,品质卓越。该品种天然富含单宁,通常缩短浸渍时间,减少单宁的粗糙感。另外,发酵过程中也需要多加注意,如果温度太高,可能会促进丙酮风味的发展。皮诺塔吉葡萄酒风味特点及配餐建议见表 9-7。

表 9-7 皮诺塔吉葡萄酒风味特点及配餐建议

区　分	外　观	酸度	酒体	酒精	单宁	香气(配餐建议)
桃红	橙色	中	轻盈	中	低	红色水果(海鲜、炖肉等菜肴)
年轻的	浅宝石红	中	轻盈	中	中高	红色水果(中等浓郁度的菜肴)
陈年的	石榴红色	中	中等	中	中高	浆果、黑松露(浓郁的肉菜)

四、经典产区

世界上大多数的皮诺塔吉种植地都在南非,虽然仅占南非葡萄园总面积的 6%,但依然被认为是该国标志性品种。在南非,皮诺塔吉可以被酿造成各种类型的葡萄酒,从简单易饮的干红、桃红葡萄酒到陈年红葡萄酒都有涉及,也会被做成加强型酒(波特酒风格),甚至是红色起泡酒。该品种非常依赖于酿酒技术,虽然世界范围内对皮诺塔吉的褒贬度不一,但其在南非还是具有相当重要的地位的品种。除南非外,皮诺塔吉在巴西、新西兰、美国等国也有种植。

五、品种配餐

不同风格的皮诺塔吉有不同的侍酒要求和配菜类型,桃红葡萄酒应轻微冰镇后侍酒,适合搭配海鲜、炖肉或烧烤类食物;简单易饮的干红适合搭配中等浓郁度的菜肴、家禽类烧烤;而陈年的葡萄酒则适合搭配浓郁的肉菜,如中餐中的酱肉、腊肉等。

知识活页

侍酒师推荐

推荐菜品及类型：

鹌鹑；鹅肝；月桂香叶风味菜肴(Bay Leaf)。

来源　李晨光　上海斯享文化传播有限公司创始人

营销点评

皮诺塔吉诞生时间不长，酿成的葡萄酒有典型的深色水果(黑莓)、香料(甘草等)、烟草及皮革风味。20世纪90年代中期，随着南非皮诺塔吉协会(Pinotage Association)的正式成立，曾经主打廉价葡萄酒的皮诺塔吉开始走上高端精品路线，是南非的明日之星，目前主要种植在南非。

知识链接

皮诺塔吉的正名之路

第八节　晚红蜜 Saperavi

晚红蜜起源于格鲁吉亚西南部，又称“萨布拉维”，为当地经典古老的红葡萄品种，拥有深黑色的果皮，Saperavi在格鲁吉亚语中为“染料”的意思，正体现了该品种的这一外观特性。

一、品种特性

晚红蜜果穗中等或大，圆锥形带歧肩，果粒着生中等紧凑，椭圆形，果皮呈蓝黑色。百粒重250—280 g，每颗果粒有1—3粒种子，皮厚多汁，汁色深红，味酸甜。浆果含糖量170—190 g/L，含酸量8—10 g/L，出汁率76%—80%。

二、栽培特性

晚红蜜植株生长势中等，芽眼萌发率高，结实有劲，且高产，抗病与抗逆性较强。晚红蜜最重要的种植区域在格鲁吉亚，尤其是在该国西南部的整个卡赫基地区，有大量栽培，在其中的众多知名子产区均有分布。晚红蜜抽芽时间中等，是一个晚熟而高产的品种，葡萄果皮颜色深厚，果肉高酸高糖，出汁率高。它兼具耐寒与耐旱特性，与一般的果肉色浅的品种不同，可以得到偏深的粉红色果汁。

三、酿造风格

晚红蜜酿制的单品葡萄酒颜色深邃，酒体饱满，结构坚挺，酸度和单宁偏高，带有浓

郁的深色水果的香气，以及乌梅、黑色巧克力、香辛料与咸鲜风味。葡萄酒初入口稍显尖锐，适宜瓶陈，单宁强壮，有较强的陈年潜力。晚红蜜也会用于混酿，主要是为酒增添颜色与酸度。在海拔较高的凉爽地区，晚红蜜很难完全成熟，葡萄酒会过酸、过分有活力。格鲁吉亚当地的一些酒庄会采用传统方法酿制晚红蜜葡萄酒，将其置于陶土罐中进行发酵。晚红蜜葡萄酒风味特点及配餐建议见表 9-8。

表 9-8 晚红蜜葡萄酒风味特点及配餐建议

区　分	外　观	酸度	酒体	酒精	单宁	香气(配餐建议)
干型	明亮的紫红色	中高	中高	中高	丰富	浆果、乌梅、香辛料(中高浓郁度肉菜)

四、品种配餐

晚红蜜酿造的葡萄酒具有良好的结构，浓郁不失优雅，建议搭配醇厚的肉类及成熟的奶酪，以及中餐中各种香辛料入味或高蛋白类菜肴，如烤牛羊肉、烧鹅以及新疆当地炖煮类肉菜。

知识活页

营销点评

晚红蜜是格鲁吉亚的宝藏级品种，是悠久的丝路文明的重要载体。目前，晚红蜜在我国种植量还较少，葡萄酒有着卓越的品质，陈年好，值得推荐。

引入与传播

晚红蜜于 1957 年由原产地引入北京，在黄河故道、山东、北京及新疆等地有一定栽培。该品种非常适宜新疆干燥少雨的风土，在新疆蒲昌酒业有不少面积的种植(约 104 亩)。该酒庄于 1978 年定植晚红蜜，1984 年开始大面积种植，葡萄树龄已有 38 年之久。

蒲昌精选晚红蜜葡萄酒：精选产自海拔 500—1200 m 两个葡萄园的最好的晚红蜜葡萄，高海拔相对的凉爽赋予葡萄良好的酸度与果香。在不锈钢罐内发酵，完成发酵后木桶内陈酿 30 个月，自然澄清，不过滤装瓶。葡萄酒有足够的酸度，结构感强，单宁曼妙迷人。

酒评：呈靓丽的深紫，具有黑色水果、胡椒、肉桂、香料和紫罗兰的香气，一种诱人的黑树莓果实风味，非常开放的果香与香料气息融合展现，并带有良好的矿物性特征。

来源 新疆蒲昌酒庄

第九节　北醇
Bei Chun

北醇原产于我国，于1954年由中国科学院植物研究所北京植物园以玫瑰香与山葡萄杂交培育而成，属欧山杂交，与北红、北玫为姐妹系品种，诞生年代相同。

一、品种特性

北醇果穗中等大，圆锥形，穗重约250 g。果穗大小整齐，果粒着生紧密。果粒小，圆形或近圆形，紫黑色。果粉厚，果皮中等厚，果肉较软，果汁淡红色，味酸甜，无香味。出汁率75%左右。每颗果实有种子2—4粒，种子小，为棕红色。嫩梢黄绿色，密生茸毛，呈灰白色。

二、栽培特性

北醇植株生长势强，芽眼萌发率高，植株结实有力，幼树进入结果期早，产量高，需注意定梢、控产。该品种晚熟，适应性强，抗旱、抗寒、抗湿力极强（不需要埋土越冬），适宜在南方较潮湿与北方寒冷地区栽培。抗霜霉病、白腐病。宜立架、小棚架栽培，中、短梢修剪。

三、酿造风格

品种抗逆性特别强，丰产，含糖量高，酿制的葡萄酒为宝石红色，澄清透明，柔和爽口，酒香良好，回味长，具有山葡萄酒的风味。葡萄酒口感柔和，酒香丰富（典型的玫瑰及草莓等成熟浆果气息），酸度绝佳。北醇葡萄酒风味特点及配餐建议见表9-9。

北醇品种酒标图例

表9-9　北醇葡萄酒风味特点及配餐建议

区　分	外　观	酸度	酒体	酒精	单宁	香气（配餐建议）
干型	宝石红色	中高	中等	中等	丰富	红色水果、植物（中高浓郁度肉菜）

知识活页

侍酒师推荐

菜品推荐：烧味。

蛋白质遇热后的焦香和油脂急需酸度的中和，丰富的酒香与肉香相得益彰，能在味蕾上发生绝佳碰撞。因此，北醇葡萄酒可搭配各类新疆烧味（羊肉串、馕坑肉、

烤包子、大盘鸡、手抓羊肉)、烤鸡鸭等家禽类菜肴。

菜品推荐:酸甜菜肴。

甜酸口味的肉类菜肴非常适合酒体轻盈、高酸度的葡萄酒,开胃解腻,如糖醋入味菜肴。

菜品推荐:辣味菜肴。

北醇葡萄酒可与略带辛辣的菜肴搭配,建议饮用前提前稍微冰镇,但注意特别辛辣的菜肴并不适合与北醇葡萄酒搭配。

菜品推荐:素食。

中餐的烹调方式极为丰富,调味料也有成百上千种,北醇葡萄酒与重口味酱料烹调的素食搭配也别有一番滋味,如菌类、豆制品类素食。

来源 新疆蒲昌酒业

营销点评

北醇是新疆产区极具特色的我国本土品种栽培案例,品种风格独特,有卖点。

引入与传播

蒲昌酒业一直致力于本土品种研发,北醇便是其中之一。该酒庄于1981年引入北醇种植,目前种植面积为170亩。北醇平均树龄超过35年,采用低温冷浸渍,发酵完成后,50%的北醇使用新、旧桶(各半)陈年12—24个月不等,最后调配装瓶。葡萄酒呈宝石红色,色泽不够明亮,有典型的山葡萄带来的气味,夹杂着成熟的蔓越莓及枣泥的风味,回味略有辛辣(2015年酒评,100%北醇)。

来源 新疆蒲昌酒业

思政案例

葡萄根系抗寒性从强到弱的排序为:北红>龙眼>北玫>威代尔>马瑟兰>赤霞珠>美乐>西拉。本研究结果发现,美乐与赤霞珠抗寒能力相差不大,同为弱抗寒性品种。抗寒能力最强的品种是北红和龙眼,过冷却点都低于-6 ℃。北玫、北红在宁夏地区冬季不埋土即可安全越冬,翌年可正常生长发育,田间调查结果也显示其抗寒性较强。龙眼抗寒能力仅次于北红,可能与其多年在中国北方种植,逐步适应寒冷环境有关。同时也有研究表明,由于龙眼根系扎根较深,遭到冻害后恢复能力比较强,所以抗寒性较强。

来源 杨豫,张晓煜,陈仁伟等.不同品种酿酒葡萄根系抗寒性鉴定[J].中国生态农业学报(中英文),2020,28(4)

案例思考:探析我国本土葡萄品种自主培育情况及品种优越性表现。

葡萄品种
北冰红

葡萄品种
北红

葡萄品种
北玫

葡萄品种
烟73

知识链接

本章训练

思政启示

章节小测

□ 知识训练

1. 归纳西班牙主要葡萄品种特性、栽培特性、酿造风格、经典产区及酒餐搭配。

2. 归纳葡萄牙主要葡萄品种特性、栽培特性、酿造风格、经典产区及酒餐搭配。

3. 归纳中国主要葡萄品种特性、栽培特性、酿造风格、经典产区及酒餐搭配。

4. 归纳其他国家主要葡萄品种特性、栽培特性、酿造风格、经典产区及酒餐搭配。

□ 能力训练

1. 根据所学知识，制定品种理论讲解检测单，分组进行品种特性、风格及配餐的服务讲解训练。

2. 设定一定情景，根据顾客需要，对本章品种进行识酒、选酒、推介及配餐的场景服务训练。

3. 组织不同形式的品种葡萄酒对比品鉴活动，制作品酒记录单，写出葡萄酒品酒词并评价酒款风味与质量，锻炼对比分析能力。

CHAPTER

4

第四篇　酒餐搭配原理

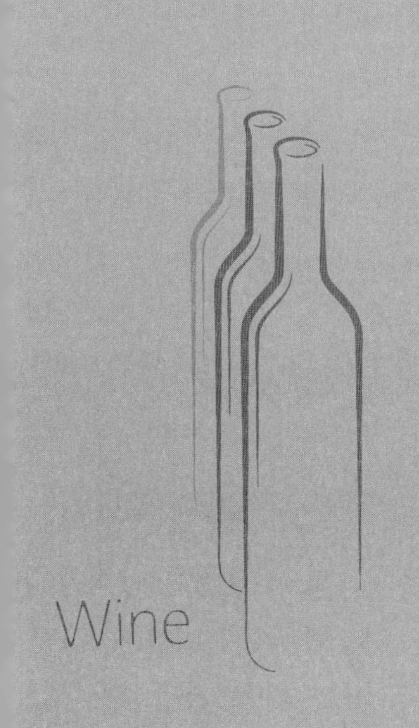

第十章
葡萄酒与食物

本章概要

本章主要讲述了葡萄酒与食物搭配的基本原理与方法，葡萄酒与中餐、西餐及奶酪搭配方法，并详细分析了三大餐饮形式特点、分类及与葡萄酒搭配的方法。同时，在本章内容之中附加与章节有关联的知识链接、思政案例及章节小测等内容，以供学生深入学习。本章知识结构如下：

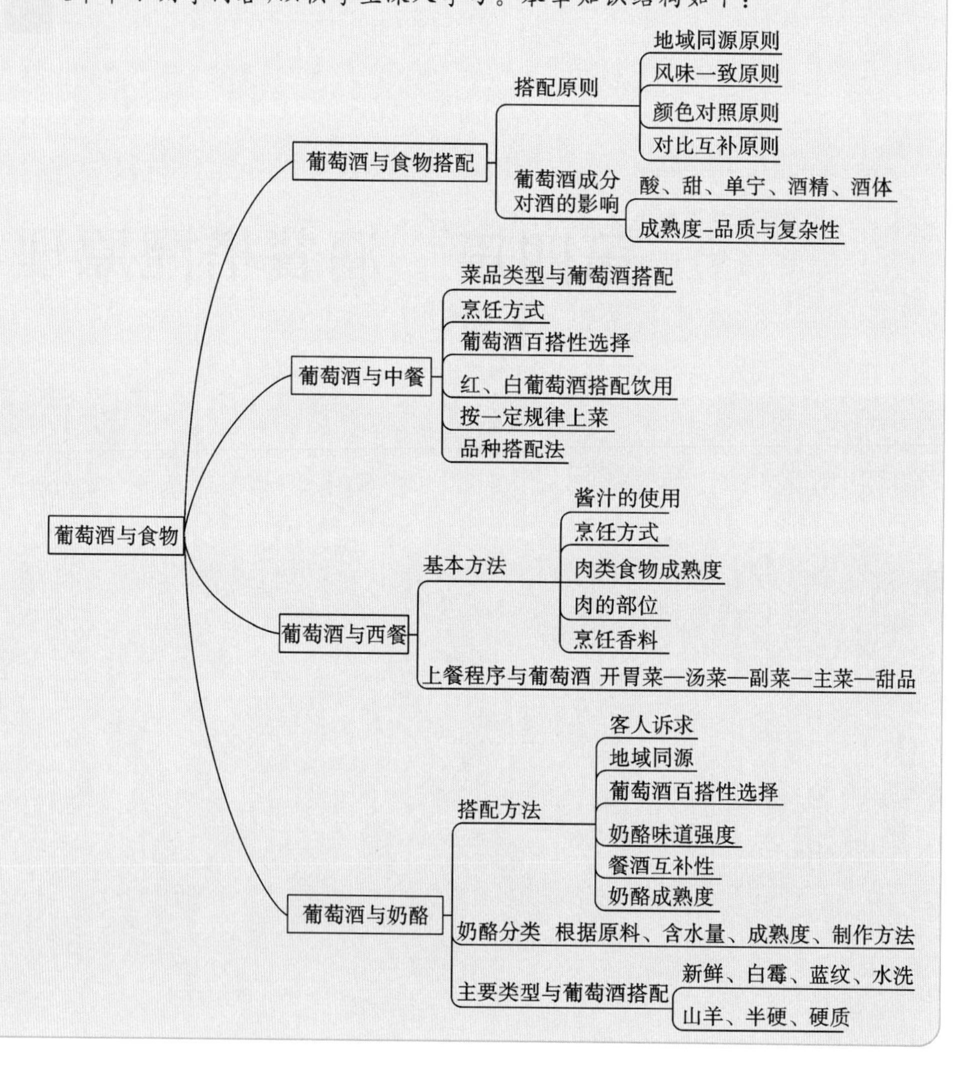

学习目标

知识目标：掌握葡萄酒与食物搭配的基本原理与方法，了解中餐、西餐、奶酪基本分类及风味特征，理解葡萄酒主要成分对食物搭配的影响，掌握葡萄酒与中餐、西餐及奶酪搭配的基本方法。

技能目标：运用本章理论，能够科学分析葡萄酒的主要成分与食物搭配的相互作用；能够为客人进行科学的酒餐搭配服务；根据配餐理论，能够制作一份酒餐搭配的宴会酒单；同时，能够根据具体场景，灵活运用所学理论，具备实际工作中分析问题、解决问题的能力。

思政目标：通过本章学习，让学生理解世界饮食文化中蕴含的历史传统与人文精神，培养学生良好的文化素养与健康的审美情趣；让学生感悟中国食文化的多样魅力与博大精深，增强对中国饮食与葡萄酒搭配的认同；同时，遵循基本的食品安全与营养搭配理念，增强学生的食品安全意识，培育学生良好的职业道德与规范。

章节要点

- 掌握：酒餐搭配基本原则，中餐、西餐、奶酪与葡萄酒的搭配方法。
- 理解：葡萄酒主要成分对食物搭配的影响，中餐、西餐及奶酪的特性。
- 了解：中餐、西餐、奶酪基本分类及风格。
- 学会：进行酒餐搭配的讲解推介，制作一份酒餐搭配的酒单与菜单。
- 归纳：构建中餐、西餐、奶酪与葡萄酒搭配思维导图，明确学习框架与思路。

第一节　葡萄酒与食物搭配
Wine and Food Matching

至少从古希腊和古罗马时代开始，地中海的居民就常将食物和葡萄酒搭配食用。不过那时的葡萄酒多甜味，实际按照现在的搭配方法，两者并不能很好地结合，酒餐搭配并不普及。中世纪后，葡萄酒并没有得到长足发展，反而受社会动荡的影响被有所抑制。葡萄酒的长久存储一直是解决不了的难题，所以理想的酒餐搭配是没法实现的。因此，从理论上讲，只有当葡萄酒的储藏、运输条件得到改善后，食物与葡萄酒的搭配才有进一步的发展。

随着西欧经济的突飞猛进，酒具、器皿有很大突破，人们的饮食习惯也发生了改变。到 17 世纪中期，欧洲开始推崇用餐程序化，这给葡萄酒发展创造了最好的时机，葡萄酒

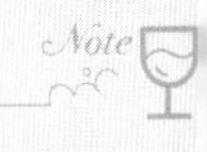

成为餐饮中必不可少的且非常独特的一部分。这个时期，有一项理论依据可以佐证人们开始追求食物与葡萄酒的搭配，那就是帕拉塞尔苏斯理论。帕拉塞尔苏斯认为人体本质上是化学系统，这个化学系统由三个重要元素组成，即盐（给食物以味道，如食盐）、汞（给食物增加气味，如酒与调味剂）与硫（使味道与气味二者结合，如黄油和油）。三者结合才能维持人体元素平衡，而疾病正是由元素失衡引起的。这一理论对当时社会产生了重大影响。另外，在西方，医学中食疗也是疾病治疗中令人愉悦的方法，人们认为一餐的精华可能集中在气味上，这促进了人们接受并饮用各类葡萄酒，尤其17世纪后，起泡酒得以发展起来，也与烹饪习惯的改变有密切关系。

在我国饮食人文中，也不难探究酒与食物二者结合的机缘。酒与食物的结合源于人类天然地摄取食物与能量的探求过程，最能体现人类生存智慧的莫过于对于食物与饮品之间匹配的选择与科学搭配。人们在不断探索中激发出了极强的创造力，把食物的用途发挥到极致，面对满足温饱之外的余粮，创造出了丰富多彩、富有变化的酒水形式。

因此，从世界文明看，不管是东方的白酒、黄酒文化还是西方的葡萄酒文化，都在源远流长的人类文明中刻下了灿烂的足迹，它们在人们生活之中发挥了极其重要的作用。食物配酒提升了菜肴美味，带给人们美好享受的同时，还扮演了重要的社交润滑剂的作用，酒水在生活中的地位与价值得到凸显。随着社会的发展，东西方文化融合的加速，葡萄酒在我国消费者日常用餐中开始普及，人们关注对酒精饮料的品尝与鉴赏，也开始热衷于享受葡萄酒与食物结合带来的美妙感觉。

一、葡萄酒主要成分与食物的相互作用

葡萄酒富含香气、单宁与酸，单独饮用，过多的酸与单宁会让人们的胃出现不适。但如果葡萄酒与菜肴搭配起来进餐，将会是另一种体验。清爽的酸不仅可以在进食间隙有效清新口腔，还可以帮助分解食物蛋白与纤维，辅助消化，避免积食，另外葡萄酒的香气与食物的香味也能实现完美融合，使酒与菜肴味道相互提升。葡萄酒除包含酸、香气之外，还有非常丰富的营养成分，分析这些基本成分与食物的相互作用是理解配餐的前提。结构永远是配餐的基础，通过对葡萄酒中主要化学成分的理解分析，可推理适宜搭配的菜品风味。

（一）酸（Acidity）

葡萄酒的酸主要由酒石酸、苹果酸构成，酸是体现葡萄酒风味的重要成分，也给葡萄酒陈年带来重要骨架，会对酒体等口感风味起到很好的平衡作用，是一种为餐品带来高灵活性的物质成分。

酸在与食物搭配中也扮演着重要的角色。由于酸具有清新的特质，可以有效消减食物的糖分与油腻感，对高糖、高脂肪、高蛋白、高盐食物有很好的分解与压制作用，对辛辣与高温感受也有很强的抑制效果，同时酒的酸也会对本身具有酸味的菜肴起到很好的平衡作用。当然，它还是帮助口腔恢复味蕾活力、增进食欲的重要砝码。高酸的葡萄酒适宜搭配中西餐开胃餐、时蔬类、油炸类、辛辣菜肴及甜食。葡萄酒的酸对食物的影响，见图10-1。

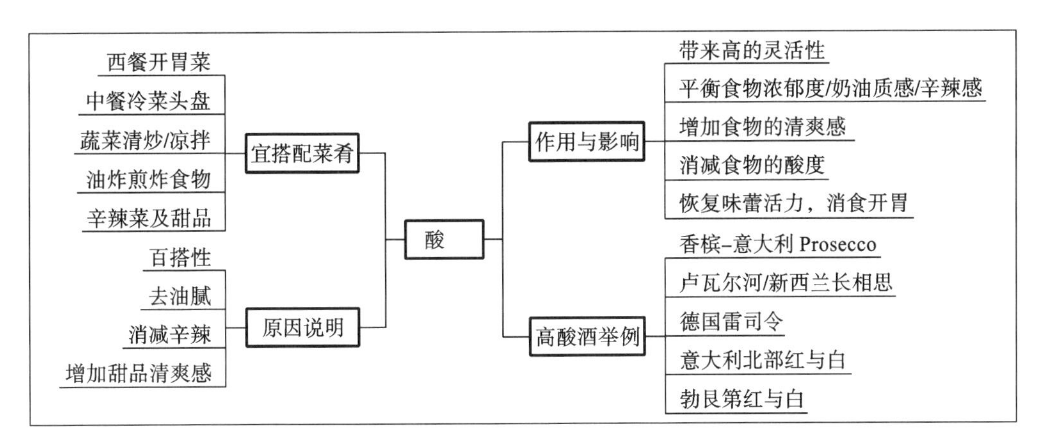

图 10-1 葡萄酒的酸对食物的影响

通常情况下，白葡萄酒与红葡萄酒相比，有更加突出的果酸，对冷凉产区与温暖产区的葡萄酒来说，白葡萄酒更容易保持酸度。区分认识品种中酸的含量对配餐非常重要，当然还要考虑这些品种在不同产地风土气候下酸度的变化，掌握这些知识对搭配菜肴有很大帮助。表 10-1 梳理归纳了通常情况下表现为低酸与中高酸度的部分红、白葡萄品种，以供参考。

表 10-1 部分红、白葡萄品种酿酒通常情况下酸度对照表

中高酸白葡萄酒	中低酸白葡萄酒	中高酸红葡萄酒	中低酸红葡萄酒
Sauvignon Blanc 长相思	Gewürztraminer 琼瑶浆	Pinot Noir 黑皮诺	Grenache 歌海娜
Riesling 雷司令	Sémillon 赛美蓉	Gamay 佳美	Zinfandel 仙粉黛
Albarino 阿尔巴利诺	Marsanne 玛珊	Gabernet Sauvignon 赤霞珠	Merlot 美乐
Chenin Blanc 白诗南	Viognier 维欧尼	Nebbiolo 内比奥罗	Dolcetto 多姿桃
Aligote 阿里高特	Grenache Blanc 白歌海娜	Sangiovese 桑娇维塞	
Chardonnay 霞多丽	Muscat 麝香	Gabernet Franc 品丽珠	
Pinot Grigio 灰皮诺葡萄酒	Pinot Gris 灰皮诺葡萄酒	Grolleau 果若	
Garganega 卡尔卡耐卡		Barbera 巴贝拉	
Cortese 科蒂斯		Baga 巴加	

续表

中高酸白葡萄酒	中低酸白葡萄酒	中高酸红葡萄酒	中低酸红葡萄酒
Champagne 香槟		Corvina 科维娜	
Prosecco 普罗塞克		Mourvedre 慕合怀特	
Rueda-Verdejo 弗德乔		Carignan 佳丽酿	
Muscadet 勃艮第香瓜		Aglianico 艾格尼科	
Furmint 福明特		Syrah/Shiraz 西拉/设拉子	
Petit Manseng 小芒森		Malbec 马尔贝克	

（二）甜味(Sweetness)

世界甜型葡萄酒类型多样，主要有奥地利 Spätlese、Auslese、BA、TBA、Ausbruch及冰酒、贵腐甜、波特、法国 VDN、稻草酒等。这些酒富含糖分，也通常拥有天然高酸，它们与食物中的辛辣或咸香味可以很好地融合，有很好的平衡作用。

当然，甜酒与甜食是最佳伴侣，甜甜结合，凸显甜美，提升果香的同时，酒中的酸度又可以很好地削减食物的甜腻，达到清新口腔的作用，对已经疲倦的味蕾也有很大恢复作用，一举多得。甜型葡萄酒适宜搭配风味浓郁的菜肴、咸辣食物及中西餐的甜点。葡萄酒的甜味对食物的影响，见图 10-2。

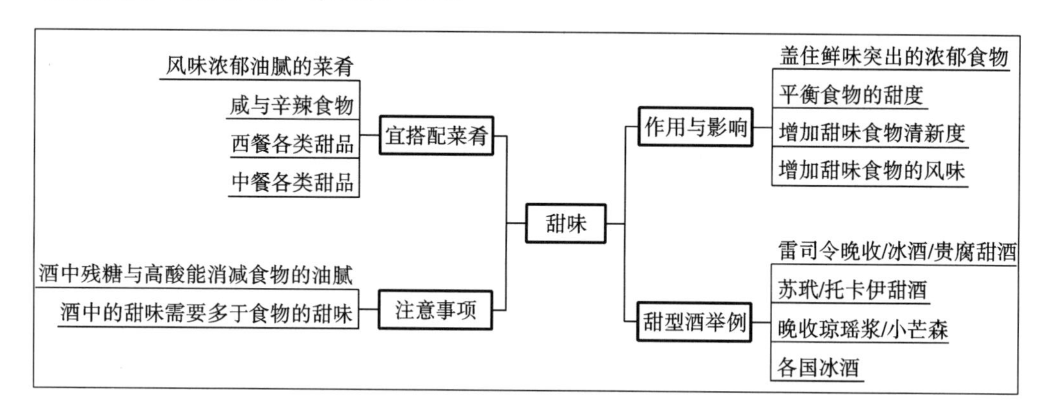

图 10-2 葡萄酒的甜味对食物的影响

（三）单宁与橡木气息(Tannin and Oak)

单宁是红葡萄酒中的重要成分，通常来自葡萄皮、果籽与果梗，它们在发酵过程中

被萃取出来。单宁作为一种天然酚类物质，不仅存在于葡萄酒中，在茶、树叶中都有广泛存在。这种物质常表现出苦涩的风味，尤其当葡萄酒未经苹果酸乳酸发酵或熟成时表现尤为突出，使用成熟度欠佳葡萄酿造的葡萄酒在口感上也往往表现出较强的苦涩味。但单宁不是一成不变的，优质葡萄酒单宁会随着陈年的进行慢慢变得柔顺，甚至丝滑。所以，单宁虽有一定阶段的“不良”表现，但它是带给红葡萄酒复杂感与陈年潜力的重要骨架，是葡萄酒风味的重要组成部分。

高单宁的葡萄酒适合搭配纤维较粗、富含脂肪的牛羊肉等食物，它可以很好地分解肉的纤维与蛋白质，消除肉的油腻。同时，菜肴的蛋白质反过来又能包裹单宁，从而化解单宁在口中的生涩与不适感，两者的结合堪称完全。另外，单宁与咸味食物也可以完美结合，食物中的咸味会降低葡萄酒的苦味与涩味。但是单宁与很多风味极易产生冲突，如与甜味相搭会使甜味变得苦涩；与鲜味海鲜相搭会突出海鲜的腥味；与鲜嫩的肉质相搭配会使肉质变得粗糙不堪；与辛辣相结合又会更加凸显辛辣，加重口腔灼热感。这类葡萄酒适宜搭配烧烤类、高蛋白类及高纤维肉类。葡萄酒的单宁与橡木气息对食物的影响，见图 10-3。

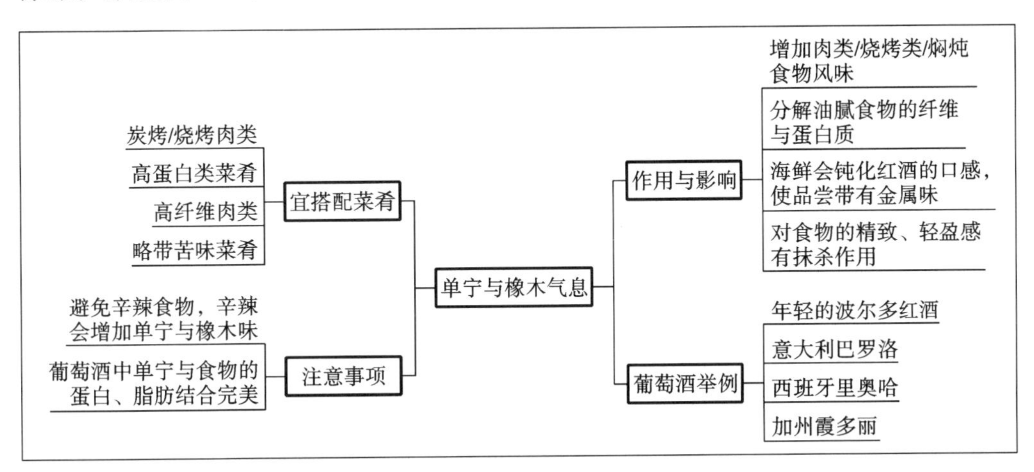

图 10-3 葡萄酒的单宁与橡木气息对食物的影响

认识单宁与这些味道的相忌相宜，对酒餐搭配至关重要，合理避开相忌，选择相宜搭配才能更好地提升用餐质量。葡萄酒中富含单宁的品种有赤霞珠、西拉、丹娜、马尔贝克、内比奥罗、桑娇维塞、巴加(Baga)及慕合怀特(Mourvedre)葡萄酒等，单宁较少的有黑皮诺、佳美、歌海娜以及多姿桃(Dolcetto)葡萄酒等，当然不同品种葡萄酒的单宁除与品种本身属性有关联之外，还与当地风土环境、葡萄成熟度以及陈年方式有很大关系，要多注意这些因素对单宁风格的影响。单宁随着陈年时间的延长，口感也会发生很大变化，另外，在炎热产区，单宁虽然丰富，但成熟圆润，在温暖及冷凉产区，单宁则会骨感尖锐，配餐时应全面把握这些不同的特征及年份带来的口感差异。

(四) 酒精与酒体(Alcohol and Body)

酒精是葡萄酒作为酒精饮料的重要物质成分。在口腔中表现出灼热与饱和的质感，酒精与食物中辛辣较为冲突，都有使口腔燥热的特质，两者相遇会相互凸显并加剧感受，通常在食用辛辣食物时应避开高酒精度葡萄酒。酒体与葡萄酒的重量、质感与浓

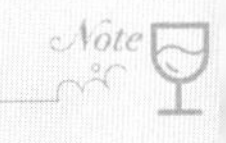

郁度有关，有的葡萄酒较为轻盈舒适，有的则较为浓郁厚重，这些不同的重量感、黏稠度与饱和压迫感称为“酒体”。酒体通常与酒精度直接挂钩，酒精度高的葡萄酒通常酒体馥郁饱满，酒精度低的酒体显得淡薄轻盈，当然香气复杂性、糖分残留及陈年也会影响酒体浓郁度。

在与食物搭配时，要注意酒体浓郁度对食物的影响，也就是说酒体浓郁的葡萄酒应避开清淡的食物，重口感的葡萄酒很容易覆盖食物的鲜美。同时酒体轻盈的葡萄酒也不应与厚重的食物相搭，轻盈酒体的葡萄酒在重口味的食物面前，风味很容易被掩盖。葡萄酒的酒精与酒体对食物的影响，见图 10-4。

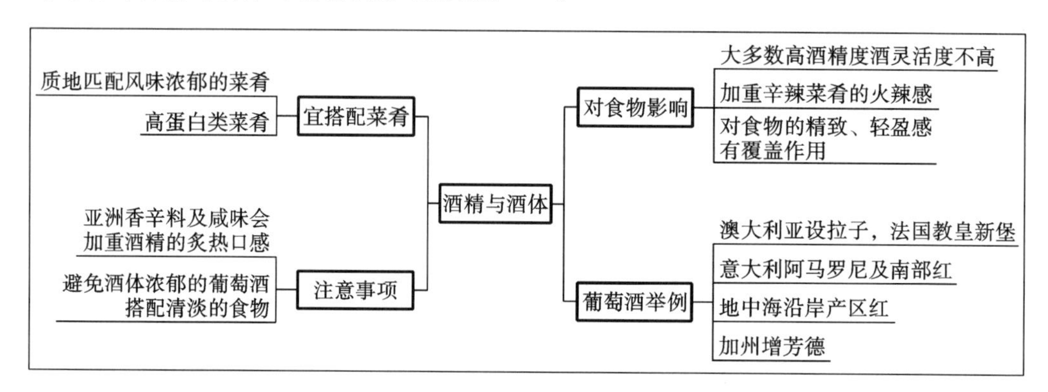

图 10-4　葡萄酒的酒精与酒体对食物的影响

（五）成熟度（Maturation）

酒餐搭配时，还应注意葡萄酒的成熟度（年份）。相同的葡萄酒，由于陈年时间不同，口感风味也会千差万别。年轻的葡萄酒，果香突出，单宁会直接、生硬一些；老年份的葡萄酒，口感较为醇厚，单宁更加柔顺，凸显二、三级香气。

年轻的葡萄酒可以搭配清新一些的料理，老年份的葡萄酒可以搭配浓郁的蘑菇、香辛料、烘焙、奶油等食物，注意菜品口感、清新度与葡萄酒口感风味的一致性。葡萄酒的成熟度对食物的影响，见图 10-5。

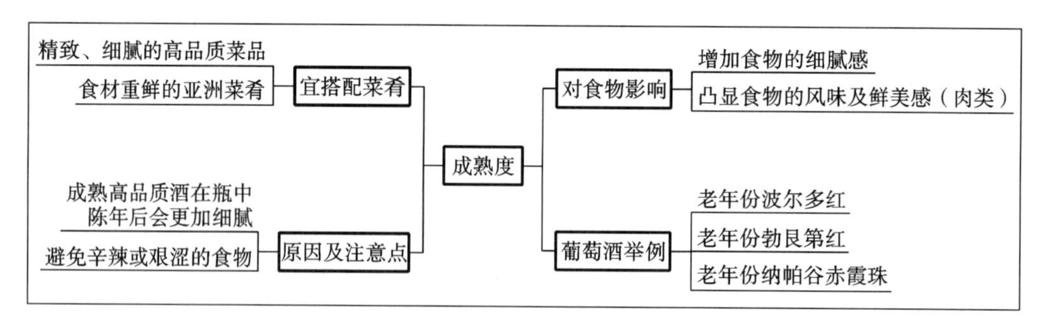

图 10-5　葡萄酒的成熟度对食物的影响

（六）品质与复杂性（Quality and Complexity）

搭配一些高复杂性且有品质的葡萄酒与菜品时，还应注意避开两者的冲突点。酒餐搭配主角只有一个，要么是葡萄酒，要么是食物。一款复杂、成熟的葡萄酒最好搭配

一道简单的菜肴，避开葡萄酒与菜肴的相互竞技；同样的道理，一道复杂、高品质的食物，应选择风味简单、精致的葡萄酒搭配。复杂的酒、简单的食物，或者简单的酒、复杂的食物才是最好的搭配。当然，还应注意食物质量应该与葡萄酒的品质相当。

二、葡萄酒与食物的搭配原则

根据葡萄酒主要成分与食物之间的影响关系，不难发现食物与葡萄酒的搭配讲究一定的规则与方法，了解两者搭配的基本规律可以帮助我们避开那些不愉快的搭配体验。

（一）风味一致原则

食物的味道浓淡应与葡萄酒的风味浓郁度协调一致，即清淡的食物与清淡的葡萄酒、浓郁的食物与浓郁的葡萄酒、酸性菜肴与酸性葡萄酒、甜食与甜酒、果味菜肴与果味葡萄酒。理由非常简单，人们在品尝菜肴时，获得菜肴最佳风味是用餐的最终目的，一方压倒一方，不协调的两种风味结合在一起，势必会相互排斥，降低用餐效果，甚至会获得极差的用餐体验。酒餐搭配最重要是保持两者之间的风味均衡，酒中酸味可以平衡食物酸度，酒中的甜味应大于或至少等于食物中的甜度，平衡碰撞，才会相互成就、相互提升。

首先，了解菜肴哪些清淡、哪些浓郁非常重要。一般而言，生食、清炒、煮、淖、蒸类菜品，因为烹饪手段简单，且较少使用香料与酱料，所以口感较为清淡；炸、煎、烤、扒、熏、炖、焖、焗等烹饪方式下的菜肴口味一般较为厚重。当然，食物浓郁度还受食材本身特质、烹制时间、成熟度与烹饪温度等的影响，需要综合考虑这些因素。

其次，需要对葡萄酒的浓郁度有一定的认知。一般而言，葡萄酒浓郁度与其酒精度的高低、香气浓郁度、单宁多少以及酿造方式有直接关系。酒精度偏高、果香丰富、单宁较多，则整体口感会较为浓郁（炎热产区酒一般浓郁度高，冷凉产区酒一般浓郁度低），橡木桶陈年、搅动酒泥、乳酸菌发酵也会增加酒的重量感，相反则清淡。浓郁度通常可分为高、中、低三个类别。归纳世界范围内葡萄酒的风味特征对酒餐搭配很有帮助。不同浓郁度葡萄酒分类，见表 10-2。

表 10-2 不同浓郁度葡萄酒分类

区分	清爽活泼型	中等均衡型	饱满浓郁型
红葡萄酒	勃艮第大区级 AOC 法国薄若莱酒 Gamay 意大利瓦坡里切拉 Valpolicella 意大利多姿桃 Dolcetto 意大利巴贝拉 Babera 意大利基安蒂 Chianti 新、旧世界歌海娜 Grenache	波尔多大区及村庄级 AOC 勃艮第村庄级 AOC 基安蒂经典 Classico Chianti 布鲁内罗 Brunello di Montalcino 超级托斯卡纳 Super Toscana 西班牙 Crianza/Reserva 新世界黑皮诺、美乐 美国增芳德 Zinfandel 阿根廷马尔贝克 Malbec	波尔多列级酒庄 Grand Cru 勃艮第一级及特级园 1er Cru 法国南罗讷河谷教皇新堡 法国北罗讷河谷罗弟丘、赫米塔吉 意大利巴罗洛 Barolo 巴巴莱斯科 Barbaresco 顶级托斯卡纳 Toscana 新世界顶级赤霞珠、西拉 南非皮诺塔吉 Pinotage

续表

区分	清爽活泼型	中等均衡型	饱满浓郁型
白葡萄酒	意大利索阿维 Soave 灰皮诺 Pinot Grigio 意大利阿斯蒂 Asti 小夏布利 Petit Chablis 法国夏布利 Chablis 法国卢瓦尔河 Muscadet 默尔索 Meursault 普伊-富塞 Pouilly-Fussé 西班牙下海湾 Albarinō 葡萄牙绿酒 Vinho Verde 德国精选 Kabinett 奥地利瓦豪芳草级 Steinfeder	法国阿尔萨斯白 Alsace 勃艮第村庄级白 Chardonnay 特级园夏布利 Chablis 法国罗讷河谷维欧尼 Viogier 新西兰长相思 Sauvignon Blanc 南非白诗南 Chenin Blanc 德国奥地利晚收以上级别 Riesling/Grüner Veltliner 新世界冷凉产区无橡木桶风格白	波尔多列级名庄干白 勃艮第一级园/特级园霞多丽 新、旧世界过橡木桶霞多丽 Chardonny 美国加州长相思 Fume Blanc 澳大利亚猎人谷陈年 Semillon 西班牙里奥哈白 Rioja
甜酒	糖分较少/酒体轻盈/果香型/现代风格甜白： 意大利阿斯蒂起泡 德国珍藏 Kabinett 德国晚收 Spätlese 麝香甜型起泡 Muscat	中等糖分/中等浓郁度，有一定陈年/口感浓郁甜白： 德国/奥地利精选或颗粒精选 中等价位法国苏玳甜白 新世界贵腐甜 法国新派 VDN 匈牙利新派托卡伊	果香复杂/酒体浓郁/陈年或传统风格甜酒： 葡萄牙波特及马德拉甜红 意大利帕赛托 Passito 意大利蕊恰朵 Recioto 法国顶级苏玳贵腐甜白 法国顶级自然甜 VDN 法国稻草酒 Straw Wine 德国顶级冰酒/贵腐甜 匈牙利托卡伊甜白 Tokaji

甜食与甜酒搭配需要根据甜食糖分的含量来确定搭配至少相同程度的甜型葡萄酒。柠檬、树莓、蔓越莓、草莓、黄桃等果脯、蛋糕及布丁类，果味突出，可以搭配果味丰富的意大利阿斯蒂微甜起泡、德国雷司令晚收或精选等葡萄酒，加拿大威代尔晚收及冰酒也可以任意选择。可可粉丰富的蛋糕等则要搭配更加浓郁的甜型酒，葡萄牙波特、意大利的蕊恰朵(Recioto della Valpolicella)是不错选择。当然还有很多甜食与甜酒种类，两者搭配浓郁度是重要的考量因素。

中式甜品与西式甜品有很多不同，有使用糯米、绿豆、红豆、芝麻等制作的糕点类；有使用椰蓉、榴莲、山楂等水果、坚果、块茎类植物制作的糕点、月饼类甜食；也有用红枣、枸杞、蜂蜜等熬制的汤类甜食。这些甜品各种味道相互融合，口感各有层次，有的清香淡雅，有的酥软细腻，还有的坚实有力，搭配葡萄酒时可以根据食物的糖分含量、主要香气类型以及口感浓郁度来选定甜酒风格（参考表 10-2 中甜酒的基本分类）。

（二）颜色一致原则

食物的颜色很大程度上代表了食物的浓郁度，颜色较深，其口感与风味通常会比较重，酒餐搭配最重要的在于味道的平衡，因此红色菜肴应该与口感浓郁的红葡萄酒来搭配，相反亦然，最典型的搭配原理即为红酒配红肉、白酒配白肉。

首先，红色肉类一般纤维较粗，红葡萄酒中的单宁恰好对此有分解消化的作用；其次，红色肉类多使用香辛料加重其风味，红葡萄酒风味也恰好与之映衬，两者结合可以达到 1＋1＞2 的效果，激发更多风味；最后，红肉中脂肪蛋白与红酒中的单宁也能完美契合，单宁的酸涩可以抵消蛋白的油腻，蛋白的多汁又可包裹酸涩的单宁，两者融合度高。

白葡萄酒与白色肉类的契合之处更多地在于它拥有的突出的酸度，这一成分与海鲜等食物的鲜香、清淡的口感协调一致，葡萄酒中的果酸可提升食物的鲜美程度，还可以去腥杀菌，白白搭配符合优中取优、风味一致的原则。

食物颜色概念除可以分出红肉、白肉的区别之外，从广义上还可以分出浅色菜系与深色菜系。从食物本身颜色看，白、黄、青等一般可以归属为“浅色菜系”，红、紫、黑、棕等可以划归为“深色菜系”。从烹饪方式上看，生食、蒸、煮、清水炖等对菜肴颜色改变不大，一般把用这些方式烹饪出来的菜肴划归为“浅色菜系”，把通过煎、烤、扒、炸、熏、焗等烹饪的菜肴划归为“深色菜系”，因为这些菜肴通常会使用大量酱料与香辛料，色泽深厚，风味偏向浓郁。浅色菜系通常可以搭配各类白葡萄酒、起泡酒或桃红葡萄酒，深色菜系可与颜色深、浓郁度高的各类红葡萄酒搭配。当然一些特殊风味菜品，如甜食、辛辣、内脏类食物还应综合考虑两者风味结构，中西餐菜肴颜色分类，见表 10-3。

表 10-3　中西餐菜肴颜色分类

区分	深色菜肴	浅色菜肴	其他菜肴
西餐	红色海鲜类（生食三文鱼/金枪鱼等） 焗/煎/熏烤海鲜类 烤/扒/煎，牛/羊/猪/鸡肉等主菜 日本红色海鲜类寿司 以牛肉/培根/火腿等肉类作料的意大利面及比萨	以蔬菜/海鲜为主的生食等开胃菜 煎/炸海鲜类主菜 海鲜蔬菜类意大利面与比萨 酸辣风格东南亚杂蔬/水果混搭菜 白色海鲜类寿司 海鲜/蔬菜的汤菜	甜食搭配甜型葡萄酒

续表

区分	深色菜肴	浅色菜肴	其他菜肴
中餐	煎/烤/炸,牛/羊/猪肉等 烤鸭/烤鸡/烤乳猪/烤鹅/烤乳鸽等 使用酱料/香料,炖/煮/炸,牛/羊/鸡/猪肉等 煎/炸肉馅水饺 炖/煮/卤香菇等菌类及与其他菜肉混搭 酱油/大酱/香辛料等炖煮色重味浓汤类	以蔬菜为主的各类时蔬清炒 生食/凉拌青菜类 生食/清蒸/汤炖海鲜类 盐水腌制鸭/鸡肉等 清淡的以菜/海鲜为主的汤菜 甜味突出的水果蔬菜类 各类特色清汤类面条 各类汤煮水饺/汤圆/馄饨类 饼/煎饼/玉米/花生/馒头/花卷/米粉等主食	川菜/湘菜等辛辣菜肴通常搭配清爽型白/半干白/起泡/桃红葡萄酒 内脏类食物避免搭配单宁突出红葡萄酒

(三)风味互补原则

酒餐搭配还应遵循互补性原则。人们在品尝辛辣的食物时,口腔中会有一种明显的灼热感,一些酸度新鲜、口感清爽的果味型葡萄酒可以有效削减辛辣感;对高酸的葡萄酒来说,除了可以按第一条规则,搭配酸性菜肴之外,也可以搭配与之形成对比的甜型及油腻的食物,酸味可以用于平衡食物甜度与脂肪,带来清新的味觉;咸味菜肴建议搭配高酸与甜型酒,这种对比也可以有效降低食物的咸度。

另外,葡萄酒与菜肴的对比关系上,还应遵守复杂菜与简单酒、复杂酒与简单菜的搭配方法。这种方法可以最大限度地凸显一方优点。例如,对一款优质老年份酒来说,一份奶酪或伊比利亚火腿切片便是最好的搭配,简单的食材更能映衬葡萄酒复杂的口感,如果正正相加,反而无从品味双方优劣。

另外,对中餐来说,还要尤其注意食物的温度与侍酒温度的关系。如果是高温的火锅及炖煮类菜肴,那么建议低温侍酒,这样可以更好地舒缓因为高温而造成的口腔灼热感,低温饮酒可以增强口腔清爽,提高菜肴鲜美感。食物与葡萄酒风味互补情况,见表10-4。

表 10-4 食物与葡萄酒风味互补表

食物味道及风格	辣味	甜味	酸味	咸味	高脂肪蛋白	复杂昂贵	高温汤菜
适宜葡萄酒类型	高酸度 甜型	高酸度 甜型	高酸度 甜型	高酸度 低单宁	高酸度 高单宁	简单 优质	低温侍酒

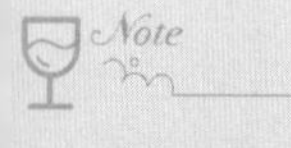

（四）地域同源原则

地域性饮食的融合发展是人类智慧的结晶，它体现了当地对饮食不断选择、淘汰、优化与提升的演变过程。地域性食物的特点与当地地理、气候、土壤及人文传统有密不可分的关系，饮食的高度融合为酒餐搭配提供最大可行性，地域同源法是理想的配餐法则。如波尔多左岸红葡萄酒与羔羊肉搭配，该地葡萄酒以赤霞珠、美乐为主酿造，善于在橡木桶内陈年，能生产出单宁突出、中高浓郁度的葡萄酒。这与当地长期生长在盐碱、湿地的羔羊搭配起来堪称完美。此地羔羊肉质地略带咸味，蛋白质含量高，这些口感恰好与葡萄酒中单宁与酸度完美碰撞，可以有效平衡肉中咸、腻质感。再者，西班牙伊比利亚火腿与里奥哈陈酿或干型雪莉的结合也是该地区经典组合。而在日本，人们会把红色海鲜类食物，如生三文鱼片、三文鱼寿司、金枪鱼等与果香丰富、酸度突出、单宁含量少的黑皮诺搭配，这也是在日本广受欢迎的经典搭配。在我国，以白酒、黄酒为例，北京涮羊肉经常搭配二锅头，而黄酒的发祥地为绍兴，则与当地凉性食材阳澄湖大闸蟹结合完美。这样的例子数不胜数。

酒餐搭配除遵循以上几条搭配原则外，还应时刻关注客人喜好、用餐习惯及商务目的。任何配餐不需要刻意固定模式，在配餐过程中，遵循酒餐的基本风味结构，尽量避开不利因素，突出有利因素便是最好的选择。当然，如果用餐时，菜品类型非常多样，而我们所能选择的葡萄酒类型又是有限的，那么干型起泡酒（包括香槟）或桃红等百搭型葡萄酒（高灵活性酒）将会是理想答案。对于中餐与酒搭配来说，由于菜品多样，选定主旋律菜品风味是一种不错的方法，也就是说需要确定菜是主角还是酒是主角。如果酒是主角，就可充分考量酒的风味，避开冲突项，寻找几道予以搭配的菜品；如果菜是主角，则要为核心菜品寻找一种合适的酒款。

生蚝与霞多丽的绝美搭配

“当我吃下带浓烈海腥味的生蚝时，冰凉的白葡萄酒冲淡了生蚝那微微的金属味道，只剩下海鲜味和多汁的嫩肉。我吸着生蚝壳里冷凉的汁液，再藉畅快的酒劲冲下胃里，那股空虚的感觉消失了，我又愉快起来。”

——海明威《流动的盛宴》

入冬时节的胶东半岛，生蚝正是新鲜肥美之时，要问海蛎子适合搭配什么葡萄酒，霞多丽干白是不错的选择。胶东半岛的海蛎子肥美鲜甜，有清爽的咸鲜味，却极少有腥味。九顶庄园的霞多丽，清爽干净，并带有一丝矿物质感，与海蛎子配餐简直是天作之合。九顶庄园霞多丽葡萄酒目前有三个系列：经典、珍藏和气系列。淡妆浓抹总相宜的霞多丽，与各式生蚝大餐的搭配可谓相得益彰。

九顶庄园经典霞多丽，清爽而纯净，清新素颜的小美女，搭配清蒸生蚝恰到好处；

九顶庄园珍藏霞多丽，平衡而内敛，就像聪慧干练的职场女性，可以尝试搭配蒜蓉粉丝生蚝；

九顶庄园气霞多丽，饱满而复杂，时刻彰显女王风范。2016 年份气霞多丽是一

Note

款非常精致的葡萄酒，带有奶油、苹果干、熟梨和轻微的烘烤橡木和檀香气息，中到饱满的酒体，口感非常丰富，余味很长。不妨搭配芝士焗生蚝，感受一下气霞多丽的丝滑口感。

来源　青岛九顶庄园

思政启示

案例思考：思考我国胶东菜品风味特征，理解地域同源酒餐搭配方法的可贵之处。

第二节　葡萄酒与中餐
Wine and Chinese Food

中餐与西餐是在两种完全不同的文化背景下形成的餐饮形式，不管是上菜方式、用餐习惯、主要食材，还是烹饪方法上都有很大区别。西餐讲究分餐，并按照一定程序上菜用餐，虽然也有很多香料及调味品的使用，但整体来讲更加注重食材的原味烹制，主食方面以家禽、海鲜或牛羊肉为主，这些使得西餐中葡萄酒饮用有非常明显的规律可循。而中餐菜肴喜欢拼搭，上菜较为集中，通常冷菜在先，各类热菜、汤菜集中出场，最后主食收尾，大部分菜肴没有既定上餐程序。食用方式上，除个别菜肴外，很少分食，一般使用勺筷共享使用。所以与西餐有良好的葡萄酒饮用次序与规律相比，中餐似乎无法遵循这一规则，中餐较为集中的上餐方式使得程序式由白到红的饮酒规律无处可寻。

另外，我国主要食材以谷物类与蔬菜为主，对各种风味的白葡萄酒而言更加百搭，这与主菜肉类居多的西餐形成鲜明对比。另外，中餐在烹饪上善于使用各类香料、酱料搭配食材来改变食材原来风味，更加讲究菜品入味（当然很多烹饪方式也在变化，《中国餐饮报告2018》显示，大众消费者口味开始从"吃调料"转向"吃原料"）。

这些不同点使得中餐与葡萄酒的搭配增加更多可变性。另外，我国还有特色鲜明的鲁菜、川菜、粤菜、苏菜、湘菜等众多地方菜系及少数民族菜系，餐桌上菜品的多样性也给选择某种具体的葡萄酒增加了难度。不过，正因为这种多样性，中餐与葡萄酒搭配更具乐趣，正因为中餐具有多变特征，葡萄酒的搭配才更加丰富多彩。中西餐特点对比，见图10-6。

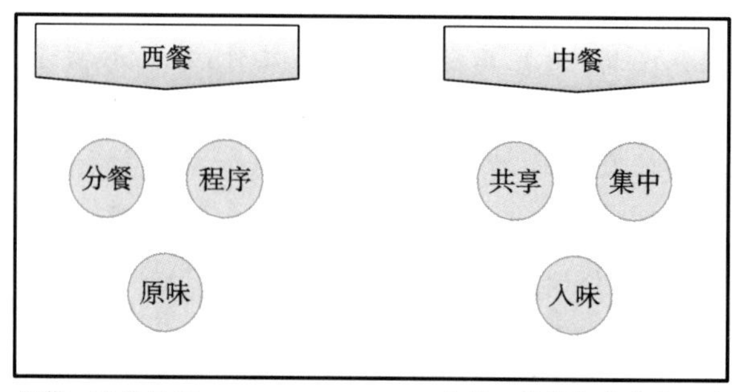

图10-6　中西餐特点对比

一、注意菜品类型与葡萄酒搭配

我国地缘广阔，各地人文环境、气候特点差异较大，菜品极具丰富性与多样性。本书根据不同食材及烹饪特点进行了菜品归纳，不同类型菜品应与不同风格葡萄酒进行搭配。

（一）时蔬类菜品

在我们日常饮食中，毫无疑问时蔬类菜品居多。这类菜品烹饪方法通常是使用葱、姜、蒜作基本调料进行清炒，部分佐以肉丝、肉片混搭炒制。油量适中，多清新风格。风味较为简单，白葡萄酒是最合适的选择。根据菜品浓淡程度，应多选择酒体轻盈到中等的无橡木风格白葡萄酒，同时应多匹配中高酸型葡萄酒，为菜品增加清新感。口感清爽的各类起泡、桃红或部分清淡的红葡萄酒也可以搭配各种时蔬，应避免单宁过于生涩与厚重，以防压迫菜的清香。另外，还需要注意南北地缘性风格差异，通常北方多盐，偏咸香，南方多糖，味甜润。

（二）海鲜类菜品

海鲜类菜菜品烹饪方式有生食、清蒸、红烧、熏烤等，根据其成品后风味的浓郁度，可以匹配不同浓郁度的葡萄酒。生食与清蒸类海鲜可以考虑精致、果香清淡、中等酒体的干白，法国夏布利的莎当妮、意大利北部灰皮诺、卢瓦尔河长相思以及清爽的香槟等都是很好的选择；红烧、熏烤类海鲜，风味复杂，口感重，可以从中、高浓郁度的干白（橡木风格白葡萄酒）或单宁较少的红葡萄酒中选择搭配酒款，避免单宁过重或具有橡木风格的红葡萄酒。

（三）炖汤类菜品

炖汤类菜菜品形式在中餐中非常多见，一般经过长时间熬制而成，汤汁吸收食材风味，鲜美浓郁，肉类因为长时间炖煮，质地松软。这类汤菜的口味因香料、酱料的使用会呈现不同的风格，如调味料使用较少的清炖，口味清香淡雅，或者是使用各种花椒、陈皮、酱油、大酱等熬制的浓汤，带有浓郁的香料风味，口感复杂浓郁。

对调味料使用较少的清炖来说，中高酒体、有一定层次感的干白（轻微橡木风格）或质地柔和、果香多、高酸的桃红葡萄酒或部分干红都是理想选择；对使用花椒、陈皮、酱油、大酱等熬制的浓汤来讲，由于食材丰富多变，香料又带来了复杂的质感，可以选择与复杂、成熟的陈年红酒相搭配，新世界拥有成熟单宁、中高浓郁度的干红也可以与之协调。这类菜品仍需要避开高单宁、苦涩感重的新鲜年份的干红，因为它与汤菜的细腻恰好背道而驰。

（四）内脏类菜品

内脏类食物是北方非常多见的一种菜品，这类食物有别于普通肉类，带有特殊的苦腥味，烹制过程中会大量使用料酒、葱、姜、蒜及各类香料，以达到去腥、去异味的作用。这类食物口感厚重浓郁，咸、辣、酱料风味突出。所以清淡的干白、甜酒都不是合适的选

择，应该挑选口感浓郁或中等，有较好的酸度，口感较为纯熟的红葡萄酒。搭配这类菜品时需要注意酒中单宁的成熟度，过于突出的单宁会凸显菜品的苦味，另外酒体清淡的果香型葡萄酒则会被菜品的浓郁度覆盖。

（五）辛辣菜及火锅类菜品

辛辣菜及火锅类菜品在中餐也特别常见，是四川、湖南、湖北、云南、贵州，包括朝鲜族聚集区的主要风味形式。该类食物大量使用香辛料，突出菜品辛辣口感，口味丰富、浓郁。菜品除本身的辛辣口感外，也经常搭配醋、香菜、泡菜、辣椒酱、花生酱等佐味料，风味复杂，有很强的层次与质感。另外，食材也从杂蔬、豆制品、海鲜类、动物内脏到牛羊肉（多以肉片出现）一应俱全。

针对这类菜品食材丰富复杂的特点，往往首先考虑酒的百搭性，高酸、清爽的干白、起泡及桃红葡萄酒是最优之选。另外，高温的汤汁通常也会加剧口腔的辛辣感，所以冰镇葡萄酒是最好的服务形式，它可以很好地抵消这种辛辣与燥热。香气突出、口感中等到浓郁的干白也能映衬这类料理的复杂口味，注意挑选酸度高的葡萄酒进行搭配，高酸葡萄酒更具有配餐的灵活性，可以有效抵消辛辣感。如果选用红葡萄酒相搭，则要避免高单宁、橡木风味过重的酒以及陈年干红，而来自冷凉产区的、酸度活跃、果香突出、酒体中等的干红值得尝试。

（六）油炸类菜品

油炸类菜品一般先用香料腌制，使用高于原料几倍的油量，大火煎、炸而成，突出特点是多油脂、香气浓郁、酥脆鲜香。食材从蔬菜、海鲜、肉丸、鸡柳、鸡块、里脊肉再到面食，花样丰富。根据食材类型，烹饪上又可以分为清炸、干炸、软炸、酥炸、卷包炸等形式，口味有清香酥软也有酱味浓郁。

根据食材不同，可以用中高浓郁度、香气突出、结构较强、酸度活泼的干白（或轻微橡木风格白葡萄酒）搭配，干型雷司令、长相思、莎当妮、维欧尼都是不错选择。红葡萄酒则应选择单宁较少、果香型酒，新世界成熟度高的干红或者凉爽产区，酸度活跃的红葡萄酒也可以平衡菜品丰硕的口感。避免清淡的干白或单宁突出、陈年的红葡萄酒。

（七）面食及糕点类菜品

我国主食主要以豆类、米及五谷杂粮为主，如各类豆制品、米粉、面皮、面条、煎饼、馒头、包子、水饺以及粽子等。它们大多蒸煮而成，部分会煎炸，水饺、包子类则会佐以杂蔬或肉类馅料。这类食物主要体现面食的酥软，烹制中香料、酱料使用较少，不过食用时常与拌以蒜泥、醋、香油的佐料相搭。口味也非常丰富，有的清淡，有的甜润，有的咸香。

能搭配这类菜品的葡萄酒首先避开单宁过高、橡木桶风格、浓郁的干红。根据食材类型，可以为之挑选单宁较少、酒体轻盈的红葡萄酒，百搭型的桃红葡萄酒、香槟与轻盈到中等酒体的干白显然更加适合面食的绵软、咸香味。其次，对于糕点类，考虑到部分食物具有甜美的口味，也可以搭配德国部分含糖量较少的 Kabinett、Spätles、Auslese 葡萄酒以及阿尔萨斯果香型干白。风格浓郁、馅料丰富的月饼等可以与贵腐甜白等

匹配。

(八)烤肉类菜品

我国地域广阔，食材、调味料多样，其风味也异常丰富。烤鸡、烤鸭、烤鹅、烤乳鸽、烤羊肉串等是常见的烤肉类型，烤制一般使用香料、酱料腌渍，之后使用果木、炭烧或烤箱烤制而成，脂肪含量高，外焦里嫩，咸、辛香、辛辣是主要风味特点。

烧烤类食物与各类红葡萄酒搭配完美，搭配时考虑食材质感与葡萄酒浓郁度及单宁多少的结合。鸡鸭肉纤维较细，可以搭配中等单宁、中等浓郁度干红，冷凉产区的、酸度突出的干红是首选；纤维较粗、口感醇厚的牛羊肉则需要足够多的单宁分解其中的蛋白与纤维，所以风味复杂、富含单宁的浓郁型红葡萄酒非常适宜与之搭配，尽量避免与酒体清淡、果香较少、缺少复杂度的红、白葡萄酒搭配。

(九)牛羊肉菜品

牛羊肉菜品是一类肉质纤维较粗、脂肪含量较高的食物。其烹饪形式以炒、烤、炖、焖为主，不管什么烹饪形式，其口感均较为浓郁，佐以红葡萄酒是上乘之选。

至于搭配哪一类型的红葡萄酒，需要考虑牛肉不同部位肉的质感与鲜嫩程度，牛羊肉的烹饪方式以及香料、酱料的使用等。牛肉多与单宁厚重的红葡萄酒搭配。葡萄酒可以有效软化动物肉的蛋白质，分解纤维，帮助消化。

(十)腊肉、卤肉与熏肉菜品

腊肉是我国腌肉的一种，是使用盐及各种香料经过腌制之后晾晒(或简单烘烤)而成的肉类。在我国四川、广东、广西、湖南、湖北等地有非常广泛的分布，我国北方也有腌肉习惯。这类食物经过腌制之后，有很强的防腐能力，所以可以保存较长的时间。陈年后的腊肉，完美融合香料及盐渍的咸香，味道醇厚，口感浓郁。

这些口感风味适宜搭配同样风味醇厚、浓郁的有一定陈年的红葡萄酒，其单宁成熟柔滑，复杂的陈年香气可以与腊肉的风味完美结合，单宁与酸度也可以减弱腊肉咸味，应避免搭配酒体淡薄的干红。

卤肉、熏肉与腊肉有相似之处，同样会大量使用香料，加以卤制、熏烤而成，咸香味为主，醇厚复杂，香料气息浓郁，可以搭配中高单宁、浓郁型红葡萄酒，尤其是陈年成熟后的干红，其香气与口感可以相互提升。避免搭配干白、甜白及清淡的红葡萄酒，单宁生涩的葡萄酒也尽量避开。

知识链接

腊肉的由来

腊肉是中国腌肉的一种，主要流行于四川、湖南和广东一带，但在南方其他地区也有制作。在寒冷的冬日里，有着"北方吃饺子，南方吃腊肉"的说法。腊肉在我国有着十分悠久的历史。据说在夏朝时，人们在农历的十二月合祭众神，相关仪式被称为"腊"，因此十二月也被称作"腊月"。腊肉，往往就是在这个时节做成的，因此就被冠

上了"腊肉"的名字。

早在周朝的《周礼》《周易》中，已有关于"肉脯"和"腊味"的记载。当时，腊肉被当成一种珍贵的物品，朝廷专门设有管理臣民纳贡肉脯的机构和官吏。在民间，也有学生用成束干肉赠给老师作为学费，这种干肉被称为"束修"，也就是10条腊肉的意思。在长沙的战国墓中，更是出土了肉脯(即今日之腊肉)，说明腊肉当时被当作一种珍贵的物品用以给达官贵人陪葬。在古时候，腊肉的原材料除了猪肉，还有许多其他动物的肉。据史料记载："越人风干(肉)而后熏。"因为古时湘楚一带的人喜欢打猎，为了不浪费打来的猎物，就把它们做成了能够保存较长时间的腊肉。

熏好的腊肉，表里一致，煮熟切成片，透明发亮，色泽鲜艳，黄里透红，吃起来味道醇香，肥不腻口，瘦不塞牙，不仅风味独特，而且具有开胃、去寒、消食等功能。湖北腊肉保持了色、香、味、形俱佳的特点，素有"一家煮肉百家香"的赞语。

来源　根据网络资料整理

案例思考：介绍我国经典腊肉出产地、风味特征及与葡萄酒搭配的方法。

思政启示

二、注意烹饪方式对葡萄酒搭配的影响

中餐烹饪方式多样，同样的菜品不同的烹饪方式对其风味影响较大。日常常见的烹饪方式有生拌、炒、蒸、涮、煲、炖、烧、焖、煎、炸、烤等。生拌、炒、蒸、涮等烹饪方式多用于多蔬菜类、大豆谷物，对菜肴原始状态改变较少，所以根据其食材风味的不同最好匹配白葡萄酒或部分清淡的红葡萄酒；煲、炖、烧、焖之类菜品，一般多使用葱、姜、蒜等各类香料与调味汁慢火炖烧而成，根据香料的使用量可以分为清淡型与浓郁型，前者可以搭配浓郁的干白(橡木风格白葡萄酒)或清淡的红葡萄酒，后者建议搭配中高酒体的红葡萄酒，但注意避开过度强烈的单宁，以免破坏汤汁的醇香；煎、炸、烤的菜品一般使用中高油量，风格往往较为浓郁，有一定油腻感，香料味浓，所以根据食材不同可以佐以浓郁型干白以及中高单宁、香气浓郁、口感复杂的红葡萄酒；而拔丝与蜜汁的菜品通常口感较为甜美、圆润，可以佐以德国晚收或其他糖分含有量高的甜型葡萄酒，同时考虑葡萄酒的酸度。中餐主要烹饪方式及口感风味，见表10-5。

表10-5　中餐主要烹饪方式及口感风味

烹饪方式	特点	主要菜式	口感/浓郁度
拌	生食，酱油、醋、香油、葱、姜、蒜等与原料调拌食用	凉拌菜	清淡
炒	食材切丝、条、块等，使用葱、姜、蒜炒制而成，使用广泛	清炒杂蔬、青椒炒肉	清淡—中等
煮	把主料放于浓汤或清水中炖煮而成	煮水饺	清淡—中等
炸	旺火，高油，可分为清炸、干炸、软炸、酥炸等	软炸虾仁、炸鸡柳	较为浓郁

续表

烹饪方式	特点	主要菜式	口感/浓郁度
焖	与烧相似，小火慢炖而成，耗时，菜肴较为软烂	红焖羊肉、油焖茄子	浓郁为主
煎	锅底放油，原料放入锅中，单面或双面煎炸而成	香煎土豆饼、水煎包	浓郁、油腻
烤	烤炉、烤箱内明火或暗火烤制，调味汁或香料腌制	烤羊肉串、烤羊排	浓郁、香料味重
腌	将原料用调味汁浸渍，多用于冷菜	腌黄瓜条	咸、鲜味
卤	将食材用各种香料调味汁卤制，晾凉后常做冷菜	酱牛肉、卤猪脚	香料味重、咸香
熏	将已备好的食材，用烟熏烤而成	熏鲅鱼、茶熏鸡翅	烟熏味、咸香
蒸	以水蒸气为导热源，旺火加热蒸熟，体现食材原味	蒸花卷、肉末蒸豆腐	中等浓郁度
炖	与烧、焖相似，汤汁较多，葱、姜、蒜等香料使用多	山药炖鸡、炖牛腩	中等—浓郁
爆	旺火快速烹制的一种方式，调汁浓稠，多用于鸡鸭肉等	蒜爆羊肉、葱爆海参	浓郁为主
熘	油炸或开水氽后，制造卤汁，趁热将卤汁淋于食材上	熘肝尖、熘肉段	清淡—中等
烧	大火后小火烧制，与汤汁调合，红烧、酱烧、辣烧等	土豆烧肉、红烧排骨	浓郁为主
拔丝与蜜汁	用糖、蜂蜜等加油或水熬制浓汁，浇在食物上	拔丝地瓜、蜜汁山药	甜香、甜腻

三、确定主要风味

由于地域文化的相互融合，菜品混搭已是不争事实。也就是说，同一餐桌菜品中，可能会同时出现鲁菜、川菜、粤菜等菜品形式，口感丰富，风味复杂，这使得同一款酒很难完美搭配所有菜品。所以，我们可以选择菜品主要风格来进行配酒，主菜或主打风格是最先考虑的内容。例如，客人所点的菜肴主要为鲁菜风格，选择高酸、中高浓郁度的红葡萄酒较为理想；如果客人所点菜肴主要为辛辣风格，通常要避开高单宁红葡萄酒，干白、桃红葡萄酒与起泡酒是其首选。

四、注意葡萄酒百搭性选择

综合来看，中餐多以蔬菜、谷物类为主要饮食形式，肉类以猪肉、家禽为主。另外，各地菜品融合较大，上菜方式较为集中，菜品复杂，口味多样，所以，百搭型葡萄酒是理想的选择，冷凉产区红白、干型起泡、香槟以及口感介于红、白葡萄酒之间的桃红葡萄酒具有配餐的高灵活度，这些是首选。当然，还要根据客人用餐的实际情况或客人喜好，推荐合适的葡萄酒。

五、红、白葡萄酒搭配饮用

我国餐饮文化多元，很多情况下，客人的点餐都会天南地北、五花八门。加上用餐过程中杂蔬、海鲜、其他肉菜以及汤菜混搭，使得固定一种葡萄酒搭配所有菜肴成为难题。因此有学者提议，用餐时可以红、白葡萄酒混搭用餐，服务人员可以根据酒餐搭配规律以及客人用餐习惯选择红、白葡萄酒为之搭配。如此一来，一方面增加了客人葡萄酒选择的空间，另一方面提升了客人用餐的舒适度，一举两得。

六、按一定规律上菜

中餐套餐的上餐程序一般先上冷盘，后上热菜，最后上甜食和水果。与葡萄酒搭配的难度在于中间热菜环节，热菜类型多，有杂蔬、肉类、鱼类、豆制品、汤菜等，这些食物通常上菜集中，且没有严格的上餐规律，如此，便很难实现先白后红的饮酒法则。其实在北京、上海、广州或香港等地的部分餐饮场合中，中餐西吃的形式已渐渐流行开来，这些特色中餐厅通常按照西餐程序上菜，讲究分餐，提供份菜，餐具也中西结合，这种服务形式的创新为葡萄酒与食物的真正搭配提供了更多可行性。

另外，在一些主题宴会上，侍酒师与厨师的配合已经成为一种餐饮潮流，厨师开始走向前台为客人做用餐前的讲解，而侍酒师也在后台加强与厨师的沟通与配合，他们根据客人喜好，制定科学的酒单、菜单，并遵循先白后红最后到甜品的基本饮酒规律，为客人调整上菜顺序，这大大提高了客人的用餐质量与愉悦度。

七、注意品种与中餐搭配技巧

葡萄酒类型多，范畴广，品种配餐是最好的切入点。品种是学习葡萄酒的入门，品种风味很大程度上决定着葡萄酒的风味，因此品种配餐更加直接有效。但同一个品种受所在产区风土、成熟度、酿造、陈年等因素的影响，风味有很多不同之处。因此，品种配餐仍需综合考虑葡萄酒风格。表 10-6 中有关品种的搭配意见，仅从该品种通常意义下的特征出发进行的归纳，并列举了一些菜品名称，以作参考。同样，需要说明的是，酒餐搭配没有固定模式，这里的搭配关系仍然为相对概念，实际工作运用中还需灵活对待。葡萄品种与中餐搭配建议，见表 10-6。

表 10-6 葡萄品种与中餐搭配建议

品　　种	可搭配的菜品风格	菜品举例
清爽风格 Chardonnay	各类海鲜、杂蔬	清蒸海鲜、清炒类、炸萝卜丸子
橡木风格 Chardonnay	芝麻酱入味菜肴、豆制品、海鲜、家禽猪肉类浓汤	香草虾仁、炸豆腐丸子、鸡汤煮干丝、盐水鸭丝、奶汤蒲菜、蒜泥白肉、煎茄盒
清爽风格 Sauvignon Blanc	开胃菜、蔬菜生食/清炒、海鲜、水饺、菜饼面食	炒竹笋、干煸豆角、青椒炒土豆丝、炒冬笋、凉拌菜、烤牡蛎、炸酱面、韭菜水饺
橡木风格 Sauvignon Blanc	煎炸海鲜、高汤炖煮、清汤火锅	龙井虾仁、佛跳墙、羊汤
干型雷司令 Riesling	贝类、辛辣多油食物、火锅	海贝、酸菜鱼、炒面、春卷
甜型雷司令 Riesling	水果蛋糕等甜味食物、拔丝菜品	拔丝苹果、糖醋鱼、生煎包
琼瑶浆 Gewürztraminer	中高浓郁度菜品、微甜菜品、火锅、辛辣菜	南瓜汁、麻婆豆腐、无锡排骨、煲仔饭
灰皮诺 Pinot Gris	海鲜类、清蒸菜、新鲜时蔬、凉菜	清蒸鱼、白菜水饺
白诗南 Chenin Blanc	海鲜类、杂蔬、炖菜、汤菜	蚵仔煎、煎饺、海鲜疙瘩汤
维欧尼 Viognier	蔬菜煎炸、炖菜、海鲜类、咖喱	剁椒鱼头、清炖排骨、清蒸蟹、椰子饭
麝香 Muscat	粽子、坚果类等甜食	水果派、粽子、八宝饭、月饼等点心
赤霞珠 Cabernet Sauvignon	猪牛羊荤菜、烧烤、酱肉等高蛋白、高脂肪类菜	酱肘子、酱牛肉、烤羊排、炖牛肉、卤肉
黑皮诺 Pinot Noir	烧烤、红色海鲜、菌类食物、红烧肉、卤鸭肉	叉烧、烤鸭、小鸡炖蘑菇、葱烧海参、红烧肉
美乐 Merlot	中等浓郁度菜品、家禽烧烤类、北方炖菜	鱼香肉丝、夫妻肺片、四喜丸子、回锅肉

续表

品　　种	可搭配的菜品风格	菜品举例
西拉 Syrah	烤肉类，浓郁型、香料丰富菜品，如卤味	烤羊腿、爆炒牛肉、椒麻鸡丝
歌海娜 Grenache	各类炖菜、海鲜火锅、海鲜饭、砂锅菜	宫保鸡丁、水煮牛肉、砂锅牛肉
内比奥罗 Nebiolo	浓郁、香辛料、酱料丰富菜品，烧烤类	金华火腿、梅菜扣肉、孜然羊肉
桑娇维塞 Saugioves	油腻菜品、番茄类食物	西红柿炖牛腩、水煮牛肉、肉饼
增芳德 Zinfandel	浓郁菜品、家禽类、烧烤、肉馅面食	烤乳猪、BBQ 猪小排、牛羊蒸包

以上为中餐的七条酒餐搭配建议，在实际应用中这七条建议不能单独而论，需综合考虑。另外，更符合实际、更打动消费者的酒餐搭配建议，很多源于对餐酒的品尝经验，从业者在平时工作中要善于训练味蕾，积累直接的经验，学会用文字或口头表述关键信息。

第三节　葡萄酒与西餐
Wine and Western Food

葡萄酒一直是西方占据主导地位的酒精饮料，葡萄酒与西餐的结合自然天成。每个地区都发展出了很多葡萄酒与食物的经典配对，体现当地人文传统与饮食习惯。西餐与葡萄酒的搭配有较强的规律与章法。

一、葡萄酒与西餐搭配方法

（一）注意烹饪香料的使用

在中、西餐中，香料都有大量使用，它是菜品香气与味道的直接来源。对善于保持原味的西餐来讲，香料是使食物多姿多彩的重要调配成分。西餐中，常见的香料有罗勒、迷迭香、丁香等，它们为主菜增加了多样风味。西餐常用香料类型及风味，见表10-7。

表 10-7 西餐常用香料类型及风味

香料名	风味特点	主要应用菜品
罗勒 Basil	又名九层塔，稍甜，略辛辣，有薄荷味	意大利面、比萨、鱼类等
薄荷 Mint	清凉、草本	沙拉调味品
欧芹 Parsley	别名法香，略淡，清凉	点缀菜品及沙拉配菜
鼠尾草 Sage	苦味，微寒，除腥味	香肠、家禽、猪肉类
百里香 Thyme	别名麝香草，辛香，中国称为地花椒	烤制肉类或炖煮食物
柠檬草 Lemongrass	香气清新，爽口，酸味	咖喱及东南亚菜品
月桂叶 Bay Leaf	辛凉，强的苦味，除腥味	肉类及炖菜
细香葱 Chive	略辛，性温	汤、沙拉、蔬菜
丁香 Clove	带甜味	烤制猪肉类
香草 Vanilla	独特的香味	甜点
芥末 Mustard	辛辣，刺激	肉类、沙拉、香肠等
肉桂 Cinnamon	带甜味，香气浓郁	中东料理、咖喱、水果派类
龙蒿草 Tarragon	有类似茴香的辛辣味，半甜半苦	鸡肉及沙拉类
牛至叶 Oregano	味辛，微苦	剁碎后用于沙拉、比萨，干末用于烤肉
卡宴辣椒粉 Cayenne	辛辣，颜色红	印度菜、墨西哥菜及海鲜料理
黑胡椒 Black Pepper	辛辣，刺激，浓香	烤制食物、牛排、意大利面等
迷迭香 Rosemary	松木香，香味浓郁，甜中带苦味	烤制肉类，磨粉加醋，用作蘸料
莳萝 Dill	小茴香，近似香芹，清凉，辛香甘甜	炖类、海鲜等佐味香料
松露 Truffle	别名块菰，猪拱菌，有特有香气及鲜味	生拌，切片、磨粉后多制汤或炖菜

这些香料有的味苦，有的辛辣，有的甘甜，有的清冽，还有的散发出独特香味，根据它们植物特性，适合调味的菜品也不尽相同。在搭配葡萄酒时，应注意菜品的香料香气与葡萄酒香气的融合，确保与菜品风味相协调，避免冲突与颠覆。

知识链接

松露产国

（二）注意酱汁使用对菜品口感的改变作用

西餐善于使用各种香料及食材烹饪酱汁，酱汁是西餐的灵魂。因此，在配餐时除参考上文关于香料对食物的影响之外，还要注意酱汁对菜品口味的影响作用，从而找出可以合理搭配的葡萄酒。西餐常见酱汁及风味特点，见表 10-8。

一般而言，西餐酱汁分为冷菜汁与热菜汁两大类，这些酱汁使用不同的香辛料，佐以大蒜、洋葱、黄油、蛋类、牛奶或葡萄酒等烹制而成，味道与口感各有不同，有的辛辣浓

郁，有的清香自然，与葡萄酒的搭配也要遵循风味一致的原则。

通常情况下，部分以酸、咸为主要风味特点的酱汁多用来制作各类蔬菜、海鲜、水果沙拉，所以可以搭配口感清爽、酸度活泼的干型白葡萄酒；奶香、蛋香浓郁，口感较为绵软的酱汁菜肴可以搭配橡木桶风格的莎当妮以及新世界长相思等；对颜色较深、口感浓郁的黑椒汁、褐酱酱汁菜肴来说，各类红葡萄酒则是上上之选，但需要注意酱汁浓郁度与葡萄酒酒体的匹配，区分使用浓郁型红酒还是清淡型红酒。

表 10-8　西餐常见酱汁及风味特点

区分	调味汁	原材料及风味特点	应　　用
冷菜汁	美乃滋蛋黄酱 Mayonnaise	生蛋黄、植物油、醋、芥末酱、柠檬汁及香辛料等；奶香、微酸	蘸炸薯条、拌沙拉、抹三明治、蘸料、甜品配料
	千岛汁 Thousand Island Dressing	万尼汁、洋葱碎、酸青瓜碎、柠檬汁、番茄沙司等；微甜带酸	拌海鲜沙拉、蔬菜沙拉、火腿沙拉等
	塔塔汁 Tartar Sauce	蛋黄酱、酸黄瓜碎、醋或柠檬汁、欧芹、黑胡椒等；酸咸、开胃去油腻	配炸鱼排、鸡排等油炸食物
	凯撒汁 Caesar Dressing	橄榄油、生蛋黄、蒜蓉、柠檬汁等；咸鲜、奶香	拌蔬菜沙拉
	法汁 French Dressing	蛋黄酱、橄榄油、法式芥末酱、大蒜、牛奶等；芥末香、清新酸味	拌法式沙拉、蔬菜沙拉，煎三文鱼、焗烤食物等
	油醋汁 Vinagrelle	橄榄油、醋、柠檬汁、洋葱碎、黑胡椒粉、法式芥末酱等；酸、香、清新	配蔬菜沙拉
	番茄调味汁 Ketchup	由成熟红番茄经破碎、打浆、去除皮和籽等粗硬物质后，浓缩、装罐、杀菌而成；鲜、酸、浓香	鱼、肉类调味品
热菜汁	荷兰酱 Hollandaise Sauce	黄油、蛋黄酱、白酒醋、香叶、柠檬汁、胡椒粒等；奶香、温和、浓香	班尼迪克蛋、龙虾、蔬菜浇汁（如芦笋）
	褐酱 Espagnole Sauce	以蔬菜、肉类为主，经长时间熬制的一款褐色酱汁；浓郁、香料香	配牛肉、羊排、猪肉等红肉
	丝绒酱 Veloute	如天鹅绒般顺滑酱汁；奶香	一般不单独使用，作其他酱汁的基底
	白酱 Bechamel Sauce	面粉、黄油、牛奶及香料等；白色、顺滑	配白肉、意大利面
	番茄酱 Sauce Tomate	番茄、醋、糖、盐、丁香、肉桂、洋葱、芹菜等；清新、酸	配意大利面、鱼类、蔬菜
	黑椒汁 Black Pepper Sauce	由罗勒、洋葱、鸡肉、番茄及黑胡椒等熬制而成；辛辣、浓郁	配烧烤，牛排、羊排、猪排类

（三）注意烹饪方式的选择对菜品的影响作用

西餐与中餐一样都有多式多样的烹饪方法。不同的烹饪技术，不同的温度控制，甚至不同的烘焙设施使用都会对菜品风味产生非常大的影响。本书汇总了以下几种常见的西餐烹饪方式，同时提出了一些配酒建议，以作参考。西餐常用烹饪方式及与葡萄酒搭配建议，见表 10-9。

表 10-9　西餐常用烹饪方式及与葡萄酒搭配建议

烹饪方式	菜品举例	搭配的葡萄酒
生食 Raw Food	冰镇牡蛎、三文鱼、海鲜寿司、杂蔬	酸度较高、酒体清淡的白、黑皮诺或起泡酒等
煮 Boil	柏林式猪肉酸白菜、意大利面	酒体中等的干白；避开浓郁、单宁突出的红
焖 Braise	意式焖牛肉、乡村式焖松鸡、苹果焖猪排等	酒体饱满、单宁柔顺的新世界红 果香丰富、酒体饱满的干白
烩 Stew	香橙烩鸭胸、咖喱鸡、烩牛舌	酸度较高的红；避免单宁突出的红
炒 Sautee	俄式牛肉丝、猪肉丝、肉酱意大利粉	酸度突出的白；中等酒体，单宁柔顺的红、桃红
焗 Bake	丁香焗火腿、焗小牛肉卷	轻微橡木桶风格的白；酒体中等的红
煎 Fried	火腿煎蛋、葡式煎鱼、煎小牛肉、香煎仔牛排、香煎鳕鱼、香煎比目鱼	海鲜类搭酒体浓郁、果香突出的干白；橡木桶风格白；肉类搭饱满红，优质红；避免单宁生硬的红
炸 Deep Fried	炸培根鸡肉卷、炸鱼条、炸黄油鸡圈、香炸西班牙鱿鱼圈	香气浓郁、酸度结实的干白；单宁少的干红 桃红及传统法酿造的起泡酒等
熏 Smoked	烟熏三文鱼、烟熏蜜汁肋排	橡木桶风格莎当妮、长相思等；避免单宁突出的红
烤 Roast	烤牛肉、烤排骨、烤柠檬鸡腿配炸薯条、烤牛肉蘑菇比萨	酒体浓郁、果味突出、单宁中高红 酸度高的芳香型干白；避免酒体淡薄的酒
扒 Grill	铁板西冷牛扒、扒肉眼牛排、扒新西兰羊排、扒金枪鱼	根据肉质搭配酒体浓郁白、红、橡木风格酒
串烧 Broil	烧烤、海鲜、蔬菜、肉类	根据菜品食材类型，搭配酒体中等、香气突出的干白或浓郁的红

（四）注意肉类食物的成熟度对葡萄酒搭配的影响

烹饪成熟度会直接影响食物口感、风味及浓郁度，这对葡萄酒的搭配也会产生很大影响。以西餐中牛、羊肉等主菜来说，一般会烹制为三成、五成、七成与全熟等几种不同的成熟度。

一成与三成熟食物的烹制通常时间较短，肉质内部为血红色或桃红色，基本保持了食物的原味，有一定的温度。该类菜肴搭配葡萄酒时，注意避免单宁突出、酒体浓郁的红葡萄酒。同时，年份过久的陈年红葡萄酒也不是最佳选择，建议搭配少量单宁或单宁较为柔顺、酸度清爽、中等酒体的红葡萄酒。

五成熟菜肴，内部粉红色向灰褐色转变，口感中等，肉质正反面有微微的焦黄。建议搭配单宁适中、果味丰富、酸度清新、口味细致、成熟的葡萄酒。

七成及全熟食物，其肉质正反面都已焦黄，由于烤制时间较长，肉质纤维感较多，食物香气、口感最为浓郁。可以搭配高单宁、橡木及烟熏气息突出的干红，酒中单宁和酸可以有效分解食物纤维，橡木、烟熏等三级香气也与食物香气达到协调一致，尽量避免酒体淡薄、单宁较少的红葡萄酒。

（五）注意牛肉部位与葡萄酒的搭配

牛排是西餐中较典型的主餐菜肴，牛排的分类也非常详细、具体。牛肉部位不同，其口感也有很大差异，在搭配葡萄酒时应该选择与其口感相近的葡萄酒。表10-10列出了西餐中常见的牛肉的部位类型，同时对该部位肉质特点进行了简单描述，并对适宜的烹制成熟度与葡萄酒做出了搭配建议，以供参考。

表 10-10　牛肉部位及与葡萄酒搭配建议

牛肉部位名称	肉质特点	适宜的成熟度及烹饪方法	适合搭配的葡萄酒类型
菲力 Filet	里脊肉、鲜嫩	三成、五成/烤、煎、炒；生食	中高酸度、单宁少、轻盈红
肋眼 Rib Eye	带筋、油质	三成、五成/烤、扒	高酸、中等酒体红
纽约客 New York	有细细的筋，比肋眼嫩	三成、五成/烤、扒	中高酸、中等浓郁红
沙朗/西冷 Sirloin	外圈带筋及少量肥肉	五成、七成/烤、扒	中高单宁、浓郁红
牛小排 Short Rib	脂肪分布均匀，肥硕	五成、七成/烤、扒	成熟单宁、中等酒体、高酸红
T骨 T-bone	一块菲力，一块纽约客	五成、七成/烤、扒	中等酒体红、中等单宁
肋排 Back Rib	包裹牛肋骨的带筋肉	七成/烤、扒、炖	酒体饱满的红、成熟单宁

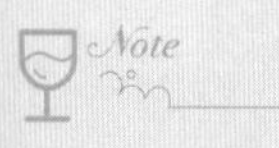

续表

牛肉部位名称	肉质特点	适宜的成熟度及烹饪方法	适合搭配的葡萄酒类型
牛腩 Brisket	瘦肉上带油筋，肥瘦相间	全熟/卤、炖、烧	果香突出、高酸、陈年红
腱子肉 Shank	结实有力，有筋，纤维粗	全熟/卤、炖、烧	浓郁型、高酸高单宁、陈年红

以上是有关葡萄酒与西餐在搭配方面的几点建议，在日常用餐中，西餐大致分为两种用餐方式，一种是标准的西式套餐，一种是比较自由的零点。对于能提供这两种用餐方式的酒店，通常会配有相对齐全的酒单，葡萄酒的类型多样。套餐可以根据客人消费情况以及食物的上餐程序建议选择白、红两种以上类型的酒款。如有更高消费能力，可建议在开胃餐与甜点阶段增加起泡酒与甜酒；如有消费压力，通常根据主菜配酒。对于零点，通常建议客人根据主菜予以搭配。另外，目前很多星级酒店及高端社会餐饮开始供应单杯酒，这种按杯销售的葡萄酒通常类型丰富，风格多样，不管对套餐还是零点来说，都为客人提供了更多选择的空间。

二、葡萄酒与西餐上餐程序的搭配

西餐从上餐程序上讲，一般遵循开胃菜、汤菜、副菜、主菜到甜品的顺序。每道菜品食材用料及口感风味各不相同，葡萄酒应遵循程序予以搭配。

（一）开胃菜(Appetizer)

开胃菜又称“头盘”，是开餐前比较正式的第一道菜。菜肴多使用海鲜、火腿、鸡肉、蔬菜、水果制成，生食较多，菜品精致，装饰美观，口感新鲜清爽，多使用咸、酸等调味汁调味，可以很好地刺激客人食欲。代表性头盘有鱼子酱、鹅肝酱、三文鱼以及各类海鲜、蔬菜沙拉类菜肴。

这类菜肴多与中高酸的干型起泡酒相搭，香槟是品质用餐的搭配首选。当然，如果套餐内没有起泡酒，一瓶来自冷凉产区的酸度活泼、酒体轻盈的未过橡木桶的干白也是理想的选择。

（二）汤(Soup)

西餐的汤菜一般在主菜之前，使客人在正式用餐之前得以暖胃。汤菜通常由番茄、各类蔬菜、海鲜、蘑菇、奶油等熬制而成，这些汤菜内含有大量鲜味与酸性物质，可以刺激胃液，增加食欲。汤类主要分为冷汤与热汤，冷汤主要有德式冷汤、俄式冷汤等，热汤代表性的有海鲜汤、意式蔬菜汤、俄式罗宋汤、法式焗葱头汤、牛尾汤及各式奶油汤等。

汤菜根据食材类型与浓郁度可以与多类风格葡萄酒搭配自如，干型白葡萄酒及酒体清淡的红葡萄酒都是不错选择，与干型起泡、各类香槟与桃红葡萄酒也可以实现百搭。

知识链接

扁形生蚝的代名词

（三）副菜(Entrée)

副菜一般为海鲜类菜肴，这类菜肴，烹饪方式会出现煎、炸、烤、熏等，同时使用各类香料及各种浓郁度的调味汁入味。代表菜品有香煎鳕鱼、巴黎黄油烤龙虾、扒金枪鱼、烤三文鱼柳等，酱汁主要有鞑靼汁、荷兰汁、香草汁、白奶油汁、黑橄榄酱等。

副菜口感略加浓郁，香气更加复杂，因此搭配的葡萄酒应与之相宜，中高浓郁度、果香突出、酸度活泼的干白是首选，如优质波尔多干白、勃艮第村庄级或一级园白、阿尔萨斯芳香白、奥地利的蜥蜴级白(Smaragd)、新世界过橡木桶的莎当妮、新西兰长相思都是很好的选择。

（四）主菜(Main Course)

主菜是西餐的主角，是西餐最重要的部分。其食材多为禽类、猪肉、牛羊肉以及比萨与意大利面等，使用煎、烤、扒、熏等方式烹饪而成，烹饪方式较为复杂，香味重，口感浓郁。

首先，家禽类、猪肉类菜品主要有奶酪火腿鸡排、烤柠檬鸡腿配炸薯条、烧烤排骨、意大利米兰猪排。这类菜肴没有牛羊或野禽类结实的纤维，根据烹饪方法及调味汁的不同建议搭配单宁中等、酒体中等、成熟度较高、口感柔顺的红葡萄酒。轻微橡木桶风格红及干白也可以很好地与煎、炸家禽类主菜搭配。

其次，牛羊肉主菜有红烩牛肉、扒肉眼牛排、青椒汁牛柳、铁板西冷牛扒、烤羊排配奶酪和红酒汁、烤羊腿等。这类菜品香料与肉质本身香气融合较深，味道浓郁，质感肥厚，烹饪方式多为烤、扒、熏，肉质纤维较粗，有丰富的脂肪与蛋白质。这类菜肴可以与葡萄酒中单宁结合完美，肉中蛋白可以有效降低单宁的苦涩感，酒中单宁又可分解肉中粗糙的纤维，酒香也可以很好地与菜香匹配。可以根据烹饪方式、肉质、部位、烹饪成熟度及调味汁的不同选择与这类食品匹配的红葡萄酒，单宁结构紧凑、口感浓郁、酸度较高的红葡萄酒可以很好地与之搭配，澳大利亚、美国、智利等热带产区出产的设拉子、赤霞珠、GSM 混酿以及法国波尔多陈年红、罗讷河谷葡萄酒都是很好的选择。

最后，对于比萨与意大利面来说，这类食物以米、面为主料，辅以蔬菜、水果、海鲜、火腿、肉类等以调味料烹饪而成。其中，配料食材以及沙司的使用很大程度上决定了意大利面与比萨的风味类型，因此，在搭配葡萄酒时需要多考虑这些因素对配酒的影响。蔬菜、海鲜类意大利面及比萨可以选择酒体中等、高酸、果香型干白。红色调味品及以火腿、肉丁、菌类为主要配料的比萨则可以搭配中低单宁、酸度活泼、果香十足的年轻干红，应避免选择单宁突出与陈年红葡萄酒，这会覆盖面食的清香。例如，意大利西北部巴贝拉(Barbera)与新鲜西红柿比萨、黑皮诺与蘑菇比萨，以及基安蒂(Chianti)与番茄酱或火腿比萨都是经典搭配。水果类较为甜美的比萨则要考虑果味突出的干白或略带甜味的葡萄酒，法国阿尔萨斯琼瑶浆与德国珍藏(Kabinett)及晚收(Spätlese)都是不错的选择。

知识链接

神奇的伊比利亚猪

（五）甜品(Desert)

甜品是西餐的最后一道收尾菜肴，在主菜后食用。一般食物形式有西式煎饼、蛋

糕、布丁、巧克力、冰淇淋、奶昔、饼干等。甜酒与甜品历来是最佳搭档，需要注意的是葡萄酒中的甜味应至少与食物的甜度相当或者高于食物甜度。目前，西餐中甜品多以法国、意大利为主要风味类型，甜品主要由面粉、糖、黄油、牛奶等为主料，附加各类水果、巧克力、可可粉等，使用各类香料及酱汁料制作而成。风味多样，有清淡的水果甜品，也有巧克力、坚果等浓郁风味甜品。

水果风味甜品或各式冰淇淋可与阿斯蒂（Asit）起泡，德国珍藏（Kabinett）、晚收（Spätles）、精选（Auseles）、冰酒、阿尔萨斯晚收（Vendages Tardives），以及新世界新鲜风格、中低糖分的麝香等进行搭配，这一类型甜品有英式水果蛋糕、草莓奶酪蛋糕、蓝莓奶酪蛋糕等；而口味浓郁的意大利提拉米苏、咖啡奶酪蛋糕、果仁布朗尼、曲奇饼干等甜品类，则可以选择贵腐、波特、甜型马尔萨拉、甜型马德拉、意大利帕赛托（Passito）以及甜型雪莉等予以搭配；当然各类餐后利口酒也与甜品完美相衬。

总结来看，西餐与葡萄酒的搭配规律性较强，酒餐推介时，除了可以参考上述建议之外，还需要充分考虑客人的国籍、民族、宗教信仰及个人饮食习惯。另外，用餐的时间、场合以及用餐人数也是需要考虑的重要内容，工作时间的午餐用酒用餐可以相对简易，杯卖酒是不错的酒水形式。对于时间较为充分的晚餐或周末用餐，则可以推荐更多菜品与酒水。朋友聚会、家庭聚会、商务聚会等场合也是影响推荐酒餐搭配的重要因素，服务人员要善于察言观色，洞察客人真正的消费需求，适度推荐，避免过度营销，充分尊重客人的意见。

第四节　葡萄酒与奶酪
Wine and Cheese

奶酪与葡萄酒同为发酵型食物，风味相辅相成。奶酪可以映衬葡萄酒中的香气层次，奶脂与咸香也可以和单宁、酸的风味完美融合，两者搭配堪称完美。在欧美很多国家，一份奶酪拼盘足可以支撑一顿餐后消遣，其与葡萄酒的百搭性，使两者成为餐桌上的最佳拍档。但是奶酪与葡萄酒一样类型多样，不同产地、不同原材料、不同制作方法与熟成方式，使得奶酪的口感风味差异很大。因此，要想知道葡萄酒如何与奶酪搭配，了解奶酪的基本类型是最基本的。目前，世界上有1000多种类型的奶酪，生产地主要集中在欧洲的法国、德国、意大利、荷兰、瑞士及希腊等国，除此之外，美国也是世界上奶酪生产大国，奶酪在加拿大、澳大利亚、新西兰以及亚洲的日本都有大量生产。

知识链接

奶酪的历史

一、奶酪分类

奶酪通常分为天然奶酪与再制奶酪两类。在超市或专卖店里购买奶酪时，可以关注一下奶酪商标的原料一栏，天然奶酪的原料是乳类、牛乳类及乳酸菌等，其中乳类包括牛奶、水牛奶、羊奶、山羊奶等；而再制奶酪的原料则为奶酪、干酪类以及黄油、白砂糖或其他添加成分等。天然奶酪通过乳酸菌或霉菌发酵而成，属于“活”性食物；而再制奶

酪是使用已经成品的天然奶酪或奶酪余料等，通过热处理，使之融化重新固形后制造而成的奶酪。生产者在再制奶酪生产过程中可以根据市场及消费者口味，添加其他风味成分，令其形态多样，色泽多变。由于已经经过高温处理，其比天然奶酪更容易储存。但就营养价值而言，天然奶酪更占优势。本书主要针对天然奶酪做出归纳。天然奶酪类型非常多样，根据不同的分类标准可以细分出很多类型。

（一）根据乳类原材料细分

根据乳类原材料，奶酪分为牛奶、水牛奶、羊奶、山羊奶等奶酪。其中以牛奶奶酪最为多见，占据奶酪的最大份额；水牛奶奶酪是最常见的新鲜奶酪类型，最出名的当属意大利的马苏里拉（Mozzarella）奶酪；使用羊奶制作奶酪，比较知名的有法国洛克福（Le Roquefort）奶酪与瑞士的曼彻格（Manchego）绵羊奶酪。山羊奶酪在法语中被称为Chèvre Cheese，在法国分布较多，目前有150种左右的山羊奶酪，具有代表性的有瓦伦卡（Valencay）奶酪，另外，瑞士的萨能（Saanen）山羊奶酪与阿尔法山羊奶酪等也较有代表性。

（二）根据含水量

奶酪因含水量的不同而呈现不同的硬度，因此根据软硬程度，奶酪分为软质、半硬质、硬质及超硬质四个类型。我们常见的未经熟成的新鲜奶酪、白霉奶酪、风味独特的水洗软质奶酪以及山羊奶酪多属于软质奶酪，其含水量较多，在48%以上；半硬质奶酪是这一分类的中间型，水含量在38%—48%，蓝纹奶酪属于该类型；硬质奶酪在制作时需要压榨出更多水分，因此水含量更少，在32%左右，通常体积较大；超硬质奶酪是含水量最少的奶酪，需控制在32%以内，通常需要几个月到几年不等的成熟期，奶酪密度较大，非常有重量感，意大利的帕玛森属于该类型。

（三）根据成熟与否

奶酪可根据成熟与否，划分为非成熟型奶酪与成熟型奶酪。质地较软、清爽柔和的新鲜奶酪属于非成熟型奶酪；成熟型奶酪类型较为多样，白霉奶酪、蓝纹奶酪、水洗软质奶酪、硬质奶酪等都属于这一类型，还可以根据霉菌、细菌成熟及表面清洗等划分为不同类型。

（四）根据制作方法

奶酪根据制作方法划分为新鲜奶酪、白霉奶酪、蓝纹奶酪、水洗软质奶酪、山羊奶酪、半硬质奶酪、硬质奶酪等类型。这一类型非常常见，主要食用方式为切片、切块后与其他料理搭配做开胃菜，或者制成奶酪拼盘单独食用，另外也可以刨丝后烘焙其他奶酪食物。

二、奶酪与葡萄酒搭配

奶酪与其他食物一样，与葡萄酒的搭配遵循酒餐搭配的基本原则与方法。例如，清淡的奶酪与清淡的葡萄酒搭配，浓郁的奶酪则与浓郁的葡萄酒搭配。根据这些基本规

则，本书梳理了以下注意事项，以供参考。

（一）客人具体需求

在西餐里，欧美国家客人通常会在主菜之后食用奶酪。奶酪突出咸香，可以起到很好的开胃与消食作用，是西方饮食文化里占据重要地位的一道美食。主菜之后或餐后的奶酪通常与葡萄酒搭配，客人一般会有两种选择。第一种是不会再继续点酒，而是选择用主菜时的葡萄酒进行搭配。葡萄酒一般口感浓郁，所以推荐奶酪时，注意避免口感绵软、清淡的新鲜奶酪或软质奶酪，味道厚重的蓝纹奶酪、水洗奶酪、半硬质奶酪或硬质奶酪更为适合。第二种，客人要求另外推荐酒水，可以根据客人的喜好予以搭配，很多情况下各种类型的波特酒将会是餐后奶酪搭配的理想之选。当然，还要根据客人选择的奶酪风味，匹配相应的葡萄酒。

（二）百搭性

客人另点奶酪还有一种情况，那就是不管是餐前还是餐后都可能会选择一份奶酪拼盘来消遣时光。这种情况下，首先考虑推荐的是百搭型葡萄酒。奶酪拼盘会混搭3—7种不同类型的奶酪切片，通常这种搭配会把奶酪的基本类型都囊括在内，从新鲜奶酪、蓝纹奶酪，到硬质奶酪、山羊奶酪，再到水洗奶酪可能都有涉及，因此口感从温和到坚实，从清淡到强烈，从酸味到甜香都汇集其中，而且色泽不一，切片出来也非常美观。这样的奶酪拼盘是西餐的一道基本组合形态。

另外，奶酪拼盘里还常会搭配一些简单的果干，如蓝莓、树莓干等，也会附加碳水化合物，如饼干、面包片等，开心果、杏仁、核桃等坚果也会出现在拼盘内，而西班牙、意大利一些著名的生火腿、萨拉米香肠、熏肉等同样也是奶酪拼盘的常客。如此看来，一份拼盘可以出现五花八门的混搭，形态各样，风味各样。这类拼盘是餐前餐后以及下午茶时间广受西方客人喜欢的一种休闲食品。

那么，葡萄酒的搭配就需要去迎合这种混搭，歌海娜、增芳德、起泡酒、桃红葡萄酒、加强型甜酒等都将是不错的选择。另外，个性较少的中性葡萄酒（单宁、果味、甜味不过于突出）也会迎合所有奶酪类型，满足部分客人的喜爱。注意避开过于陈年的葡萄酒。当然，如果客人选择两种以上杯卖酒，可用白葡萄酒搭配温和、清淡新鲜的奶酪和各类水果果干，红葡萄酒搭配坚果、生火腿以及硬质奶酪等。如果是餐后奶酪拼盘，西班牙雪莉酒、葡萄牙波特酒将会是理想之选。

（三）地域同源

任何时候，来自同一地区的奶酪与葡萄酒都是绝佳搭配，这些经典组合能最大程度上体现两者搭配的绝妙之处。世界上奶酪生产国众多，当然除头号奶酪生产国（包括天然奶酪与再制奶酪）——美国之外，欧洲仍然是奶酪生产的核心。在悠久的历史与人文风土双重作用下，欧洲形成了丰富的奶酪生产传统，所产奶酪与当地其他美食、美酒的碰撞可谓天造地设。如果我们同时对比看一些法国与意大利葡萄酒与奶酪产区图，不难发现，它们有很多重叠之处，这几乎能佐证有葡萄酒的地方无一例外都伴有奶酪的生产，可见二者的紧密关系。

(1) 夏维诺:圆形山羊奶酪(Crottin de Chavignol Cheese),卢瓦尔桑塞尔长相思。
(2) 法国南部:蓝纹洛克福奶酪(Le Roquefort Cheese),波尔多苏玳甜白。
(3) 勃艮第金丘区:水洗软质埃普瓦塞奶酪(Epoisses Cheese),勃艮第莎当妮。
(4) 法国东北部:软质布里奶酪(Brie Cheese),法国香槟。
(5) 意大利:马苏里拉奶酪(Mozzarella Cheese),意大利灰皮诺。
(6) 意大利:硬质帕尔玛干酪(Parmesan Cheese),意大利陈年基安蒂红。
(7) 西班牙中部:曼彻格奶酪(Manchego Cheese),西班牙里奥哈红。

(四) 味道强度

由于奶酪原材料、制作方法及成熟时间不同,其味道强度差异甚远,有的比较温和,有的则色重味浓。温和的适合与白葡萄酒或果味型红葡萄酒搭配;味浓的适宜与浓郁型干红搭配。例如,新鲜奶酪、软质奶酪与长相思、维欧尼或香槟等能完美结合,散发着坚果气息成熟的切达奶酪(Cheddar Cheese)与赤霞珠或西拉相互搭配,酸味突出的山羊奶酪与酸度明显的长相思或起泡酒等搭配。

(五) 互补性

从食物与葡萄酒的搭配中,可以看到相反的口感也可以成为有效的组合,这些相反的特性恰好可以平衡对方突出的味道。最明显的例子是蓝纹奶酪与甜酒(贵腐甜酒或波特酒等)的结合,这类奶酪有一种特殊的咸味,葡萄酒酸度与甜味可以很好地中和这种味道。另外,有些奶酪会伴有淡淡的酸味与辛辣味,酸味与辛辣的奶酪也可以选择有甜味的葡萄酒予以平衡。同时,带有涩味的葡萄酒与奶酪滑顺的油脂很搭,两种极端的口感能在口腔里实现平衡。

(六) 成熟度

很大一部分天然奶酪要求有一段时间的成熟期,所以根据是否成熟,可以将其划分为成熟奶酪与非成熟奶酪。新鲜奶酪就是一种非成熟奶酪,味道较为清香,所以适合搭配淡雅的白葡萄酒。在成熟奶酪中,半硬质与硬质奶酪是一种有较长时间成熟期的类型,通常需要1—8个月或4个月—2年不等,甚至更长时间熟成。这种类型奶酪经历了高温凝乳的过程,水分较少,随着熟成的进行,香味会变得非常浓厚,并散发出坚果等的气味,有些会带出牛奶本身的甜味。质地结实,咸香突出,部分有酸味,口感醇厚。

而其他奶酪中蓝纹奶酪的成熟期需要10天—6个月,白霉奶酪需要10天—2个月,水洗奶酪1—12个月。奶酪成熟后,通常味道会变得更加醇厚,所以搭配葡萄酒时,一定要考虑奶酪的成熟时间及方式,并根据其口感来搭配相似浓郁度及风味的葡萄酒。

以上只是一些基本的葡萄酒与奶酪的搭配建议,两者的组合还考虑很多具体的情况,而且上文中的每种建议不要分开而论,而应综合判断,同时客人用餐场合及喜好也是极为重要的考量因素。作为侍酒服务人员,应多品尝、多实践,丰富的经验是工作的最好帮手。

三、奶酪主要类型与葡萄酒经典搭配

奶酪根据原材料及制作方法的不同，可以分为如下七种类型，这些类型的奶酪是西餐厅的常客，它代表了奶酪的基本风味形态。

（一）新鲜奶酪(Fresh Cheese)

这是一种最能体现乳类原材料本身特点的奶酪，口感较为绵软，水分多，偏清淡，个别有微微的酸味。主要代表有奶油奶酪(Cream Cheese)、里科塔奶酪(Ricotta)、马苏里拉水牛奶酪(Mozzarella di Bufala Cheese)、马斯卡彭奶酪(Mascarpone Cheese)等。这类奶酪在西餐中经常以开胃菜形式出现，适合搭配酸度活泼的干型、半干白、香槟或果味突出的桃红葡萄酒。卢瓦尔河长相思、安茹桃红、果香型维欧尼、薄若莱的佳美、夏布丽的莎当妮都是不错的选择。

（二）白霉奶酪(White Mould Cheese)

在制作该类型奶酪时，需在表面撒上一层白霉孢子促进其熟成。成熟后的白霉奶酪质地较软，属于软质奶酪。因为有简短的熟成过程，香气会比新鲜奶酪丰富、浓郁，口感更加柔滑。主要代表有卡门培尔奶酪(Camembert Cheese)、伊斯妮圣母卡门培尔奶酪(Camembert Isigny ste Mère Cheese)、雄狮之心卡门培尔奶酪(Camembert Coeur de Lion Cheese)、圣安德烈奶酪(Sainta André Cheese)、布里奶酪(Brie Cheese)等。与葡萄酒搭配时也较适合白葡萄酒，味道温和的可以选择高酸、中等浓郁度的干白、香槟或桃红葡萄酒，味道强烈的、成熟度高的奶酪则适宜搭配浓郁型干白或部分清淡的红葡萄酒。

（三）蓝纹奶酪(Blue Cheese)

该类型奶酪有大量青霉分布其中，由此得名“蓝纹奶酪”。其与白霉奶酪一样需要一定的熟成时间，从几周到几个月不等。口感偏于咸香，味重强烈。法国的洛克福奶酪(Roquefort Cheese)、奥文奈奶酪(Bleu d'Auvergne Cheese)、意大利的古冈佐拉奶酪(Gorgonzola Cheese)、英国的斯提尔顿奶酪(Stilton Cheese)是蓝纹奶酪的代表。较咸的蓝纹奶酪适合搭配贵腐甜白、波特酒，其甜酒浑厚的酒体与蓝纹奶酪的强烈味道十分协调；温和的奶酪可以选择浓郁型干白或果味型、中等浓郁度的红葡萄酒。

知识链接

洛克福蓝纹奶酪的历史

5000 多年前，洛克福尔村所在的石灰岩台地上出现了法国中央山地南部最早的畜牧业和奶酪制造。那时居住在附近的人类，在打猎与采集之外，已经开始进行牛群和羊群的放牧。他们冬季住在河谷边的洞穴里，夏季赶着牛羊来到拉尔扎克

(Larzac)台地。在离洛克福尔村6千米的圣罗姆-德塞尔农村(Saint-Rome-de-Cernon),考古学家在一处山洞中,找到公元前3500年前制作的陶制奶酪模子,证实了洛克福尔地区在5000多年前的史前时代就已经开始生产奶酪。

贵腐甜酒因为采用滋长霉菌而变得浓缩的葡萄酿造,拥有香浓甜美的迷人滋味,在法国的美食传统里是搭配洛克福奶酪的最佳饮料。它们都由独特的霉菌促成生产,风味相配。

来源 林裕森《欧陆传奇食材》

(四)水洗奶酪(Washed Cheese)

该类型奶酪通过在熟成过程中使用盐水、葡萄酒或其他蒸馏酒不断冲洗表面制作而成,风味浓郁,尤其是表层部分味道突出,食用时可以去除外层,避开过于强烈的气味。代表品种有法国的蒙斯特(Munster)、蓬莱韦克(Pont I'Eveque)、奶油绍梅(Le Cremier Chaumes)、山牌水洗软质奶酪等。这种类型奶酪建议搭配浓郁的、陈年红葡萄酒。

(五)山羊奶酪(Goat Cheese)

使用山羊奶制作而成的奶酪通称为"山羊奶酪",历史非常悠久。与用牛奶制作的奶酪相比较,山羊奶酪味道偏重,酸味更加突出。较为知名的有瓦伦卡(Valencay AOC)、黑色金字塔(Pyramide)、库尔丹山羊(Crottin de Chavigno lAOC)奶酪等。山羊奶酪的经典搭配是散发着青草气息的长相思,长相思活泼的酸度与果味恰好中和奶酪的酸味与口感,除此之外,白诗南、赛美蓉、灰皮诺、干型雷司令都可以与之匹配。

(六)半硬质奶酪(Semi Hard Cheese)

半硬质奶酪水分含有量有40%左右,通过加热溶解乳类,再凝乳制作而成。口味浓郁,带有坚果香气,随着熟成时间的延长,味道愈加顺滑、醇厚。代表品种有沸瑞客高达(Gouda Frico)、苏莫尔(Samsoe)、玛丽波(Maribo)奶酪等,根据味道的强烈程度可搭配干白、干型起泡酒或中等浓郁度干红。

(七)硬质奶酪(Hard Cheese)

硬质奶酪脱水更多,适合长期陈放,颜色通常为淡黄色、茶色、橘黄色等。随着陈年,味道会愈加浓郁,产生强烈的乳脂、乌鱼子的味道,带有丰富的坚果气息,口感黏稠。代表品种有意大利的帕玛森(Parmigiano Reggiano)、帕达诺(Grana Padano)、荷兰的红波(Edam)、英国的红切达(Red Cheddar)、瑞士的格鲁耶尔(Gruyere)奶酪等。多切片、刨丝后食用,与口味强烈的红葡萄酒或橡木风格干白搭配,赤霞珠、西拉、意大利的巴罗洛葡萄酒以及基安蒂红葡萄酒都是不错之选,另外,西班牙雪莉酒与硬质奶酪中的坚果味也很协调。搭配葡萄酒时注意奶酪的地域性、成熟度及口感中的甜味。

主要奶酪类型及风味特征,见表10-11。

知识链接

帕玛森干酪的等级

表 10-11 主要奶酪类型及风味特征

类型	原材料	外 观	味 道	成 熟	经典代表
新鲜奶酪	牛奶 水牛奶	果皮乳白色，有新鲜度，湿润的状态	奶香味，清淡，微酸味、甜味	未经熟成	法国：Fromage Frais/Borusin Pepper 意大利：里科塔 Ricotta/马斯卡彭 Mascarpone/马苏里拉水牛奶 Mozzarella di Bufala 日本：图曼 Tumin
白霉奶酪	牛奶	覆盖雪白的白霉，内部成熟后变为金黄色，有一定的湿润度	白霉味，奶香，咸味，新鲜，醇香	10—60 天	法国：卡门培尔 Camembert/雄狮之心卡门培尔 Camembert Coeur de Lion/布里 Rrie/总统牌 Petit Camembert President 德国：伯尼法 Bonifaz 日本：樱花 Sakura/雪 Yuki
蓝纹奶酪	牛奶 羊奶	蓝色青霉均匀分布，一定水润状态	刺激、强烈脂味、浓郁咸味	10 天—6 个月	法国：洛克福 Roquefort/奥文奈 Bleu d'Auvergne 意大利：古冈佐拉辣味 Gorgonzola Piccante/甜古冈佐拉 Gorgonzola Dolce 英国：斯提尔顿 Stilton 其他：丹麦皇家奶油 Creme Royale
水洗奶酪	牛奶 山羊奶	表面有光泽，有的湿润，有的干燥	顺滑，乳脂味，表面略硬，口味温和，坚果味	1—12 个月	法国：蒙斯特 Munster/蓬莱韦克 Pont L'évêque/奶油绍梅 Le Cremier Chaumes 意大利：格尔巴尼塔列齐奥 Galbani Taleggio 日本：奶酪之翼 Fromaje de Aile/山牌水洗软质 Wash Type Mountain's
山羊奶酪	山羊奶	白色、奶油色、淡橘黄色、黑白相间灰色	细腻顺滑，成熟，味道强烈，有榛子等气味	10—30 天	法国：山羊奶酪 Fromage de Chèvre/瓦伦卡 Valencay AOC/黑色金字塔 Pyramide/谢尔河畔塞勒 Selles Sur Cher 日本：十胜木炭灰 Tokachi Chèvre Sumi/新鲜山羊 Chèvre Frais
半硬质奶酪	牛奶	蜡质外膜，亮奶油色、浅橘黄色，色泽均匀	浓厚，乳脂味、坚果味，口感顺滑，个别有甜味	1—8 个月	荷兰：沸瑞客高达 Gouda Frico 丹麦：玛丽波 Maribo/苏莫尔 Samsoe
硬质奶酪	牛奶 羊奶	蜡质外膜，亮奶油色、小麦色，色泽均匀	温和顺滑，成熟后浓郁强烈，口味黏稠，乌鱼子味	4—24 个月	意大利：帕玛森 Parmigiano Reggiano/帕达诺 Grana Padano/英国红切达 Red Cheddar 法国：米摩勒特 Mimolette/孔泰 Comte 瑞士：埃曼塔尔 Emmental/格鲁耶尔 Gruyere

知识链接

侍酒师的作用

思政案例

北京烤鸭的由来

在公元400多年的南北朝,《食珍录》中即有“炙鸭”字样出现。南宋时,烤鸭已为临安(杭州)“市食”中的名品。那时烤鸭不但已成为民间美味,同时也是士大夫家中的珍肴。后来,据《元史》记载,元破临安后,元将伯颜曾将临安城里的百工技艺徙至大都(北京),由此,烤鸭技术传到北京,并成为元宫御膳奇珍之一。随着朝代的更替,烤鸭成为明清宫廷的美味。明代时,烤鸭还是宫中元宵节必备的佳肴,后被正式命名为“北京烤鸭”。随着社会的发展,北京烤鸭逐步由皇宫传到民间。

中华人民共和国成立后,北京烤鸭的声誉与日俱增,闻名世界。据说周总理生前十分欣赏和关注这一名菜,宴请外宾,品尝烤鸭。为了适应社会发展需要,如今烤鸭店的烤制操作已越来越现代化,风味更加珍美,已然屹立在全球美食之林,成为中国饮食走向世界的一张闪亮的美食名片。烤鸭既是“国潮”文化的代表,又是中国传统饮食文化走向世界的一个缩影。

案例思考:思考国内主要的烤鸭风格及葡萄酒搭配建议。

思政启示

本章训练

章节小测

□ 知识训练

1. 葡萄酒与食物搭配的方法有哪些?
2. 葡萄酒与中餐搭配的方法有哪些?
3. 葡萄酒与西餐搭配的方法有哪些?
4. 葡萄酒与奶酪搭配的方法有哪些?

□ 能力训练

1. 设定一定的场景,根据葡萄酒与中、西餐及奶酪的搭配方法,对中、西餐进行葡萄酒搭配推荐与讲解服务训练。

2. 结合品种学及酒餐搭配理论,尝试制作一份宴会酒单。

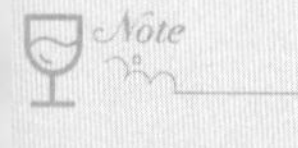

CHAPTER

5

第五篇　其他酒类知识

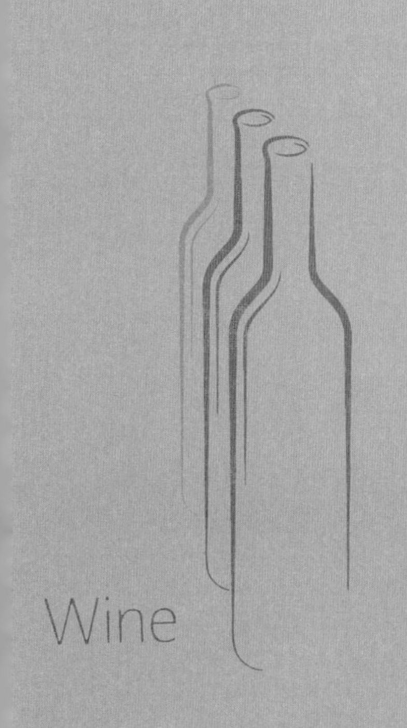

第十一章
其他类型葡萄酒

本章概要

本章主要讲述了世界代表性的起泡酒、甜型酒、加强型葡萄酒的相关知识，主要包括这些类型葡萄酒的起源、发展、风格及酿造方法等内容。同时，在本章内容之中附加与章节有关联的历史故事、拓展对比、思政案例及章节小测等内容，以供学生深入学习。本章知识结构如下：

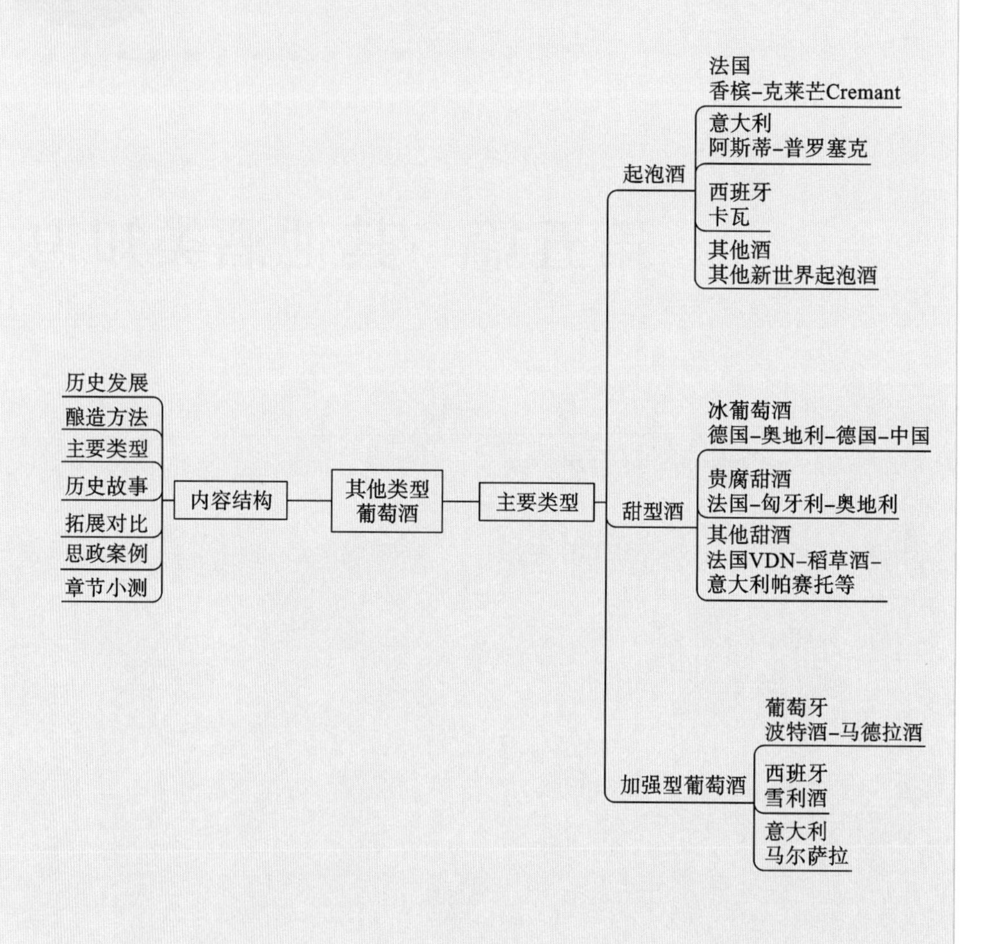

学习目标

知识目标：了解世界经典起泡酒、甜型酒及加强型葡萄酒的历史起源及发展情况；掌握这些特殊酒类基本概念、分类及酿造方法，并能描述其风格特征，理解其风格形成的因素；掌握起泡酒、甜型酒及加强型葡萄酒鉴赏内容与鉴赏方法。

技能目标：运用本章专业知识，能够分析其他类型酒风格形成的风土及人文因素；具备起泡酒、甜型酒及加强型葡萄酒的品鉴能力及质量鉴别能力，并能在真实的工作情景中具备知识讲解、侍酒服务及营销推广的能力。

思政目标：通过解析欧洲传统产酒国在其他类型酒文化上的历史传统与人文思想，剖析其蕴含的酿酒理念与人文精神，进一步丰富提升学生的历史文化素养；通过技能性品鉴训练，使学生最终养成专业、专注、客观、公正的品酒意识，具备工作需要的良好职业品质；通过中国葡萄酒的拓展对比，剖析我国在葡萄酒类型多样化研发上的拓展与提升，让学生领悟辩证发展观的真谛，产生根植中国葡萄酒产业的信念。

章节要点

- 掌握：起泡酒酿酒方法；主要代表性起泡酒、甜型酒及加强型葡萄酒名称、酿酒方法及口感风格；香槟酿造步骤及分类方法。
- 理解：雪莉、波特酒历史地位、酿酒方法及风格形成因素。
- 了解：法国VDN、稻草酒、意大利帕赛托、马德拉酒、马尔萨拉酒的风格及主要分布地。
- 学会：不同风格葡萄酒对比品鉴方法、营销卖点，判断酒的风格与质量。
- 归纳：构建起泡酒、甜型酒及加强型葡萄酒属性对比表，能够区分不同酒类风格与特征。

章首案例

怡园酒庄传统法起泡酒

第一节 起泡酒
Sparkling Wines

在过去，起泡酒的酿造并不是一件容易的事情，人们小心翼翼转动酒瓶，以除掉酒内沉淀，但总是状况百出。那时，起泡酒的产量总是少得可怜，偶尔还会充斥着浓稠浑浊的液体，葡萄酒瓶爆炸也时常发生，所以上等起泡酒在那个时代仅是王室贵族的专享。随着起泡酒酿造工艺的改进与提升，转瓶、除渣及封瓶问题得以解决，起泡酒开始传遍世界各个角落。根据GB/T 15037—2006规定，在20 ℃时，二氧化碳压力等于或

大于 0.05 MPa 的葡萄酒称为起泡酒。

一、起泡酒历史

根据相关记载，古希腊及古罗马人都对酒中的气泡有过描述，但是却无法解释其成因。他们将气泡的生成归咎于月相和神魔。1531 年，法国南部的利慕(Limoux)产区就曾出现瓶装的起泡酒。中世纪时，香槟产区出产的葡萄酒易产生气泡也已有记录，但起泡却被归类为酿酒过程的败笔。

葡萄酒气泡的产生来自二次发酵，在气候温暖的地区，葡萄汁会在开放式的容器里充分完成发酵过程，气泡往往会随之释放掉。但在寒冷的地区，由于受低温的限制，葡萄酒中会有部分糖分未能完成发酵，酵母进行休眠状态。待到来年春天，随着气温回升，二次发酵被重新唤起，产生的起泡便会留在封闭的容器内，导致葡萄酒开桶或开瓶时出现气泡，这便是起泡酒诞生的过程。

17 世纪，英国人最早留意到香槟气泡的迷人特征，尝试找出原因。香槟产区的冬天严寒，存放在橡木桶中的酒，在糖分和酵母充分反应前就停止了发酵。整桶的酒运到英国后装瓶，当气温升高时糖与酵母于瓶中重新开始发酵，形成气泡。另外，英国人也重新使用木塞封瓶，静止 2—3 年后饮用，结果味道与口感都不错。当时有记载称“英国物理学家克里斯托弗·梅雷特在成品酒中加入糖致其二次发酵产生气泡，他将这一成果详细地展示给皇家学院”，这也是已知最早解释起泡酒制造过程的记录。

二、主要酿造方法

起泡酒酿造方法通常分为罐式法(Tank Method)与传统法(Traditional Method)(又称瓶内二次发酵法)。前者二次发酵在大容器(一般使用便于温控的不锈钢罐)里进行，酿造过程相对简单，香气以葡萄本身的新鲜果香为主，简单易饮，特别受年轻人的喜爱，如意大利阿斯蒂(Asti)、普罗塞克(Prosecco)、德国塞克特(Sekt)等。

后者二次发酵需要转移到比较厚重的专用起泡酒瓶内进行，发酵时间长，酵母自溶需要一段时间，葡萄酒能发展出酵母、奶香、饼干等复杂香气。过程复杂，价格较为昂贵，法国香槟是该类型的代表。香槟产区之外使用传统法酿造的起泡酒在法国被称为克雷曼(Crémant)，西班牙卡瓦(Cava)也使用传统法酿造。

这两种方法在世界各地都有广泛应用，除此之外还有加气法，该方法主要用于廉价起泡酒的生产。起泡酒主要酿造方法，见图 11-1。

三、主要起泡酒市场

欧洲生产的起泡酒占到了全世界起泡酒消费市场的 74%的供给份额(国际葡萄与葡萄酒组织 2014 年统计数据)，其中份额占据前三位的产区为意大利的普罗塞克(Prosecco)、西班牙的卡瓦(Cava)、法国的香槟产区。尽管法国香槟产区只拥有世界上 0.4%的葡萄园(34300 公顷，数据摘自香槟酒行业协会 2015 年统计数据)，但起泡酒产量却占全球的 13%，消费值占全球的 40%。

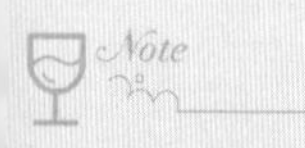

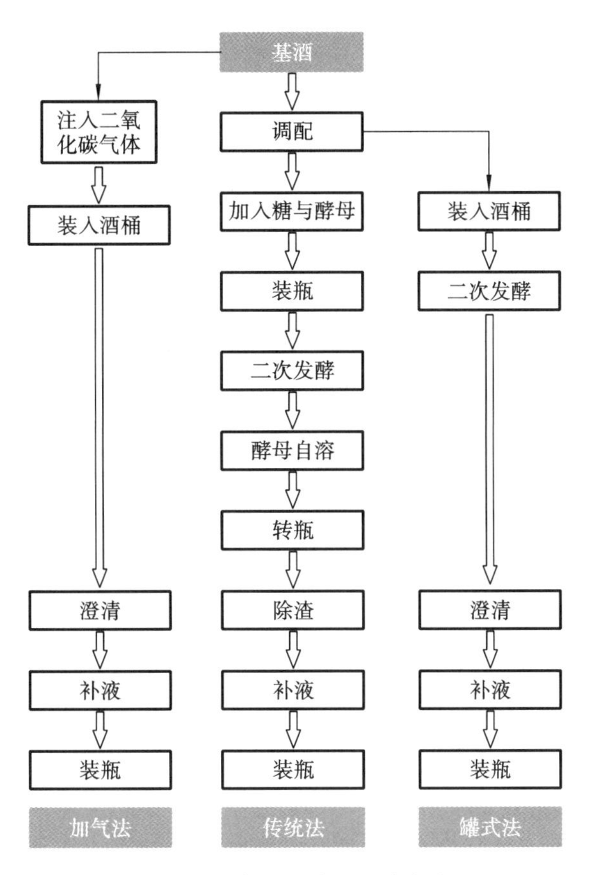

图 11-1　起泡酒主要酿造方法

四、法国香槟(Champagne)

香槟专指在法国香槟产区生产的，并且严格遵循规定品种、酿造方法及陈年时间等要求酿造的起泡酒，有非常悠久的历史。该产区位于法国北部，是法国纬度最高的产区。这里气候凉爽，在葡萄采收、酿酒季，因为温度较低，葡萄发酵过程很容易被天然终止(酒内其实留存了部分未发酵的糖分)，葡萄在装瓶之后酵母进入休眠期，等到第二年春天，随着温度的上升，酵母又重新恢复活力，继续与残糖发生化学反应进入发酵状态，如此在瓶内便产生了二次发酵后的二氧化碳。

这种携带二氧化碳的酒精得到人们认可后，酿酒人开始想尽办法获得更多稳定的气泡，由此，香槟开始进入正式的酿造阶段。在当时的酿造条件下，要获得稳定的气泡以及解决除渣的问题并不是一帆风顺。直到 19 世纪初期，技术才得以突破，香槟正式得以大批量生产。很多大名鼎鼎的香槟品牌也是在那个时期发展了起来，例如，酩悦香槟(Möet and Chandon)、库克香槟(Krug)、路易王妃(Louis Roederer)以及柏林格(Bollinger)等。

在香槟产区，只允许采用人工采收，机器采收是禁止的。葡萄常提前采收，以保留活泼的酸度。酿酒葡萄一般主要混合使用黑皮诺、霞多丽与皮诺莫尼耶三大品种，阿芭妮(Arbane)、小美斯丽尔(Petit Meslier)、白皮诺(Pinot Blanc)、灰皮诺(Pinot Gris)也

是香槟产区法定品种，但使用较少，仅占不到1%的使用率。每个产区、每家酒庄使用品种及年份比例都不尽相同，所以香槟风格迥异，酒庄酒款各具特色，这也是正是香槟魅力所在。香槟酿造过程如下。

（一）葡萄采摘(Harvest)

酿造香槟的葡萄一般采收时间较早，原料的含糖量不能过高，一般为161.5—187 g/L，即潜在的酒精为9.5% vol—11% vol，含酸量应相对较高，因此尝起来有明显的酸度，它构成了葡萄酒清爽感的主要风味来源。香槟产区要求整串采摘，为了避免释放出红葡萄的颜色，通常采用整串压榨，(使用气囊式压榨机或当地传统的垂直大面积压榨机)快速榨取果汁，避免氧化。其中，自流汁在酒标上标示为"Cuvée"，这一标志成为优质香槟的代名词。

（二）一次发酵(First Fermentation)

不同品种分别进行发酵，一般使用不锈钢发酵罐低温进行发酵(12—15 ℃)，发酵时间通常为30—50天不等，基酒发酵酒精度在7% vol—9% vol。基酒指初次发酵的液体，即静止、不含气泡的干型葡萄酒。随后其中一部分用来酿造新酒，一部分会进入储藏阶段，储藏时间可长可短，根据葡萄酒发展状态及酒庄情况而定。陈年期间，葡萄酒的口感和香气都在不断完善，酒体更加协调。

（三）调配(Blending)

香槟产区历来善于混酿，这是一种确保每年能获得稳定的香槟质量与数量的有效方法。调配是指把来自不同年份、不同品种、不同葡萄园基酒按照想要的风格进行混合的过程。调配后的葡萄酒加入酵母与糖分(Liqueur de triage，一种由酒、糖、酵母等组合而成的混合物，加入时间通常在第二年春天)，然后逐一装入标准的香槟酒瓶，大部分用皇冠盖封瓶，手工除渣的会使用软木塞封瓶。

（四）二次发酵(Second Fermentation)

装入酒瓶内的葡萄酒在糖与酵母的化学反应下生成气泡，这些酒瓶将被整齐地叠放在地下酒窖里(酒窖通常保持10—12 ℃的恒温)，发酵时间一般8—12周不等。根据葡萄酒酒精含量不同，通常会生成5—6个气压值(每升酒中加入4 g糖约产生1个标准大气压，香槟产区的加糖量一般为24 g/L，因此产生5—6个标准大气压)。同时糖分被转化成了更多酒精，新陈代谢后的酒瓶内会产生白色死酵母残渣。

（五）酵母自溶与陈年(Yeast Autolysis)

酵母在发酵结束后，在瓶中衰老，变为死酵母沉淀，通常被称为"酒脚"。这些酒脚不会很快被去除，而是与葡萄酒一起进行陈年。酵母自我分解过程中，可以为葡萄酒增添复杂风味，这是香槟里常出现的烤面包、奶油、饼干等香气的重要来源，使葡萄酒风味更加浓郁。根据香槟产区陈年时间的规定，无年份香槟至少陈酿15个月，年份香槟则要求至少陈酿36个月。有些香槟酵母自溶的时间非常长，可达10年之久，这类香槟极

具特色。

(六) 转瓶(Ridding /Remuage)

为达到陈年效果,需要将酒瓶由横放慢慢转到倒置状态,以除掉酒内沉淀。最原始方法为人工转瓶(传统上每日旋转 1/8 圈),一般需要 8—12 周。如果使用机器转瓶则一般在 3—5 天内完成,这种机器被称为"转瓶机"(Gyropalette),通常一个机器可以一次盛放 500 瓶葡萄酒,效率高,当然仍有不少酒庄坚持使用人工转瓶。

(七) 除渣(Disgorgement)

目前,除渣方式分为两种,一种为手工除渣,一种为冷冻除渣。手工除渣已非常少见,仅在一些传统酒庄和特殊情况下使用(1.5 L 大瓶装或品鉴需要等)。冷冻除渣较为通用,安全便捷。首先,把酒瓶倒放垂直后,酒渣沉淀物会汇集到瓶颈处,将瓶颈部分(约 4 cm)浸入−30—−20 ℃的冷却液(冰盐水或氯化钙溶液)中,酒渣会短时间(几分钟)内被冷冻固化,然后将酒瓶翻转到垂直状态,瓶中压力将冻结的沉淀物喷出,完成除渣过程。

(八) 补液与封瓶(Dosage and Corking)

在除渣过程中,由于部分酒液也会随同喷出,最后需要使用葡萄酒与糖分的混合液(Liqueur d'expedition)填补酒瓶,这个过程被称为"补液"。根据补充液体的糖分含量,决定该款香槟的类型(从干型、半干、半甜到甜型)。最后使用起泡酒专用的蘑菇塞封口,并用铁丝圈固定。

(九) 瓶内陈年(Maturation)

大部分香槟在封瓶后不会直接发售,而是在瓶中继续陈年,陈年时间从几个月到几年不等。主要目的是让混合液与香槟更好地融合。另外,香槟在瓶中慢慢陈年过程中,香气也会继续发展,新鲜的水果香会陈化为干果、果酱的气息,之后会出现坚果、香料、烘烤、黄油等香气。距离除渣时间越长,风味越陈化,相反,会越新鲜。因此如何判断香槟风味,查看除渣时间是一个不错的途径。

香槟是起泡酒中酿造最复杂、最传统的一类,不同调配年份、不同品种,不同酿造方法及陈年时间都会形成不同口感风味的葡萄酒,因此香槟本身分类众多。香槟分类情况,见表 11-1。

表 11-1 香槟分类表

分类	类　型	酒标标识	说　明
按照颜色分类	白中白	Blanc de Blanc	用 100%霞多丽白葡萄酿成的香槟,也有例外品种
	白中黑	Blanc de Noir	只用黑皮诺、莫尼耶红葡萄酿成的香槟,红色果香突出
	桃红香槟	Champagne Rose	用调配红、白基酒或短暂浸渍的方式酿造

续表

分类	类　　型	酒标标识	说　　明
按照酿造方法分类	无年份香槟	Non-vintage Champagne	普通年份或几个年份基酒调配，最常见类型为天然干型(Brut)，至少熟成 15 个月，包括 12 个月酵母自溶时间
	年份香槟	Vintage Champagne	极佳年份香槟，数量少，36 个月以上酵母自溶
	特级佳酿	Cuvée de Prestige	最优质香槟，Cuvée 指用第一道压榨汁酿成的香槟
按照糖分含量分类	自然干型	Brut Naturel	含糖量:0—3 g/L
	超天然干型	Extra Brut	含糖量:0—6 g/L
	天然干型	Brut	含糖量:0—11 g/L
	极干	Extra Sec	含糖量:12—16 g/L
	干	Sec	含糖量:17—32 g/L
	半干	Demi-sec	含糖量:33—49 g/L
	甜型	Doux	含糖量:50 g/L 以上

香槟的酿造方法也适用于法国其他产区，但不能冠用香槟的称呼，在其他产区使用传统法酿造的起泡酒统一称为 Crémant。该类起泡酒酿酒品种一般体现地域特色，每个产区通常使用当地法定白葡萄品种酿酒。代表性的有阿尔萨斯起泡酒(Crémant d'Alsace)，勃艮第起泡酒(Crémant de Bourgogne)、利慕起泡酒(Crémant de Limoux)、卢瓦尔河起泡酒(Crémant de Loire)、波尔多起泡酒(Crémant de Bordeaux)等。

在法国，除了使用传统酿酒法酿造起泡酒外，有些产区也会使用非传统酿酒酿造起泡酒，这类起泡酒被称为 Mousseux 或者 Pétillant，前者意为高泡，后者意为微起泡。较为知名的 AOC 名称有 Saumur Mousseux AOC(使用霞多丽、白诗南、品丽珠等酿造)及 Vouvray AOC(只使用白诗南酿造)。传统法起泡酒酿酒流程，见图 11-2。

历史故事

香槟之父：佩里侬

五、西班牙卡瓦(Cava)

西班牙卡瓦与法国香槟一样使用传统法酿造而成。19 世纪末期，西班牙人便开始效仿法国香槟酿酒法酿造属于自己的起泡酒，卡瓦最先在加泰罗尼亚区域佩内德斯(Penedes)地区生产。主要使用马卡贝奥(Macabeo)、帕雷拉达(Parellada)、沙雷洛(Xarello)等当地品种酿造，也会使用歌海娜及慕合怀特(当地称为 Monastrell)酿造桃红起泡酒，直到今天，这些品种也是当地主流酿酒品种。现在，在该地凉爽地区开始大量种植霞多丽、黑皮诺等香槟产区品种，与传统品种进行调配使用，呈现更多国际风格。

从 20 世纪中后期开始，随着技术的革新，卡瓦凭借优异的品质与快捷的成品，在国际上知名度大增，成为继法国香槟之外又一种世界级优质起泡酒。西班牙卡瓦由于过高的工业化及充足的产量，价格亲民，与香槟相比有很大优势，更适合大众群体。目前，卡瓦主要集中出产于佩内德斯(Penedes)产区，在里奥哈与瓦伦西亚(Valencia)也有少量出产。这些产区位于西班牙东北海岸，这里属于典型的地中海气候，这与香槟冷凉气

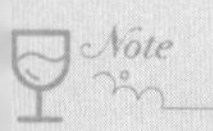

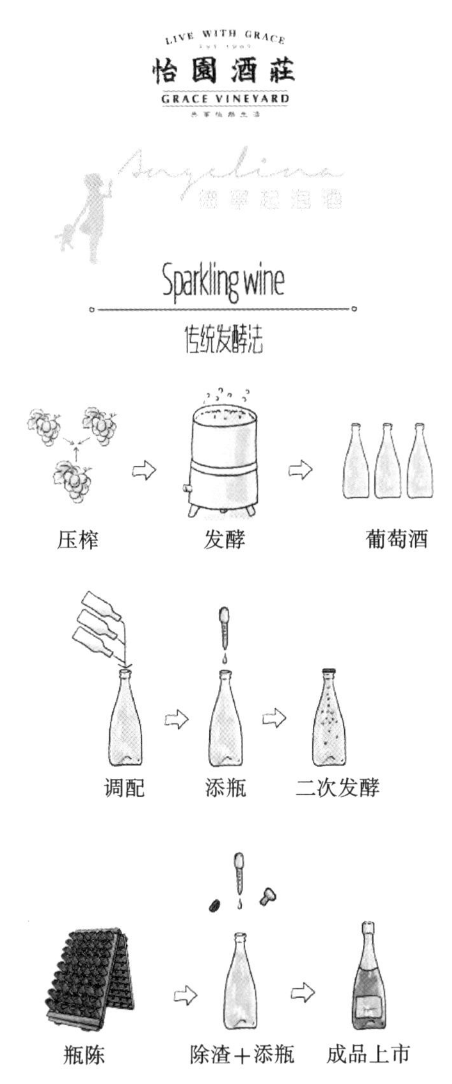

图 11-2 传统法起泡酒酿酒流程图

（来源：山西怡园酒庄）

候截然不同，葡萄酒通常呈现中等到饱满的酒体，热带果香十足，酒精偏高，风味甚至会呈现烟熏及橡胶的质感。优质卡瓦葡萄园一般位于一定海拔之上，凉爽的夜晚，可以为葡萄有效保留活泼的酸度，平衡感较好。

六、意大利阿斯蒂(Asti)

阿斯蒂是意大利西北部皮埃蒙特大区的一个葡萄酒小镇名。该地地靠阿尔卑斯山脉，山顶或绵长平坦，或高低起伏，土壤多为灰白色富含钙质的白垩土，非常适宜葡萄的生长。该地葡萄酒的历史由来已久，20 世纪初，随着葡萄酒酿造技术革新的推进，起泡酒开始在市场上大放光彩，并最终成为该地葡萄酒的标志性类型。当地盛产莫斯卡托(Moscato)葡萄品种，即麝香葡萄，用它酿造的葡萄酒果香丰富。通常使用罐式法酿造而成，葡萄酒多来自大型酒厂，产量巨大，出口量也大。

该产区酒主要有两种风格，分别是阿斯蒂莫斯卡托（酒标显示为 Moscato d'Asti DOCG）和阿斯蒂起泡酒（Asti DOCG），两者都使用麝香葡萄酿造而成。前者更加甜美，带有明显麝香、花香、蜂蜜和葡萄的香气，酒精度通常较低，酒体轻盈，深受年轻消费者的喜爱。后者酒精稍高，气泡足，酒体中等。

这类甜型起泡酒的酿造需要使用半发酵果汁，一般步骤如下：

(1) 制作基酒，在发酵罐不封闭的情况下制作半发酵果汁，保留部分糖分。

(2) 达到理想酒精度后封闭发酵罐，发酵继续进行，生成可控制的二氧化碳，同时生成更多酒精以及果香。

(3) 发酵到理想状态，人工干预终止发酵（冷却过滤酵母），保留一定的糖分，高压下完成装瓶。

七、意大利普罗塞克（Prosecco）

在意大利，除了大名鼎鼎的阿斯蒂起泡酒外，在威尼托产区也有一种起泡酒深受当地人的喜爱，那便是 Prosecco。该起泡酒多为干型，使用当地品种格雷拉（Glera）酿造而成，在当地酒餐搭配中是非常优质的香槟替代品。产区主要分布在意大利威尼托（Veneto）和弗留利-威尼斯朱利亚（Friuli-Venezia Giulia）地区，传统上尤其以科内利亚诺（Conegliano）和瓦尔多比亚德尼（Valdobbiadene）地区较为出名，2009 年该产区已申请为 DOCG 级别（酒标多标识为 Prosecco di Conegliano-Valdobbiadene DOCG），葡萄酒质量得到很大提升，畅销国际市场。另外，Asolo Prosecco-Colli Asolani 也是该款酒 DOCG 产区名称。

与阿斯蒂（Asti）相似，大部分的普罗塞克起泡酒使用罐式法酿造（部分使用传统法），二次发酵在不锈钢罐内进行，成本较低，高效便捷。普罗塞克起泡酒通常酸度较高，清新怡人，酒体中等，苹果、柑橘类果香突出，适合年轻时饮用。

这类干型起泡酒酿造需要使用干型静止葡萄酒作为基酒，其酿造过程如下：

(1) 制作基酒，在发酵罐不封闭的情况下制作干型基酒，酒精度较低。

(2) 将基酒转移到封闭式发酵罐内，重新加入糖与酵母，发酵继续进行，生成可控制的二氧化碳，同时生成更多酒精以及果香。

(3) 糖分完全转化为酒精后发酵结束，过滤去除酒泥，高压下完成装瓶。

八、德国塞克特（Sekt）

塞克特是德国制造的起泡酒统称。德国是一个地理纬度较高的产酒国，气候凉爽，主要种植白葡萄，适合酿造各类起泡酒，主要分为三种类型。第一种是德国赛克特，该类型酒范畴广，产量大，允许使用欧盟其他产国葡萄作为原料，从干型、半干型到甜型，类型繁多；第二种是德国起泡酒（Deutscher Sekt），该范畴起泡酒仅使用原产于德国的葡萄酿造而成；第三种起泡酒范畴是优质 Deutscher Sekt B. A（Bestimmter Anbaugebiete），指来自德国 13 个法定产区的起泡酒，酒标需注明产区名称，如果出现年份、品种名，则该瓶起泡酒原料至少 85% 产自该年份与该葡萄品种，这类起泡酒通常使用 Charmat Method（即罐式发酵法）酿造。

以上是世界上有代表性的起泡酒类型。除此之外，新世界也大量出产起泡酒。澳大利亚、新西兰、南非等都是优质起泡酒的出产国。澳大利亚比较知名的起泡酒产地有塔斯马尼亚岛(Tasmania)、雅拉谷(Yarra Valley)、阿德莱得山(Adelaide Hills)等。马尔堡(Marlborough)、霍克斯湾(Hawke's Bay)则是新西兰重要的起泡酒生产地。这些地方通常参照旧世界起泡酒的酿造方法，生产简单易饮、清爽高酸型起泡酒，当然也出产传统法酿造的有明显酵母风格的起泡酒。另外，新世界的桃红或红色起泡酒也是市场上常见类型，新世界产酒国注重推崇新颖，创意层出不穷，在澳大利亚使用设拉子、赤霞珠等红葡萄品种酿造的起泡酒深受消费市场青睐。在我国，起泡酒也开始有流行趋势，搭配中餐是再理想不过的选择，这类酒多受年轻消费者的喜爱。

第二节 甜型酒 Sweet Wines

从古至今，人们很难拒绝甜食诱惑，历来甜味是人类最乐于接受的味道，在葡萄酒发展的历史长河里，人们很早就找到了酿造甜型酒的秘诀。葡萄富含糖分，葡萄酒是葡萄里果糖在酵母作用下天然发酵成的酒精饮料。糖分是生成酒精的最初物质，发酵过程中，如果酵母失去作用，中断发酵，便可保留其糖分，从而酿造出甜型酒。这种方法现被称为“人工干预终止发酵法”，法国自然甜葡萄酒(VDN)及波特酒都是其中典型代表；另外添加甜味剂也是酿造甜型酒最简便的方法，这在德国最为常见，他们通过添加半发酵的果汁制作甜型；延迟采收或自然风干也可以让葡萄中的水分蒸发，从而获得高糖分葡萄，人们使用这些糖分含量极高的葡萄干果也可以很容易地酿造出甜型酒，冰酒(Ice Wine)、贵腐甜酒(Noble Rot Wine)便是其中代表。另外，在法国、意大利部分地区，人们常用一种自然晾晒、脱水的高浓度甜葡萄干来酿造甜型酒，这种酒通常被称为“稻草酒”，在意大利这种酿酒方法被称为“帕塞托”(Passito)。

一、冰酒(Ice Wine)

冰酒是大自然的馈赠，属于特殊天气酿造的甜型酒。酿造冰酒的葡萄通常在冬季采收，即11月到来年2月。此时气温较低，葡萄自然结冰。采摘后快速低温压榨，使用这种糖分含量极高的葡萄汁酿成的葡萄酒即为冰酒。按照我国《冰葡萄酒》国家标准(GB/T 25504—2010)，冰葡萄酒(Ice Wine)是指：将葡萄推迟采收，当自然条件下气温低于−7 ℃，使葡萄在树枝上保持一定时间，结冰，采收，在结冰状态下压榨、发酵酿制而成的葡萄酒(在生产过程中禁止外加糖源)。

由于冰葡萄的形成需要很低的温度，所以世界上的冰酒产国并不多，通常分布在纬度较高的国家与地区，例如德国、奥地利、加拿大等，我国东北地区也是优质冰酒出产地。这些地方气候较为寒冷，降雪季通常比较早，且具有规律性，为酿造冰酒提供了绝佳条件。葡萄品种一般使用耐寒性品种，德国雷司令、加拿大的威代尔以及我国的北冰

红(山葡萄)都是酿造冰酒的优质品种。这些品种本身具有良好的酸度,可以很好地平衡果糖,酿造出的冰酒呈现非常浓郁的水果果香,口感纯净甜美,是搭配甜品的绝佳之选,深受消费者喜爱。

酿造冰酒有别于酿造普通葡萄酒,有特殊的工艺要求,冰酒的酿造工艺流程,见图11-3。

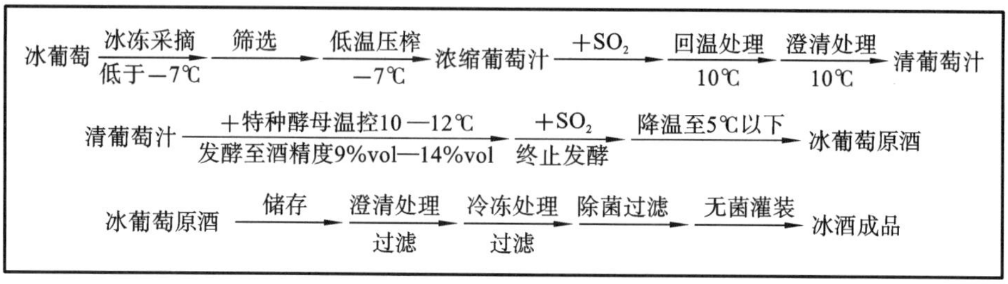

冰葡萄 —冰冻采摘/低于−7℃→ —筛选→ —低温压榨/−7℃→ 浓缩葡萄汁 —$+SO_2$→ —回温处理/10℃→ —澄清处理/10℃→ 清葡萄汁

清葡萄汁 —+特种酵母温控10—12℃/发酵至酒精度9%vol—14%vol→ —$+SO_2$/终止发酵→ —降温至5℃以下→ 冰葡萄原酒

冰葡萄原酒 —储存→ —澄清处理/过滤→ —冷冻处理/过滤→ —除菌过滤→ —无菌灌装→ 冰酒成品

图 11-3　冰酒的酿造工艺流程

(来源:温建辉《葡萄酒酿造与品鉴》)

(一) 采摘与筛选

冰葡萄采摘时间对冰酒生产至关重要,通常为 11 月下旬至来年 2 月前后。在气温下降至−7 ℃以下,葡萄在藤上自然生长一段时间,葡萄汁中的糖分达到 330 g/L 时才能采收(糖分不能超过 420 g/L)。最理想的采摘温度为−13—−8 ℃,若低于−13 ℃,葡萄出汁率会降低,并且由于糖度太高,不利于酒精发酵。

(二) 压榨

采收后的冰葡萄要尽快运送至工厂进行压榨,压榨的外界环境必须保持在−7 ℃以下,冰葡萄压榨通常采用栏筐式垂直压榨机,整个过程须尽快完成。由于冰葡萄是在低温带冰压榨,可以有效地进行皮渣分离与冰晶分离。

(三) 澄清

压榨后的浓缩葡萄汁,要尽快(12 小时内)送入发酵罐,升温至 10 ℃左右,添加一定量(20 mg/L 左右)的果胶酶进行澄清处理,以除去葡萄汁中的部分杂质。这个过程也可以自然澄清,但较为耗时(人工澄清更为多用,速度较快)。

(四) 发酵

冰酒发酵一般在 10—12 ℃低温环境中慢慢进行,时间为 8—10 小时。因为冰葡萄汁糖度高,因此需要使用耐糖、耐低温、耐酒精的特种酵母菌进行发酵。发酵过程中必须每天严格监控温度与糖度的变化,温度控制尤为重要。温度越高,发酵速度越快,但香气越淡薄;反之,温度越低,发酵越缓慢,风味物质积累也便越丰富。

(五) 终止发酵

当酒精度在 9% vol—14% vol 时,可以适时终止发酵,同时温度降至 5 ℃以下。

具体发酵时间，取决于酒精度、糖度和风味物质之间何时找到最佳的平衡。冰酒发酵结束时间通常在来年的5月前后，这时外界气温上升到20 ℃左右，原酒必须低温储存在酒罐中。

（六）储存陈年

发酵结束的原酒在降温、调硫后要转入陈年阶段，其方式通常包括不锈钢罐储藏、橡木桶储藏和瓶储等，储藏温度一般在5—8 ℃，在储藏过程中要定期对原酒进行常规检测。

（七）过滤

储藏陈年后的冰酒可以达到自然沉淀的效果，接下来还需要下胶处理，静止一段时间后，通过倒罐分离已形成的沉淀。接下来再通过过滤得到最终澄清的冰酒，过滤机一般有错流过滤机、硅藻土过滤机、板框过滤机和膜过滤机等。

（八）调配

每一批次的成品冰酒的理化指标和感官指标都要尽量保持一致，所以每次过滤结束后，都需合理调配，具体调配比例需进行理化指标检测与感官评定，以酿造出合格的、符合品牌市场定位的成品冰酒。

（九）装瓶

成品后的冰酒经过杀菌过滤后便可进行灌装装瓶，装瓶后的葡萄酒通常会在瓶内继续熟成，陈酿车间温度一般控制在8—12 ℃，最后冰酒出货售卖时，再贴标、装箱、出库。

知识链接

桓仁黄金冰谷

桓仁地处辽宁省东北地段山区，北靠通化，南临丹东，是我国著名的冰酒产地。该产区位于辽宁省最大水库桓龙湖畔，地处北纬40°—41°，与世界冰酒之国加拿大纬度相同，有“东方安大略”之称。桓仁地区特别是桓龙湖周边地区，形成了世界少见的适合高品质冰葡萄生长的“小气候”，被国际葡萄酒专家称为“黄金冰谷”。

桓仁产区于2001年引种威代尔葡萄品种，目前，桓仁无论是冰葡萄种植面积还是冰葡萄酒产量都居国内首位，已成为继德国、加拿大、奥地利之外的世界第四个冰葡萄主产区。使用威代尔酿造的冰酒带有蜂蜜、杏干和蜜桃风味，甜蜜的口感与脆爽的酸度相均衡，酒体饱满，风格优雅迷人。

来源　桓仁满族自治县重点产业发展服务中心

对比思考：我国桓仁产区与世界各地其他冰酒产地风土环境及风格异同点有哪些？

二、贵腐甜酒(Noble Rot Wine)

贵腐甜酒是世界上少有的人间佳酿之一，与冰酒类似，是延迟采摘，使用天然高浓缩糖分的葡萄自然发酵而酿成的葡萄酒。有学者把它称为“贵族的腐烂”，很难想象如何使用一种高度感染贵腐菌的葡萄制作香甜美酒。但法国的苏玳(Sauternes)、匈牙利的托卡伊(Tokaj)、法国阿尔萨斯的精选贵腐甜白(Selection de Grains Nobles Cuvee, SGN)、德国及奥地利的颗粒精选 BA (Beerenauslese)、贵腐颗粒精选 TBA (Trockenbeerenauslese)很早就成为这一类型的经典，掌握了酿酒的奥秘。贵腐甜酒从17世纪末被发明以来，已经有接近400年历史，历来广受王室、贵族的赞誉，从欧洲王室的路易十四到俄国沙皇，均对其喜爱有加，是人类物质传承的珍贵见证者。

(一) 酿造条件

酿造这类葡萄酒，需要极为特殊的微气候——潮湿与干燥交替的自然环境。首先，晨雾与小雨，这种水分充足的上午是贵腐霉滋生的有利条件，潮湿的环境有利于贵腐霉的滋生，它们附着在葡萄果皮之上，利用菌丝钻破果皮。随着气温的升高，晨雾散去，天气开始变得炎热干燥，这时贵腐霉在强烈的阳光照射下生命终止，不再继续蔓延发展(反之会发展成为灰霉)。已经形成的菌丝对果皮造成一定的破坏，在果皮上形成了无数的小孔，果肉里的水分透过小孔，随气温升高而蒸发，葡萄慢慢萎缩变成干瘪的果干，已经感染的菌丝会一直附着在果皮上，用这种看似“半腐烂半发霉”的葡萄便可以酿造成不凡佳酿——贵腐甜酒。

所以，酿造这类甜酒并不是一件容易的事情，一定的天气条件下，贵腐霉的发展变化非常重要，贵腐霉的出现浓缩了葡萄的含糖量，同时也为葡萄本身增加了复杂的风味，这是贵腐甜酒与其他甜酒的不同之处。贵腐葡萄的收成是大自然的馈赠，需要根据贵腐霉感染情况逐批采收，使用不同感染程度情况的葡萄可以做成不同甜度类型的酒。另外，对贵腐甜酒来说，挑选与加工都是难度较大的工作，人工成本高，年份差异大。

(二) 常用品种

至于酿造贵腐甜酒的葡萄品种，不同产区有不同选择，在波尔多苏玳产区通常使用赛美蓉(Semillon)、长相思(Sauvignon Blanc)及密斯卡岱(Muscadelle)，赛美蓉皮薄容易受到贵腐霉的侵蚀，长相思则为葡萄酒增加了酸度，对葡萄酒的糖分起到很好的平衡作用，密斯卡岱为葡萄酒增加了更多果香；在卢瓦尔河常使用白诗南；在被称为“王者之酒”的匈牙利托卡伊多主要使用富尔明(Furmint)；在德国通常使用晚收雷司令。

(三) 酿造方法

贵腐葡萄的采摘比正常葡萄通常晚两个月左右，采收时需要经验丰富的工人逐粒挑选。因为每粒葡萄感染程度不同，往往需要进行反复多次的采摘工作，工作量较大，成本较高。贵腐甜酒的酿造程序也相当繁杂，葡萄的压榨是酿造中非常关键的步骤，榨汁的品质决定着葡萄酒的品质。压榨过程需要缓慢进行，酿酒师凭借经验调节压榨机的压力。

酿造的另一个关键为适时终止发酵，为了保留贵腐甜酒的甜度，必须在发酵过程尚未全部完成时将其终止。理想的发酵是在酒精量为 13% vol—14% vol 时，加入二氧化硫使发酵终止，随后转入橡木桶内熟成。贵腐甜酒酿造流程，见图 11-4。

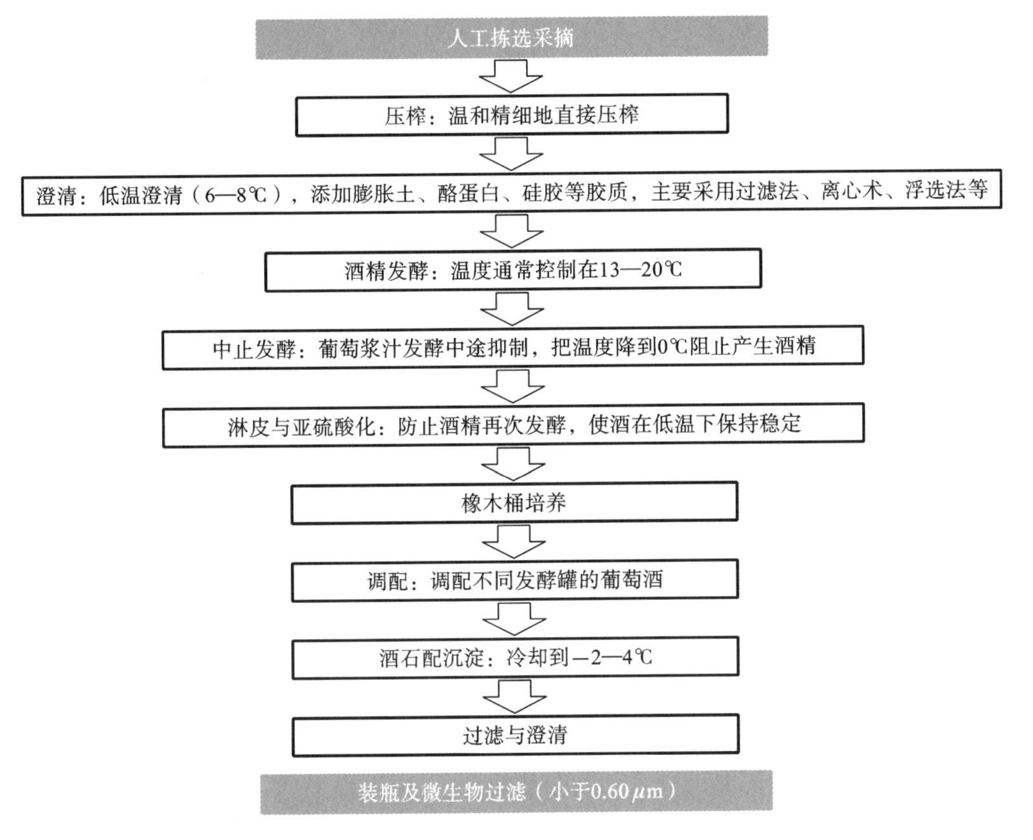

图 11-4 贵腐甜酒酿造流程图

（四）风味特征

就整体特征而言，贵腐甜酒拥有黄金般的色泽，随着陈年会发展为琥珀色。香气上，一般呈现非常浓郁的果香、花香及香料的气息。芒果、柚子、百香果、蜜桃等果味很容易从贵腐甜酒里辨识出来，同时带有浓郁的蜂蜜、橘子酱、洋槐花和藏红花等风味，另外有突出的姜片、香草、肉豆蔻等香料味。口感强劲而柔滑，酸度与糖度实现完美平衡，余味悠长。

三、法国自然甜葡萄酒（Vin Doux Naturel）

自然甜葡萄酒是在酒精发酵过程中进行中途抑制，并添加中性酒精（大于 85% vol）而获得的葡萄酒。这种方法通过中止发酵来保存残留的糖分，同时增加酒精浓度来生产自然甜葡萄酒，自然甜葡萄酒中的甜味不是通过天然醇化得到的，而是通过添加酒精来实现的。

法国 VDN 历史非常悠久，早在 1285 年，一位蒙彼利埃大学理事（Arnau de Vilanova）在朗格多克-露喜龙（Langeudoc-Roussillon）地区采用一种方法——在葡萄酒

历史故事

不凡佳酿

发酵过程中添加烈酒中断发酵，成功酿造出了甜酒。这个历史事件正是今天的法国VDN酿造方法的前身，目前，法国南部地区已经成为法国90%自然甜葡萄酒的生产中心，代表性AOC名称为麝香-博姆-德沃尼斯(Muscat de Beaumes de Venise)、麝香-里韦萨特(Muscat de Rivesaltes)及南罗讷河谷的博姆-威尼斯麝香甜酒(Muscat de Beaumes-de-Venise)。

酿造VDN时，发酵过程中会加入浓度极高的天然白兰地，最终酒精浓度被发酵到15% vol左右，高浓度的酒精使得酵母无法继续生存，天然糖分得以保留，便可以酿成葡萄干、蜂蜜、可可、咖啡和李子干等果香浓郁、甜美圆润的VDN。何时添加白兰地，添加的白兰地的浓度、糖分的多少等决定了一款VDN的风格。另外，自然甜葡萄酒后期的陈年时间与方式都不尽相同，所以法国自然甜葡萄酒风格多样，千变万化。

法国VDN大致可分成两种类型：一种酿造结束后尽早装瓶，避免氧化，以保留葡萄本身的芳香；另一种将酿造好的葡萄酒盛放在接触到空气的容器中，如橡木桶或开盖的酒罐，随着陈年，葡萄酒会逐渐发展出漂亮的琥珀色以及复杂的酒香，包括可可、咖啡和李子干的芳香，这类酒以里韦萨特(Rivesaltes)、班努(Banyuls)和莫里(Maury)的VDN出名。酿造VDN的品种很多，常见的包括歌海娜(Grenache)、慕合怀特(Mourvedre)、马卡贝奥(Maccabeu)、玛尔维萨(Malvasia)、亚历山大麝香(Muscat of Alexandria)以及小粒白麝香葡萄(Muscat Blanc a Petits Grains)。

四、稻草酒(Straw Wine)

稻草酒的历史由来已久，它的出现有人说源于人们对甜味的痴迷钻研。那时人们想到一种酿酒方法：采收后的葡萄，不直接酿酒，而是整串置于稻草或芦苇席上，以日晒的方式使葡萄脱水风干，如此便会使糖分浓缩；在发酵过程中，酵母随着酒精度的升高逐渐死亡，葡萄酒自然保留较高的糖分残留，这便是最初的稻草酒。这种传统方法一直延续到今天，只是已经不再局限于在稻草上风干，通常会在凉爽、有通风条件的空间里进行摊晒或者挂晒。这与冰酒及贵腐甜酒浓缩糖分的方式都有所不同，使用人工风干葡萄。

稻草酒目前在世界上有很多经典的类型，法国汝拉(Jura)地区的稻草酒(Vin de Paille)便是其中之一。在当地，通常用特色白葡萄品种萨瓦涅(Savagnin)和红葡萄品种普萨(Poulsard)以及霞多丽(Chardonnay)混酿，由于葡萄几乎完全被风干，产量低，价格通常较为昂贵。在奥地利也有地区酿造稻草酒，这些地区被称为Strohwein或Schilfwein，出产优质高级葡萄酒(Pradikatswein)，质量优异。在意大利，稻草酒被称为帕赛托(Passito)，意为“晒干”，托斯卡纳的圣酒(Vin Santo)、威尼托的蕊恰朵(Recioto)都是其中著名的稻草酒。在西班牙也有两类稻草酒，帕萨斯(Vino de Pasas)和利热埃罗(Ligeruelo)。前者颇为普遍，主要的混酿品种为佩德罗-希梅内斯(Pedro Ximenez)。以上是稻草酒的几个经典产区。在新世界的一些温暖产区，人们也会使用这类方法酿造甜酒，如澳大利亚和南非等地。

思政案例

蒲昌酒庄亚尔香甜白葡萄酒(Clovine)

亚尔香原名柔丁香,引自美国。果粒呈黄绿色,椭圆形,果串较疏散,果肉紧实多汁,糖分含量极高,具有极为独特浓郁的香气。典型香气有麝香、杏桃、椴花、荔枝、天竺葵和蜂蜜香气等。亚尔香葡萄晚摘后,自然风干24—48小时,然后破碎压榨,只用最好的自留汁在不锈钢罐中启动发酵,残留糖度在一定范围时终止发酵,然后入桶陈酿36个月后错流装瓶。

2015年亚尔香甜白:100%亚尔香,木桶陈年36个月,酒精度15% vol;

酒评:宜人的黄金色,晶莹剔透,伴随着无与伦比的花香、荔枝、蜂蜜、果酱、桃子、杏子的香气。口感甜美醇厚,足够的酸度赋予了其骨架,令其口感立体感十足,非常独特,极具吐鲁番特色。

来源 新疆蒲昌酒业

对比思考:世界代表性风干法酿造的甜型酒主产地及风格异同点有哪些?

第三节 加强型葡萄酒 Fortified Wines

所谓加强型葡萄酒,是指一种通过添加酒精使葡萄酒精含量得以加强的一种葡萄酒。这类酒的历史非常悠久,在很长的一段时间里它占据了葡萄酒的主要类型。加强型葡萄酒大约出现在12—13世纪,当时葡萄酒储藏是令人头疼的事情,葡萄酒极易变质,人们为了更好地运输及储存葡萄酒,发明出了这种通过添加酒精来提高葡萄酒寿命的方法,加强型葡萄酒随之出现。

西班牙雪莉酒与葡萄牙波特酒是这类酒中的典型,他们的酿酒方法也成为众多加强型葡萄酒效仿的典范。前者的酿造方法为葡萄糖分完全发酵结束后,加入蒸馏酒,酒通常为干型。后者,通常在发酵过程中添加蒸馏酒,这时添加的酒精会杀死处于工作中的酵母,发酵被人工终止,葡萄糖得以保留,为甜型。

历史故事

葡萄酒变成醋

一、波特酒(Port)

波特酒因为漂亮的色泽、甜美的口感,馥郁的香气,历来深受人们喜爱。在大航海时代,传入新世界国家,在很长时间里成为那些国家占主导地位的葡萄酒类型,在澳大利亚、美国等地都出现过生产商效仿原产地"Port"字样,用酒标进行标识销售的现象,说明波特酒红极一时。

（一）波特酒定义

波特酒的名称源于葡萄牙第二大城市波尔图(Porto)市，但真正的“波特酒”是指在杜罗河产区(Demarcated Region of Douro)出产，严格遵守当地葡萄酒酿造与陈年要求，得到《波特酒管理协会》认证，同时在杜罗河(Douro)法定地区完成的葡萄酒。该酒原产于杜罗河产区，优秀的葡萄来自杜罗河两岸陡峭的片岩山坡上，山坡可以使葡萄更好地吸收光照，片岩结构松散，渗水性好，为葡萄生长提供良好条件。

（二）酿造方法

酿造波特酒一般混合使用多个品种，其中最重要的是葡萄牙传统品种国产多加瑞(Touriga Nacional)，该品种颜色尤其深厚，富含单宁与酸。酿造的葡萄酒具有很浓郁的黑色浆果气息。酿造波特酒时，通常发酵时间较短(24—72 小时)，为半发酵。为了获得较理想的颜色，过去一般人工踏皮(在一种名叫 Lagar 的开放性容器内踏皮)以萃取色素与单宁，这种方法仍被一些传统酒庄使用。当酒精度处于 5% vol—9% vol，进行压榨，压榨后注入高浓度(77% vol)白兰地，强化至 16% vol—22% vol，然后去除皮渣，将酒存放于不锈钢罐内。第二年春天品鉴分类，接下来通常运往杜罗河口的加亚新城(Vila Nova de Gaia)进行熟成，进入调配熟化阶段，塑造不同类型的波特酒。

波特酒类型多样，首先按照颜色，可以划分为白色波特(简称白波特)与红色波特(简称红波特)。白波特(White Port)是一种全部用白葡萄酿成的葡萄酒，主要使用舍西亚尔(Sercial)、马尔维萨(Malvasia)酿造，酿造方法与红波特一致。类型从最甜的白波特(Lagrima)，到甜(Sweet)、半干(semi-Dry)、干(Dry)、自然干(Extra Dry)等，多种多样，酒精一般在 19% vol—22% vol 左右。颜色通常为金黄色，老年份白波特会变为琥珀色，口感较为圆润，带有果脯、香料或蜂蜜的香气，白波特目前在我国市场较为少见。

红波特(Red Port)是目前市场最常见的类型，酿造红波特的主要品种为红阿玛瑞拉(Tinta Amarela)、巴罗卡红(Tinta Baroca)、罗丽兹(Tinta Roriz)、弗兰克多瑞加(Touriga Francisca)、国产多瑞加(Touriga Nacional)、卡奥红(Tinto Cao)，单一品种波特酒十分少见。在此书中，我们也是重点介绍该类型波特。我们把红波特分为两个不同领域:第一种是调配酿造，不显示酿造年份的红波特;第二种是显示葡萄采摘年份(即酿造年份)的红波特。第一种又可细分为宝石红波特(Ruby Port)、茶色波特(Tawny Port)以及标记陈年时间(10 年、20 年、30 年、40 年等)茶色波特;第二种细分为年份波特(Vintage Port)、迟装瓶年份波特(LBV)以及寇黑塔年份波特(Colheita Port)等。

（三）主要类型

1. 无酿造年份波特(Undated Port)

这种波特酒的特点是使用多个品种调配酿造，融合多种葡萄优点，再经橡木桶陈年，使葡萄酒风味达到完美调合。

(1) 宝石红波特(Ruby Port)

宝石红波特是较为普通的波特酒，陈年时间不长，一般 2 年。酿造上，使用不同年

历史故事

酒商会馆

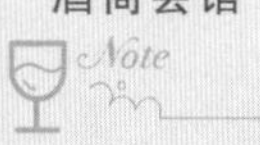

份调配而成，是目前市场上最基本、最常见的类型。它价格适中，深受消费者欢迎。该类型波特酒具有宝石红的色泽，香气以新鲜的黑色浆果果香为主。

(2) 茶色波特(Tawny Port)

一般而言，该类型波特酒比宝石红波特需要更长时间熟成，优质的茶色波特会在橡木桶内进行数年的陈酿，颜色慢慢氧化为褐色。但大部分便宜的茶色波特通常使用红、白葡萄酒调配而成，颜色接近茶色，不一定需要长时间陈年。等到适合饮用时，过滤澄清装瓶上市销售。该类型中有一类标记为珍藏茶色波特(Reserve Tawny Port)，这类酒在橡木桶内至少需有7年陈年时间，口感细腻平衡，风味复杂，质量高。

(3) 标记陈年时间茶色波特(Tawny with an Indication of Age)

这种波特酒实质上属于茶色波特的一种，在酒标上会有10年、20年、30年、40年等陈年时间的标记。这种酒在橡木桶内经数年陈年后与其他年份葡萄酒进行调配，然后取其平均陈年时间在装瓶时进行标注。因为在橡木桶内经历了数十年的陈年，颜色淡黄，多呈现果干、果脯及甜香料风味，味道复杂幽雅、酒香淳厚，一般认为是优质茶色波特的代表类型。值得注意的是，这些酒多没有沉淀，服务时多不需要醒酒滗晰。

2. 有酿造年份波特(Dated Port)

这一领域的波特酒，有一个共同特征就是采用某一个极佳年份的葡萄酿酒，因此，质量上乘，是体验优质波特酒的最佳选择。该类型波特酒装瓶前，在橡木桶内陈年时间相对较短，通常在装瓶后有较长的瓶内陈年时间。

(1) 年份波特(Vintage Port)

年份波特质量上等，仅使用特别好的年份采摘的葡萄酿造而成，产量少。通常在橡木桶内陈年2—3年，不需要过滤，装瓶后进行数年的瓶储，一般瓶内陈年达10年以上。事实上，这种酒必须要选择非常好的年份才能酿造，一般会分为两个酿造阶段：第一阶段为酿造与橡木桶陈年，第二年春天，通常会进行品尝测试；第二阶段，选出有陈年潜力的优质葡萄酒，达到橡木桶陈年要求后进行装瓶，然后进入瓶储阶段，数年后上市发售。该类型波特酒因为装瓶前没有经过下胶、过滤程序，因此酒内会携带非常浓厚的沉淀物，侍酒服务时一般使用醒酒器换瓶。

(2) 迟装瓶年份波特(Late Bottled Vintage，LBV)

这种酒与年份波特一样，使用单一年份葡萄酿造。但区别于年份波特，这类酒装瓶前在橡木桶内陈年时间较长，延迟装瓶，因此被称为迟装瓶年份波特。一般情况下，年份波特橡木桶陈年时间为2年，迟装瓶年份波特则为4—6年，酒标上同样显示酿造年份(葡萄采摘年份)。另外，装瓶前一般过滤、澄清，因此饮用时多不需换瓶。

(3) 寇黑塔年份波特(Colheita Port)

寇黑塔年份波特比年份波特、迟装瓶年份波特在橡木桶陈年时间更长，至少要8年才可装瓶。只使用单一年份酿造，颜色更加淡黄，接近琥珀色，口感复杂且柔顺，回味悠长，香气复杂。装瓶时需标明酿造年份以及熟成时间。

(4) 单一酒庄年份波特(Single-Quinta Port)

一般情况下，波特酒是使用不同年份、不同产区葡萄酒调配酿制的。而单一酒庄年份波特是指仅使用来自单一葡萄园，优质年份下葡萄酿造的波特酒。这类葡萄酒通常都具有酒庄独特的风格，是波特酒中能展现个性的一类。

波特酒的主要类型，见图 11-5。

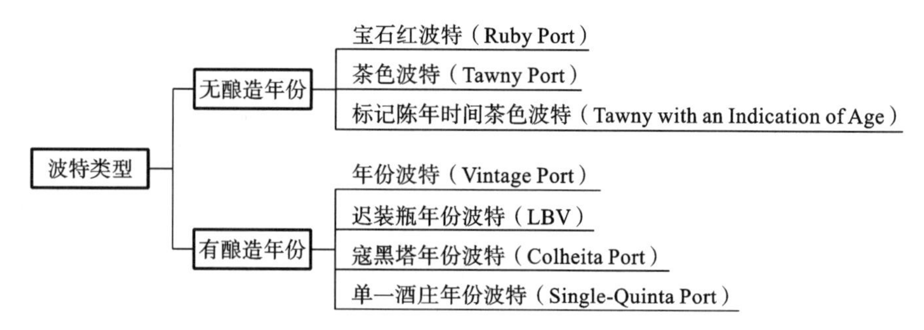

图 11-5　波特酒的主要类型

思政案例

北醇甜红葡萄酒

北醇为 1954 年培育的欧山杂种，在吐鲁番独特的气候条件下，北醇葡萄有着无法比拟的韵味。该品种抗逆性特别强，越冬无须埋土，丰产，含糖量高的同时具有绝佳的酸度。所酿造的葡萄酒呈宝石红色，香气宜人，有玫瑰、草莓、花香及成熟浆果典型香气，同时具有山葡萄的风味。蒲昌酒庄于 1981 年引入北醇种植，目前种植面积为 170 亩。北醇晚摘，等到糖分高度聚集后破碎发酵，中途加入白兰地基酒终止发酵。终止发酵后带皮浸渍 20 天后分离，陈酿后装瓶。

2014 年北醇甜红：100% 北醇，不锈钢罐发酵，白兰地终止发酵，水泥罐陈酿 18 个月，酒精度 17% vol。

酒评：酒体饱满，深紫红色。野生浆果、花香和焦糖气息。入口酒体结构紧实，能够很好地支撑甜度并达到平衡，具有黑色水果的复杂性，悠长的回味。可作开胃酒，也可在冬季时与柑橘、香料一起加热饮用，风味独特。

来源　新疆蒲昌酒业

对比思考：世界主要加强型甜葡萄酒产地及风格异同点有哪些？

二、雪莉酒(Sherry)

雪莉酒被英国文坛巨匠莎士比亚称为“装在瓶子里的西班牙阳光”，有非常悠久的历史沉淀，与波特酒一样是伴随着大航海时代的发展在全球兴盛起来的，在西班牙有“西班牙国酒”之称。蒸馏术传到西班牙后，西班牙人开始往葡萄酒里添加白兰地，以确保葡萄酒能更好地储藏与运输。到了大航海时代，葡萄酒跟随航海的船舶，被携带到了新大陆。1587 年，英国占领了西班牙南部城镇加的斯(Cadiz)，一位名为德雷克的爵士(Sir Francis Drake)将 3000 桶雪莉酒带回了英国，随后在英国引发了雪莉酒浪潮。后期随着英国在全球的殖民地的扩展，雪莉酒在全球的影响慢慢铺开。

雪莉酒首次出现在西班牙南部海岸一个名为赫雷斯(Jerez)的小镇，雪莉酒的英文

Sherry 正是由西班牙语 Jerez 音译而来。这一地区为温暖的地中海气候，阳光充足，葡萄生长季气温高达 40 ℃。为了锁住水分，当地在葡萄栽培方面做出了很多改变。例如，在两棵葡萄树之间的空地处挖出一排排长方形沟痕以限制水分的蒸发。另外，当地有一种名为阿尔巴尼沙（Albariza）的白垩土，在炎热的夏季，会在表面形成较硬的果皮，可以帮助抑制土壤水分流失。酿造雪莉酒的葡萄品种，不像波特酒那样广泛，在当地几乎只采用帕洛米诺（Palomino）白葡萄酿造雪莉酒，佩德罗-西梅内斯（Pedro Ximenez）与莫斯卡岱（Moscatel）也用来混酿，但通常只在酿造奶油雪莉时进行添加。其主打品种帕洛米诺在当地的阿尔巴尼沙白垩土里成长极佳，适应炎热干燥的环境，高产，果皮薄，中等酸度，没有独特风味，适宜人工塑造改良。

雪莉酒的基酒酿造与白葡萄酒酿造没有两样，均由压榨、发酵酿造干型葡萄酒。然后根据白葡萄酒的储藏发展情况，进行不同的酒精强化陈年，所以大部分雪莉酒是干型，不像波特酒是发酵过程中强化，保留糖分。雪莉酒进入陈年阶段后，与波特酒一样也有其独特的地方，它的特色在于它独一无二的熟成系统，当地将葡萄酒置于一种叫作"索雷拉"（Solera）的系统。这是一种为动态熟成系统，一般为 3—4 排橡木桶，部分有更多排数，每排 3—5 只桶。年份最久的酒位于底层，最年轻的酒位于顶部。决定装瓶时，从最底层桶中取酒，接着第二层酒将低一层的酒桶填满，以此类推。年轻的酒液和陈年酒液不断混合，最终得到稳定、一致的雪莉酒风格与品质。由于雪莉酒由多个年份的酒混合而来，因此这种酒本身没有具体年份。雪莉酒主要分为干型、自然甜型以及混合型三类。

（一）干型雪莉（Dry Sherry）

1. 菲诺（Fino）

干型基酒在完成发酵后，被放入橡木桶内储藏，任由其发展，酒的表层会出现一层白色的酵母膜，被称为 Flor（菲洛），随后被强化到约 15% vol，这个酒精度下菲洛会继续成长，这样制作成的酒被称为 Fino。该类型最少陈年时间为 2 年，优质菲诺会熟成 4—5 年，属于最轻、最细腻的雪莉酒，呈浅稻草黄，干型，中等酒体，带有淡淡的盐水风味以及坚果气息，开瓶后应该尽快饮用，常作开胃酒，饮用前多需冰镇，适合 7—9 ℃饮用，在当地适宜搭配 Tapas 小吃、清淡的奶酪或熏火腿，海鲜类也可以与之搭配。

2. 曼萨妮亚（Manzanilla）

曼萨妮亚产自桑卢卡尔德巴拉梅达（Sanlucar de Barrameda），只有在该地熟成的菲诺才可以冠名曼萨妮亚出售。该地地处海边，凉爽湿润的气候非常适合 Flor 生长，酿造的雪莉酒质量上乘，带有浓郁的盐水和坚果香味，颜色比菲诺更浅，风格更加细致优雅，酒精度通常在 15% vol—17% vol。因为葡萄会提早采摘，酸度比菲诺较高一些。与菲诺相似，饮用前需要冰镇。

3. 阿蒙提亚（Amontillado）

这种雪莉酒来自蒙的亚（Montilla），也是一种成熟的菲诺。该地地处内陆，酒花较薄，Flor 很容易消失，失去了保护层的雪莉酒，开始氧化，葡萄酒颜色变深，发展出不同的香味，有很好的复杂度，带有更浓郁的坚果风味。另外，人们还可以通过将熟成一段时间的雪莉酒移至专门的阿蒙提亚多・索雷拉（Amontillado Solera）培养，让酒花持续

较短时间，出现氧化风味。这种类型的雪莉酒有更浓郁的口感，更多烤榛子、烘烤气息，口感柔顺，酒精度通常在15% vol—17% vol，侍酒温度可以比菲诺高一点，通常在12℃左右。阿蒙提亚也可以充当开胃酒，与海鲜类搭配。

4. 帕罗卡特多(Palo Cortado)

这类雪莉酒风格介于阿蒙提亚多(Amontillado)与欧洛罗索(Oloroso)之间，酒精含量一般在18% vol—20% vol。口味与欧洛罗索相似，烘焙类气息浓郁，酒体饱满，可以与红色肉类搭配。

5. 欧洛罗索(Oloroso)

Oloroso西班牙语是"芳香的"的意思，这类酒在发酵完成后会直接加入白兰地进行酒精强化，熟成过程中没有出现酒花，是一种无生物陈年的雪莉酒。风味更加稳定，酒精度通常在18% vol—22% vol。因为阻止了Flor的出现，这些酒被完全氧化，葡萄酒呈褐色，带有浓郁的水果干、坚果及香料风味，收尾有回甘，有焦糖的气息，酒体饱满浓郁，可以搭配浓郁的家禽及鱼类。

（二）自然甜型雪莉(Sweet Sherry)

1. 佩德罗-西梅内斯(Pedro Ximenez,PX)

佩德罗-西梅内斯(PX)是一种白葡萄品种，果皮较薄，在葡萄成熟季，葡萄很容易风干，浓缩糖分。使用这种高糖葡萄进行发酵，发酵过程中加入白兰地进行强化，便可以保留其中糖分，这类雪莉酒含糖量约在500 g/L，口味极甜。熟成阶段，随着氧化的进行，葡萄酒颜色会逐渐加深，并充满果脯、咖啡、甘草等的芳香，是蓝纹奶酪或巧克力甜点的绝好配酒。

2. 麝香(Muscat)

麝香雪莉的酿造方法与PX一致，糖分比PX略少，在200—300 g/L。具有麝香品种典型的香气特征，茉莉花、葡萄干、柑橘等果香浓郁，清新甜美，适合搭配水果类甜品。

（三）混合型雪莉(Blended Sherry)

混合型雪莉是一种在普通雪莉基础上加入浓缩葡萄汁或自然甜型雪莉调配而成的雪莉酒，是利口酒的一种，最常见的有以下三种类型。

1. 白奶油雪莉(Pale Cream)

白奶油雪莉是最清淡的一类混合雪莉，在菲诺(Fino)基础上添加浓缩葡萄汁酿造而成，含糖量在45—115 g/L，颜色较浅，既有菲诺酒花的风味，又有甜美润滑的质感。酒体中等，适合搭配鹅肝等开胃菜，也可以搭配简单的水果风味奶油蛋糕。

2. 中型雪莉(Medium Sherry)

这类雪莉酒使用干型雪莉与浓缩汁或自然甜型雪莉酿造而成，颜色略深，口感温顺，有类似糕点、果干等的味道。

3. 奶油雪莉(Cream Sherry)

奶油雪莉使用欧洛罗索(Oloroso)与PX调配而成，含糖量高，油滑甜蜜。颜色呈浓郁棕红色，有各类浆果果干、甘草、焦糖的风味，酒体饱满，回味绵长。适合搭配浓郁型甜点，酱汁浓郁、微甜的红烧肉也是一种不错尝试。

雪莉酒除以上分类外，与波特酒一样也有具有陈年类型。雪莉酒是一种在索雷拉系统里熟成的酒类，由于新老酒混合，通常没有具体的年份。但部分优质的雪莉酒会有非常长的熟成时间，平均熟成时间高达12年、15年甚至更久（酒标上有陈年时间标记），这类酒较为稀少，因此价格昂贵。由于长时间熟成，酒花不会一直持续，所以这类酒只针对一些可以长期氧化的雪莉酒来说才有意义，只限阿蒙提亚多（Amontillado）、欧洛罗索（Oloroso）、帕罗卡特多（Palo Cortado）和佩德罗-西梅内斯（Pedro Xeménez）四种雪莉酒类型。

通常，我们在酒标上能看到VOS和VORS等字样。VOS为Vinum Optimum Signatum（优质葡萄酒）的简写，也为Very Old Sherry（极陈年雪莉）的意思，平均陈年时间至少20年才可以有此标识；VORS为Vinum Optimum Rare Signatum（优质而珍贵的葡萄酒）的简写，意思指Very Old Rare Sherry（极陈年稀有雪莉），这类酒要求平均陈年时间至少为30年。它们均需接受西班牙雪莉官方产区监管会（Consejo Regulador）的审查与监管，该认证开始于2000年，是专门针对雪莉酒的分级认证。雪莉酒的主要类型，见图11-6。

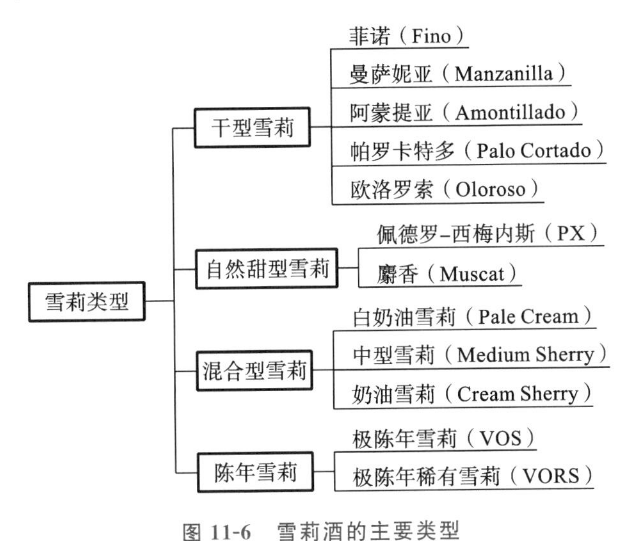

图11-6 雪莉酒的主要类型

三、马德拉酒（Madeira）

马德拉酒跟雪莉和波特酒一样，属于加强型葡萄酒，马德拉酒的出产地是位于大西洋的马德拉（Madeira）岛，它是大西洋上最闪亮的宝石。马德拉岛位于大西洋中离摩洛哥海滩大约360英里（1英里≈1.61千米）的地方，是在1418年亨利王子（Prince Henry the Navigator）统治时期，由一位葡萄牙探险者首先发现的。这里气候炎热潮湿，岛内都为山区，其实并不适合种植葡萄。然而对于航海而言，马德拉岛的地理位置却很重要，马德拉岛是欧洲前往美洲、非洲重要的补给站。正是因为有了此种需求，马德拉酒应运而生。

其酿造方法通常是，先酿造基酒，再加入白兰地，使之强化至18% vol—19% vol，然后进入高温氧化陈年期。最好的马德拉酒通常不用加温催熟，只利用自然的日照，将

葡萄酒放置在一个特殊的高温屋子(热房)或依思图法室(Estu-Fas)内长达 90 天到六个月,高温同时也具有杀菌的作用。部分马德拉酒是放在木桶中成熟的,陈放时间根据不同的需要而有所不同。是酿造过程中添加白兰地还是酿造结束后添加白兰地,可决定马德拉酒的甜度。

马德拉酒很有特色,它特别抗氧化,存放时间较长,几年、几十年、甚至达百年,风味也极其特别,富含坚果、烟雾、焦糖的风味。按照品种,马德拉酒主要类型及风味,见表 11-2。

表 11-2　马德拉酒主要类型及风味

类　　型	风味特征
舍西亚尔(Sercial)	味道清淡,酸度重,干型,与菲诺(Fino)口感有相似之处
华帝露(Verdelho)	半干型,味道清香,具有温和柔滑风味,适用于烹饪使用,澳大利亚也有这类酒
布阿尔(Bual)	丰厚,坚果风味,半甜型,与欧洛罗索(Oloroso)类似
马姆齐(Malmsey)	甜型,有焦糖、柑橘、坚果香气,最优的级别。按照陈年时间分四类:A. 年份酒(Vintage),产自同一年份,桶陈 20 年,瓶陈 2 年;B. 超级珍藏(Extra Reserve),桶陈 15 年,瓶陈 2 年;C. 特别珍藏(Special Reserve),桶陈 10 年;D. 珍藏(Reserve),桶陈 5 年

四、马尔萨拉酒(Marsala)

马尔萨拉本身为地名,位于意大利西西里岛西部。该地气候炎热干燥,以生产优质的酒著名。马尔萨拉酒首次酿制于 18 世纪 60 年代,当时来自利物浦的英国商人约翰·伍德豪斯在路过西西里海峡时,品尝了当地的葡萄酒。约翰觉得这酒与马德拉酒相似,于是带了几桶回到英国。不过,他们给每个酒桶多加了大约 2 加仑(1 加仑≈3.79 升)的酒精,以确保这些酒能够在长途航运之后不变质。

英国人非常喜欢这种新发现的酒,以致于约翰决定和他的儿子先留下来帮助生产马尔萨拉酒。1773 年,威廉成立酿酒厂专门生产马尔萨拉酒并出口到英国各个地区。但直到 1800 年,马尔萨拉酒才真正建立了自己的品牌及声誉。Marsala 这个名称据说是来自阿拉伯语中的 Marsah-el-Allah,意思是“上帝的港湾”。1969 年 6 月 10 日,马尔萨拉通过了意大利 DOC。1986 年,DOC 等级法规已经为马尔萨拉酒重新制定了更多严格的书面法规,以使其有一天可以重拾在世界优质加强型葡萄酒中的地位。

与波特酒酿造方法一样,马尔萨拉酒在发酵中加入酒精强化,通常酒精度在 17% vol—20% vol,之后会进行长时间陈年。其陈年方式主要有两种:一种为类似雪莉酒的陈年体系(马尔萨拉索雷拉 Marsala Solera),故有“西西里岛雪莉”的美誉;另一种在橡木桶内陈年(马尔萨拉康乔托 Marsala Conciato)。

马尔萨拉酒一般会采用格里洛(Grillo)、尹卓莉亚(Inzolia)和卡塔拉托(Catarratto)等白葡萄品种酿造,也会采用黑珍珠(Nero d'Avola)和马斯卡斯奈莱洛(Nerello Mascalese)等红葡萄品种酿造。马尔萨拉酒最常见的风味是香草、红糖、煮熟

的杏子以及罗望子味。高品质的马尔萨拉酒风味更加微妙精细，往往伴有黑樱桃、苹果、果脯、蜂蜜、烟草、核桃和甘草等风味。外观多为琥珀色，口感厚实醇美，是意大利名点 Tiramisu（提拉米苏）的必备原料。马尔萨拉葡萄酒有众多类型，马尔萨拉酒主要类型，见表 11-3。

表 11-3 马尔萨拉酒主要类型

类　型	分　类
马尔萨拉索雷拉 Marsala Soleras	马尔萨拉索雷拉（Marsala Solera 陈酿至少 5 年） 马沙拉索雷拉珍藏（Marsala Solera Stravecchio，陈酿至少 10 年）
马尔萨拉康乔托 Marsala Conciato	优质马尔萨拉（Fine Marsala，陈酿约 1 年） 超级马尔萨拉（Superiore Marsala，陈酿至少 2 年） 超级珍藏马尔萨拉（Superiore Riserva Marsala，陈酿至少 4 年）
根据糖分	干型马尔萨拉（Secco Marsala，少于 40 g/L） 半甜型马尔萨拉（Semisecco Marsala，41—99 g/L） 甜型马尔萨拉（Docle Marsala，大于 100 g/L）
根据颜色	金黄色马尔萨拉（Oro Marsala） 琥珀色马尔萨拉（Ambra Marsala） 宝石红马尔萨拉（Rubino Marsala）

历史故事

雪莉酒“大海战”

本章训练

□ 知识训练

1. 归纳起泡酒主要酿造方式并举例说明。
2. 概括香槟的酿造步骤，分析香槟风格形成的影响因素。
3. 归纳甜型酒主要酿造方法，列举世界主要的甜型酒及其口感风格。
4. 归纳加强型葡萄酒诞生的历史渊源、酿造方法及主要类型。

□ 能力训练

1. 根据所学知识，制定一份对章节内容理论讲解检测单，对不同类型酒的口感与风格特征进行讲解训练。
2. 设定一定的场景，根据客人需要，进行识酒、选酒、推介及配餐的场景服务训练。
3. 组织品酒活动，进行品酒训练，书写葡萄酒品酒词并评价酒款风味与质量，锻炼综合分析能力。

章节小测

第十二章
酒类投资拍卖与期酒

本章概要

本章主要讲述了酒类投资、葡萄酒拍卖及葡萄酒期酒等相关知识，主要包括酒类投资、拍卖及期酒定义、发展情况、渠道方法等内容。同时，在本章内容之中附加与章节有关联的知识链接及思政案例等内容，以供学生深入学习。本章知识结构如下：

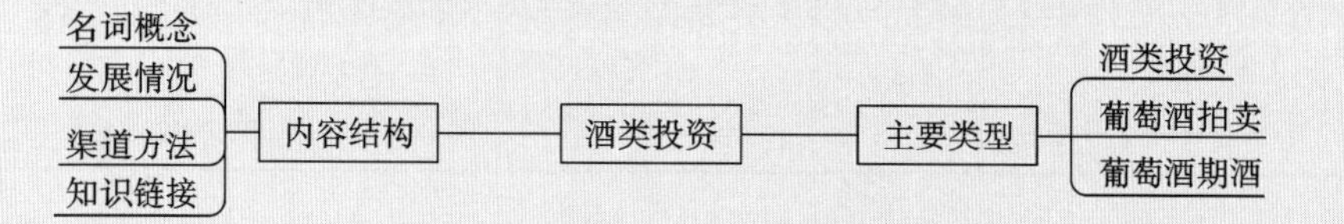

学习目标

知识目标：了解葡萄酒投资发展现状，了解葡萄酒投资渠道及主要拍卖行。掌握酒类投资、拍卖及期酒的概念及基本特性，理解葡萄酒商业投资逻辑，阐明影响投资级葡萄酒价格的因素；掌握酒类主要投资的方法。

技能目标：运用本章专业知识，能够识别投资型葡萄酒特性，辨析影响投资级葡萄酒价格的因素；能够分析期酒交易利弊关系，具备一定的投资方法与投资技能。

思政目标：通过学习葡萄酒投资知识，培养学生敏锐的酒类市场洞察力及在酒类投资方面的独立思考、分析判断与开拓创新能力，帮助学生养成诚实守信、实事求是、理性平和、谨慎操作的职业品德与职业素养。

章节要点

- 了解：葡萄酒投资发展现状；葡萄酒投资渠道；主要拍卖行。
- 掌握：酒类投资、葡萄酒拍卖及葡萄酒期酒的概念。
- 理解：酒类投资环境；酒类投资的商业逻辑；影响投资级葡萄酒价格的因素；期酒交易利与弊。
- 学会：识别投资级别葡萄酒，掌握酒类投资的主要方法。
- 归纳：构建酒类投资、拍卖及期酒交易思维导图。

第一节　酒类投资
Wine Investment

一、酒类投资的概念

酒类投资，是指以酒类为投资对象，投资者当期投入一定数额的资金而期望在未来获得回报，将货币零风险转化为丰厚资本的过程。优质葡萄酒的质量和稀缺性会随着时间的推移而升值——它的价值也是如此，这是投资葡萄酒的基本原则。投资葡萄酒是投资者和葡萄酒饮用者分散投资组合的一种有利可图的另类投资选择。

二、葡萄酒投资的发展现状

精品葡萄酒的投资要从精品葡萄酒的酿造开始，世界精品葡萄酒的酿造已有几千年历史。法国勃艮第的金丘区(Cote d'Or)汇集了世界上优质的葡萄园，而波尔多罗纳河沿岸则聚集了世界上顶级的酒庄集群。长期以来，这里都一直吸引着全球葡萄酒收藏家、品酒家以及投资者的目光。

为了确保葡萄酒质量，维护法国葡萄酒的声誉，法国政府对重要产区实行法定原产区保护制度(Appellations d'Origine Contrôlée)，葡萄及葡萄酒只能在指定区域种植、酿造。该制度对于葡萄酒生产方式、最低酒精度、最高单产量、葡萄藤龄和葡萄园种植密度都做了详细的规定。精品葡萄酒的产量受到政府的严格控制，而投资级别的精品葡萄酒更为稀有——仅占精品葡萄酒产量的1%。由于长期供不应求，这些投资级别的精品葡萄酒在二级市场上广受追捧，价格连年稳定上涨。几千年来，持有、收集和投资顶级葡萄酒已成为投资理财的一种方式。

近年来，精品葡萄酒的奢侈品属性日益显现。同时，亚太地区高净值人士数量的急剧增长极大地推动了精品葡萄酒的全球市场需求，这使得原本就供不应求的精品葡萄

酒更是奇货可居。未来十年，随着新兴市场的蓬勃发展，全球购买力有望进一步增强，精品葡萄酒供不应求的局面将进一步加剧。

三、葡萄酒投资的商业逻辑

（一）有限供应量

如同其他奢侈品一样，精品葡萄酒由特定产区的顶级酒庄酿造，而这些酒庄葡萄园和生产力都有硬性限制，年产量十分有限，这是精品葡萄酒有限供应的直接原因所在。另外，随着消费者人数及数量的上升，全球陈年名酒逐渐被消耗，储备量在年复一年地下降，这加剧了供求之间的不平衡。

（二）新兴国需求

中国等东南亚及部分非洲国家的经济发展迅速，这些新兴市场的需求将持续促进精品葡萄酒市场的增长，让特定酒款的市值走高。

（三）货币贬值

全球绝大多数精品葡萄酒买卖在纽约、伦敦及香港进行，交易货币为美金或港币。近些年，受美联储货币政策等长期不稳定因素所影响，美金大幅贬值，这使得海外买家购买力大涨，提高了精品葡萄酒的吸引力。

（四）有形投资

精品葡萄酒与一纸股权不同，属于有形资产，即便世界如何不景气，投资者们葡萄酒的消费动机将一直存在，这是葡萄酒作为饮品的独特魅力所在。

（五）投资回报

如果在适合的时机入市，并且压对酒款，那么投资者便可以期待8%—12%的复合投资回报率。

四、投资级葡萄酒的特性

世界上很多地区都出产葡萄酒，但不是所有的葡萄酒都称得上精品葡萄酒(Fine&Rare Wines)。通常，历史悠久、品质出众、产量极低的精品葡萄酒才能被列入另类资产或激情资产(Passion Asset)的范畴。对于精品葡萄酒，每个国家都设有严格法律法规，不少国家一直遵守着100多年前古老的葡萄酒分级。而无论从历史、酿酒工艺还是品牌影响力上看，法国葡萄酒都是当之无愧的全球精品葡萄酒的先锋。波尔多、勃艮第、罗讷河谷、香槟出产的葡萄酒几乎主导着全球精品葡萄酒的市场走向。除此之外，美国、意大利、西班牙、葡萄牙等国精品葡萄酒也占据了世界精品葡萄酒市场的一定份额。

五、投资级葡萄酒的识别

投资级葡萄酒通常指5年后有可能升值的优质葡萄酒，如何判断投资时机，着手识别此类葡萄酒的价值，通常需要考虑以下因素。

（一）陈年价值

陈年价值一般是指葡萄酒是否会随着年龄的增长而变得更好，投资级葡萄酒在装瓶后至少10年达到成熟高峰，甚至可以陈酿25年以上，这是投资型葡萄酒的标志性特征之一。

（二）稀缺性

一种投资级葡萄酒一般是有限的，其数量会随着时间的推移而减少，限量版葡萄酒通常更有价值。

（三）酒评家评级

一般被国际权威评论组织与个人葡萄酒评论家评为"经典"或同等级别（95—100分）的优质葡萄酒更具投资价值。

（四）历史背景

投资葡萄酒是由享有盛誉的酿酒师酿造的。在波尔多、勃艮第、罗讷河谷、托斯卡纳等经典型核心产区生产的葡萄酒随着时间的推移往往更有价值。

（五）价格升值

葡萄酒价格必须在10年或更长时间内升值，另外，查看同一酒庄之前年份的价格升值记录。如果它来自一个特殊的年份，并且是在波尔多或勃艮第等著名产区生产的，那么它很有可能在未来升值。

六、葡萄酒投资的风险

任何一种投资都存在一定的风险，作为投资者，必须全方位了解这些投资方案的风险所在，主要包括以下几种。

（一）市场监管

葡萄酒投资市场与任何一个大众市场一样，有市场监管的盲区，避免风险的有效途径是选择优质投资公司，以获取较有保障的服务与咨询。

（二）持有时间

葡萄酒价格的上涨和下跌都是正常的，即使整个市场都处于一种上升的趋势，也会有某些特定的酒款出现价格下跌的情况，反之亦然。当葡萄酒价格下跌时，资金充裕的

投资者会紧盯市场，瞄准那些性价比高的酒款下手，当市场见底时，也正是买入的最佳时机，所以葡萄酒投资市场是一个非常注重买入时机的投资领域。葡萄酒的投资更具有须中长期持有的特性，短期的投资行为通常没有令人满意的回报。

（三）流动性

葡萄酒投资具有流动性不足的特点，单元成本高，市场表现较为特殊。因此，可以利用资本市场的传统投资选项，如股票和证券等弥补投资的流动性和多样性。

（四）估值误判

批判者认为，有限的投资风险收益历史数据使得评判变得很困难，甚至有时候在出售前是无法估值的。然而，经验十足的专业葡萄酒投资者可以借助更多网络工具，获取更多客观的分析数据。定期估值是相当重要的，它有利于投资者把握最好的买入与卖出时机。因此，专业的投资指导是必不可少的。

（五）赝品

在投资领域，不乏很多兜售假冒伪劣产品以获取利益的商家，赝品识别是非常重要的避开投资风险的手段。为了帮助购买者识别赝品、抵抗假货，很多被热捧的品牌已经开始采用防伪标志，例如，拉菲从 2009 年开始使用防伪标签，它可供购买者追踪查询相关信息。尽管如此，使用有信誉的公司的服务是降低风险的最有效方法。

七、影响投资级葡萄酒价格的因素

葡萄酒价格受到多种因素的影响，对于葡萄酒投资而言，葡萄酒的生产者（酒庄）与年份是尤其关键的因素。互联网时代，信息公开使用使得市场更加透明，葡萄酒收藏家可以参考丰富的市场数据做出合理的消费决策。以 OS 精品葡萄酒为例，他们主要通过以下几个指标综合评定一款葡萄酒的价值优势，葡萄酒价格优势评价指标，见图 12-1。

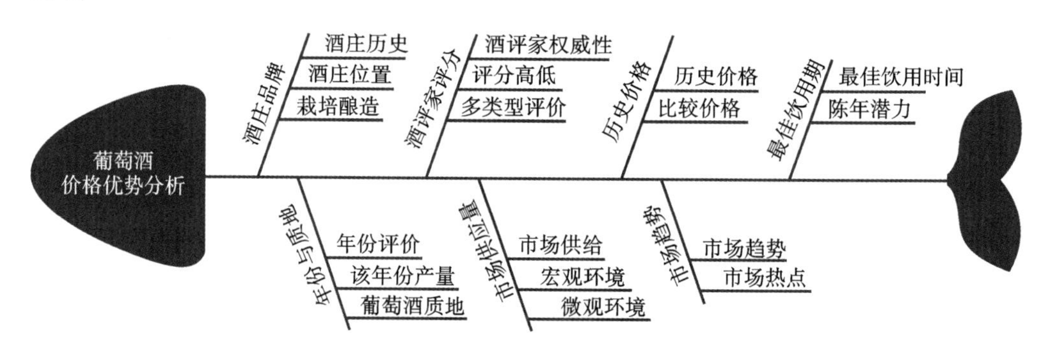

图 12-1　葡萄酒价格优势评价指标

在实际投资分析中，以上各指标的重要性可以依据具体情况灵活应变。通过定量与定性分析，可以测算出增值潜力较高的酒款，但是还需要结合个人的投资目标，从中挑选最适合的投资组合。

八、葡萄酒投资的渠道

(一)购买葡萄酒债券(Buying Wine in Bond)

葡萄酒债券指的是那些被存储在海关部门指定仓库(亦指保税仓)、尚未缴交关税和增值税的葡萄酒,其投资方式与金融债券有所相似,以票券或资证形式在葡萄酒债券市场上交易。这类葡萄酒的关税和增值税只在将酒款从指定仓库运输出来时才进行计算,并且关税和增值税的计算基数是以酒款的原价格进行计算的,而非按照酒款的实时市场流通价格。而在交易平台上进行债券交易时,并不需要缴纳酒款的税费。

(二)葡萄酒经纪人服务(Wine Brokerage Services)

这类投资方式实质上依靠中间商服务,主要依靠的是葡萄酒经纪人所掌握的资源和信息,由经纪人搭建起葡萄酒出售方和投资方之间的交易桥梁,使交易双方之间达成所愿,而后经纪人从中抽取一定比例的佣金。这一方式通常需要对酒款进行严格的质量检查,以防交易欺诈。不少知名的葡萄酒公司都建有自己的经纪人服务体系,也有一些公司提供了网络交易的平台。

(三)葡萄酒基金(Wine Funds)

购买葡萄酒基金是一种相对稳妥的投资形式,较适合对葡萄酒缺乏比较深入的了解或独到的见解的购买者购买。由于不需参与投资管理的过程,它可以降低投资者在繁杂多样的葡萄酒做选择的风险,为投资者节省时间和精力。但如果选择葡萄酒基金也就意味着投资者并不会拥有这些葡萄酒,而只是购买这些基金的份额然后间接地参与到葡萄酒投资市场中。

这类基金由专业人士进行投资操作,准入门槛不低,但获取顶级葡萄酒的投资门槛有所降低,一般针对机构投资者和私人客户发售。以英国葡萄酒基金投资公司(The Wine Investment Fund)为例,其葡萄酒基金准投金额最低为10000英镑(约合人民币88032元),管理费为1.5%,同时也收取一定的基金表现费。需要注意的是,这类葡萄酒基金的政策约束力和相关法规管理尚不如传统基金严格,如经营不善也有倒闭崩盘的风险。

(四)期酒(En Primeur)

期酒指的是以期货形式发售的葡萄酒。期酒投资属于一种未来投资,投资者看中了该酒款的表现和潜力,从专业渠道预先购买仍在桶中熟化、尚未装瓶发售上市的精品葡萄酒,等待葡萄酒在未来2—3年有更出色的表现。一般来说,期酒价格是该年份葡萄酒进入市场的第一轮价格,尚未经过市场循环,此时酒款的价格比起正式装瓶上市之后的价格要优惠许多。因而,这也是不少葡萄酒投资人士所青睐和选择的投资方式。

(五)个人收藏

个人收藏葡萄酒是最古老也最为常见的葡萄酒投资方式,多属于葡萄酒爱好者的

个人喜好之选。热衷于收藏葡萄酒的藏家们通常建有专业的酒窖，以最佳的储存环境收藏着自己钟爱或颇有价值的酒款。这类葡萄酒投资的交易，可以通过个人互换和拍卖行拍卖等方式进行转手抛售。

葡萄酒投资是一项综合性很强的业务，了解投资渠道与方式，并从中选择适合的投资方式非常重要。当然，这需要具备专业知识与行业敏感度，需要能时刻保持对葡萄酒市场的敏锐的观察力，也需要具备一定的果敢与耐心。

知识链接

伦敦国际葡萄酒交易所(Liv-ex)

Liv-ex 全称为 London International Vintners Exchange。该机构成立于1999年，是全球最大的线上葡萄酒交易平台，每日更新35000款葡萄酒的历史数据和实时价格，单日葡萄酒交易额超过280万英镑，Liv-ex 指数是业内公认的，评估葡萄酒价值最权威的市场数据，该交易所在全球有440个成员。

第二节　酒类拍卖
Liquor Auction

一、酒类拍卖概念

酒类拍卖是针对酒类或其他组合酒精饮料的一种拍卖类型。酒类拍卖主要有两种基本类型：一类为酒庄出售自家酒的一级酒类拍卖，另一类为拍卖行安排的二级酒类拍卖。酒类拍卖会上交易的酒类通常是具有收藏价值的酒类，即所谓的“精品葡萄酒”或“收藏级葡萄酒”。精品葡萄酒或收藏级葡萄酒的交易所——拍卖场是葡萄酒投资的重要舞台，酒类拍卖是酒商及爱酒人士获得的珍藏佳酿的重要渠道与形式。

二、主要拍卖形式

知识链接

（一）一级拍卖市场

一级葡萄酒拍卖通常由葡萄酒庄及酒界行业组织进行安排，用于促销、慈善或达到其他市场目的。在此类拍卖会上出售的葡萄酒通常是特殊批次的葡萄酒或由生产商储存的年份酒。法国伯恩济贫院慈善拍卖会(Hospices de Beaune)是这类拍卖的典型代表。该拍卖活动已有150年的历史，拍卖的葡萄酒全部来自勃艮第，包括桶装葡萄酒，拍卖时间为每年11月的第三个星期日，拍卖交易款项主要用于慈善事业。

另一个著名的一手拍卖会为德国特里尔拍卖会(The Grosser Ring Auction),创建于1908年,由特里尔(Trier)市的市长阿尔伯特(Albert von Bruchhausen)牵头,集合了当地摩泽尔(Mosel)、萨尔(Saar)及乌沃河(Ruwer)三个葡萄酒联合会。拍卖会目的是促进葡萄酒的销售。目前,它已是世界顶级的葡萄酒拍卖会。在特里尔拍卖会上出售的葡萄酒往往代表了摩泽尔雷司令的巅峰之作,创造的葡萄酒价格记录数不胜数,主要由私人葡萄酒收藏家和葡萄酒经销商联合购买。

(二)二级拍卖市场

大部分拍卖会由施氏佳酿(Zachys)、阿奇行(Acker)、哈特(Hart)、佳士得(Christie's)和苏富比(Sotheby's)等拍卖行组织。这些拍卖汇集了世界上稀有的和具有收藏价值的葡萄酒,葡萄酒世界的最大宝藏通常是通过这些活动呈现的。另外,在这些拍卖会上,许多葡萄酒的价格在通过其他渠道进行交易时被用作收藏葡萄酒的价格风向标。例如,当经销商出售优质年份的波尔多一级庄等稀有葡萄酒,或者酒商将成熟葡萄酒从库存中出售给酒店时,这些拍卖价格会是不错的参考。

(三)在线拍卖

自20世纪90年代以来,在线葡萄酒拍卖就已经存在。在线葡萄酒拍卖通常出售由私人委托的优质葡萄酒或收藏葡萄酒。与传统拍卖行一样,在线葡萄酒拍卖通过向葡萄酒买家和卖家收取佣金来赚得利润。2018年,在线葡萄酒拍卖的总销售额为7490万美元。2018年,包括在线和传统拍卖在内的所有收藏葡萄酒拍卖的总销售额为4.791亿美元。按2018年销售额排名,领先的在线葡萄酒拍卖行为:葡萄酒拍卖网(Wine Bid),3100万美元;光谱葡萄酒拍卖行(Spectrum Wine Auctions),1000万美元;阿奇行(Acker),930万美元;哈特(Hart),920万美元。

三、主要拍卖行

(一)苏富比(Sotheby's)

苏富比拍卖行由山姆·贝克在伦敦于1744年创立,是目前世界上较古老的拍卖行。目前在全世界40多个国家拥有办事处,规模庞大,拍卖领域广泛,并在伦敦、纽约、巴黎及香港均设有拍卖中心。1970年,苏富比在伦敦举办了其首场葡萄酒拍卖,葡萄酒拍卖主要集中在春、秋、冬三个季节。1994年,苏富比开始在纽约举行葡萄酒拍卖,2009年在香港也开始举办同类活动。

(二)佳士得(Christie's)

佳士得拍卖行由詹姆士·佳士得于1766年在伦敦创立,实力上与苏富比不相伯仲,也是世界上历史悠久的艺术品拍卖行。佳士得每年举行450多场拍卖会,涵盖超过80个拍卖类别,包括各类装饰艺术品、珠宝、影像和名酒等。1769年,佳士得进行了历史上第一场葡萄酒专场拍卖会。1788年,佳士得第一次在葡萄酒拍卖说明书中加入了葡萄园的介绍。在这份拍卖说明书中出现的葡萄园名字,正是拉菲古堡和玛歌酒庄。

1967年,佳士得在伦敦举行Alexis Lichine et Cie葡萄酒专卖拍卖会,标志着真正的现代葡萄酒拍卖的重新开始。1966年,葡萄酒大师迈克尔·布罗德本特(Michael Broadbent)加入佳士得,在其领导下,佳士得很快成为世界葡萄酒拍卖业的巨头。

(三)阿奇行(Acker)

Acker Merrall简称AM,始建于1820年,最早只是一家出售多种食品饮料的杂货店。Kapon的祖父于20世纪初接手AM,并将其转型成一家专门销售高档葡萄酒的零售商。1994年之后,Kapon积极拓展葡萄酒拍卖生意,葡萄酒拍卖业务为其主要拍卖领域,目前已成为全球最大精品珍稀葡萄酒拍卖行。

(四)宝龙行(Bonhams)

宝龙伯得富拍卖公司(Bonhams & Butterfields)于1793年成立,公司拍卖总部设在伦敦新邦街(New Bond Street),是世界级别历史悠久的、成功的拍卖公司。19世纪50年代,其业务扩展到多个领域,如珠宝、瓷器、家具、武器及优质酒类等。宝龙行设有50个分类的专研珍藏部门,遍布全球25个国家,专业搜寻及评鉴各国各类珍藏。

(五)施氏佳酿(Zachys)

该拍卖行由Mr. Zachy Zacharia于1944年创立,他的儿子Mr. Don Zacharia在1961年接掌企业,并使得施氏佳酿不断发展,施氏佳酿已成为名酒界先驱,主要专注于酒类拍卖。该拍卖行为第三代家族企业,总部设于美国纽约斯卡斯代尔(Scarsdale),至今旗下业务包括施氏葡萄酒与烈酒(Zachys Wine and Liquor)、施氏拍卖行(Zachys Wine Auctions)及施氏佳酿亚洲有限公司(Zachys Asia,Ltd.)。

除以上拍卖行之外,斯金纳拍卖行(Skinner Auction House)、光谱葡萄酒拍卖行(Spectrum Wine Auctions)、哈特(Hart)都是较为活跃知名的拍卖行。另外,在市场上还有一些葡萄酒专项拍卖会,在葡萄酒拍卖领域中也占据了重要的角色,如美国纳帕谷葡萄酒拍卖会(Auction Napa Valley)及德国特里尔拍卖会(The Grosser Ring Auction)等。

第三节 葡萄酒期酒
En Primeur

一、期酒的概念

期酒,在法语里叫作En Primeur,即"葡萄酒的期货"。期酒制度是葡萄酒的一种预售制度,指酒庄在葡萄酒尚未正式发售之时,将其以预估价格提前卖给买家,在葡萄酒正式发布后再发货。大部分期酒在被购买时仍在橡木桶中陈酿,这为客户提供了在

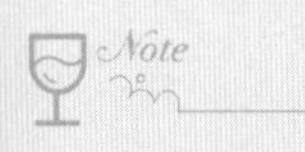

葡萄酒装瓶前进行投资的机会。

期酒一般在正式发布前一年或18个月进行早期付款，其购买优势令葡萄酒可能在相当便宜的价格下实现交易。然而，这并不能保证葡萄酒不会随着时间的推移而贬值。波尔多是实行期酒贸易的主要产区，但期酒交易并不局限于波尔多，在勃艮第、罗讷河谷、意大利、美国加州及澳大利亚等都有类似的交易形式。

二、期酒的交易过程

期酒简单来说是一种早期购买行为。换句话说，是葡萄酒在装瓶之前开始的预售行为。通常情况下，这时的葡萄酒还被储存在橡木桶中。顾客在最终得到葡萄酒之前的1—2年先行付款。一旦等到葡萄酒可以被运送的时候，顾客可以选择立即缴税或者将葡萄酒储存在保税仓库中，直到再次被销售。

以波尔多为例，每年9—10月份，酒庄采收完葡萄之后，就开始酿酒，之后将酒液放入橡木桶中陈酿。在次年的3—4月份，酒液还在橡木桶中陈酿之时，酒庄会邀请国际上的各大葡萄酒评论家、记者和买家来波尔多进行桶边试饮(Barrel Tasting)。之后，酒庄会在综合考虑该年份葡萄酒的产量、品质、评分以及市场等因素后，发布期酒价格，并给酒商一定配额。酒商拿到酒庄给出的期酒配额后，再将其售出。而买家则可以在综合考虑该年份状况和该酒款的评分后，判定是否购买该年份的期酒。买家付款之后，酒庄会在1年或2年之后发货。卖家在缴纳完酒款的税金和手续费后，便可拿到预订的酒款。

三、期酒交易的利与弊

期酒是购买者与出售者之间的交易，双方各取所需，消费者出于不同的原因购买期酒，酒庄也可以通过兜售期酒获得相应的回报，但所有交易都不是只有利的方面，期酒弊端也显而易见。其利弊如下。

(1) 期酒制度可以有效缓解年份差异对酒庄带来的影响；

(2) 期酒交易可以让酒庄资金快速回流，减轻资金压力；

(3) 购买者可以提前以较优惠的价格预订一些稀有酒款，是一种典型的投资行为；

(4) 成功的期酒购买可以降低采购成本；

(5) 由于期酒是一种提前购买行为，酒质变化是投资的最大风险；

(6) 由于期酒从交付酒款到正式收到货款之间存在较长的时间差，价格走势及汇率变化都是不确定因素，这些不确定因素为期酒交易带来风险。

四、购买期酒常见的问题

(一) 系统如何运作

每年春季结束后，波尔多的一流酒庄都会出品一些上一年采收酿造的新桶样酒，然后由波尔多的国际葡萄酒贸易成员进行品尝与评估。之后，酒庄以开盘价出售其总产量的“部分”或一定比例。这些酒通常会严格按照配额分配给波尔多的葡萄酒经纪人，即酒商，最后由酒商出示期酒报价。

（二）为什么会出现期酒贸易

通过向酒商出售，酒庄有效地分散了不良年份的风险，期酒销售还为酒庄提供了现成的现金来源。按照体制，酒商或多或少有义务购买酒庄出售的任何年份的葡萄酒。如果酒商不购买他们提供的葡萄酒（即使在糟糕的年份），他们就有可能失去明年（可能是好年份）的配额权。然而，该体系仅在世界对波尔多优质葡萄酒的需求超过供应的时候有效。

（三）是否只有波尔多有期酒销售

世界各地都有期酒销售，包括勃艮第、罗讷河谷、意大利、加利福尼亚和澳大利亚。

（四）需要多长时间下定决心购买期酒

不要耽搁太久，因为可能会错过运输。

（五）什么时候付款

一旦商家提出邀约，买家就要支付开盘价。如果他们希望将其从保证金中提取出来，他们将在葡萄酒到达时缴纳税款和关税。

（六）什么时候可以提酒

通常在报价后 1—2 年的春季或夏季，一旦买方支付了额外的运费和关税，就可以提货了。购买葡萄酒时，通常会提供这些成本的估算值。

（七）期酒交易的难易程度怎样

这取决于想买哪家酒庄的酒，或者要买什么酒。由于对最受欢迎葡萄酒的需求如此强劲，如果买方是提供期酒的酒商的长期客户，会对购买有所帮助，如果不是，可能不得不排在很长队伍的后面。对于那些更容易获得且更便宜的葡萄酒，遇到的麻烦会比较少。但是，为了获得一些优质的葡萄酒，顾客可能也不得不将少量的普通葡萄酒作为他们订单的一部分。

历史故事

伯恩济贫院慈善拍卖会

本章训练

☐ 知识训练

1. 葡萄酒投资的风险与渠道是什么？
2. 投资型葡萄酒的特征是什么？
3. 世界主要的葡萄酒拍卖行有哪些？
4. 期酒交易的利弊有哪些？

☐ 能力训练

根据所学知识，进行案例演示与讲解训练，学习一定的投资方法与投资技能。

章节小测

第十三章
葡萄酒健康与社会责任

本章概要

本章主要讲述了葡萄酒的主要营养成分、葡萄酒与健康的关系以及饮用酒精的社会责任等内容。同时，在本章内容之中附加与章节有关联的知识链接及思政案例等内容，以供学生深入学习。本章知识结构如下：

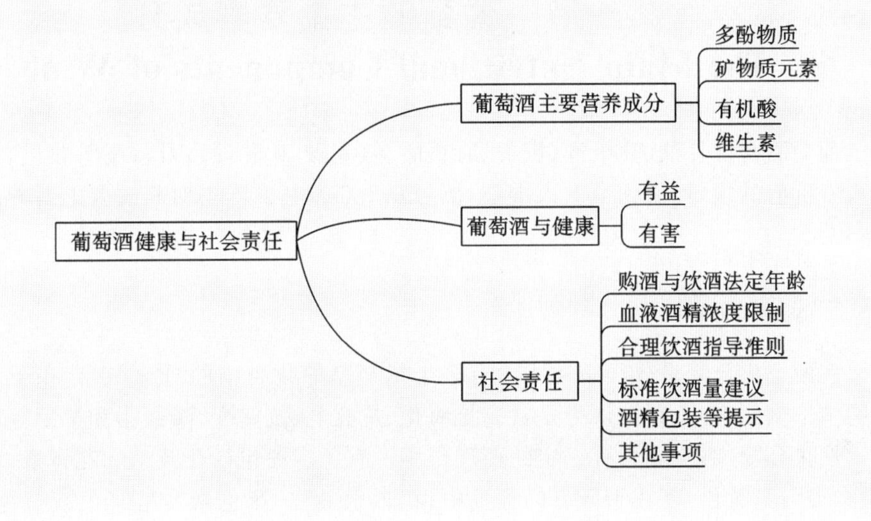

学习目标

知识目标：掌握葡萄酒主要营养成分，了解葡萄酒主要成分对健康的益处，正确理解酒精饮用的利弊，阐明饮用酒精的社会责任。

技能目标：运用本章专业知识，能够科学分析葡萄酒的营养成分，正确认识饮酒对健康的利弊关系，并能给予顾客科学合理的饮酒建议。

思政目标：通过学习本章内容，培育学生对酒精作用的科学认知，树立学生的健康养生理念和遵法守法意识，使其尊重生命、珍视健康，具备良好的社会责任感。

章首案例

法国悖论

章节要点

- 掌握：葡萄酒的主要营养成分。
- 理解：葡萄酒主要成分对健康的益处，正确理解酒精饮用的利弊。
- 了解：葡萄酒行业从业者的社会责任。
- 学会：正确对待酒精饮品，给予消费者合理化饮酒量的建议。
- 归纳：构建葡萄酒主要营养成分思维导图。

第一节　葡萄酒主要营养成分
The Main Nutritional Components of Wine

葡萄酒富含甘油、高级醇、糖类、有机酸、氨基酸、矿物质以及多酚等物质，它是一种有营养价值的饮料，受到了世人推崇，历经几千年不朽。本书对其主要的营养成分做如下归纳。

一、多酚物质

多酚类化合物是分子结构中含有多个酚羟基的化合物的总称，它存在于许多天然植物中。例如茶叶，它被认为是具有抗氧化、抗衰老、抗突变、降血脂和抑菌等多种功效的天然化合物，对人体具有一定的药理作用。有色多酚包括花黄素和花青素，花黄素属"黄酮类"，呈黄色，存在于所有的葡萄中；花青素又称"花色素"，呈红色或蓝色，主要存在于红色品种的葡萄皮中，在红葡萄酒中含量较高。花黄素和花青素都属于黄酮类化合物(也称"类黄酮")。

2019年8月发表在国际学术期刊《自然-通讯》(*Nature Communications*)的一项研究表明：食用富含类黄酮(Flavonoids)的食物，可以预防癌症和心脏病，尤其是对吸烟者和酗酒者而言。伊迪丝·考恩大学(ECU)的研究人员评估了23年来53048名丹麦人的饮食，研究发现，每天摄入约500 mg类黄酮的参与者癌症或心脏病死亡的风险最低。黄酮类化合物已被证明具有抗炎和改善血管功能的作用，这或许可以解释为什么它们与降低患心脏病和癌症的风险有关。当然，含有类黄酮食物很多，除了葡萄酒外，绿茶、苹果、蓝莓等都是类黄酮的可靠来源。

除花青素之外，葡萄酒中的单宁也属于多酚物质。单宁是英文Tannins的译名，是多酚中高度聚合的化合物，可分为水解单宁(Hydrolytictannin，HT)和缩合单宁(Condensedtannin，CT)。单宁含有一种物质称"原花青素"(Procyanidols)，最早于1955年被法国波尔多大学化学、医学博士马斯魁勒(Masquelier)教授所检测出。人们发现它不仅对人类的血管有保护作用，并能保护动脉管壁，防止动脉硬化。此外，原花

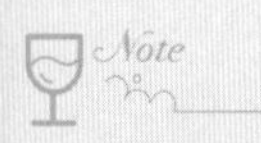

青素(Procyanidols)还能控制胆固醇，可抑制血液中低密度胆固醇(LDL)氧化改变，而酒精又有提高血液中高密度胆固醇(HDL)的作用，并抑制血小板凝结，可预防血栓的产生，有保护心脏血管之作用。

此外，葡萄还富含白藜芦醇，它是一种非黄酮类多酚有机化合物，多存在于葡萄叶及葡萄皮中，是葡萄酒和葡萄汁中的生物活性成分。实验表明，白藜芦醇有抗氧化、抗炎、抗癌及心血管保护等作用。

二、矿物质元素

葡萄酒中矿物质元素主要以盐的形式存在，国内生产的几种红、白葡萄酒中的钾、钙、镁、铁、锌、铜等主要矿物质元素的含量如表 13-1 所示。

表 13-1　国产部分品种葡萄酒中的主要矿物质元素含量图(mg/L)　　单位：mg/L

葡萄品种	矿物质元素含量					
	钾	钙	镁	铁	锌	铜
赤霞珠	1630	190	89	1.50	0.22	0.08
品丽珠	1750	171	74	1.53	0.17	0.08
西拉	1400	224	91	1.15	0.26	0.13
霞多丽	1230	299	87	2.13	0.42	0.08
雷司令	1560	189	72	1.36	0.32	0.13
琼瑶浆	1420	381	79	2.09	1.31	0.18

来源：李华、王华等编著《葡萄酒化学》

由表 13-1 中可以看出，葡萄酒中的钾元素含量很高。钾元素能够维持细胞代谢，保持细胞内外的渗透压和酸碱平衡，还能保持神经肌肉的应激性能。另外，葡萄酒中钙、镁含量也比较突出，镁是影响心脏功能的敏感元素。铁、锌也是对人体有益的矿物质元素，它们在参与人体代谢、促进骨骼发育、防止血管硬化等方面都有重要作用。红葡萄酒的矿物质元素含量总体上比白葡萄酒高，但钙元素比白葡萄酒略低。

当然，人体对矿物质元素的需求量是不同的，不在于多，而在于平衡。钠钾平衡、钙镁平衡、酸碱平衡等都是食品营养价值的体现。在我们日常饮食中，钾元素的摄入量往往不足，葡萄酒、葡萄、香蕉等是天然钾元素的很好来源。

三、有机酸

葡萄酒中含有多种有机酸，主要是羟基酸和酚酸。羟基酸主要有三种：酒石酸、苹果酸和柠檬酸。酚酸大都是羟基苯甲酸或羟基肉桂酸的衍生物。葡萄酒中的有机酸能刺激人体消化液的分泌，对增加食欲、调节神经中枢、舒筋活血效果明显。柠檬酸还参与体内的三羧酸循环，是构成机体的重要代谢物质。可见有机酸是人体不可或缺的营养物质。

四、维生素

葡萄酒中含有水溶性微生物，主要是维生素 C 和 B 族维生素。维生素 C 具有强还

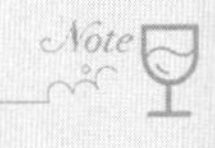

原性，可防止葡萄酒中多酚物质的氧化；B族维生素起辅酶的作用，对葡萄酒酿造有直接的促进作用。这些维生素在葡萄酒中含量虽然不算高，但种类齐全且天然，对人体健康非常有益，而且不存在摄取过量的问题。

除了以上物质，葡萄酒中还含有大量的氨基酸、糖类等多种对健康有益且能被人体直接吸收的营养物质。

第二节　葡萄酒与健康
Wine and Healthy

葡萄酒作为一种早期药物，有着悠久的使用历史，被多方面推荐作为饮用水的安全替代品、治疗伤口的防腐剂与助消化剂，同时它可以治疗多种疾病，包括嗜睡、腹泻和分娩时的疼痛等。公元前2200年的古埃及莎草纸详细介绍了葡萄酒的药用作用，使其成为世界上古老的、有记载的人造药物。直到19世纪末和20世纪初，葡萄酒一直在医学中发挥着重要作用，但是随着关于酒精和酗酒的观点与医学研究的不断变化，人们对其作为健康生活方式的一部分的作用产生了怀疑。

一、潜在益处

（一）富含抗氧化剂

世界上有许多富含抗氧化剂的食物和饮料，葡萄酒便是其中之一。抗氧化剂是防止炎症和氧化应激引起细胞损伤的化合物。氧化应激是由抗氧化剂和称为自由基的不稳定分子之间的不平衡引起的一种情况，自由基会损害人体细胞。葡萄富含多酚，多酚是一种抗氧化剂，已被证明可以减少氧化应激和炎症。因为红葡萄品种的抗氧化剂含量高于白葡萄品种，所以喝红葡萄酒可能比喝白葡萄酒更能提高血液中的抗氧化剂水平。

事实上，一项对40名成年人进行的为期2周的研究发现，每天饮用13.5盎司（约400 mL）的红葡萄酒会增加抗氧化状态。较高的抗氧化状态与降低疾病风险有关。例如，饮用红葡萄酒与降低患阿尔茨海默病和帕金森综合征的风险有关，这与氧化应激有关。

（二）有助于对抗炎症

葡萄酒含有具有抗炎特性的化合物。慢性炎症是有害的，可能会增加患心脏病、自身免疫性疾病和某些癌症等疾病的风险。因此，最好尽可能地预防这种炎症。慢性炎症可以通过饮食、减压和运动来减少。许多食物都具有减轻炎症的作用，葡萄酒被认为是其中之一。研究表明，葡萄酒中一种叫作“白藜芦醇”的化合物具有抗炎特性，可能有益于健康。

一项针对4461名成年人的研究表明，适量饮用葡萄酒与炎症反应减轻有关。这项研究的参与者自我报告了他们的酒精摄入量。那些每天摄入1.4盎司(约40 g)酒精的人比不喝酒的人经历的炎症更少。更重要的是，在一项包括2900名女性的研究中，与戒酒的女性相比，每天喝一杯葡萄酒的女性炎症指标显著降低。另外，其他研究发现红葡萄酒的影响不那么显著。一项针对87名平均年龄为50岁的成年人进行的研究发现，与戒酒相比，每天喝5盎司(150 mL)红葡萄酒只会使炎症指标略有降低。尽管这项研究很有希望，但还需要更多的研究来更好地了解葡萄酒的抗炎作用。

(三) 有益于心脏健康

研究表明，饮用适量葡萄酒的人患心脏病的概率较低。研究人员认为，红葡萄酒中的高浓度多酚抗氧化剂有助于降低患高血压、高胆固醇和代谢疾病的风险。一些研究表明，喝红葡萄酒可以降低高血压患者的血压，从而降低患心脏病的风险。然而，其他研究表明，对于血压正常或已经患有心脏病的人，每天一杯红葡萄酒并不能降低血压。更重要的是，葡萄酒可能会与降低血压的药物相互作用。此外，过量饮酒可能对心脏健康产生负面影响，包括使血压升高和使患心脏病的风险增加。随着这一领域的研究继续进行，适量的葡萄酒摄入是否有益于心脏健康还有待商榷。

(四) 其他益处

适量饮用葡萄酒还有其他好处。

1. 有益于心理健康

偶尔喝一杯葡萄酒可能会降低患抑郁症的风险。但是，过量饮酒会产生相反的效果，使患这种疾病的风险更高。

2. 延年益寿

研究发现，饮用适量的葡萄酒作为健康饮食的一部分可能会延长寿命，这要归功于葡萄酒的高抗氧化剂含量。一些研究证实，对于中年人和老年人，适度饮酒可以赋予他们很多健康的益处，如降低患老年痴呆症、骨质疏松症和2型糖尿病的风险。

3. 促进健康的肠道细菌

最近的研究甚至表明，红葡萄酒可能会促进有益肠道细菌的生长，这可能会改善肥胖人群的代谢综合征标志物。

4. 减少心血管疾病

研究证明，适量饮酒可以减少30%的心血管疾病的发病率及心血管死亡率，也能同时减少诱导心血管疾病的因素。简单来说，是因为葡萄酒能使“血管变细”，从而帮助降低血液中的有害凝结和动脉阻塞的危险性。

二、潜在缺点

过量饮酒有害健康，暴饮暴食和大量饮酒与负面健康结果有关。大量饮酒会带来多种健康风险，包括增加患某些癌症、糖尿病、心脏病、肝脏和胰腺疾病以及遭遇意外伤害的风险。另外，虽然适量饮用葡萄酒对减少心血管疾病有益处，但过超量饮酒尤其对40岁以上的男性以及心脏病和中风高发的绝经期女性会加大心血管疾病的风险。

尽管适量饮用葡萄酒可以提供多种健康益处，但重要的是要考虑人的整体饮食质量。不健康的饮食可能超过每天喝一杯葡萄酒的好处。此外，饮酒对于年轻人群的健康没有多大好处，这些人群接触酒精相关的暴力和意外事故的风险更大，另外，某些人应该戒酒，如未成年人、孕妇和服用某些药物的人。

三、对酒精的正确认知

（一）注意不能饮酒人群

危险作业时不能饮酒，酒精会影响人的反应速度，即使轻度饮酒，也会损伤人在执行某些任务时，如驾车、操作机器或高空作业时的能力；另外，孕妇在怀孕时饮酒没有酒精量的安全值，所以建议孕妇和打算受孕的人不要喝酒；酒精不能和药类混合使用，应该遵照医嘱，有精神类病史或成瘾障碍的人也应避免饮酒。

（二）肝脏的作用

人体无法储藏酒精，我们所饮用的酒精必须通过肝脏进行分解。这是一个复杂的代谢过程，肝脏首先将乙醇转化为一种名为乙醛的剧毒物质，乙醛经由肝脏转化成一种名为乙酸盐的无害物质，这种物质之后会转变成二氧化碳和水，排出体外。人体中约有95%的酒精是通过肝脏代谢的，剩余的5%通过尿液、呼吸和汗水排出体外。

人体对酒精的处理能力因人而异，这主要取决于年龄、体重与性别。平均来说，人体每小时可以分解大概一个标准单位（一标准单位按8—10 g酒精计算）的饮酒量，如果每小时饮酒超过一个标准单位的酒精量，人体的血液酒精浓度（BAC）就会升高，且要经过几个小时才可以安全驾车。如果前一晚酩酊大醉，第二天早上很可能不能驾车，因为会存在醉驾风险。

（三）体型与性别

人的年龄、体重与性别不同，酒精对人体影响也不尽相同，通常体型更大且更重的人BAC可能较低，因为这些人有更多的体液来稀释酒精。当然，在开始饮酒之前，有一定的进食、慢饮或与其他软饮交替饮用，不管体型如何都会让身体中保持血液中较低的酒精含量，所以用餐过程中饮酒是较科学的，而不是空腹饮酒，或暴饮暴食。按照人体比例来讲，女性比男性体液要少，因此，相同的酒精在女性血液中的酒精浓度比例更高，也有解释说女性的酒精代谢略有不同。女性身体中乙醛脱氢酶（ADH）数量较少，这可能是女性血液中酒精浓度相对较高的原因。

（四）过量过快饮酒的害处

酒精是一种能改变人情绪的物质，饮酒越多，影响越大。醉酒会削弱人的判断能力，做出危险行为的可能性更大。经常醉酒或饮酒过量会增加以下危险：

（1）酒精依赖或者酗酒；

（2）肝硬化和脂肪肝；

（3）心搏骤停和中风；

(4) 胰腺炎;

(5) 胃功能紊乱,如胃溃疡;

(6) 某些症状,尤其是消化癌和乳腺癌的症状。

四、结论

饮用适量的葡萄酒以及富含水果和蔬菜的均衡饮食对健康有益。研究发现,女性的最佳葡萄酒每日摄入量为1杯(150 mL),男性为2杯(300 mL),这一方案是地中海饮食的一部分,与有益的健康结果和疾病预防有关。尽管研究表明喝1—2杯葡萄酒对健康有多种潜在益处,但事实上我们也可以通过健康饮食获得这些益处。换句话说,如果之前没有喝过酒,就不需要为了健康而开始。例如,富含水果、蔬菜、全谷物、纤维、豆类、鱼和坚果的健康饮食可以为人体提供大量的抗氧化剂,有助于预防心脏病。

本节部分内容根据英国葡萄酒与烈酒基金会课程整理而成,其内容来源于酒精节制协会(AIM),要了解更多细节或有关酒精对健康的影响的最新信息。请参阅下列网站:www.drinkingandyou.com 和 www.alcoholinmoderation.com。

知识链接

医药之父

第三节 社会责任
Responsibility of Sommelier

葡萄酒中虽然水分占据了绝大部分,但作为一种酒精饮料,酒精是其重要成分,它影响着的葡萄酒的风味与质地。但是,过量饮酒的害处也是显而易见的,过多摄入葡萄酒会对经济、社会形成潜在的风险,了解这些风险不管是对饮酒者还是对葡萄酒行业从业人员都至关重要。本章节部分内容根据英国葡萄酒与烈酒基金会内容进行整理。

由于过度饮酒会造成严重的后果,大多数国家(不同地区也会有不同标准)都设立了相关法令,以控制不当的饮酒行为。例如:

(1) 购买或者饮用酒精类饮品的最低合法年龄(饮酒法定年龄 LDA);

(2) 司机以及其他危险型机器操作和高空作业者血液酒精浓度(BAC)最大值;

(3) 合理饮酒的指导准则;

(4) 关于酒精类饮品市场、包装和销售的限制等。

一、购酒与饮酒法定年龄(LDA)

许多国家在法律上规定只有达到最低年龄,才能饮用或者购买酒精类饮品。这些规定可能有所不同,但总体上都是限制未成年人接触酒精。大多数关于饮酒年龄的法规不涉及在父母允许和监督情况下的家庭饮酒。

二、血液酒精浓度(BAC)限制

通过测量每毫升血液中含有乙醇的质量(mg),可以反映血液中的酒精含量,从而得到一个人的血液酒精浓度(BAC)。世界上绝大多数国家都设立了针对司机的合法BAC范围,从0.0 mg/mL到0.8 mg/mL,一旦违规,会受到相应的惩处。在一些国家,对于经验不足的司机和商用车辆的驾驶员,BAC的范围会更低。

当然,一个人的BAC水平受酒精饮用量、饮酒速度及饮酒时间的影响,个人体重、性别、健康状况以及食物摄入量等也会影响酒精的吸收与代谢。基于这些复杂的因素,多少酒精量的摄入量不影响安全驾驶难以计算。但在很多国家都有对自行车、摩托车、雪橇、私人飞机、船只等驾驶员的BAC法规。

三、合理饮酒的指导准则

由于男女的饮酒水平不同,许多国家根据不同性别提出来饮酒的"最小危险值"。酒精消费的官方指导准则通常由政府部门、公共健康及医疗团体或非政府组织,如世界卫生组织(WHO)等来制定。

四、标准饮酒量

官方"饮酒量"或"酒精单位"一般为8—14 mg的纯乙醇,测量方法根据国家的不同有所变化,关于标准饮酒量目前并没有国际范围内的普遍原则。许多国家通常不使用酒精单位的概念,而是建议每日酒精摄入量的最大值。

五、关于酒精的合理广告、营销、生产、包装及销售

由于过量饮酒对社会危害极大,作为一种社会责任行为,许多国家的法律和规章制度对酒类的生产、市场及销售都进行了相应调控与规范。国际上,越来越多酒精饮品的包装上,生产者均已进行了标示性的提示,并且已趋于标准化。

葡萄酒在我国古代的药用价值

我国古代医学家很早就认识到酒的滋补、养颜、强身的作用。《诗经》中便有"为此春酒,以介眉寿"的诗句,意思是说饮酒可以帮助长寿。《汉书食贸志》中说:"酒者,天之美禄,帝王所以颐养天下,享祀祈福,扶衰养疾"。认为酒是上天赐予的美食,把酒与帝王的享乐、养生联系到了一起。《神农本草经》为我国秦汉时期现存较早的医学重要文献。该书共收载365种药草,并将其分为三品:无毒性的称上品,为君;毒性小的称中品,为臣;毒性剧烈的称下品,为佐使。《神农本草经》将葡萄、大枣等五种果实列为果中上品,记述:"蒲萄:味甘,平。主筋骨湿痹、益气倍力、强志,令人肥健、耐饥、忍风寒。久食,轻身、不老、延年。可作酒。"李时珍在《本草纲目》中说,葡萄酒有"暖腰肾、驻颜色、耐寒"的功效,"酒,天之美禄也。面曲之酒,少饮则和血行气,壮神御寒,消愁遣兴"。正因为如此,人们喝酒时总以祝寿为较好的祝酒词。元朝忽思慧在《饮膳正要》中对葡萄和葡萄酒的功效也做了介绍,记载:"葡萄酒运气行滞使百脉流畅。"《古今图书集成》记载:"葡萄酒肌醇治胃阴不足、纳食不佳、肌肤粗糙、容颜无

华。”说明了葡萄酒有消除疲劳、促进血液循环、增进食欲、帮助消化和美容等方面的作用。

案例思考：分析葡萄酒的药用价值，并列举葡萄酒在西方文学中的医用案例。

思政启示

本章训练

章节小测

□ 知识训练

1. 列举葡萄酒中的营养成分。
2. 如何正确认识酒精的作用？
3. 葡萄酒饮用有哪些社会责任？

□ 能力训练

根据所学知识，设定一定的情景，对葡萄酒营养成分及葡萄酒与健康的关系进行讲解训练，并为客人提供合理的饮酒建议，明晰服务与推介酒精饮品的社会责任，树立正确的价值观。

附　录

附录 1　世界主要葡萄酒产区中英对照
Key Regions of the World in Chinese and English

附录 2　世界主要葡萄品种中英对照
Key Grape Varieties in Chinese and English

附录 3　葡萄酒品尝术语中英对照
Wine Tasting Terms in Chinese and English

附录 4　2021 宁夏贺兰山东麓列级酒庄
Classification of East Helan Mountain

附录 5　中国主要产区葡萄品种
Key Grape Varieties in China

附录 6　1855 梅多克列级酒庄
Classification of the Médoc

附录 7　2022 圣爱美隆列级酒庄
Classification of St-Emilion

附录 8　1959 格拉夫列级酒庄
Crus Class deGrave

附录 9　2020 波尔多中级庄名单
Classment des Crus Bourgeois du Médoc

附录 10　法国勃艮第特级园
Grand Crus of Bourgogne

后　记

产教融合、校企合作已成为目前职业院校专业建设中的重要组成部分，本书正是基于国家这一政策导向撰写的。如何使教材内容更加切合行业需要、使教材与职业岗位相融合、使教材编辑形式更具有可读性，都是我们重点思考的内容。得益于本编写团队与行业企业保持的密切互动关系，教材撰写全过程均突出了校企双元的基本编写理念。一方面我们邀请了众多葡萄酒行业企业专家的直接参与撰写与文本校审，另一方面，本书还得到他们更加深入的教学支持，如大量精美的图片、酒庄酒标原图及系列教学视频等，这些成为本教材的一大亮点与特色。我们对此进行了详尽的设计，使得本书更加契合行业的需求，突出了应用性特点，各类图片与视频也让教材变得更加生动与形象。

酿酒品种部分的撰写是本教材的重要内容之一，高清葡萄果串图片与精品酒庄酒标图例在这一部分进行了重点呈现。一方面果串图片可以让读者更好地了解葡萄的植物外形特性，另一方面酒标图例成为酿酒品种学习的重要参考案例。作为教师，我们在教学实施中可以更多地启发学生使用新的学习方法，如开展同一品种不同酒款的风格对比、不同产地的风格对比等，这也是一种很好的辩证学习思维的过程。

葡萄果串的高清图片由韩国波尔多葡萄酒学院崔爀院长与山西怡园酒庄提供；葡萄酒的酒标图例主要来源中国精品酒庄的授权支持，共 134 张图例，分别来自 43 家精品酒庄，它们分别为：

山东产区：九顶庄园、龙亭酒庄、瓏岱酒庄、逃牛岭酒庄、嘉桐酒庄、国宾酒庄、安诺酒庄、君顶酒庄、苏各兰酒庄、波龙堡酒庄、仁轩酒庄；

河北产区：贵族庄园、迦南酒业、中法庄园、紫晶庄园、怀谷酒庄、桑干酒庄、保乐力加贺兰山酒庄；

宁夏产区：贺东庄园、贺兰晴雪酒庄、迦南美地酒庄、留世酒庄、美贺庄园、西鸽酒庄、新慧彬酒庄、银色高地酒庄、原歌酒庄、长城天赋酒庄、博纳佰馥酒庄、嘉地酒庄、长和翡翠酒庄、巴格斯酒庄、类人首酒庄；

新疆产区：天塞酒庄、丝路酒庄、国菲酒庄、蒲昌酒业；

其他产区：怡园酒庄、戎子酒庄、玉川酒庄、香格里拉酒庄、紫轩酒庄及梅卡庄园。

另外，在葡萄的生长周期这一章节之中，我们还接收了众多来自企业的教学视频、文本，这些视频、文本资料分别由烟台市蓬莱区葡萄与葡萄酒产业发展服务中心与河北怀来产区的马丁酒庄、怀谷酒庄、沙城酒庄提供，怀来县葡萄酒局在其中进行了大量的协调与沟通工作，视频后期由华中科技大学出版社编辑部统一编辑而成。

在此，对以上所有图片、酒标与视频的提供方表示由衷地感谢，感谢所有参与的企业与政府的大力支持，他们授权的这些文本、图片与视频为本书增添了更多学习价值，也希望它能成为对读者有用的资料。同时，本教材出版社的编辑团队还配套制作了本教材完备的教学资源库，里面有更多学习文本与视频资料，可以供读者使用。

以上为本书编写的一点后记说明，当然，在本教材难免尚有不足之处，敬请各位读者朋友交流指导！谢谢！

李海英

2022 年 11 月于泉城济南

教学支持说明

为了改善教学效果，提高教材的使用效率，满足高校授课教师的教学需求，本套教材备有与纸质教材配套的教学课件（PPT 电子教案）和拓展资源（案例库、习题库、视频等）。

为保证本教学课件及相关教学资料仅为教材使用者所得，我们将向使用本套教材的高校授课教师赠送教学课件或者相关教学资料，烦请授课教师通过电话、邮件或加入旅游专家俱乐部 QQ 群等方式与我们联系，获取“教学资源申请表”文档并认真准确填写后反馈给我们，我们的联系方式如下：

地址：湖北省武汉市东湖新技术开发区华工科技园华工园六路

邮编：430223

电话：027-81321911

传真：027-81321917

E-mail：lyzjjlb@163.com

葡萄酒文化与营销专家俱乐部 QQ 群号：561201218

葡萄酒文化与营销专家俱乐部 QQ 群二维码：

群名称：葡萄酒文化与营销专家俱乐部
群　号：561201218

教学资源申请表

填表时间：________年____月____日

<table>
<tr><td colspan="9">1. 以下内容请教师按实际情况填写，★为必填项。
2. 根据个人情况如实填写，可以酌情调整相关内容提交。</td></tr>
<tr><td rowspan="2">★姓名</td><td rowspan="2"></td><td rowspan="2">★性别</td><td rowspan="2">□男 □女</td><td rowspan="2">出生
年月</td><td rowspan="2"></td><td>★ 职务</td><td colspan="2"></td></tr>
<tr><td>★ 职称</td><td colspan="2">□教授 □副教授
□讲师 □助教</td></tr>
<tr><td>★学校</td><td colspan="3"></td><td>★院/系</td><td colspan="4"></td></tr>
<tr><td>★教研室</td><td colspan="3"></td><td>★专业</td><td colspan="3"></td><td></td></tr>
<tr><td>★办公电话</td><td colspan="2"></td><td>家庭电话</td><td colspan="3"></td><td>★移动电话</td><td></td></tr>
<tr><td>★E-mail</td><td colspan="6"></td><td>★QQ 号/
微信号</td><td></td></tr>
<tr><td>★联系地址</td><td colspan="6"></td><td>★邮编</td><td></td></tr>
<tr><td colspan="3">★现在主授课程情况</td><td>学生人数</td><td colspan="2">教材所属出版社</td><td colspan="3">教材满意度</td></tr>
<tr><td>课程一</td><td colspan="2"></td><td></td><td colspan="2"></td><td colspan="3">□满意 □一般 □不满意</td></tr>
<tr><td>课程二</td><td colspan="2"></td><td></td><td colspan="2"></td><td colspan="3">□满意 □一般 □不满意</td></tr>
<tr><td>课程三</td><td colspan="2"></td><td></td><td colspan="2"></td><td colspan="3">□满意 □一般 □不满意</td></tr>
<tr><td>其　他</td><td colspan="2"></td><td></td><td colspan="2"></td><td colspan="3">□满意 □一般 □不满意</td></tr>
<tr><td colspan="9">教 材 出 版 信 息</td></tr>
<tr><td>方向一</td><td colspan="2"></td><td colspan="6">□准备写 □写作中 □已成稿 □已出版待修订 □有讲义</td></tr>
<tr><td>方向二</td><td colspan="2"></td><td colspan="6">□准备写 □写作中 □已成稿 □已出版待修订 □有讲义</td></tr>
<tr><td>方向三</td><td colspan="2"></td><td colspan="6">□准备写 □写作中 □已成稿 □已出版待修订 □有讲义</td></tr>
<tr><td colspan="9">请教师认真填写下列表格内容，提供申请教材配套课件的相关信息，我社根据每位教师填表信息的完整性、授课情况与申请课件的相关性，以及教材使用的情况赠送教材的配套课件及相关教学资源。</td></tr>
<tr><td>ISBN(书号)</td><td colspan="3">书名</td><td>作者</td><td colspan="2">申请课件简要说明</td><td colspan="2">学生人数
(如选作教材)</td></tr>
<tr><td></td><td colspan="3"></td><td></td><td colspan="2">□教学 □参考</td><td colspan="2"></td></tr>
<tr><td></td><td colspan="3"></td><td></td><td colspan="2">□教学 □参考</td><td colspan="2"></td></tr>
<tr><td colspan="9">★您对与课件配套的纸质教材的意见和建议有哪些，希望我们提供哪些配套教学资源：</td></tr>
</table>